Proteus 教程

——电子线路设计、制版与仿真

(修订版)

朱清慧　张凤蕊
翟天嵩　王志奎　编著

清華大學出版社

北　京

内 容 简 介

本书详细介绍了 Proteus 软件在电子线路设计中的具体应用，可划分为四大部分：Proteus 8.7 软件导入及环境介绍，电子线路仿真与设计，微处理器系统仿真及 PCB 设计。第 1 章和第 2 章循序渐进地介绍了 Proteus ISIS 的具体功能；第 3 章和第 4 章介绍了基于 Proteus ISIS 的模拟电子技术、数字电子技术实验和综合设计与仿真；第 5 章和第 6 章对 51 系列单片机电路的设计和仿真介绍了大量的实例，并且对源程序与硬件电路的交互仿真做了重点介绍；第 7 章对其他单片机系列控制电路的设计和仿真进行了实例讲解；第 8 章讲述了 Proteus ARES 的 PCB 设计过程。

本书所引实例是作者多年教学和实际工作中的典型实例的总结和积累，经过充分的仿真验证和实际应用，读者在学习时很容易上手。本书的特色是通过实例学习软件，不用层层叠叠的菜单命令来困扰读者；内容编排上由浅入深，循序渐进，引领读者逐步深入 Proteus 的学习和应用。

本书结构清晰，语言通俗易懂，可作为高等院校电路设计与仿真类课程的教材及电子技术和单片机教学课程设计与实验教材，也可作为广大电子技术爱好者、在校电类工科大学生以及单片机系统开发者的自学用书。

图书在版编目(CIP)数据

Proteus 教程：电子线路设计、制版与仿真 / 朱清慧等编著. —修订版. —北京：清华大学出版社，2023.6（2024.8 重印）

ISBN 978-7-302-63824-7

Ⅰ. ①P… Ⅱ. ①朱… Ⅲ. ①电子电路－计算机辅助设计－应用软件－高等学校－教材 Ⅳ. ①TN702.2

中国国家版本馆 CIP 数据核字(2023)第 104382 号

责任编辑：刘金喜
封面设计：范惠英
版式设计：妙思品位
责任校对：成凤进
责任印制：曹婉颖

出版发行：清华大学出版社
网　　址：https://www.tup.com.cn，https://www.wqxuetang.com
地　　址：北京清华大学学研大厦 A 座　　邮　　编：100084
社 总 机：010-83470000　　邮　　购：010-62786544
投稿与读者服务：010-62776969，c-service@tup.tsinghua.edu.cn
质 量 反 馈：010-62772015，zhiliang@tup.tsinghua.edu.cn

印 装 者：三河市人民印务有限公司
经　　销：全国新华书店
开　　本：185mm×260mm　　印　　张：21　　字　　数：485 千字
版　　次：2023 年 8 月第 1 版　　印　　次：2024 年 8 月第 2 次印刷
定　　价：78.00 元

产品编号：101494-01

序

作为 Proteus“大学计划”的一部分，Labcenter 和风标电子(Proteus 产品中国区总代理)一直鼓励和支持有经验的教师基于其挂牌 Proteus 实验室平台对 Proteus 应用于教学与科研的研究成果形成著作出版发行。Labcenter 和风标电子支持的有关 Proteus 的书籍出版了十多种，各书都有不同的侧重点，而且 Labcenter 的宗旨是持续不断地开发和升级，保持技术一流。Proteus 的升级非常频繁，目前又增加了很多新的功能、新的模型，市场上也客观地需要一种更新、更全的参考书。

本书是一部介绍 Proteus 的全面翔实的教材，对 Proteus 各部分的功能都有详细的阐述和实例讲解，充分展示了 Proteus 从概念到产品的整个过程，包括智能原理布图、基本电路仿真、模型库的介绍、基于微控制器的协同仿真到 PCB 布板等各个环节，体现了作者坚实的专业功力和驾驭 Proteus 的能力。

在使用本书的过程中，如果需要对书中的实例或 Proteus 本身有更深入的了解，可通过清华大学出版社将您的意见或建议转发给我们。

电话：010-62776969

邮箱：c-service@tup.tsinghua.edu.cn

广州市风标电子技术有限公司

前　言

Proteus 嵌入式系统仿真与开发平台由英国 Labcenter 公司开发，是目前世界上比较先进的嵌入式系统设计与仿真平台。它是一种可视化的支持多种型号单片机(如 51、PIC、AVR、Motorola hcll 等)，并且能够与当前流行的单片机开发环境(Keil、MPLAB、IAR)进行连接调试的软硬件仿真系统。Proteus 除了具有和其他 EDA 工具一样的原理图、PCB 自动或人工布线及电路仿真功能外，还对微控制系统与外设的混合电路的电路仿真、软件仿真、系统协同仿真做到了一体化和互动效果。

Proteus 软件已有 30 多年的历史，在全球拥有庞大的企业用户群，是目前唯一能够对各种处理器进行实时仿真、调试与测试的 EDA 工具，真正实现了在没有目标原型时就可对系统进行设计、测试与验证。由于 Proteus 软件包括逼真的协同仿真功能，因此得到了包括剑桥大学在内的众多大学用户的青睐，并作为电子学或嵌入式系统的课程教学、实验和水平考试平台。目前，Proteus 在国内单片机开发者及单片机爱好者中已开始普及，有很多开发者已经开始用此开发环境进行仿真。

Proteus 软件经过不断升级之后，功能越来越强大，性能也更加卓越，快速设计是 Proteus 软件升级的永恒主题。Proteus 8 Professional 具有三个典型特点，一是高度集成的工作视窗界面，二是公共的数据库，三是具有一个实时的网络表。Proteus 8 与 Proteus 7 相比，有很多新的变化，对于习惯了 Proteus 7 的老用户来说可能一时还不能快速适应，但 Proteus 8 真的非常优秀，一旦走入这个名副其实的虚拟实验室，将会受益匪浅、乐而忘返。在这次修订时，我们把 Proteus 8.7 版本软件的主要功能和优越性能推介给广大读者，希望大家能够快速上手。

本书对 Proteus 软件功能的介绍，与一般软件教程的明显区别在于，一开始并不是罗列大量的菜单，而是以简单的电路仿真实例逐步激发初学者的兴趣，在实例中学会关键菜单和主要工具命令，逐步加深，最后对命令和主工具进行系统的介绍。虽然本书的重点是单片机系统的设计和仿真，但为了使具有电子学基础知识的读者也能使用该软件，仍列举了电路分析、模拟电路和数字电路等基础学科的电路设计与仿真实例，同时对 PCB 设计也做了详细介绍。丰富的实例教学，使学习变得轻松而愉快。

本书共分四大部分：Proteus 8.7 软件导入及环境介绍，电子线路仿真与设计(电路分析、模拟电子技术、数字电子技术等电路设计仿真)，微处理器系统仿真及 PCB 设计。每部分都有相应的实例，例子选用每个学科中具有代表性的电路，给出 Proteus 元件清单、完整原理图及程序、仿真工具及仪器设置、仿真步骤及电路功能。内容安排由浅入深，由易到难，适合不同层次的电子学爱好者，既照顾到了初学 Proteus 和用习惯了 Proteus 7 的读者，也对想要快速掌握 Proteus 8 的读者有一定的帮助。

本书的读者对象是在校电类工科大学生、广大电子技术爱好者及单片机系统开发者，同时本书也可作为高等院校电路设计与仿真类课程的教材及电子技术和单片机教学课程设计与实验教材。

本书共 8 章，由南阳理工学院的朱清慧、张凤蕊、翟天嵩、王志奎教授编写完成。全书由朱清慧统稿、审定。

由于编者水平有限，书中难免存在不足之处，还望广大读者批评指正。

本书教学课件和实例源文件可通过扫描下方二维码下载。

服务邮箱：476371891@qq.com。

教学资源

编　者

2023 年 1 月

目　录

第1章 Proteus 8 快速入门

Proteus 是由英国 Labcenter Electronics 公司开发的电子设计辅助工具软件，已有 30 多年的历史，在全球得到了广泛应用。Proteus 软件功能强大，它集电路原理图设计、程序设计与编译、虚拟仿真、印制电路板(PCB)布线等多种功能于一体，不仅能够对基本的电工电路、模拟和数字电路进行设计、仿真与分析，还能够对微处理器系统进行原理图设计、程序设计和仿真，支持层次电路图设计和复杂工程的团队协作开发。

1.1 Proteus 8 整体功能预览

Proteus 7 及以下版本主要基于两个独立界面 ISIS(Intelligent Schematic and Interactive Simulation)和 ARES(Automatic Routing and Editing Software)分别进行原理图设计和 PCB 设计。而升级版的 Proteus 8 为用户带来了高度集成化的工作视窗和更加快捷的设计体验，其丰富完善的元件库(原理图仿真器件库和 PCB 布线零件库)和虚拟仪器工具使用户爱不释手。本书以 Proteus 8.7 版本为基础进行电路设计与仿真实践。

1.1.1 集成化的多视窗工作界面

Proteus 8 版本的主题是集成和快速设计，集成化的工作视窗和提前植入的多项功能使其更人性化、更高效。软件开发的重点是将电子设计的各个独立部分结合在一起，以实现更好的工作流程和更快速的项目设计。为了实现这一点，以下三个主要的架构变化是必要的：

- 一个统一的应用程序框架。
- 一个公共数据库。
- 一个实时网络表。

在统一的应用程序框架下，单个应用程序以工作视窗的形式集成在一个工作界面中，通过主菜单栏下面的工作视窗选项卡图标选择当前视窗。这些工作视窗主要有：

- 原理图设计(Schematic Capture)——智能原理图输入、系统设计与仿真。
- 印制电路板设计(PCB Layout)——高级 PCB 布线编辑。
- 程序设计(Source Code)——程序代码编写、编译和仿真。
- 三维可视化(3D Visualizer)——实际电路板的三维效果生成展示。
- 设计资源管理器(Design Explorer)——原理图设计中的元件信息生成列表。
- 物料清单(Bill of Materials)——工程中所包含的物料清单生成显示。

- Gerber 查看器(Gerber Viewer)——PCB 板层设计实际效果查看。
- 项目备注(Project Notes)——工程文件下的项目备注文档编辑。
- 主页面(Home Page)——工程创新向导及学习教程等。

这些不同工作视窗下设计的文件统一保存在 Proteus 8 的一个工程文件中，共享一个数据库。运行 Proteus 8 后，先打开主界面，通过选择创建工程向导等打开集成工作视窗界面。根据需要，读者可同时打开多个工作视窗，单屏工作时可通过工作视窗选项卡来切换当前视窗，双屏或多屏工作时可同时显示多个当前视窗。

在 Proteus 中，从原理图设计、程序设计、系统仿真到 PCB 设计一气呵成，真正实现了从概念到产品的完整设计。Proteus 从原理图设计到 PCB 设计，再到实际电路板完成的流程如图 1-1 所示。

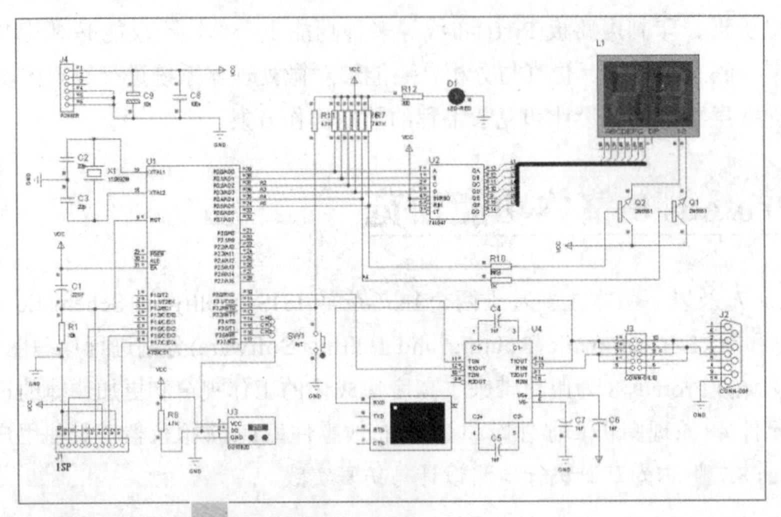

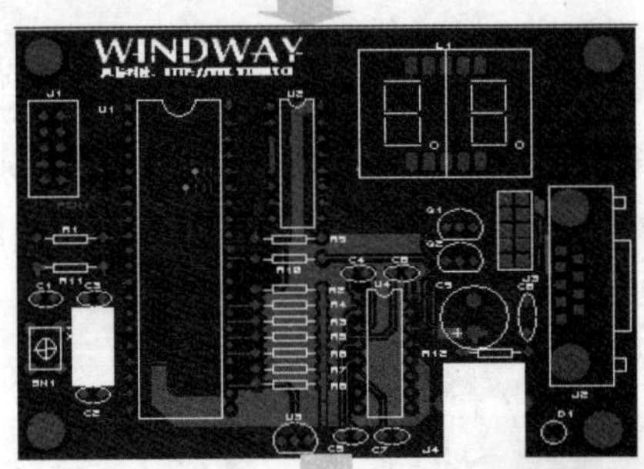

图 1-1　Proteus 设计流程

注意：

Proteus 软件中的电气符号及标识非我国国标，本书未对截屏图中的电气符号进行修改，正文中涉及的电气符号标识也力求和截图一致，以增加本教程的可读性及 Proteus 软件的实操性。

在图 1-1 中，最上面是一个基于单片机的应用电路原理图，显示的画面正处于仿真运行状态。设计者可以从 Schematic Capture 视窗的原理图库中调用所需电路元件，然后通过适当连线即可完成；在 Source Code 视窗中进行程序设计和编译(也可从外部直接把编译后的程序文件导入单片机中)，然后返回 Schematic Capture 视窗运行交互仿真(无须向单片机元件导入程序)，即可查看电路功能效果。中间图片是 PCB Layout 视窗中设计的 PCB，通过实时网络表建立原理图与 PCB 之间的对应连线关系。最下面的图为最终完成的实际电路板。可见，整个电路从设计到实际电路制作完成，通过一款 Proteus 软件即可完美实现。并且，它的仿真结果与实际误差很小，非常适合电子设计爱好者和高校学生自学使用，能够缩短项目设计周期，提高设计成功率。

1.1.2 Proteus 8 的虚拟仿真模式

Proteus 还支持虚拟仿真模式(Virtual Simulation Mode，VSM)。Proteus ISIS 的元件库类别丰富、功能强大，库元件具有各自的电气特性，可供进行虚拟仿真。当电路连接完成无误或程序编译成功后，直接运行交互仿真按钮，即可实现数据显示和声、光、色、动等逼真的效果，还可以通过放置静态图表进行输出波形自动生成，非常方便直观。

1. Proteus ISIS 的虚拟仿真模式

Proteus 8 的 VSM 有以下几种不同的仿真方式，通称交互式仿真。

- 动态仿真——通过元件特性和仪器测试，实时直观地反映电路设计的仿真结果(原理图视窗：仿真元件+激励源+虚拟仪器)。
- 静态仿真——通过放置在电路中的图表生成所要测量的波形，用来精确分析电路的各种性能，如频率特性、噪声特性等(原理图视窗：探针+图表)。
- 程序仿真——(程序代码视窗：程序代码+原理图活动窗口)。

通过不同模式的仿真，可实现对所绘制或设计的电路及程序进行正确性验证、功能模拟、性能分析等。功能强大、丰富逼真的仿真元件库、激励源、虚拟仪器、编译软件及各种辅助工具，把 Proteus 8 建成了一个名副其实的电子设计虚拟实验室。

2. 交互式仿真实例(741 放大电路)

(1) 放大电路分析

图 1-2 给出了由运算放大器 741 组成的放大电路原理图。这不仅仅是一张简单的原理图，图中除了基本仿真电子元件之外，还有用于仿真的激励源、虚拟仪器和仿真工具。其中，运放 741、电阻 R1～R3、±12V 电源为仿真器件和电源，即这些器件和电源不仅仅是一个原理符号，还都有电气特性，在运行仿真时会显现出和实际元器件一样的电气特性；在 R1 的左端和 741

的输出端分别接有正弦信号和输出电压探针，这是仿真工具，一个是激励(即输入信号)，一个是响应测试(即输出电压指示)；另外在741输出端还接有一个示波器，可以在运行仿真时查看动态波形。

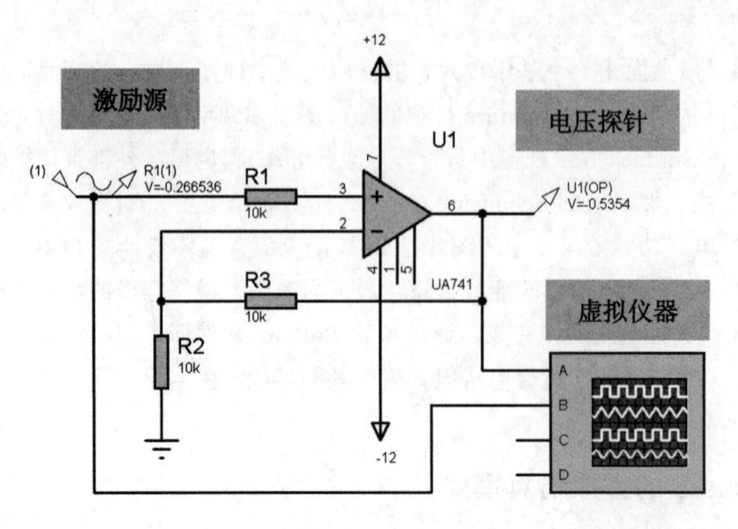

图1-2 741放大电路分析

同时，在原理图的空白处还添加并自动生成了两个静态仿真图表，分别用于电路的噪声分析和失真分析。

- 噪声分析：显示随频率变化的输出噪声和等效输入噪声电压，并列出电路各部分所产生的噪声电压清单。741放大电路的噪声分析如图1-3所示。
- 失真分析：用于确定由测试电路所引起的电平失真的程度，失真分析图表用于显示随频率变化的二次和三次谐波失真电平。741放大电路的失真分析如图1-4所示。

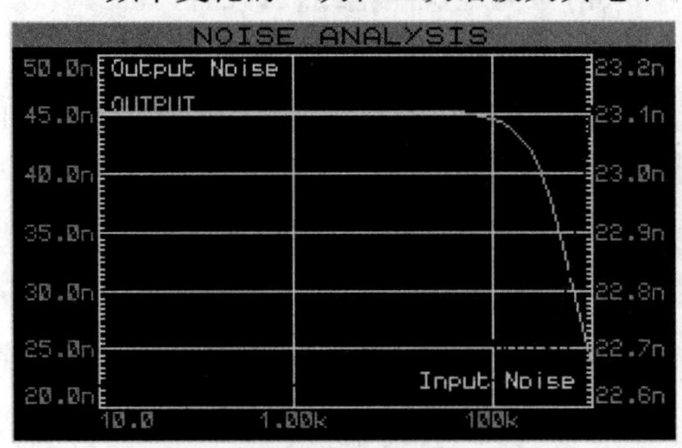

图1-3 741放大电路的噪声分析

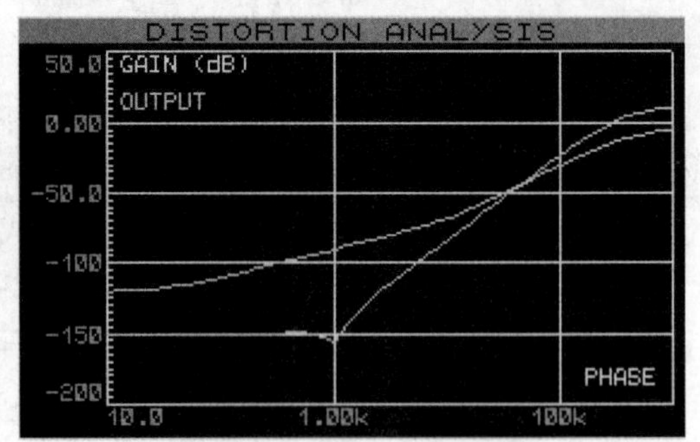

图1-4 741放大电路的失真分析

3. 微处理器系统仿真

单片机系统的仿真是Proteus VSM的主要特色。用户可在Proteus中直接编辑、编译、调试代码，并直观地看到仿真结果。

Proteus 8元件库中的CPU模型有8051、ARM、AVR、PIC、TMS320等多种系列及常用外设。同时，原理图元件库中包含了LED/LCD显示、键盘、开关、喇叭及常用电机等完整的仿真器件。VSM 甚至能仿真多个 CPU，它能轻松处理含有两个或两个以上微控制器的系统设计。

下面来看一个微处理器系统仿真与分析实例——交互式仿真显示系统输出结果，如图 1-5 所示。

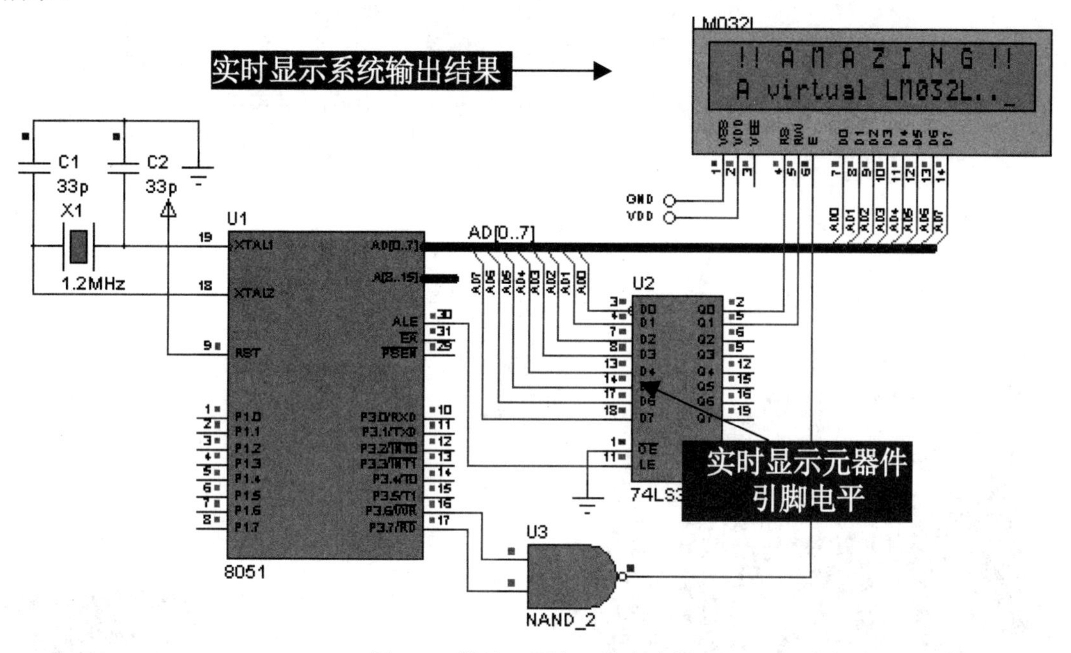

图 1-5　微处理器交互仿真实例

单片机 8051 通过锁存器驱动液晶显示屏。对单片机进行程序设计，在主界面建立工程向导时选择创建固件(Firmware)，则程序代码(Source Code)工作视窗就会建立，可以进行系统程序编写、编译和仿真，编译后的文件通过内部数据库自动导入到原理图的单片机属性中。

当然，如果是 Proteus 7 版本，可通过 Keil 软件(支持汇编和 C 格式)编写程序，编译后生成相应文件，用鼠标双击原理图中的单片机，把编译后的文件载入“Program File”栏即可。

无论采用哪种编程方式，如果程序无误，而且硬件电路也连接正确，则单击原理图设计视窗左下方的仿真控制按钮 ▶ ▶| ‖ ■ 可进行电路交互仿真，出现如图 1-6 所示的仿真结果。其中，每个芯片引脚还会通过红蓝两色的方点来表示引脚电平的高低，红色表示高电平，蓝色表示低电平。

另外，通过 COMPIM 串口仿真模型，可以实现虚拟仿真电路与外部实际电路的双向通信，如图 1-6 所示。

原理图中的 P1 为虚拟串口，通过适当设置和引用，可以直接实现模拟与实际电路一样的串行通信效果，避免了涉及外围及与 PC 之间的通信无法实现的情况。

在 Proteus 中，除了虚拟仿真元件库，还有很多虚拟仪器可供使用，因此，单片机与上位机之间的通信，以及两个单片机之间的通信仿真都可以圆满解决。

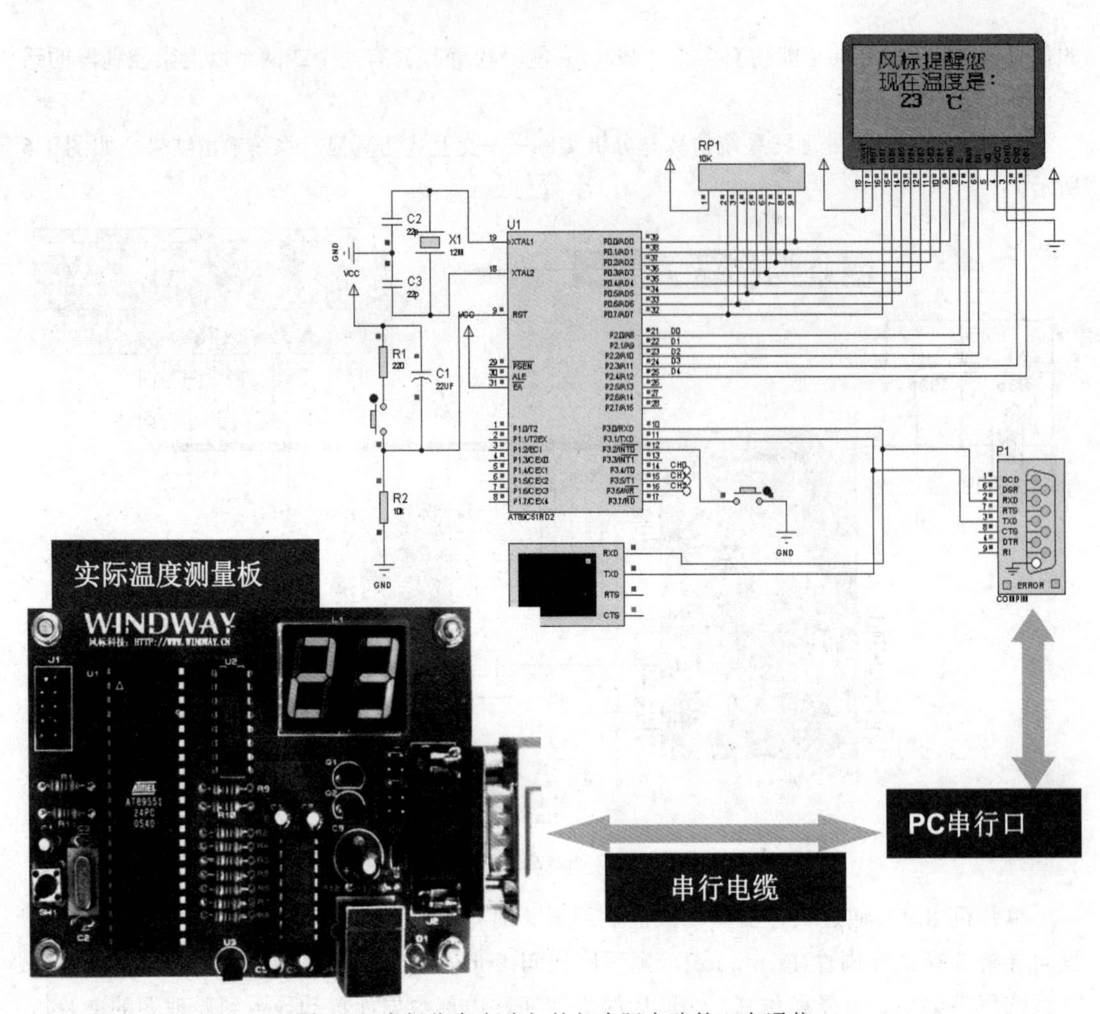

图 1-6 虚拟仿真电路与外部实际电路的双向通信

1.2 Proteus 8 集成环境认识

1.2.1 Proteus 8 Professional 的安装与运行

先按要求把 Proteus 8 Professional 软件安装到计算机上(支持 Windows XP 以上操作系统，Proteus 8.4 开始支持 Windows 10 系统)，安装结束后，在桌面的“开始”程序菜单中找到“Proteus 8 Professional”选项并单击(或双击桌面快捷键)运行。Proteus 8 Professional 在 Windows 10 程序中的位置如图 1-7 所示。

图 1-8 所示为 Proteus 8 Professional 运行时闪过的软件版本信息显示界面。

接下来打开的是 Proteus 8 Professional 的主界面，如图 1-9 所示。

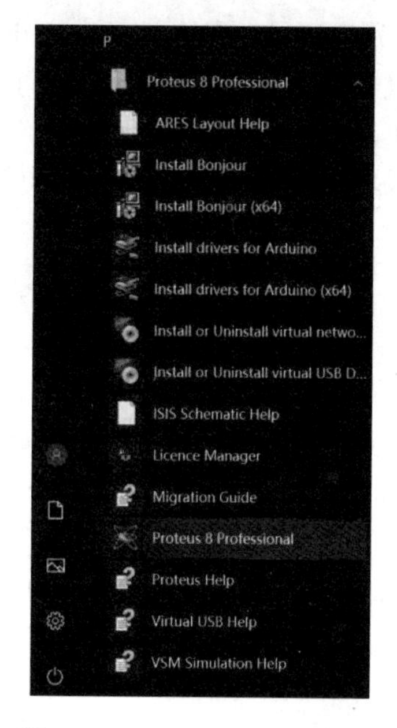

图 1-7　Proteus 8 Professional 在 Windows 10 程序中的位置

图 1-8　Proteus 8 Professional 运行时的版本信息显示

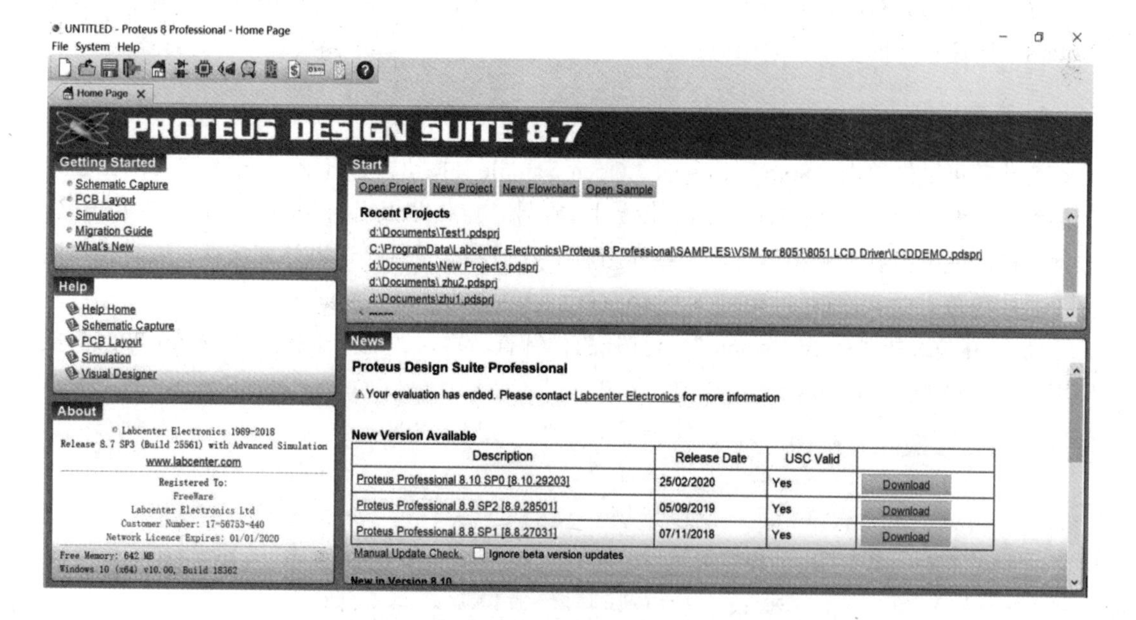

图 1-9　Proteus 8 Professional 的主界面

Proteus 8 Professional 的主界面可分为三个区域。

第一区域：左上角信息及图标栏，这是集成工作视窗的公共部分，分别为工程文件名称、主菜单栏(不同的工作视窗会有变化)、文件操作及工作视窗选项卡、工作视窗标签(首次运行时只有一个主界面视窗标签)。

第二区域：位于左列的三个区域。

- Getting Started：学习教程，图文并茂、非常详细，分别介绍原理图绘制(Schematic Capture)、PCB 设计(PCB Layout)、Proteus 功能概览(Migration Guide)、仿真(Simulation)、目前版本及以前版本软件新增功能(What's New)。如果是初次接触 Proteus 8 Professional，可以先从“Migration Guide”开始学习，借助在线翻译软件阅读非常方便。
- Help：帮助文档，与学习教程相辅相成。
- About：版本信息。

第三区域：位于右列的两个区域。

- Start：建立工程文件向导，可分别选择打开工程(Open Project)、新建工程(New Project)、新建流程图(New Flowchart)、打开样例(Open Sample)。这是我们开始 Proteus 8 设计工作的入口，也是主界面最核心的部分。
- News：最新版本软件下载及新增功能，提供高于所用版本的其他各个版本软件的下载链接，可以看到图 1-9 中有 8.8、8.9、8.10 三个版本。介绍了各个版本的主要新增功能，最下方还提供了在线视频介绍。

1.2.2 Proteus 8 Professional 的快速设计向导

运行 Proteus 8 Professional 后，出现如图 1-9 所示的主界面中的快速设计向导，这是 Proteus 8 快速设计的一个重要组成元素。

1. 查看样例

初学者可以先单击“Start”下方的“Open Sample”按钮，打开 Proteus 8 自带的工程设计样例，从最简单的电容充放电电路到运放和译码器电路，以及各种型号的单片机控制电路，非常丰富，便于读者了解和学习。查看样例后千万别保存，直接退出放弃保存，以防止样例更改后被覆盖。

图 1-10 是选择“Open Sample”后打开的样例查看窗口，这里选择“VSM for 8051”类别下的“8051 LCD Display Driver”(8051 液晶显示驱动)样例。

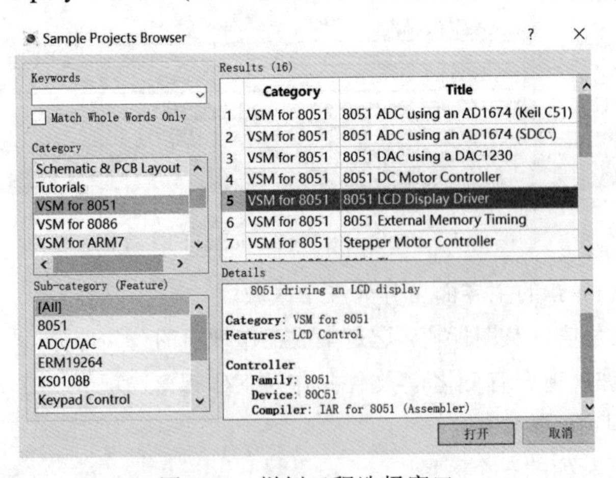

图 1-10　样例工程选择窗口

单击图 1-10 下方的“打开”按钮，出现“8051 LCD Display Driver”工程样例的集成工作视窗界面，当前视窗为原理图设计视窗，其上方对应的视窗标签为 Schematic Capture ×，如图 1-11 所示。右边相邻的视窗标签为 Source Code ×，即源程序代码工作视窗标签，单击后可把程序代码视窗切换为当前视窗，如图 1-12 所示。单击各工作视窗标签右边的“×”按钮可关闭该工作视窗。

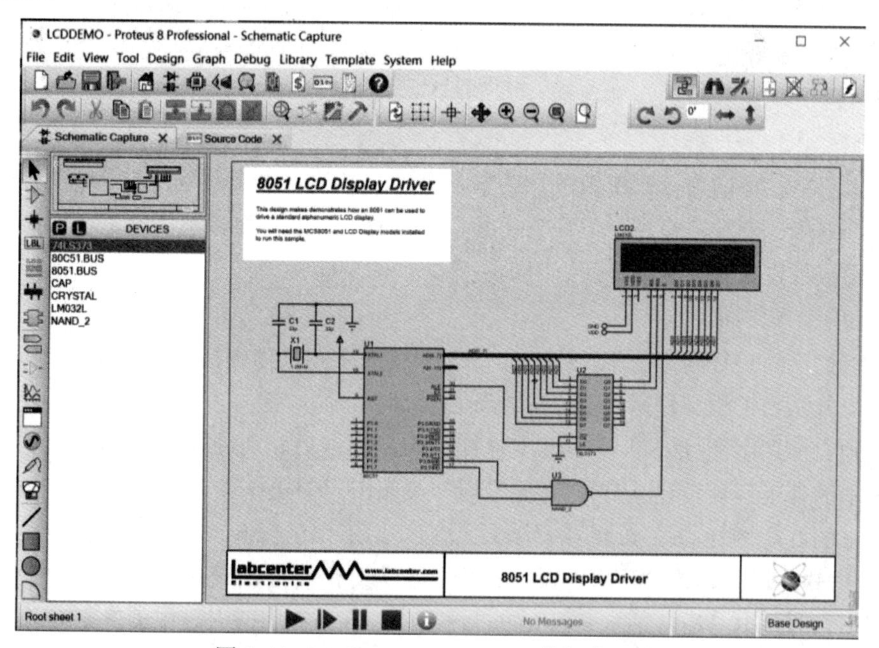

图 1-11 Schematic Capture 工作视窗环境

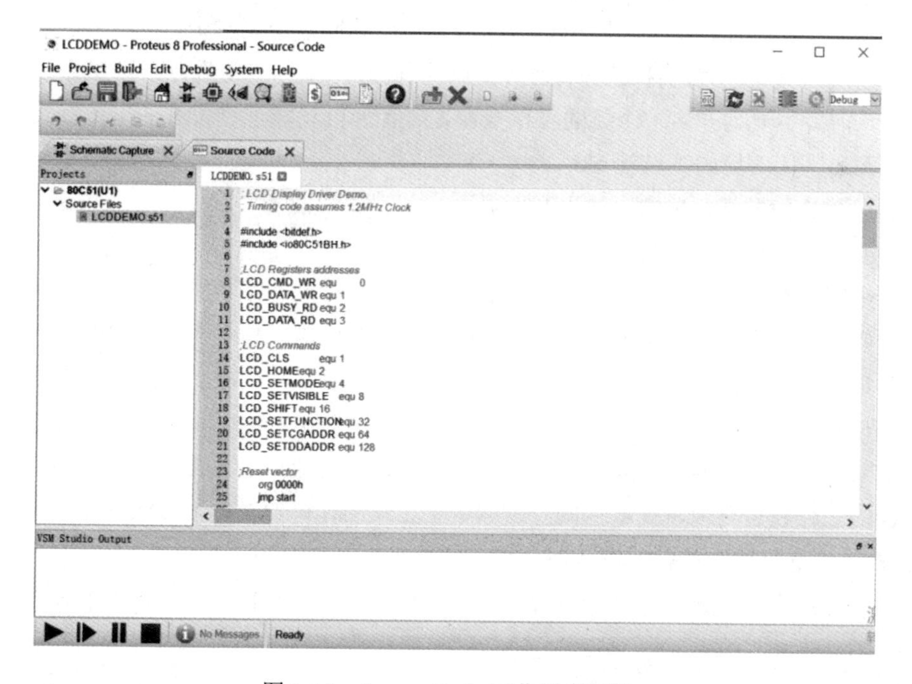

图 1-12 Source Code 工作视窗环境

2. 工作视窗简介

下面就以打开的样例对 Proteus 8 集成工作视窗环境进行简要介绍。

(1) 主菜单命令

主菜单命令与当前工作视窗相关，选择不同的工作视窗，主菜单命令也随之变化，如原理图视窗的主菜单命令为 File Edit View Tool Design Graph Debug Library Template System Help ，而源程序代码视窗的主菜单命令为 File Project Build Edit Debug System Help ，以上两个视窗中的主菜单命令会在第 2 章详细介绍，PCB 视窗的主菜单命令为 File Output View Edit Library Tools Technology System Help (第 8 章详细介绍)，也不一样。

单击主菜单栏中的命令，出现下拉菜单，通过选择不同的子命令，实现对工程或项目设计的存储、编辑、查看、编译、仿真等功能。重要的主菜单命令在不同的工作视窗下会以操作图标的形式放置在视窗上方。

(2) 系统主操作图标

主菜单栏下的一行固定图标，是 Proteus 8 系统的主要操作图标，不因当前工作视窗的切换而改变，分别为工程文件操作类、视窗开启类和帮助。

从左到右前四个图标为文件操作类，单击后分别进行新建工程、打开工程(包括以前版本的非工程类设计文件)、存储工程和关闭工程的操作。

接下来的九个图标为开启工作视窗选项卡，其中第一个图标为切换至主页面(软件运行时首先开启主页)，后面依次为开启原理图设计工作视窗(创建向导中必创建此视窗，因此也已经自动打开了)、PCB 设计视窗(如在创建向导中创建则自动打开)、三维可视化视窗(PCB 的 3D 效果生成)、Gerber 查看器(查看 PCB 各层设计效果)视窗、设计资源管理器视窗、物料清单视窗、程序代码视窗(如在创建向导中创建则自动打开，显示或编写单片机程序及仿真模型代码)和工程备注视窗(文字输入)。工作视窗选项卡和工作视窗标签有明显区别，前者主要为开启一个新的工作视窗，后者为自动标记已打开的工作视窗、切换当前工作视窗、关闭对应的工作视窗。

最后一个是图标，单击可弹出帮助界面。

(3) 主命令图标和主工具图标

主命令图标是主菜单命令中的主要及常用命令以图标的形式放置在了工作视窗的上方。不同的当前工作视窗中，主命令图标也不尽相同。主工具图标是不同的工作视窗下的主要工具，通常指的是原理图设计工作视窗和 PCB 设计工作视窗，这些工具图标位于工作视窗的左侧。

下面，我们开启样例中主操作图标中的其余工作视窗选项卡，再分别切换至当前视窗，熟悉不同的工作视窗环境，观察主命令图标、主工具图标等的变化，如图 1-13～图 1-17 所示(图标栏的位置可以通过鼠标将其拖动到其他位置)。

另外，还有 3D Visualizer 三维可视化工作视窗，由于该样例工程中没有创建 PCB 项目，因此是空的。

在图 1-11～图 1-17 的任何一个工作视窗环境下，单击主操作图标栏中的图标，都可返回如图 1-18 所示的 Proteus 8 主界面，以查找帮助、进行软件教程学习，同时还可以在主界面中单击其他工作视窗标签，再次回到任一已打开的工作视窗界面，如图 1-19 所示。单击主操作图标栏中的关闭工程图标，则关闭除主界面之外的所有已打开视窗，并返回如图 1-9 所示的主界面。

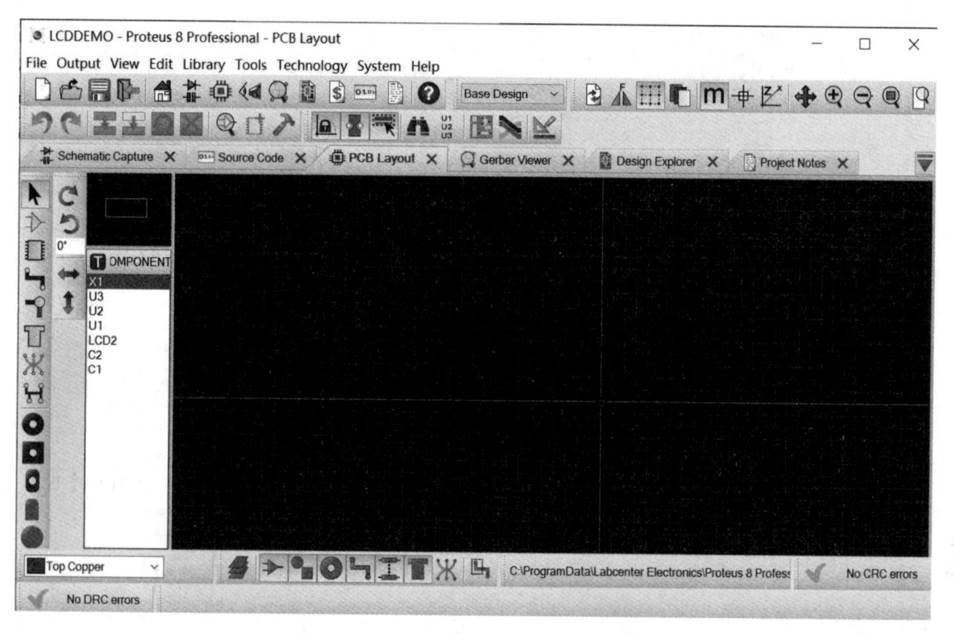

图 1-13　PCB Layout 工作视窗环境

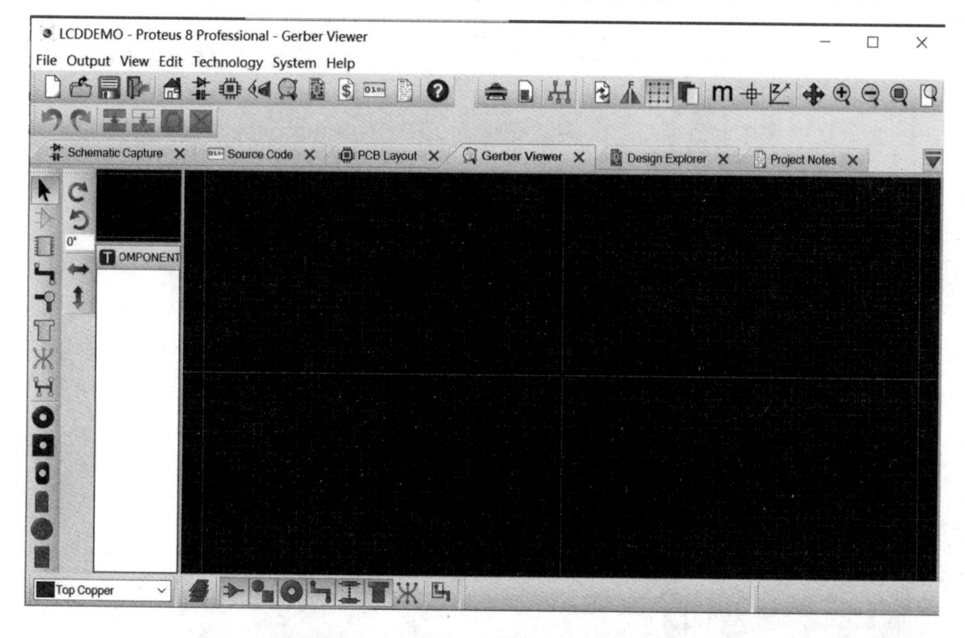

图 1-14　Gerber Viewer 工作视窗环境

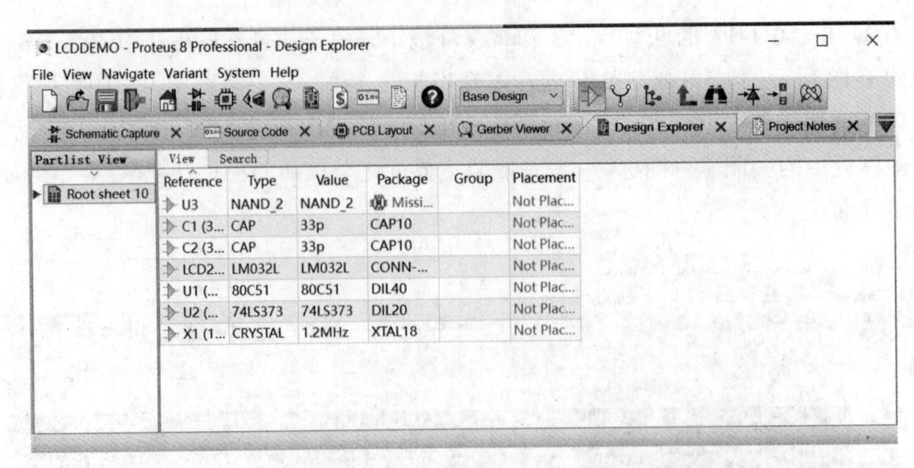

图 1-15　Design Explorer 工作视窗环境

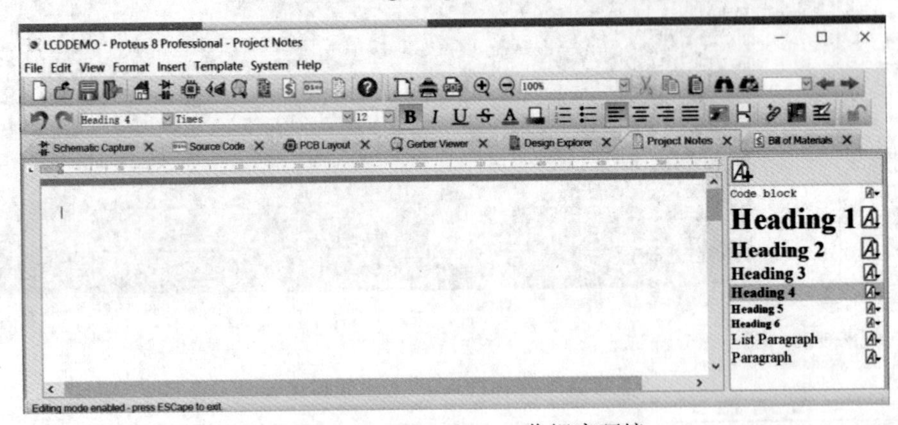

图 1-16　Project Notes 工作视窗环境

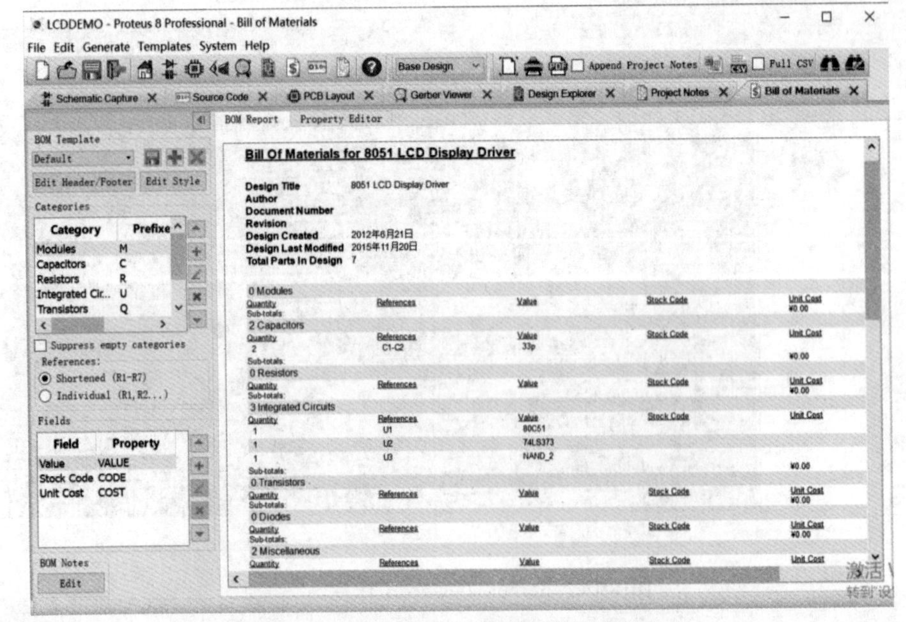

图 1-17　Bill of Materials 工作视窗环境

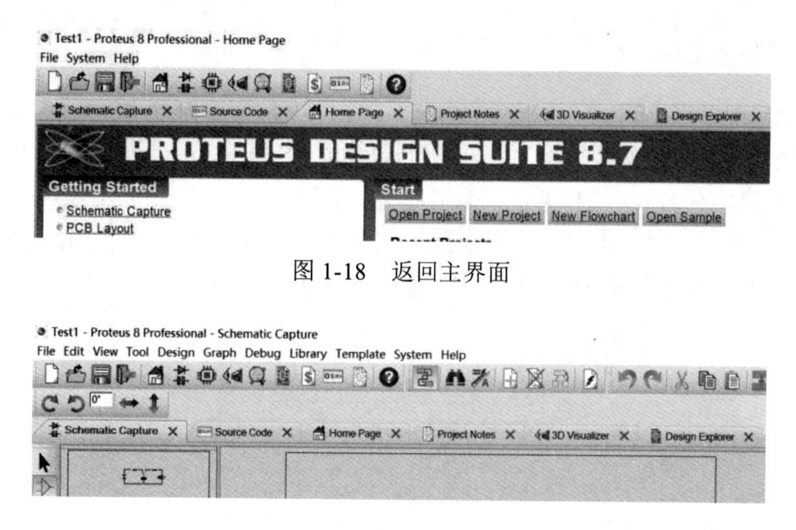

图 1-18　返回主界面

图 1-19　切换至原理图工作视窗

3. 打开工程项目

在图 1-9 的创建向导“Start”中，单击“Open Project”选项打开一个存在的文件，弹出的对话框如图 1-20 所示。可从已知目录中查找选择工程项目文件，默认文件类型为 Project Files(个人工程文件的存放路径，是在创建工程文件时指定的，请读者记好)，也可以通过下面的文件类型选择 Proteus 7 及早期版本中的原理图设计文件(Design Files)、PCB 设计文件(Layout Files)，以及备份的工程文件(Backup Project Files)。读者可以尝试操作一下，此处不再详述。

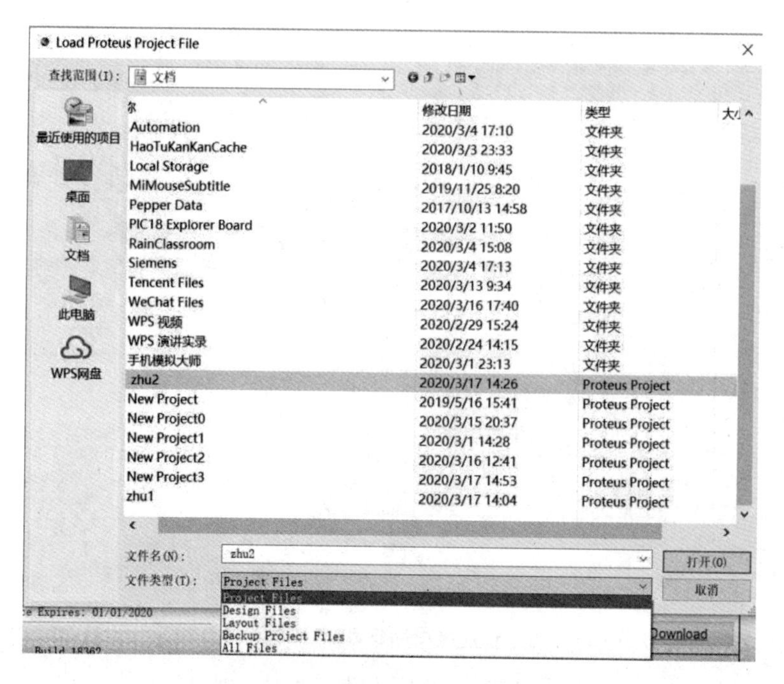

图 1-20　打开工程项目对话框

4. 创建流程图工程

先通过创建向导来了解一下流程图的含义。在图 1-9 的创建向导“Start”中，单击“New Flowchart”选项，新建流程图工程，弹出的对话框如图 1-21(a)和(b)所示。图 1-21(a)中，工程文件名称和存放路径可以更改和指定，但工程文件的扩展名“.pdsprj”不能更改；图 1-21(b)中，为工程文件指定固件(用户程序)对应的控制器类型和编译器，通过下拉菜单可以看到，Flowchart 设计主要针对 ARDUINO 控制器，编译器也是默认的。

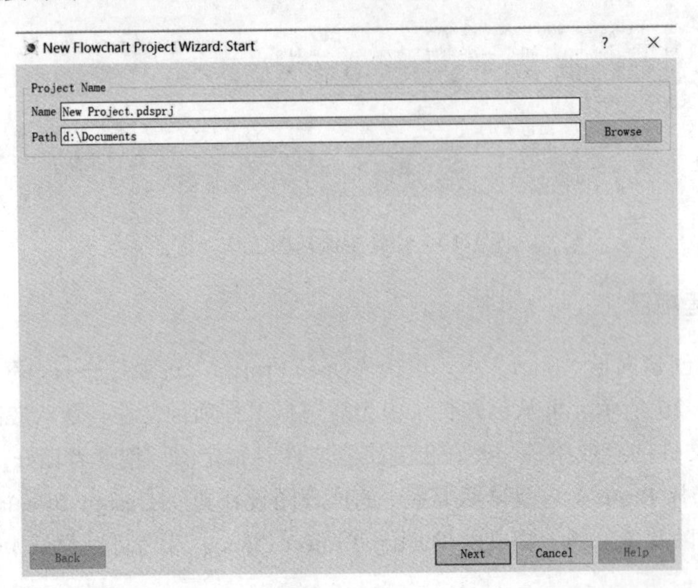

(a) 输入工程名称

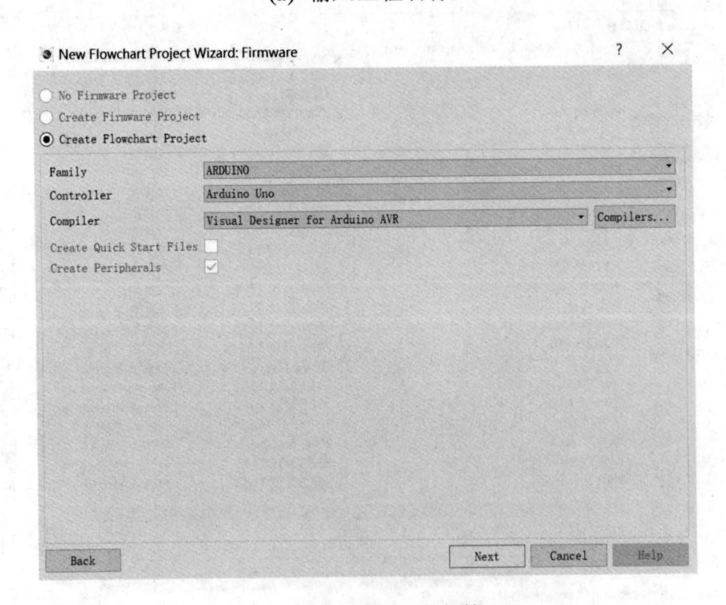

(b) 指定固件相关参数

图 1-21 新建流程图工程对话框

单击图 1-21(b)中的“Next”按钮，出现如图 1-22 所示的流程图工程创建内容总结(Summary)。可以看到，工程中含有原理图(Schematic)和固件(Firmware)项目设计，并没有PCB(Layout)项目设计。

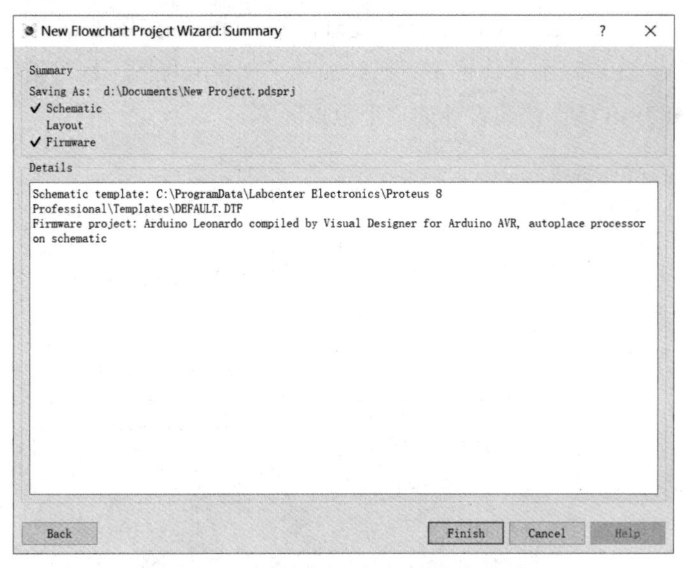

图 1-22　流程图工程创建内容总结

单击“Finish”按钮打开如图 1-23 所示的集成工作视窗界面，当前工作视窗标签为“Visual Designer”，即可视化设计。而随着后面的学习会发现，同一个程序设计视窗选项卡，打开的工作视窗及标签都不尽相同，这与编程方式、编译器和处理对象有关。

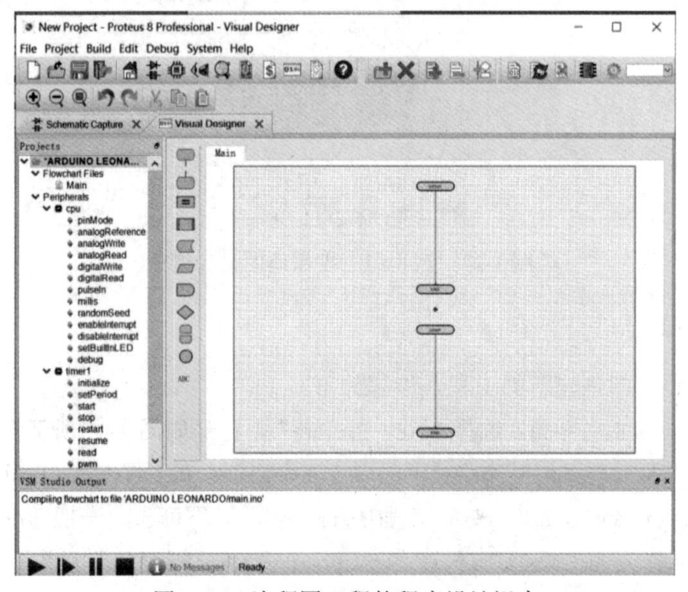

图 1-23　流程图工程的程序设计视窗

该视窗由三块区域组成，左边是程序目录结构，右边是程序流程图编辑窗口。程序目录和框架已经构建好了，读者可以通过左侧的工具来编写流程图程序，这是 Proteus 8 程序可以快速设计的又一个组成元素。下边区域是程序编译和仿真信息栏。

因此，Proteus 8 的流程图是针对 ARDUINO 控制器的一种程序编写方式，更详细的内容可查看其他相关资料。

单击图 1-23 中的“Schematic Capture”视窗标签，可打开如图 1-24 所示的原理图设计工作视窗。可以看到，在原理图设计视窗下已经加载了创建流程图工程时指定的单片机最小系统，这是 Proteus 8 ISIS 硬件快速设计的一个组成元素。

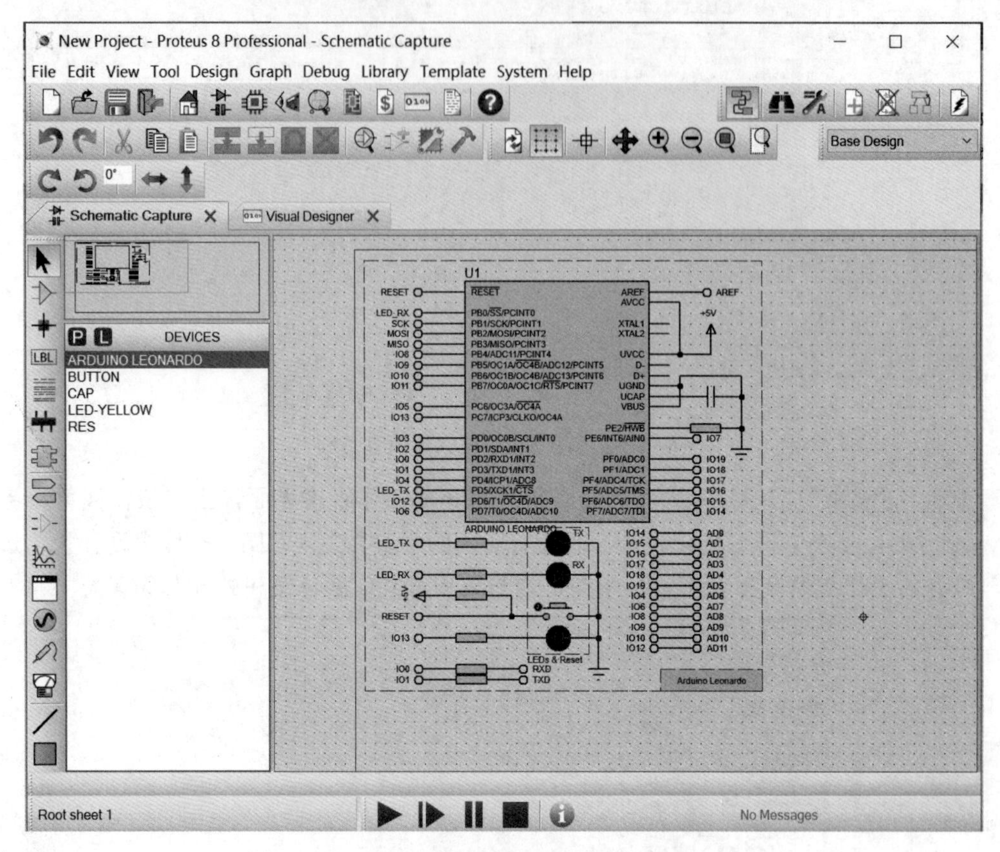

图 1-24 流程图工程原理图设计视窗

5. 创建新的工程

接下来讲重点，即创建新的工程，步骤如下。

(1) 返回 Proteus 8 主界面，选择“New Project”，打开如图 1-25 所示的创建向导对话框。该图和图 1-21(a)看似一样，但其实路径下面多了三个选项：新工程(New Project，默认)、来自开发板(From Development Board)、空的工程(Blank Project，不可选)，一般情况下默认为新工程。

(2) 把工程名称改为“Test1”(扩展名.pdsprj 不变)，文档存放路径先不变，如图 1-26 所示。读者也可以浏览选择其他目录存放用户工程文件，但一定要记清楚，以便以后浏览。在主界面创建向导下面，会显示最近打开过的工程文件。

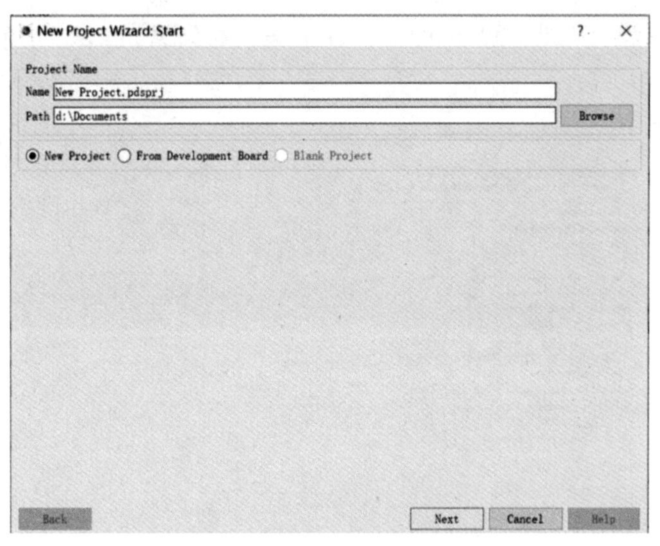

图 1-25　新工程创建向导对话框

图 1-26　修改工程名称

(3) 单击图 1-25 中的“Next”按钮，出现如图 1-27 所示的创建原理图设计对话框。有两个选项：不创建原理图、创建原理图(默认)。原理图设计是一个工程的最基础工作，因此必须选择此项。接下来是原理图设计模板选择，默认为“DEFAULT”。

(4) 单击“Next”按钮，出现如图 1-28 所示的创建 PCB 布局对话框，默认为不创建。如果选择创建 PCB 布局，后面还有一系列选项，读者如果想看一下创建后的集成视窗效果，一路单击“Next”按钮即可。

(5) 单击图 1-28 中的“Next”按钮，出现如图 1-29 所示的创建固件对话框。有三个选项，分别是“No Firmware Project”(不创建固件)、“Create Firmware Project”(创建固件)和“Create Flowchart Project”(创建流程图)。如果绘制一个不含控制器的电子线路且不需要进行复杂模型创建，选择默认不创建固件项目；如果想要设计一个含有控制器的系统或需要进行复杂模型创建，即有编程需求，则选择后两项；而第三项流程图创建前面已有说明，这里选中间项“Create Firmware Project”。

(6) 选择“Create Firmware Project”项后，在图 1-29 下方选择需编程的控制器系列、型号、对应的程序编译软件，以及是否建立快速开始文件等。在“Family”中保留 8051 选项(通过右边的下拉箭头可选择其他 CPU 系列)，在“Controller”中选择 80C51 单片机，在“Compiler”中保留默认项“ASEM-51 (Proteus)”编译软件。如果选择的是其他控制器，要在图 1-30 所示的“Compiler”对话框中选择与之对应的编译软件；如果系统没有自带，可以直接在线单击“Download”安装。在图 1-30 中可以看到，已经手动安装了一个“MASM32”8086 系列编译软件。

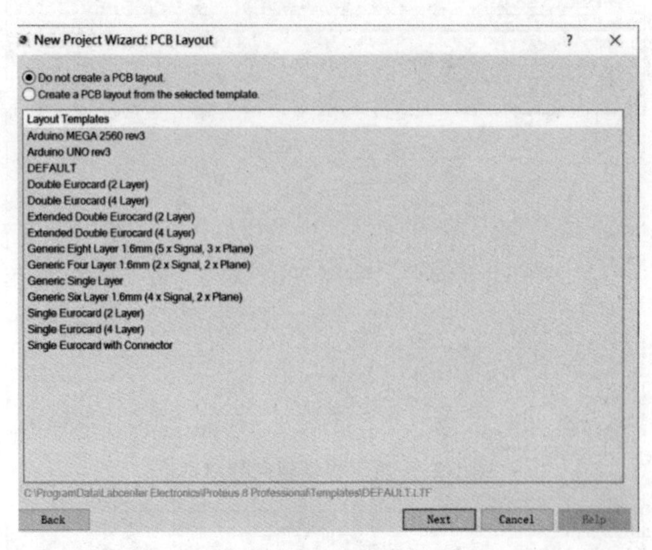

图 1-27　创建原理图设计对话框

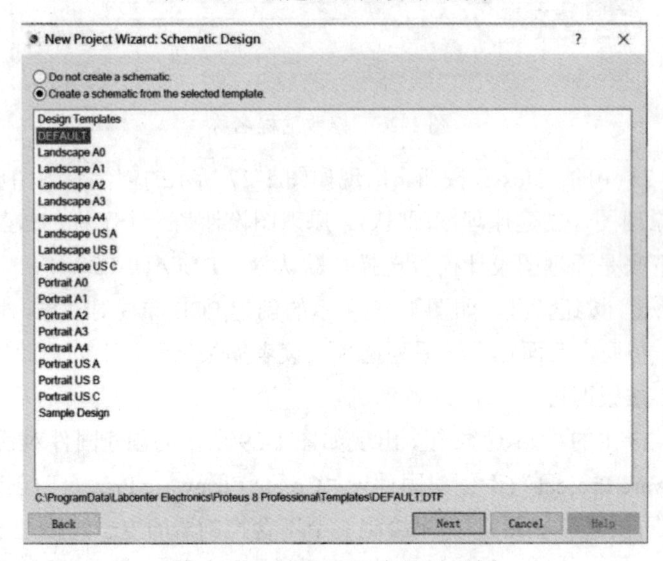

图 1-28　创建 PCB 布局对话框

(7) 选择图 1-29 中的“Create Quick Start Files”项并进行相应设置后，出现如图 1-31 所示的创建固件选择结果。

(8) 选择“Create Firmware Project”项后，单击对话框下方的“Next”按钮，出现 Test1 工程各项目创建概要，详细信息如图 1-32 所示。

(9) 单击图 1-32 下方的“Finish”按钮，完成 Test1 工程创建向导，打开集成工作视窗界面，如图 1-33 所示。当前工作视窗为“Source Code”，这是前面选择固件的结果，左边是程序文件目录结构，右边是程序编辑区，下面是仿真和编译信息显示区。可以看到程序设计视窗中已有相关程序体语句，这是我们前面勾选“Create Quick Start Files”的结果，否则是空白。因此 Proteus 8 不再依赖外部程序编译器，这种集成化的设计为程序调试和硬件仿真带来了非常大的便利，后面例子中会详细说明活动窗口的作用。

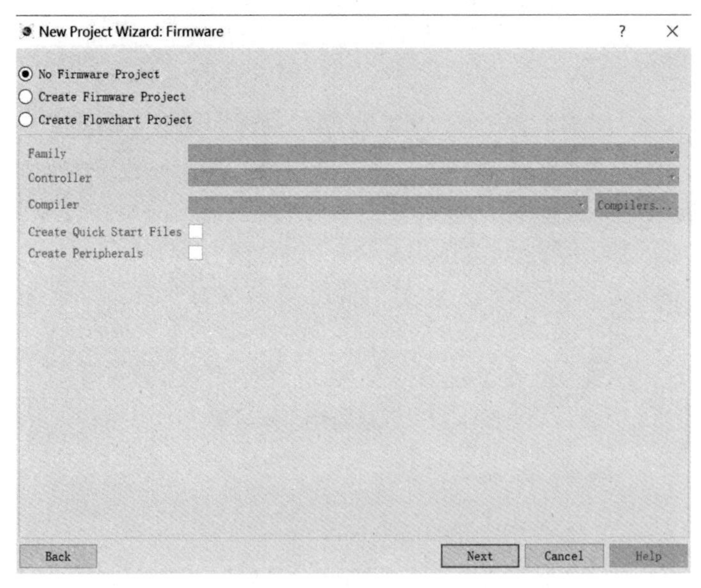

图 1-29　创建固件对话框

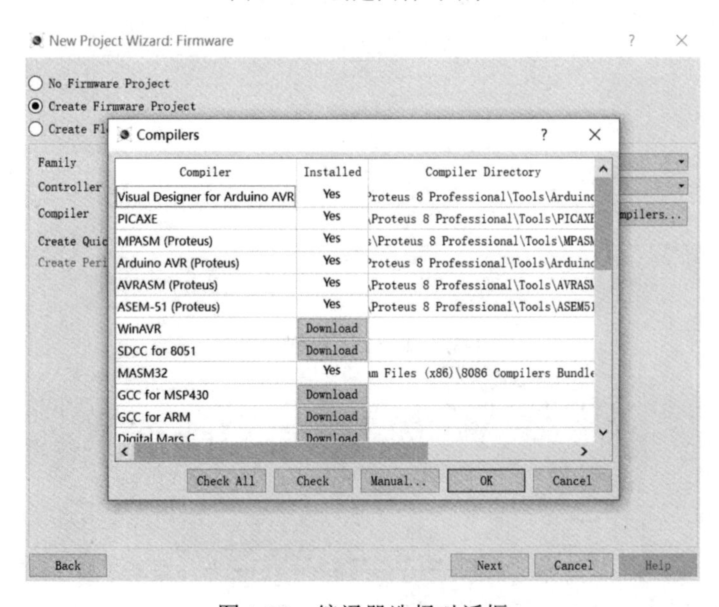

图 1-30　编译器选择对话框

(10) 切换图 1-33 中的当前视窗为原理图设计视窗，可看到单片机 80C51 元件已经自动加载到了绘图区，如图 1-34 所示。

至此，工程文件创建向导已经完成，我们已经来到了集成工作视窗界面，先单击左上方的存盘图标保存一下已建工程。接下来，我们一起动手设计三个简单工程，使读者通过练习，能够快速上手，开启直通 Proteus 8 Professional 的大门。

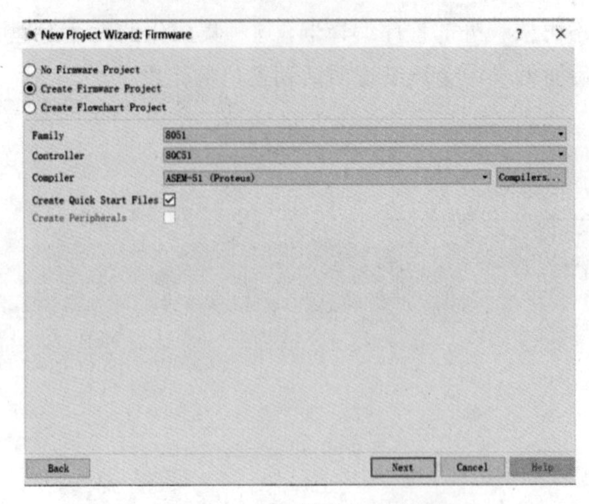

图 1-31　创建固件选择结果

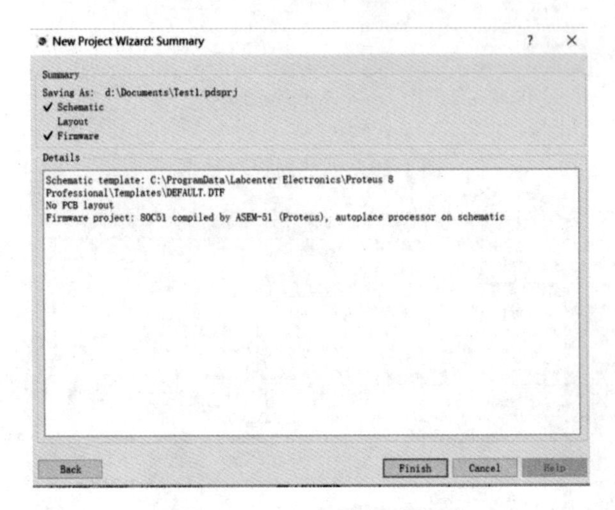

图 1-32　Test1 工程创建概要

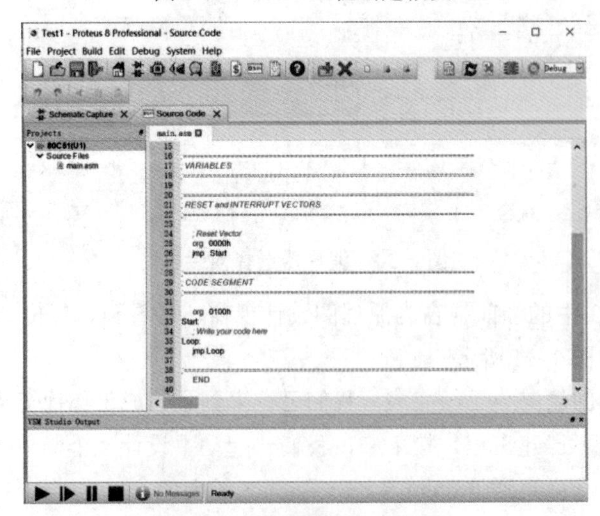

图 1-33　程序设计工作视窗

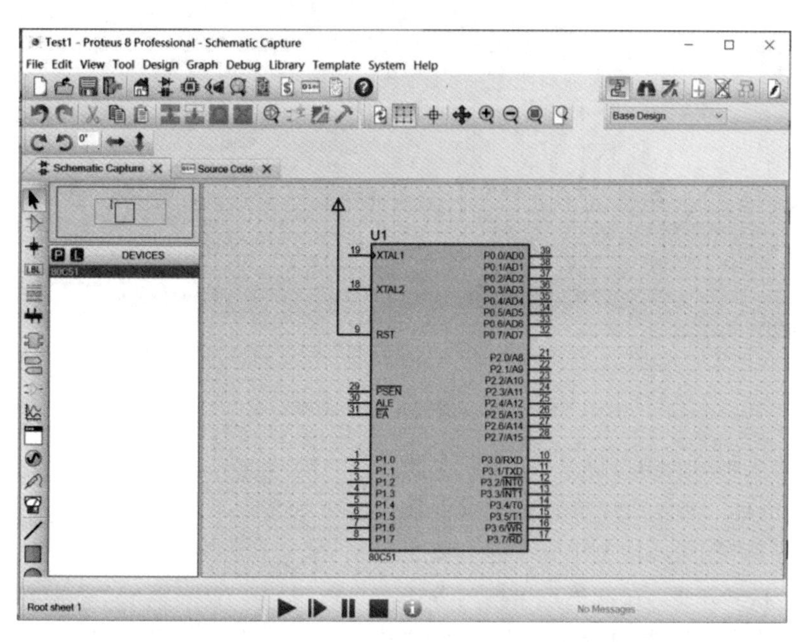

图 1-34　原理图设计工作视窗

1.2.3　一阶动态电路的设计与仿真

先从最简单的工作入手，来设计一个一阶动态电路——电容充放电电路，并通过仿真，观察电流流向和灯泡的亮灭。为了方便，直接在刚刚创建的工程项目 Test1 的原理图设计工作视窗中进行。首先做一些最基础的准备工作。

1. 认识原理图设计工作视窗

图 1-35 所示为 Proteus ISIS 原理图设计工作视窗。最左侧是绘图工具图标栏；右边为绘图区或原理图编辑区；左上方为对象列表区中选中对象形状的预览窗口，或绘图区视野平移，单击此区域后拖动，可平移绘图区的图纸，移动的蓝框为出现在绘图区的视野，绿框为绘图区的图纸边界，蓝框移动时观察右边绘图区的视野变化，合适时再次单击；左下方为对象列表区，选择不同的绘图工具图标，这里放置的对象类别会不同。例如，当选中元件模式时，对象列表区出现的是元件名称；当选择总线模式时，对象列表区出现的是放置总线相关的部件名称。绘图时，可把不同类别的对象，从对象列表区的名称符号中复制到绘图区变成图形符号，而且可以复制多个。

2. 元件的删除

先把图 1-35 中不需要的单片机元件 80C51 删除。右键快速单击 80C51 元件两次即可删除，会发现相关连线也没了，不过还剩下一个电源符号——箭头；还可用另外一种方法删除，将鼠标指针对准箭头单击鼠标右键，在打开的菜单中选择“Delete”，元件删除后，导线自动消失。

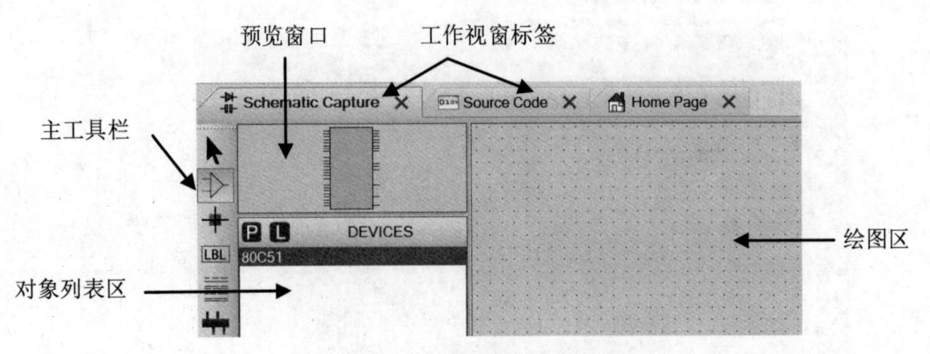

图 1-35　原理图设计视窗分区

现在练习块删除。单击图 1-34 中左上角的撤消按钮两次，恢复单片机、电源及连线；单击单片机图形左上方，拖曳出一个包含整个电路图的矩形，松开左键，在红色选区域内单击右键，出现右键菜单，选择“Block Delete”即“块删除”，则选中区域内的电路被全部删除，如图 1-36 所示。更方便的是，选中要删除的区域后，直接单击上方的块删除工具图标即可快速删除整个块。

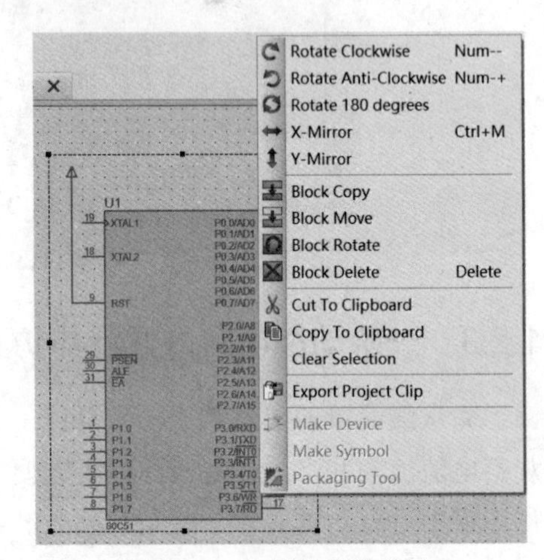

图 1-36　右键块删除指令

强调一下，右键菜单不是恒定不变的，即使在同一个工作视窗下，也会根据鼠标右键点选的不同对象而不同。

3. 元件的拾取

本例所用到的电路元件清单如表 1-1 所示。

表 1-1　一阶动态电路的元件清单

元件名	所在类	子类	备注	数量	参数
CAPACITOR	Capacitors	Animated	电容，可动态显示电荷	1	1000μF
RES	Resistors	Generic	电阻	2	1kΩ, 100Ω
LAMP	Optoelectronics	Lamps	灯泡，会发光、灯丝会断	1	12V
SW-SPDT	Switches and Relays	Switches	两位开关，可单击操作	1	
BATTERY	Simulator Primitives	Sources	电池组	1	12V

首要任务是把表 1-1 中的所有元件从 Proteus ISIS 的元件库中拾取出来，放置到当前原理图设计视窗中。首先选中图 1-35 左侧主工具栏中的元件模式图标，再单击拾取元件(Pick Devices)图标或直接在键盘上按快捷键“P”，打开如图 1-37 所示的元件拾取对话框。

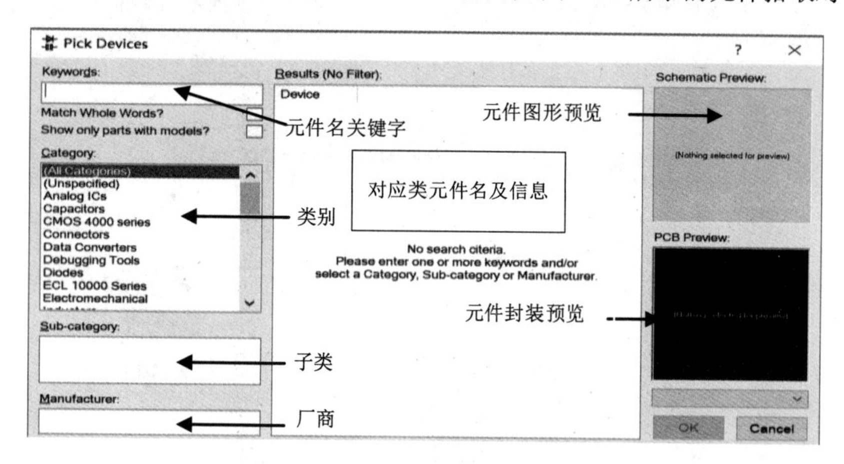

图 1-37　元件拾取对话框

元件拾取就是把所有用到的元件，通过元件拾取对话框一一从元件库的分类中找出来，放置到原理图设计视窗的对象列表区(DEVICES)中。这就像我们在实际连接电路时，先从元件柜的分类抽屉中把各种元件找出来，放到一个盒子里，然后在连接电路时直接从盒子里取出要用的元件，而不必每连接一个元件都要走到柜子边去找一次。

拾取元件主要有两种途径。

(1) 按类别查找拾取元件

Proteus ISIS 的元件是以其英文名称或元件代号在库中存放的。如果想快速拾取一个元件，首先要清楚它属于哪一个大类，然后还要知道它归属于哪一个子类，如果知道生产厂家就更好了，这样就缩小了查找范围。

按照表 1-1 中的顺序来依次拾取元件。首先是充电电容 CAPACITOR，在图 1-37 中打开的元件拾取对话框中，在“Category”类中选中“Capacitors”电容类，在下方的“Sub-category”子类中选中“Animated”(可动画演示)，中间的查询结果列表中只有一个元件，即要找的 CAPACITOR。双击元件名，该元件便已经拾取到对象列表区中了，在图 1-38 的 DEVICES 区可以看到多了一个 CAPACITOR。选择一个元件后单击右下角的“OK”按钮，元件拾取对话框关闭。连续拾取元件时不要单击“OK”按钮，直接双击元件名可继续。

拾取元件对话框共分四部分，左侧从上到下分别为直接查找时的名称输入和分类查找时的大类列表、子类列表、生产厂家列表；中间为查到的元件信息列表；右侧自上而下分别为元件的原理图和封装，图 1-38 中的元件没有显示封装。

(2) 直接查找拾取元件

把元件名的全称或部分输入到“Pick Devices”(元件拾取)对话框的“Keywords”栏中，在中间的查找结果“Results”中显示所有符合条件的元件列表，用鼠标拖动右边的滚动条，出现灰色标示的元件即为找到的匹配元件。图 1-39 所示为电阻元件 RES 的直接查找结果。

有时需要在元件列表区上下滚动，找到灰色标记的元件后双击。

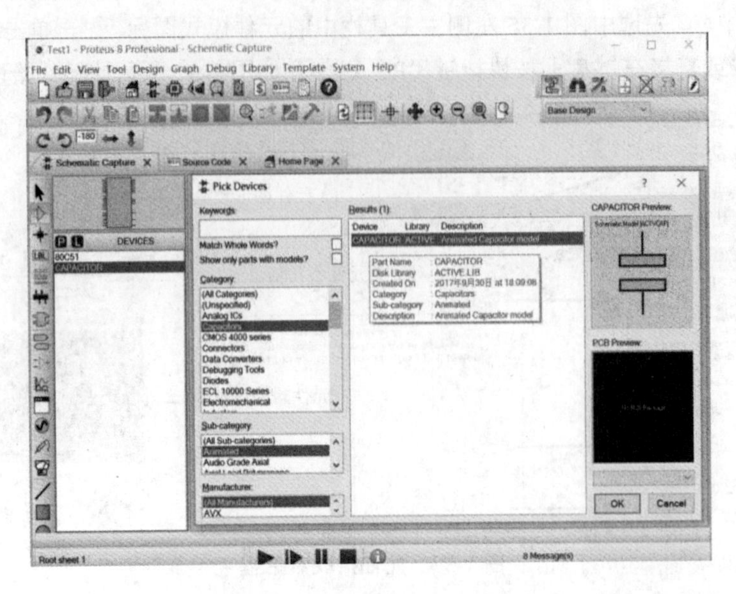

图 1-38　分类拾取元件示意图

这种方法主要用于对元件名熟悉之后，为节约时间而直接查找。对于初学者来说，还是分类查找比较好，一是不用记太多的元件名，二是对元件的分类有一个清楚的概念，利于以后对大量元件的拾取。

按照以上两种方法中的任一方法，把其余三个元件依次拾取到对象列表区中，然后关闭元件拾取对话框。元件拾取后的界面如图 1-40 所示(在对象列表区中可通过右键把 80C51 删除)。

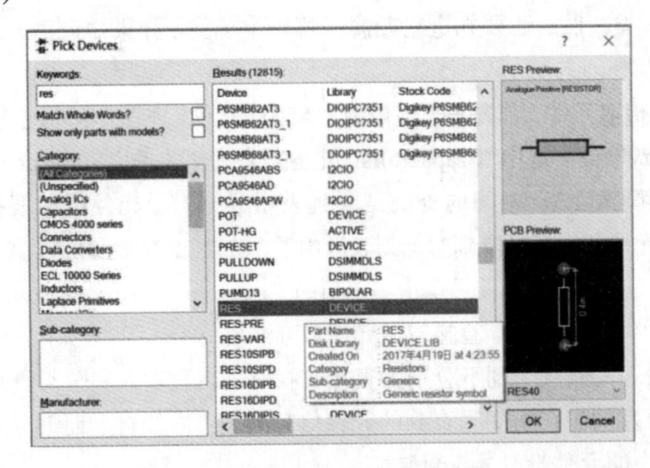

图 1-39　直接查找电阻 RES 结果

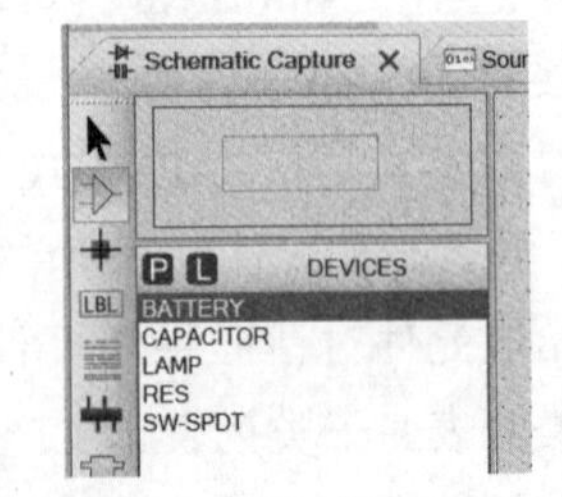

图 1-40　元件拾取后的界面

下面从对象列表区中选取元件放置到绘图区中。单击对象列表区中的某一元件名，把鼠标指针移动到图形编辑区，双击鼠标左键，元件即被放置到编辑区中；也可单击后拖动到合适的地方再次单击。电阻要放置两次，因为本例中用到两个电阻。放置后的界面如图 1-41 所示。

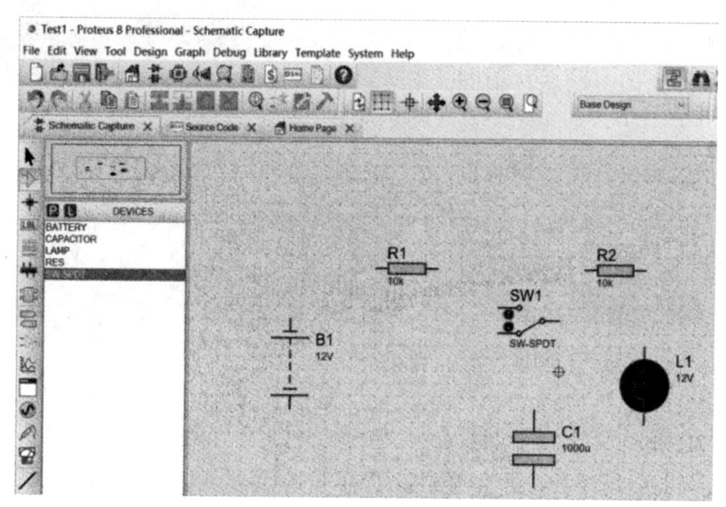

图 1-41　元件放置后的界面

元件拾取及布局结束后，记着单击主工具栏中的选择模式图标，取消元件模式，为下面的工作做好准备，这一点是初学者应该牢记的。

4. 绘图区视野控制

学会合理控制绘图区的视野是元件编辑和电路连接进行前的首要工作。

绘图区的视野平移可用以下方法：

- 在原理图编辑区的蓝色方框内，把鼠标指针放置在某处后，按下“F5”键，则以鼠标指针为中心显示图形。
- 当图形不能全部显示出来时，按住“Shift”键，移动鼠标指针到上、下、左、右边界，则图形自动平移。
- 快速显示想要显示的图形部分时，把鼠标指针指向左上预览窗口中的某处，并单击鼠标左键，则绘图区内的图形自动移动到指定位置。

绘图区的视野缩放用以下方法：

- 先把鼠标指针放置到绘图区内的蓝色框内，上下滚动鼠标滚轮即可缩放视野。如果没有鼠标滚轮，可使用图标来放大、缩小、查看整个图纸，以及选定绘图区域查看。
- 放置鼠标指针到绘图区内想要放大或缩小的地方，按“F6”(放大)或“F7”(缩小)键放大或缩小图形，按“F8”键显示整个图形。
- 按住“Shift”键，在绘图区内单击鼠标左键，拖出一个欲显示的窗口。

5. 元件位置调整和参数修改

在绘图区的元件上单击鼠标左键选中元件(为红色)，在选中的元件上再次单击鼠标右键则删除该元件，而在元件以外的区域内单击右键则取消选择。元件误删除后可用图标找回。单个元件选中后，单击鼠标左键不松可以拖动该元件；群选则可使用鼠标左键拖出一个选择区域，使用图标来整体移动。使用图标可整体复制，图标用来刷新图面。

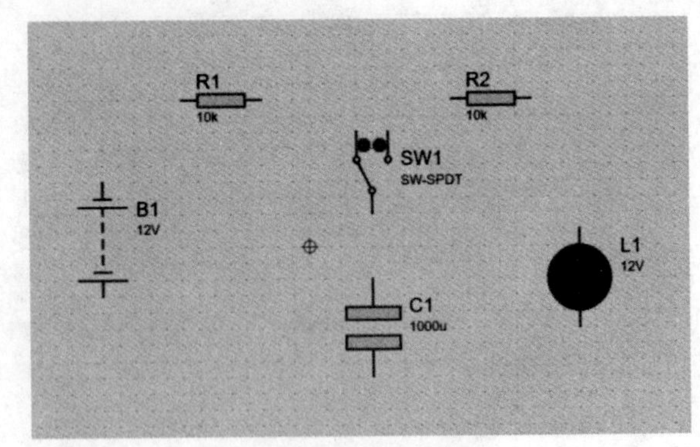

图 1-42　元件布置

按图 1-42 所示元件位置布置好元件。使用界面左下方的四个图标及中间的角度输入框，可改变元件的方向及对称性。把两位开关调整成图示的方位。

先单击一下左上方的存盘图标，在设计过程中应养成随时存盘的好习惯，以免文件丢失。下面来试着改变元件参数。

分别双击绘图区中的电阻 R1 下面的“10k”字样和 R2 电阻符号，可用不同的方式对电阻值进行修改。把 R1 的 Resistance(阻值)由 10kΩ 改为 1kΩ，把 R2 的阻值由 10kΩ 改为 100Ω(默认单位为 Ω)，如图 1-43 所示。

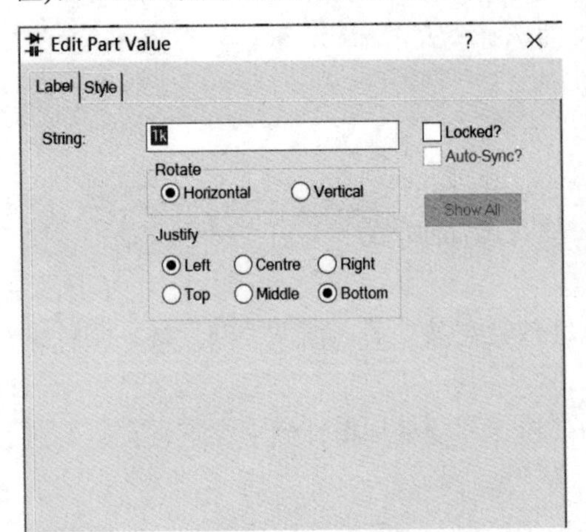

(a)双击电阻值进行修改

(b)双击电阻进行修改

图 1-43　元件属性设置对话框

6. 电路连线

Proteus ISIS 的连线非常智能化，采用按背景格点捕捉和自动连线的形式，无须选择任何连线工具图标，更不要试图去选左侧工具栏中的图标来连线(它没有元件引脚捕捉功能，重要的是这个画线工具画出的线不是导线，它和下方的其他二维绘图工具一起，用于在电路中画二维平面图)。只要把鼠标指针指向任何一个元件引脚，该引脚上立即出现一个小的红色捕捉光标，它会判断你下一步的操作是否想连线从而自动连线，而不需要选择连线的操作，此时只需用鼠标左键单击编辑区元件的一个端点并拖动到要连接的另外一个元件的端点，松开左键后再单击鼠标左键，即完成一根连线。如果要删除一根连线，右键双击连线即可。如果对连接好的线不满意，可以单击选中后拖动。

工具图标是自动布线选择，默认为打开，即按 90° 拐角布线；如果需要折线，则单击该工具图标取消垂直布线即可。单击图标可切换绘图区背景为点阵、方格或无背景，连续单击两次则取消背景格点。完成后的电路如图 1-44 所示。

连线完成后，如果再想回到拾取元件状态，单击左侧工具栏中的“元件拾取”图标▷即可。记着再次存盘。

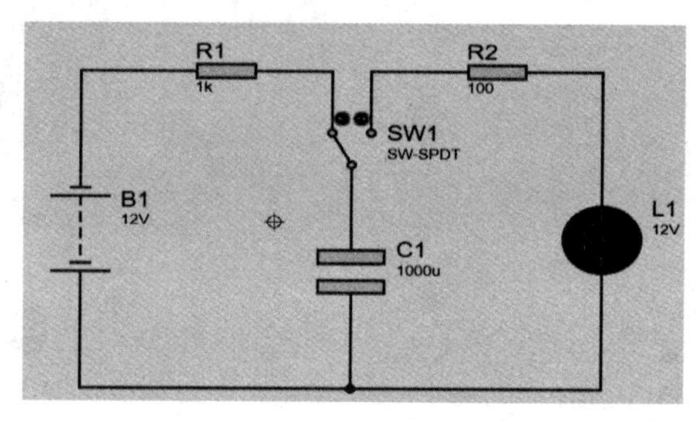

图 1-44　连接好的电路原理图

7. 电路的动态仿真

前面已经完成了电路原理图的设计和连接，下面来看看电路的仿真效果。

首先在主菜单中选择【System】→【Set Animation Options】菜单项，设置仿真时电压、电流的颜色仿真及电流的方向显示，如图 1-45 所示。在随后打开的对话框中勾选“Show Wire Voltage by Colour”和“Show Wire Current with Arrows”两项，即选择导线以红、蓝两色来表示电压的高低，以箭头标示来表示电流的流向。

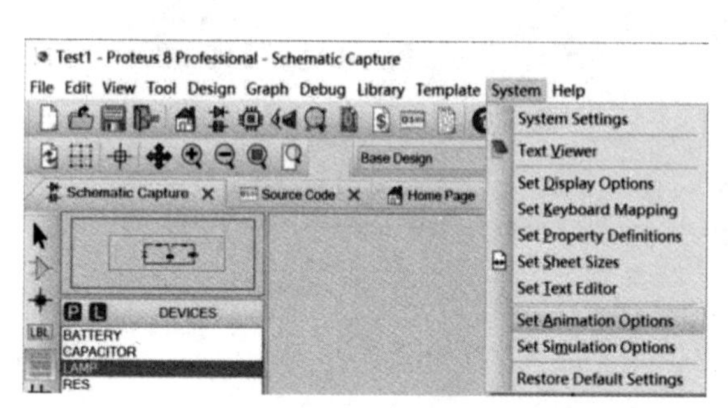

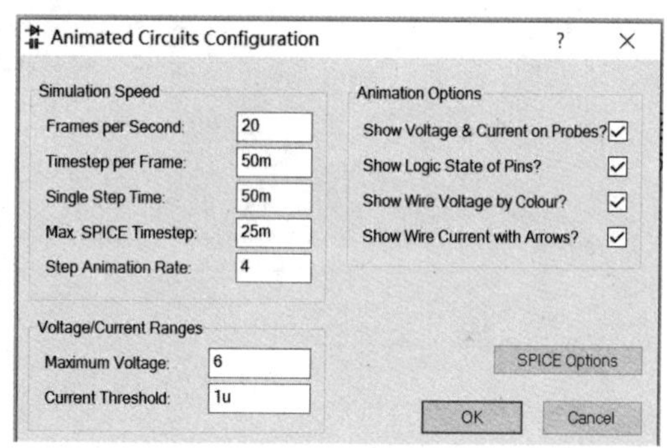

图 1-45　System 主菜单及 Animated Circuits Configuration 对话框

单击左下方的仿真控制按钮▶ ▶| ‖ ■中的运行按钮，开始仿真。仿真开始后，单击图中的开关，使其先把电容与电源接通，能清楚地看到电容充电的效果，如图 1-46 所示。

在仿真状态下，接着单击开关，把电容与灯泡连通，看到灯泡闪了一下，如图 1-47 所示。由于充电时间常数为 1 秒，放电时间常数小一些，瞬间放电，所以灯亮的时间很短。如果放电时间常数再大，则不易观察到灯亮的效果。在仿真状态下，可以来回拨动开关，反复观察充放电过程。单击仿真控制按钮中的停止按钮，仿真结束。

8. 变式演练

下面来尝试自己动手绘制一个电容充放电电路，如图 1-48 所示。与刚才的电路不同的是，这次选用了两个一位开关代替原来的一个两位开关；在充放电回路中分别串入了直流数字电流表，在电容两端并接了一个直流电压表，用于观察充放电过程中的电流及电压的变化；另外，放电回路中取消了放电电阻，充电电阻值和电容值也都有变化。

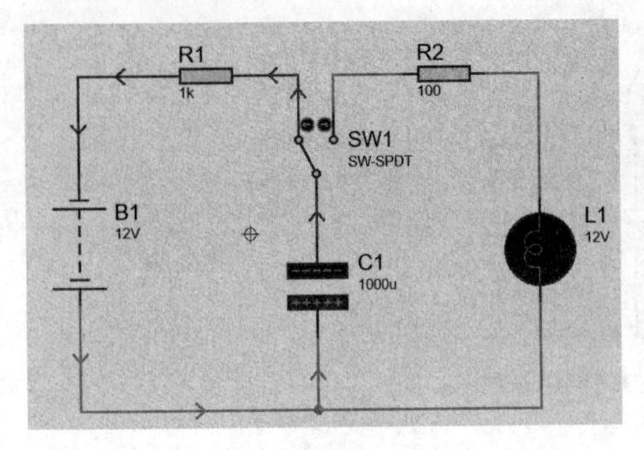

图 1-46　电容充电过程的仿真

图 1-47　电容放电过程的仿真

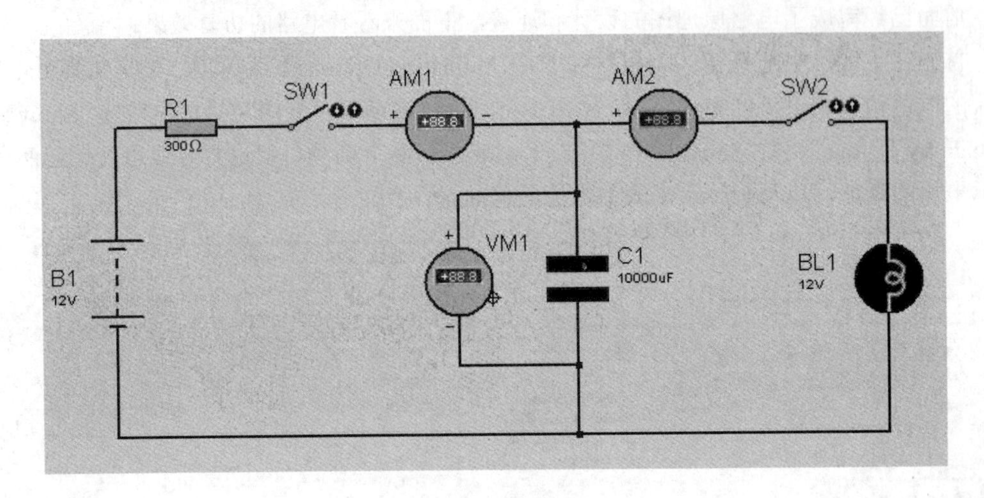

图 1-48　变式演练电路图

所用元件清单如表 1-2 所示。

表 1-2　变式演练电路的元件清单

元件名	所在类	子类	参数	备注
BETTERY	Miscellaneous		12V	电池组
SWITCH	Switches and Relays	Switches		一位开关
CAPACITOR	Capacitors	Animited	10000μF	电容
LAMP	Optoelectronics	Lamps	12V	灯
RES	Resistors	Generic	300Ω	电阻

先按表 1-2 所示拾取元件，并把元件放置到绘图区合适位置后连线。

选取虚拟仪器图标来获取直流电压表和电流表，如图 1-49 所示。

改变电表量程及名称。两个电流表设置为毫安表，分别取名为“AM1”和“AM2”；电压表取名为“VM1”。双击电流表，出现如图 1-50 所示的“Edit Component”(属性设置)对话框，照图完成设置。

运行仿真，拨动开关观察电容充放电效果、灯泡发光、电压表和电流表的变化趋势。反复操作，注意观察电流表和电压表数值的变化，回忆一阶动态电路性能。

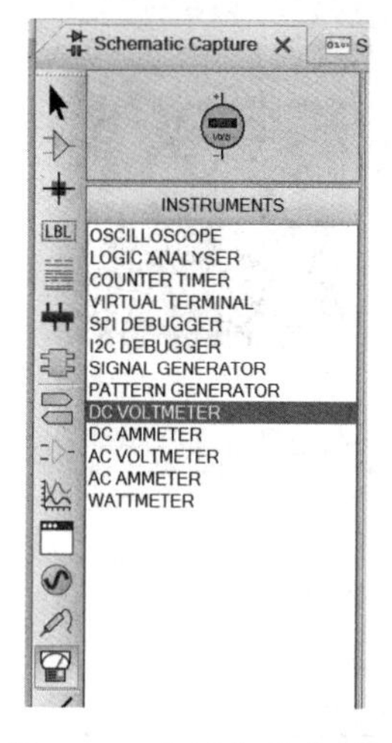

图 1-49　虚拟仪器菜单

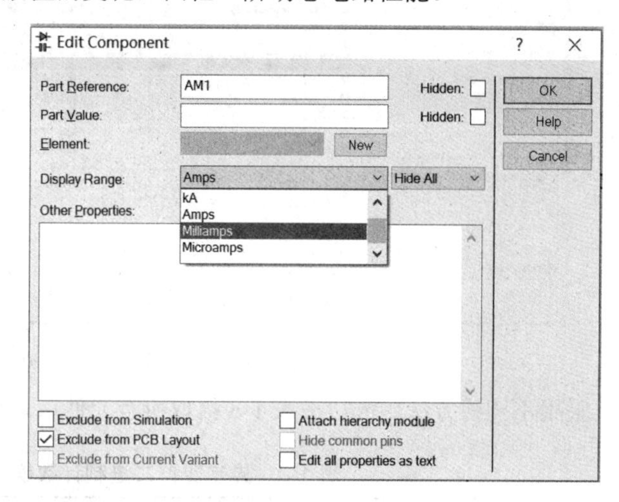

图 1-50　毫安表的设置

1.2.4　异步四位二进制计数器的设计及仿真

从上一节一阶动态电路的例子，我们已经对 Proteus 8 的基本功能有了初步的认识和了解。但是，还有一些疑问和不解没有解决。比如，怎么能知道 Proteus ISIS 中哪些元件归属于哪些大类或子类、怎么能知道所用元件的名称等。通过下面这个数字电路的设计实例，会有进一步的体会。

如果已经具备了数字电子技术的知识，就会知道，这是一个异步时序逻辑电路，四位二进制计数器或十六进制计数器，由四个触发器构成，这里选用 JK 触发器，把 JK 端全接高电平置 1，前一级的输出作为后一级的时钟信号。观察四个触发器输出端所组成的二进制数的变化是否为 0～F(即 0000～1111)。

在主界面工程创建向导中新建一个只有原理图设计的工程 Test2。

1. 元件的拾取

打开原理图设计工作视窗，先从元件拾取开始。如果不知道所用元件的确切名称及所在的类，可以用查询的方法在所有库里海选。选择主菜单中的【Library】→【Pick Parts From Libraries】菜单项，或直接单击左侧工具箱中的图标后再单击图标或按快捷键 P，打开如图 1-51 所示的对话框。

采用部分查找法，在所查找的元件名关键词中填写“JK”，所有 JK 触发器元件都被找出，显示在图 1-51 的中间部分查询结果中。选中“JKFF(ACTIVE)”，双击蓝色区域拾取元件到对象列表区。

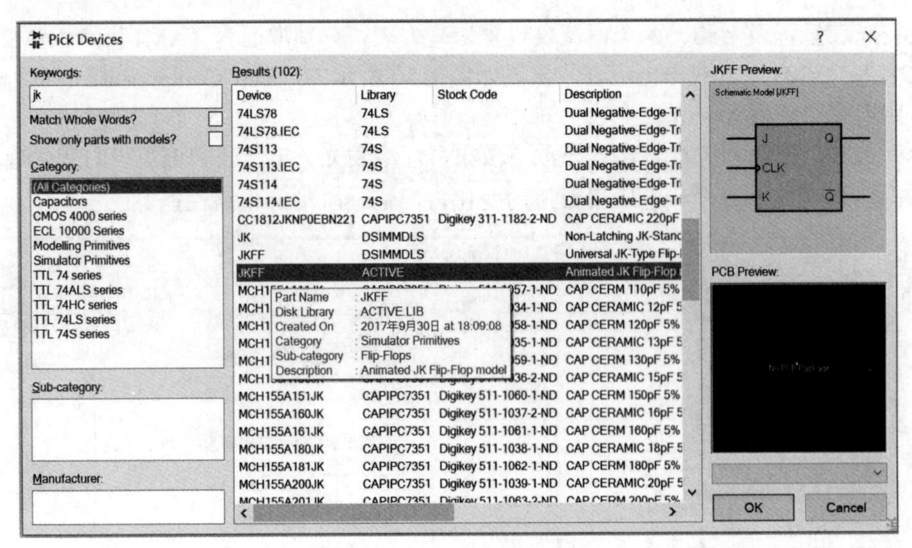

图 1-51　元件拾取对话框

采用不同的方法，依次按表 1-3 拾取所有元件后，单击“OK”按钮。

表 1-3　异步四位二进制计数器元件清单

元件名	所在类	子类	含义
JKFF	Modelling Primitives	Digital Sequential	触发器
CLOCK	Simulator Primitives	Sources	时钟
7SEG-BCD-GRN	Optoelectronics	7-segement Displays	含 BCD 译码驱动的七段数显
LOGICBPROBE[BIG]	Debugging Tools	Logic Probes	逻辑电平显示

2. 元件连线

在左上预览窗口中移动鼠标指针可平移绘图区视窗，在绘图区内滚动滚轮可以放大或缩小背景格点，放置元件图标和选择箭头图标或其他图标要来回切换。先放置一个 JK 触发器到绘图区。选中左侧电源和接地图标，单击“POWER”选项，一个箭头形状的标准数字直流电源(即高电平)出现在元件预览区，拖出后与触发器的 JK 端接上，如图 1-52 所示。

因为四个触发器的 JK 端接法都一样，故采取块复制法画其他三个触发器。用左键选中刚才所画的全部图形，选取上方的块复制图标，选择等间距在绘图区连续单击鼠标 3 次。如果想要调整复制块的位置，框选后选取上方的块移动图标重新布置即可，调整成如图 1-53 所示的图形。

接下来，把前一个触发器的输出端 $\overline{Q}$ 连接到下一个触发器的时钟 CLK 端上；再把时钟“CLOCK”从对象列表区拖出，连在第一个触发器的 CLK 输入端上。如果使用的是下降沿触发的触发器，则把前一个触发器的 Q 端连到下一个触发器的时钟 CLK 端上。

为了观察计数器计数的动态过程，在每个触发器的输出端 $\overline{Q}$ 上连接一个逻辑电平探测器，能够显示 0 和 1。把 LOGICPROBE(BIG)元件拖到图形编辑区内，连续双击鼠标 3 次，得到四个逻辑探测器。分别接到每个 JK 触发器的输出端 $\overline{Q}$ 上。最右边一个触发器为二进制计数器的最高位(MSB)。

同时，把七段数码显示拖入图形编辑区。为了让 LED 连接更美观，可把背景栅格调小一档，选择主菜单中的【View】→【Snap 50th】菜单项，或直接按“F2”键。数码管的最左端是高位，分别和对应触发器的输出端 $\overline{Q}$ 相连，如图 1-54 所示。

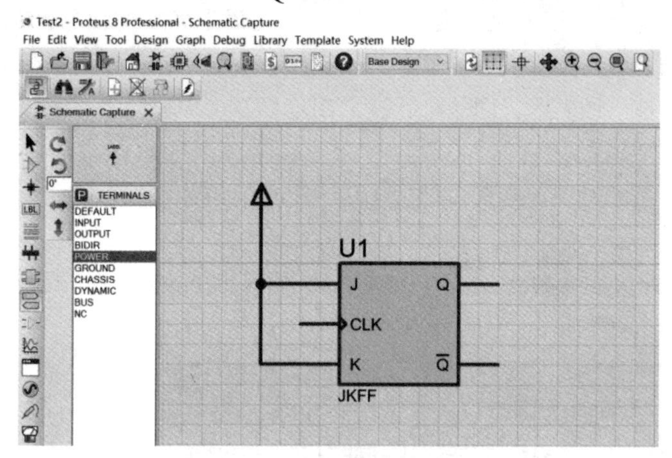

图 1-52　与触发器的 JK 端连接

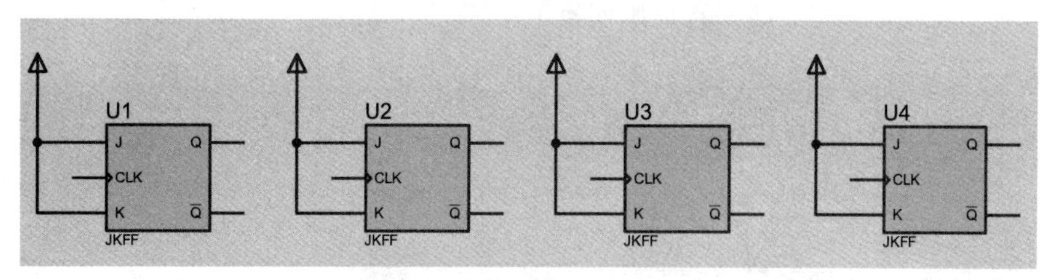

图 1-53　复制后的四个触发器

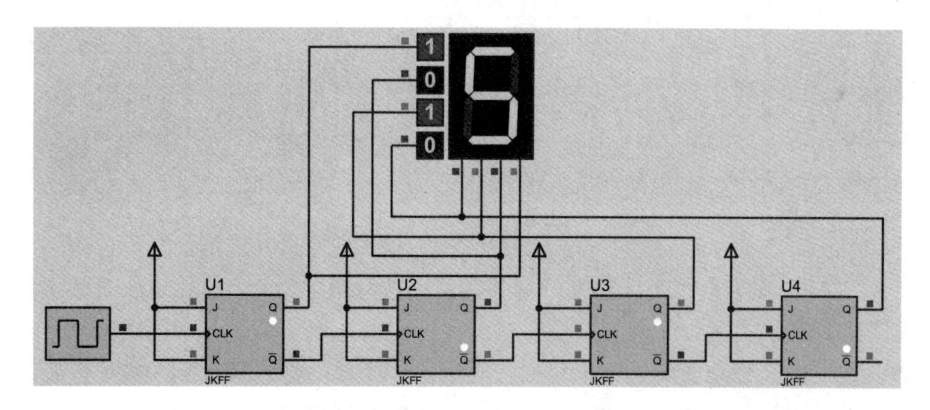

图 1-54　加上逻辑电平探测器和七段数码管后的电路

3. 电路的动态仿真

按下仿真运行按钮，在 1 秒时钟作用下，四个逻辑探测器组成的四位二进制数从 0000～1111 变化，而七段数码管则对应显示 0～F。另外，还观察到每个器件的连线端都有红蓝两色小方块来显示该端的电平变化，红色为高电平，蓝色为低电平。虽然七段数显名称显示为BCD译码驱动，仿真可以看出十六进制数也可以显示。

4. 图表仿真

有时为了方便分析，还会在已绘制好的图中加上波形图，即图表仿真。在一个图表中，可以插入多个观测点的波形，既可以是数字波形，又可以是模拟波形或是其他形式的波形。在绘图区自动生成仿真波形需要几个步骤：一是在图中放置探针，二是在图中空白区插入图表区，三是把探针名拖入图表区，四是进行波形图坐标及名称等参数修改，五是按下空格键进行图表仿真，即生成波形。

本例生成一个数字时序波形图，把上图中四个触发器输出端$\overline{Q}$的波形显示出来。具体步骤如下。

(1) 把电压探针接在被测点。选择左侧工具栏的探针(Probe Mode)图标，在对象列表区显示有三种工具可选，前两个分别为电压(VOTAGE)和电流(CURRENT)探针；选中电压探针，在绘图区分别连接到四个触发器的输出Q端，把鼠标指针移动到要连接的线上，自动捕捉连线后单击即连接上(可通过右键菜单水平镜像)，电压探针分别命名为Q0、Q1、Q2和Q3(双击电压探针可更名)，如图1-55所示。电流探针是为了测电线上的电流值，用于模拟电路，圆圈内的箭头要求必须与导线平行，本例暂不用。

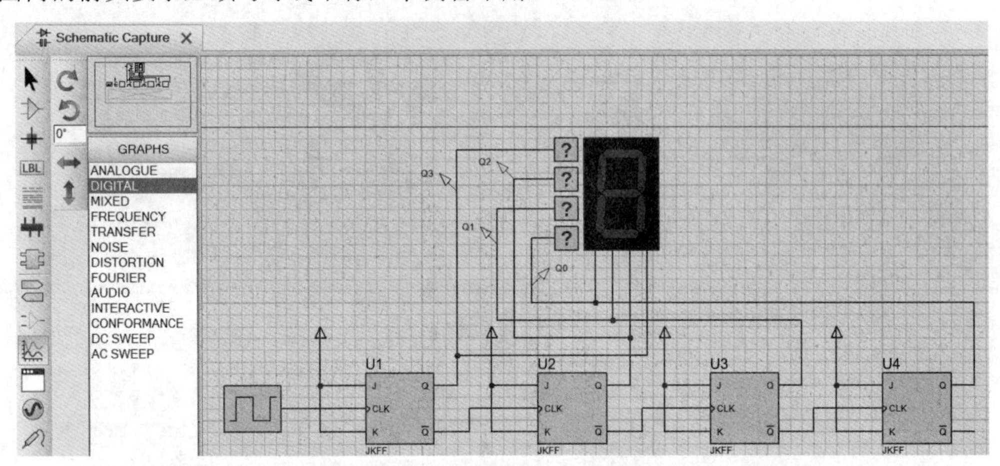

图1-55　加上逻辑探针后的图形

(2) 单击左侧图标，选择图表仿真的种类。选择数字波形(DIGITAL)或数字模拟混合波形(MIXED)。在绘图区合适的空白位置单击鼠标左键拖出一个长方形图表区域，再次单击左键确定。在绘图区分别选中四个电压探针名字，再次单击把它拖曳到图表中，发现图表中多了四条白色的横线，此时可观察纵横向坐标。如果想删除图表中多余的电压探针，可选中探针名称，从右键菜单中选择删除。

(3) 双击图表中最上边的红色区域，把标题更改为“Timing Diagram”(时序图)，把停止时间改为16(秒)。因为时钟CLOCK默认为1秒周期，所以计满一个循环(16个周期)共16秒，如图1-56所示。

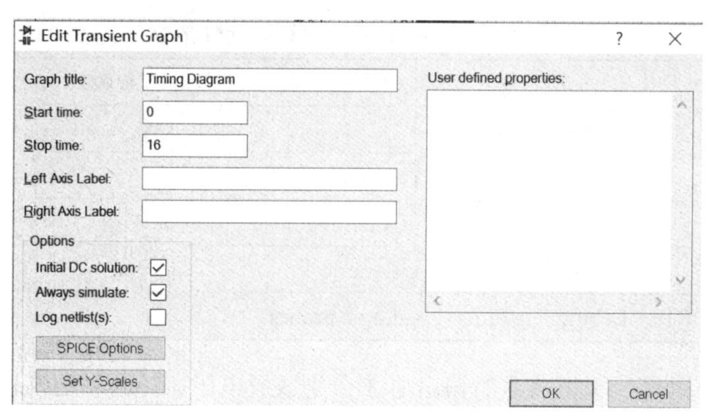

图 1-56　修改图表参数

(4) 按空格键，自动仿真图表，即计数器时序图如图 1-57 所示。

这种图表仿真生成的波形不同于示波器显示的波形，它能够静态地保留在原理图中，供读者分析或随图形一起输出。当修改电路时，按下空格键后，图表可以再次刷新生成。图表边框可以通过拖动进行调整。单击波形图标题栏部分，可全屏显示波形，并可根据全屏显示的菜单更改波形及背景的颜色，拖动竖线，在左侧可查看各时刻、各观测点电平的高低等。用鼠标右键双击图表，则可将其删除。

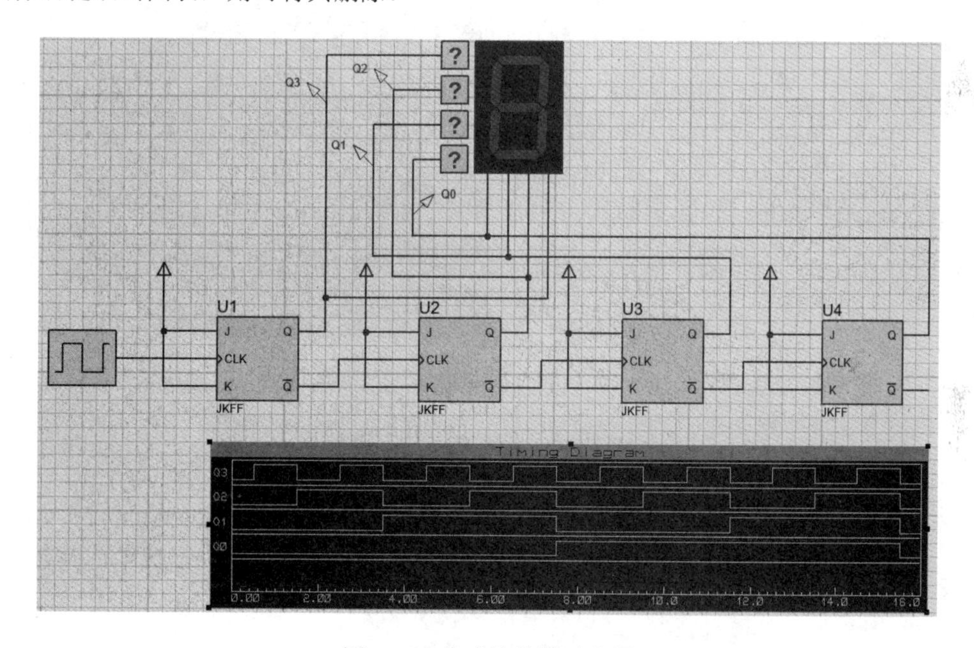

图 1-57　生成计数器时序图

5. 变式演练

设计一个 555 多谐振荡器，输出一个 10Hz 的方波。根据计算公式 $f=\frac{1}{T}=\frac{1.4}{(R_1+2R_2)C_1}$，取 C_1 为 473(0.047μF)，设 R_1 与 R_2 相等，则 R_1=R_2=100kΩ。元件清单如表 1-4 所示。

表 1-4　多谐振荡器元件清单

元件名	所在类	子类	参数	备注
BETTERY	Miscellaneous		12V	电池组
NE555	Analog ICs	Timers		555 定时器
CAPACITOR	Capacitors	Animited	0.047μF	可显示电荷的电容
CAP	Capacitors	Generic	0.01μF	无极性电容
LOGICSPROBE(BIG)	Debugging Tools	Logic probes		逻辑电平探针

在电容 C_1 一端和 555 振荡器的输出端 3 分别放置电压探针，以生成这两点的波形。其中 V_C 选择为模拟波形(Analog)，V_O 为数字波形(Digital)。波形的停止时间不要选得太大，以免生成时间太长，因为周期为 10ms，停止时间选为 40ms 即可。

另外把这两点的波形接到示波器上观察。从虚拟仪器中拖出示波器，按图 1-58 所示接好。

单击交互仿真控制按钮▶ ▶| ‖ ■中的运行按钮，自动弹出示波器界面。通过选择和调整相应按钮和旋钮，把电容的充放电波形图和输出方波显示出来，如图 1-59 所示。单击仿真停止按钮，示波器自动关闭，最好不要在示波器界面上关闭示波器，否则下次仿真运行时示波器将不会再出现，需要从主菜单的【Debug】→【Digital Oscilloscope】中调出。

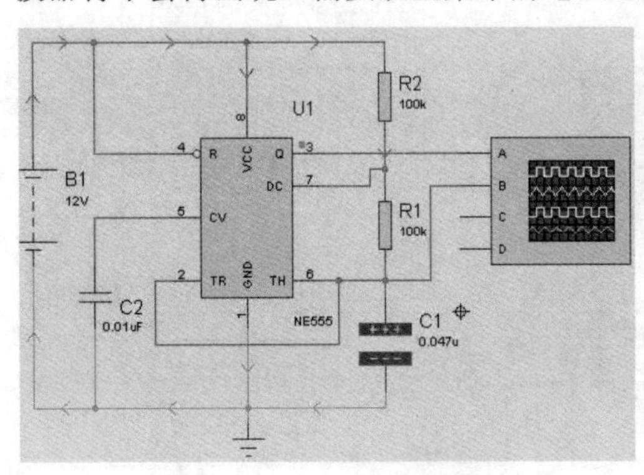

图 1-58　555 多谐振荡器

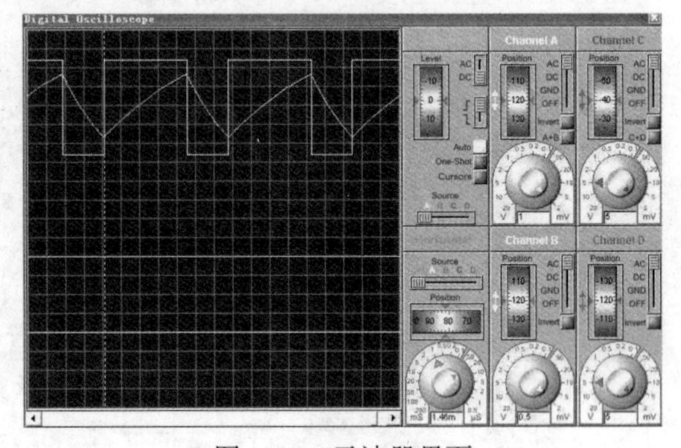

图 1-59　示波器界面

1.2.5　AT89C51 与 8255A 接口电路的调试及仿真

以上两个例子是基于电工电子技术的电路设计与仿真。其实，Proteus ISIS 的真正超群之处在于它对单片机电路的设计与仿真。接下来设计一个简单的 51 单片机接口扩展电路并仿真，表 1-5 是原理图绘制所需的元件。

表 1-5　AT89C51 与 8255A 接口电路元件清单

元件名	所在类	子类	备注
AT89C51	Microprocessor ICs	8051 Family	单片机
8255A	Microprocessor ICs		扩展 I/O
74LS373	TTL 74LS series	Flip-Flops & Latches	锁存器
LOGICSPROBE	Debugging Tools	Logic probes	逻辑电平探针

先在 Proteus 8 工程创建向导中新建一个 Test3 的工程项目，选择原理图、固件项目，固件选项选择 AT89C51 单片机和默认的编译器。在打开的集成工作视窗下，先把当前工作视窗转换为原理图设计视窗，按表 1-5 所示拾取元件，按图 1-60 所示绘图。

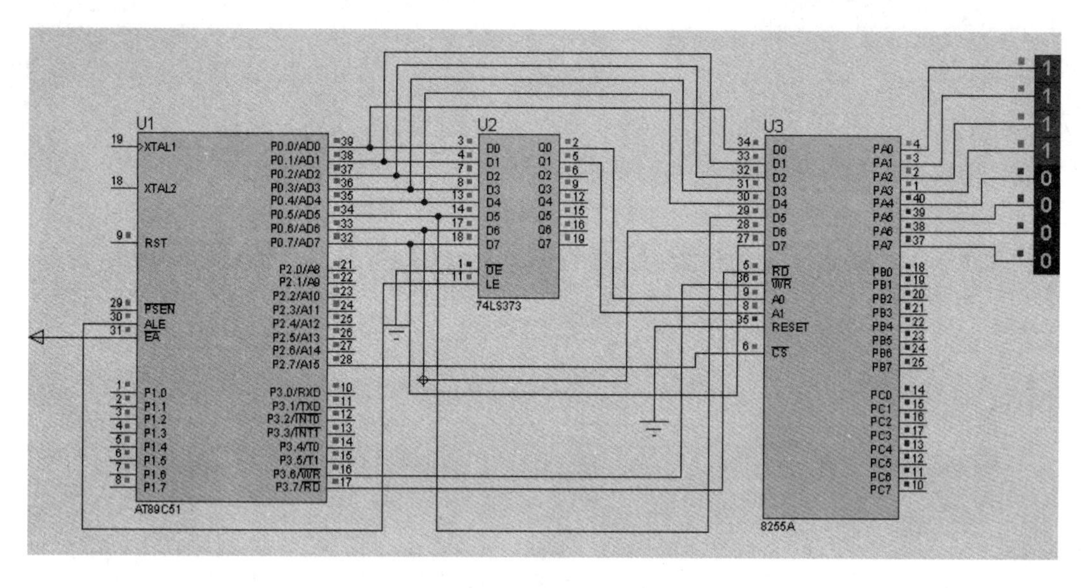

图 1-60　仿真运行中的电路

原理图绘制完成且无误后，存盘，并切换当前工作视窗为程序代码视窗。在程序编辑区的“Start”下面输入或从其他文本复制过来用户程序，对已建程序体结构不做任何修改，当然也可以把空的循环体及主程序中的跳转语句删除。

```
MOV     DPTR,#7FFFH    ;设 8255A 的控制地址为 7FFFH
MOV     A,#80H         ;将控制字 80H 写到 8255A 的 7FFFCH 地址
MOVX    @DPTR,A
MOV     DPTR,#7FFCH
MOV     A,#0FH         ;把十六进制数 0FH 送到 8255A 的 PA 口
MOVX    @DPTR,A
```

程序输入完成后，选择主菜单中的【Build】→【Build Project】菜单项或按“Ctrl+F7”键，或单击上方工具图标进行项目程序编译，如果一切正确，在左下方会显示成功编译，结果如图 1-61 所示。

可以看到，程序设计视窗非常便捷化，程序结构已经建好，只需填空即可。

切换至原理图设计工作视窗，单击仿真运行按钮，出现图 1-60 所示的仿真结果。编译后的程序自动嵌入单片机中，无须手动导入。从仿真结果看，8255A 的 PA 口输出的逻辑电平显示与程序写入的十六进制字一致。

以上 3 个例子分别为电路分析、电子技术和单片机技术中的三个电路，可以照顾到初学者的不同知识层次。这里，只介绍了 Proteus 8 的部分功能，即电路设计与仿真，因为仿真效果的展示可以提高初学者的学习兴趣，使初学者对软件有一个总体的把握。

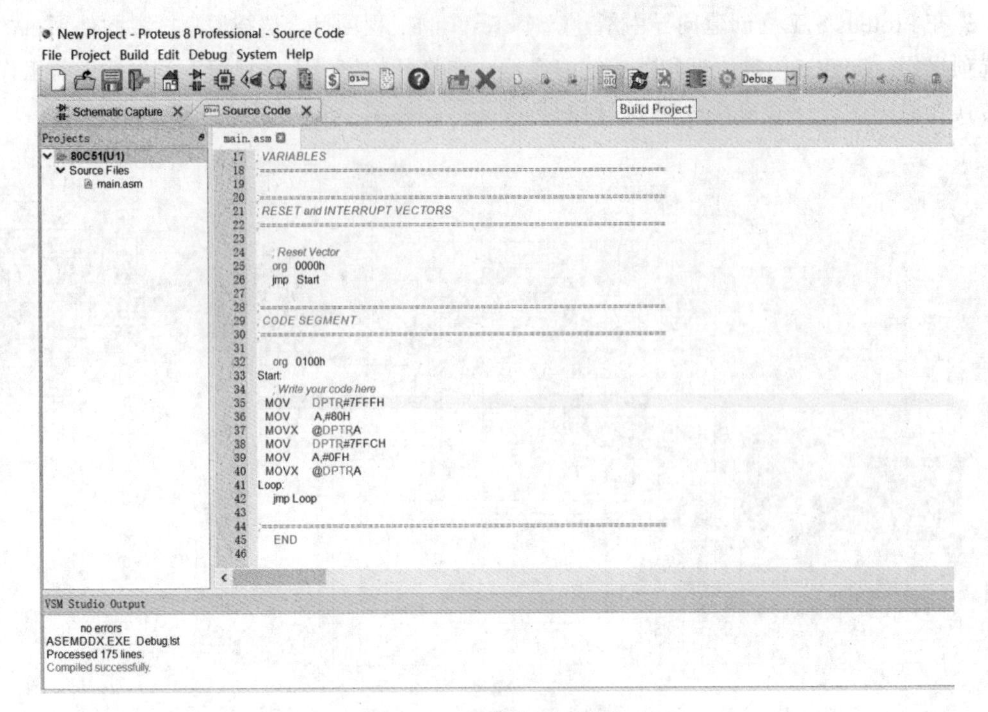

图 1-61　程序编写及编译

第2章 原理图设计工作视窗

经过第 1 章的学习，读者已经对 Proteus 8 Professional 软件的总体功能有了一个基本的了解和掌握，本章针对原理图绘制与仿真，结合操作和实例，对原理图设计(Schematic Capture)工作视窗的环境、主菜单命令(主命令图标)、主工具栏图标进行系统介绍，最后给出 ISIS 元件库的分类明细。

2.1 Schematic Capture 视窗环境及命令

虽然对 Schematic Capture 工作视窗环境有了部分了解，但在本节再完整地介绍一下，以便初学者全面掌握。假设读者坐在电脑前，先打开一个工程，来到原理图设计工作视窗界面。

2.1.1 Schematic Capture 视窗环境简介

Schematic Capture 工作视窗环境如图 2-1 所示。图中自上而下分别是：

- 工程文件名称—软件名称—当前工作视窗名称(不同视窗共有)
- 主菜单命令(Schematic Capture 视窗特色)
- 主操作图标(不同视窗相同)
- 主命令图标(Schematic Capture 视窗特色，曲线圈围部分)
- 工作视窗标签(视打开视窗决定)
- Schematic Capture 视窗主体

从左至右：

  - 主工具栏图标(绘图与仿真)
  - 预览窗口和对象列表区
  - 绘图区
- 仿真控制及信息栏(最下边一行)
  - 仿真控制键
  - 绘图区鼠标指向点坐标
  - 当前图纸信息

为了使视窗界面布局更合理，图 2-1 中的主命令图标及信息栏位置已调整过，可能与读者的界面不一样。通过在一组主命令图标或信息栏左边框的虚线处单击，当出现十字箭头时，拖动标志可移到其他合适位置；出现左右箭头时，拖动标志可水平移到其他位置。同时，在主菜单中选择【View】→【Toolbar configuration】命令，可选择关闭图 2-2 中列出的三组中任一组主命令图标工具条。

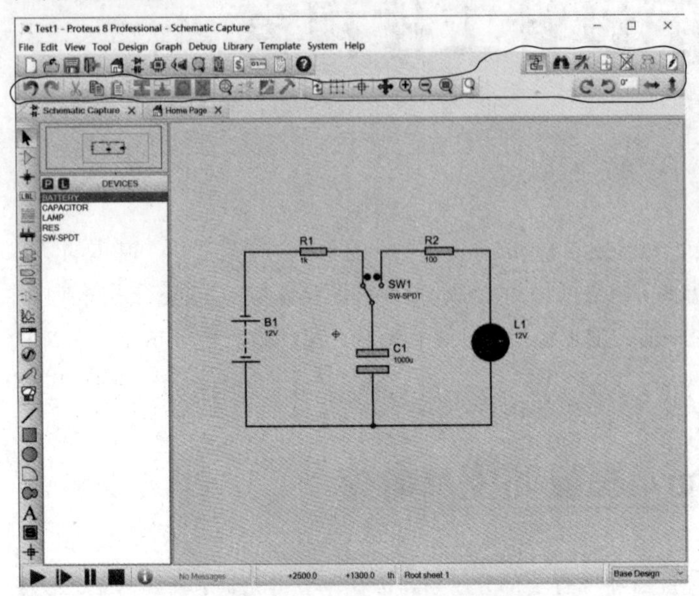

图 2-1　Schematic Capture 工作视窗环境

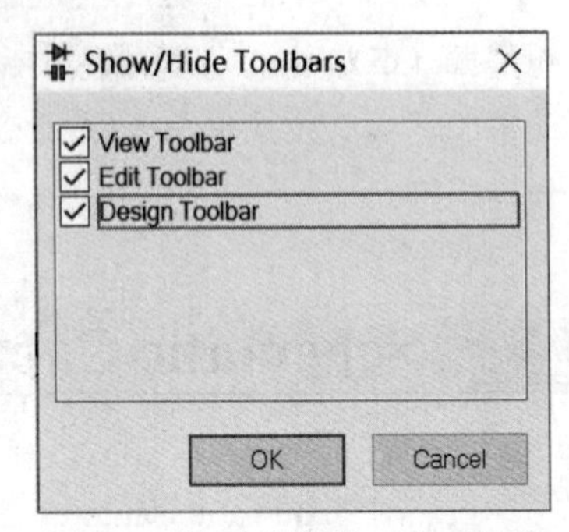

图 2-2　显示或隐藏三个工具条

2.1.2　Schematic Capture 视窗主菜单命令

Proteus 8 Professional 的原理图设计工作视窗 Schematic Capture 环境下的主菜单共有 11 类命令，分别是 File、Edit、View、Tool、Design、Graph、Debug、library、Template、System、Help，每类命令又有不同的下拉子菜单命令，主要命令的操作图标显示在命令左侧，且主要操作图标以工具条形式布局在了视窗的上方，以方便快速地使用命令，如图 2-1 所示。各命令完成的功能如下。

- File 菜单：包括常用的文件功能，如新建设计、打开设计、保存设计、导入/导出文件，也可打印、显示设计文档，以及退出 Proteus 系统等。
- View 菜单：包括是否显示网格、设置格点间距、缩放电路图及显示与隐藏、光标设置、放置假想原点、是否关闭工具条等。
- Edit 菜单：包括撤销/恢复操作、查找与编辑元器件、剪切、复制、粘贴对象，以及设置多个对象的层叠关系、清理图纸等。
- Tools 菜单：工具菜单。它包括实时注解、自动布线、查找并标记、属性分配工具、全局注解、导入 ASCII 数据、元器件清单、电气规则检查、编译网络标号、编译模型等工具栏。
- Design 菜单：工程设计菜单。它具有编辑设计属性、编辑原理图属性、编辑设计说明、配置电源、新建/删除原理图、在层次原理图中总图与子图及各子图之间互相跳转和设计目录管理等功能。
- Graph 菜单：图形菜单。它具有编辑仿真图形、添加仿真曲线、仿真图形、查看日志、导出数据、清除数据和一致性分析等功能。

- Debug 菜单：调试菜单。包括启动调试、执行仿真、单步运行、断点设置和重新排列弹出窗口等功能。
- Library 菜单：库操作菜单。它具有选择元器件及符号、制作元器件及符号、设置封装工具、分解元件、编译库、自动放置库、校验封装和调用库管理器等功能。
- Template 菜单：模板菜单。包括设置图形格式、文本格式、设计颜色以及连接点和图形、设计母版等。
- System 菜单：系统设置菜单。包括设置系统环境、路径、图纸尺寸、标注字体、热键以及仿真参数和模式等。
- Help 菜单：帮助菜单。包括版权信息、Proteus 学习教程和示例等。

下面只对最常用的几个主要菜单中的常用命令进行集中介绍，Schematic Capture 视窗中所有主命令图标及功能对照表将在本节最后给出。

1. File 菜单命令

该菜单是对文件进行操作的命令集合，其下拉菜单如图 2-3 所示。

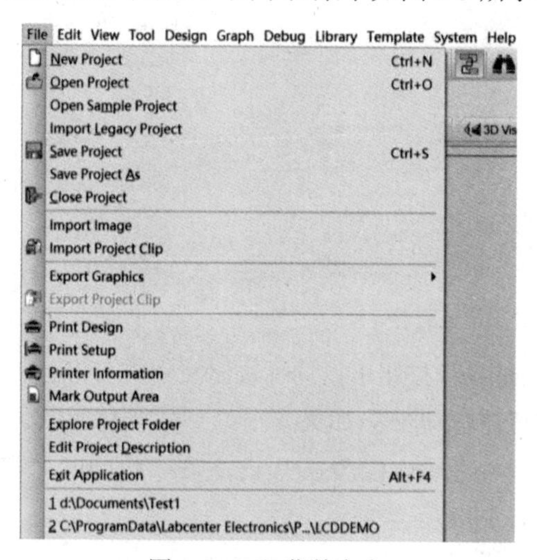

图 2-3　File 菜单命令

图 2-3 中，中间是命令，右边是快捷键，左边为操作图标。前四个图标，系统已经放置在公共视窗部分了。

在第一章我们已经介绍了工程的新建、打开和打开样例，再强调一下，新建工程完成设计存盘退出后，下次打开可直接找到目录双击工程名即可。下面重点介绍一下如何把 Proteus 7 或更低版本中的设计导入到 Proteus 8 中。选择【File】→【Import Legacy Project】命令，打开如图 2-4 所示的对话框。在图中“Legacy”下分别选择要导入的原理图文件“*.DSN”、印刷电路板文件“*.LYT”、程序文件“*.VSMP”，如果不导入该类型文件就可以空着；并在下方的“Imported Project”栏中给出要导入文件合并成的工程名，并选择存放路径。图 2-4 中只选择了一个原理图文件“7 段显示多路逻辑.DSN”(Proteus 7)，工程文件名默认为原理图文件名，单击下方的“Import”按钮，打开图 2-5 所示的原理图工作视窗。

Proteus 8 可以把 Proteus 7 分散的设计文件合并或转换成一个工程文件，而不影响对原来版本软件下设计文件的修改和使用。

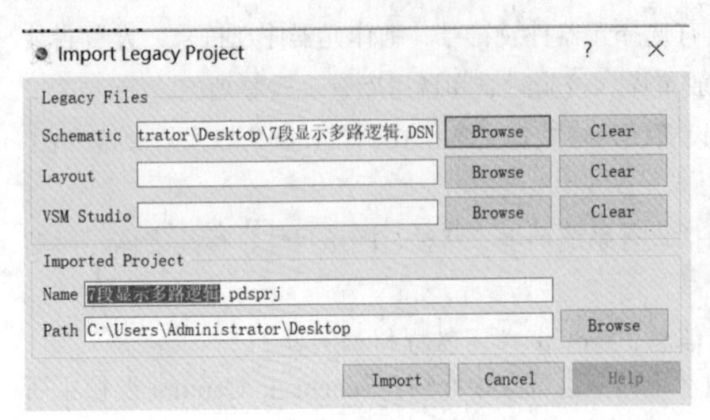

图 2-4　导入 Proteus 7 版的 DSN 文件

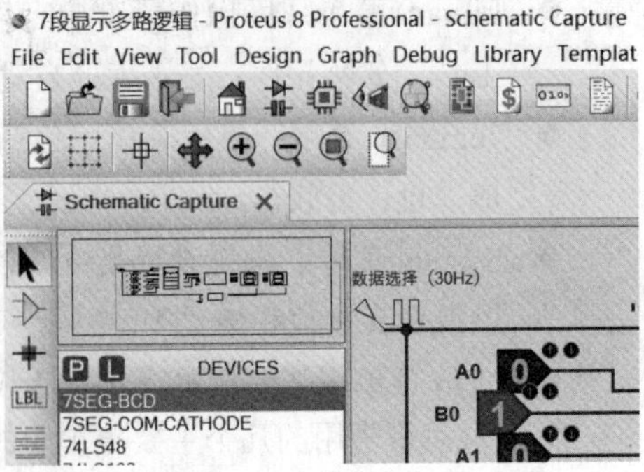

图 2-5　导入后的界面

选择【File】→【Export Graphics】命令，打开如图 2-6 所示的输出图形文件格式选项，可以看到有多种格式，选择 PDF 文件格式，弹出如图 2-7 所示的对话框。

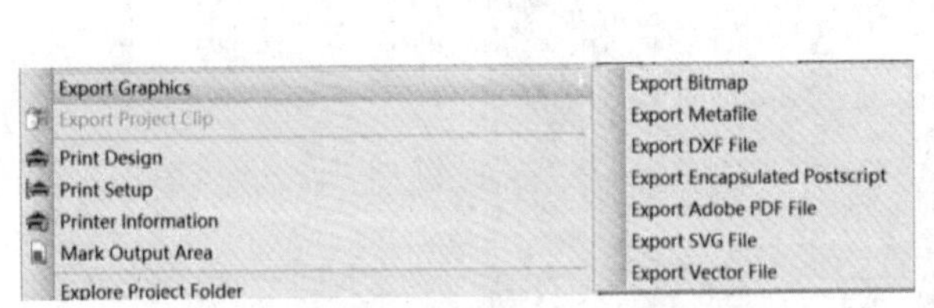

图 2-6　输出图形文件格式

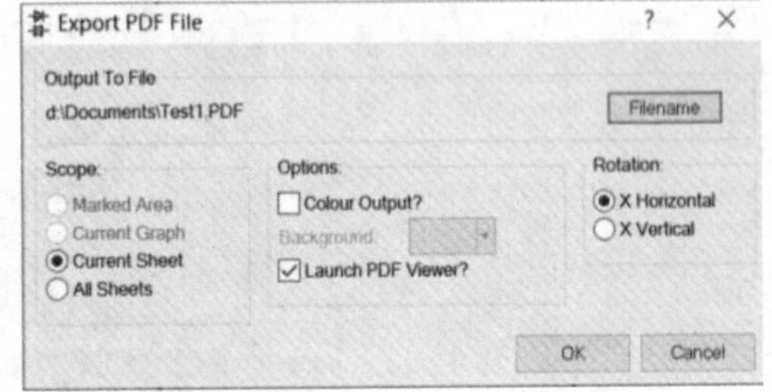

图 2-7　“Export PDF File”对话框

图 2-7 中，单击“Filename”按钮可以选择输出文件的名称，在“Scope”选项中可以选择输出选定区域图纸、当前视窗仿真图表(如果有则可选)、当前图纸、所有图纸(层次原理图)，在“Options”选项中可以选择彩色输出(默认为黑白)，在“Rotation”选项中可以选择横向或垂直方向输出，以便打印、制作 PPT 等。

2. Edit 菜单命令

Edit 菜单是绘图编辑命令集合，因为比较常用，部分命令已经以图标形式放置在 Schematic Capture 工作视窗的上方，主要用于对选中的对象(单个对象或块)进行编辑，自上而下分别是：撤消(Undo Changes)、重做(Redo Changes)、查找编辑元件参数(Find/Edit Component，与双击元件等效)、选择绘图区所有物体(Select All Objects，与鼠标框选所有物体等效)、取消选择(Clear Selection，与鼠标在空白区单击等效)、剪切到剪贴板(Cut to Clipboard)、复制到剪贴板(Copy to Clipboard)、从剪贴板粘贴(Past from Clipboard)。接下来的三个命令的作用分别是对选中的对象进行对齐操作(Align Objects)、对有重叠的图或对象进行前后层转换操作(Send to Back 位于底层、Bring to Front 位于顶层)。最后一个命

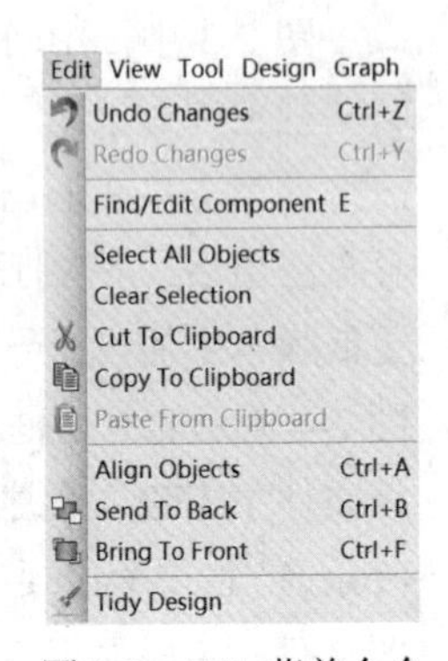

图 2-8　Edit 菜单命令

令是净化设计(Tidy Design)，删除电路图纸以外存在的对象(清理桌面)，删除对象列表区未用到的元件(元件取多了，把盒子里用不上的元件再放回柜子)。这个操作一般在完成设计以后执行。

这里重点介绍“Find/Edit Component”命令。如果想对绘图区放置的元件参数进行修改，对绘图区元件直接双击打开如图 2-9(a)所示的元件编辑对话框，可对元件编号(自动生成，每个元件不能重复)、参数(比如电压、电阻、电容、电感、电表量程等)进行修改，还可以设置元件名或相关参数是否隐藏。如果电路比较复杂或者是层次电路图，图纸之间来回切换不方便，就可以通过选择此命令，在不指向元件的情况下，在打开的如图 2-9(b)所示对话框中，输入元件名，单击“OK”按钮后直接进入如图 2-9(a)所示的元件编辑对话框。

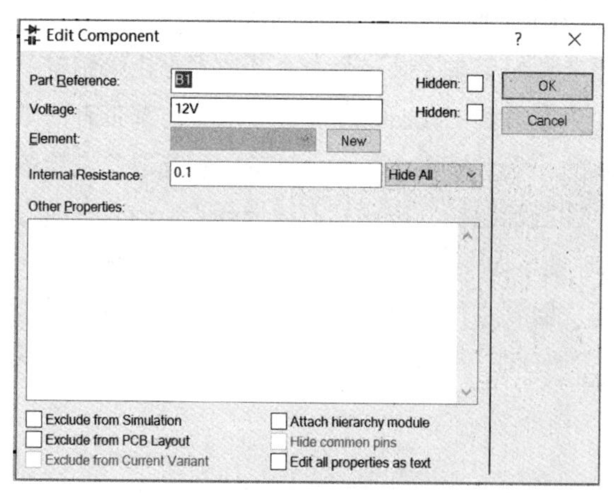

(a) 编辑元件参数对话框

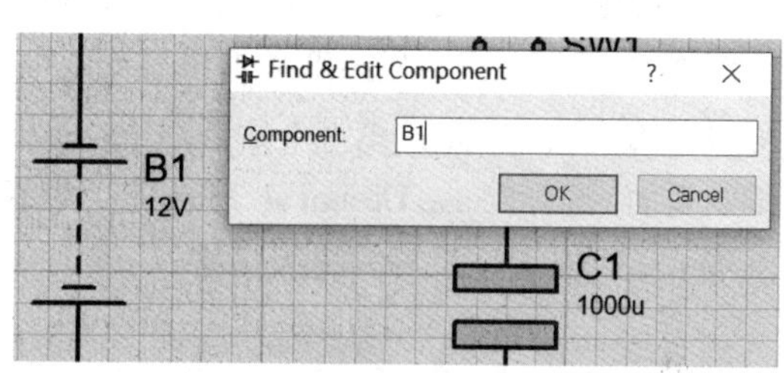

(b) 查找元件对话框

图 2-9　查找/编辑元件参数命令

3. View 菜单命令

View 菜单是绘图区视野控制命令集合，如图 2-10 所示，除了最后一个前面已介绍过，其余命令共分为三组，其间有横线分开。

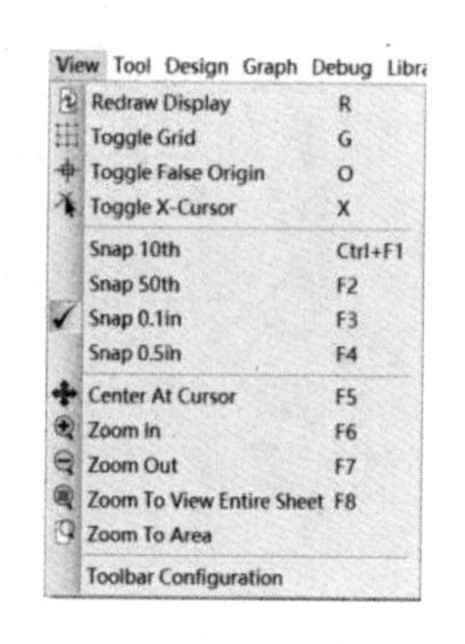

图 2-10　View 菜单命令

第一组的四个命令分别是刷新显示(Redraw)、转换绘图区背景(Redraw，有三种形式，即无背景、点、方格)、放置一个假想原点并切换为原点(Toggle False Origin，每张图纸正中是原点且有一个标记，切换到假想原点后，用鼠标指针分别指向假想原点和老原点，会看到信息栏坐标的切换，再次选该命令则取消假想原点)、切换绘图区光标形状(Toggle X-Cursor，绘图区鼠标指针有三种形状，默认为箭头，还有大十字和小叉号，通过选取命令进行切换)。

第二组的四个命令用来对绘图区的背景格点间距进行转换，背景格点间距是电路自动连线时的最小捕捉单元，默认为 Snap 0.1in，自上而下逐渐变大，常用的还有 Snap 50th(0.05in)，通常在连线时有些元件的管脚间距小于 0.1in，为了使连线垂直或水平而选择更小一级的捕捉间隔。

第三组命令用于控制视图范围和大小，这一组命令的图标组成的工具条已经放置在视窗上方了。可以通过选择最下方的 Toolbar Configuration 关闭该命令工具条。

4. Template 菜单命令

Template 菜单是原理图设计模板设置命令集合，如图 2-11 所示。我们把这些命令分为两组，一组是设计模板命令，包括回到母版页(Goto Master Sheet)、把设计存为模板(Save Design as Template)、从模板中导入风格(Apply Style from Template)；第二组为中间的六个模板设置命令。

先来试一下第一组命令。打开一个原理图，比如电容充放电电路，选择【Template】→【Goto Master Sheet】命令，发现电路不见了，只剩下底版即回到了母版，并且发现左侧工具栏中只有下边的二维绘图工具可用，放置元件及仿真仪器工具都变灰了，这个命令其实不是让绘制电路图的，而是让对电路母版进行编辑修改的。比如大家看到的 Proteus 样例中右下方都带有图纸标题栏(工程图纸格式)，就是一个统一设计的母版，设计者可以调用。现在分别选取二维绘图工具中的矩形和直线工具，在母版右下方画一个图纸标题栏，按鼠标右键选择“Root sheet 1”，如图 2-12 所示，回到根图纸 1 即电容充放电原理图，如图 2-13 所示，图中右下角出现刚才对母版做的修改，在根图纸下不能删除了，除非再次回到主母版。如果想保留该母版，则在母版编辑页面，选择“Save Design as Template”保存为“*.DTF”模板文件，以后使用时可通过“Apply Style from Template”导入模板风格。

图 2-11　Template 菜单命令

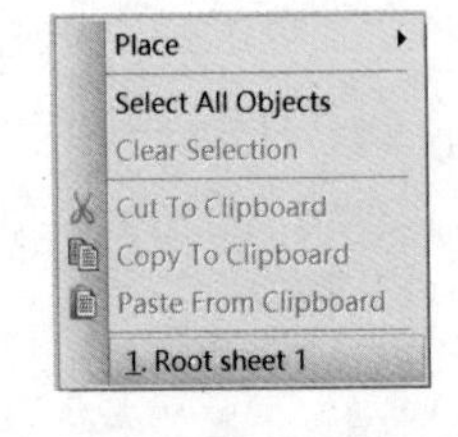

图 2-12　右键菜单选择回到根图纸命令

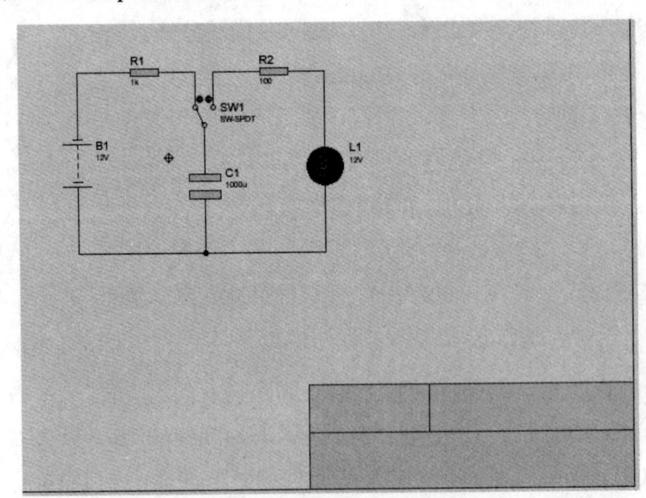

图 2-13　编辑母版后的根图纸

第二组命令主要对模板进行相关设置，分别是图纸区相关颜色及隐藏设置(Set Design Color)、设置图表仿真时图表及波形等颜色(Set Graph & Trace Color)、设置工具栏对应的所有对象的图形风格(Set Graphic Style)、设置绘图区添加的文本风格(Set Text Style)、设置 2D 图形默认格式(Set 2D Graphics Default)、设置电路连接结点的风格(Set Junction Dot Style)。这些命令系统都有默认设置，不过读者可以打开尝试一下，如果有特别需要时可以更改。

5. System 菜单命令

System 菜单中的命令主要是对系统文件存放路径、命令快捷键自定义、图纸规格、添加的文本字体等设置，以及对电路演示、仿真设置和恢复系统默认设置等进行操作，命令集合如图 2-14 所示。这里重点对几个常用的设置进行介绍。

选择【System】→【System Settings】命令，打开如图 2-15 所示的对话框，可以进行文件存放路径等全局设置，对仿真模型及文件、PCB 设计文件进行路径设置及软件故障上传设置等。全局设置包括指定内部工程、模板、元件库、片段文件、下载的元件说明手册存放目录、重做命令的次数、自动存储间隔及工具条图像的尺寸等。

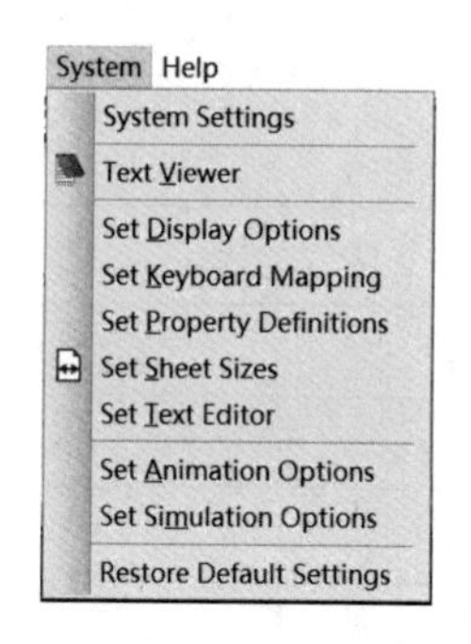

图 2-14　System 菜单命令

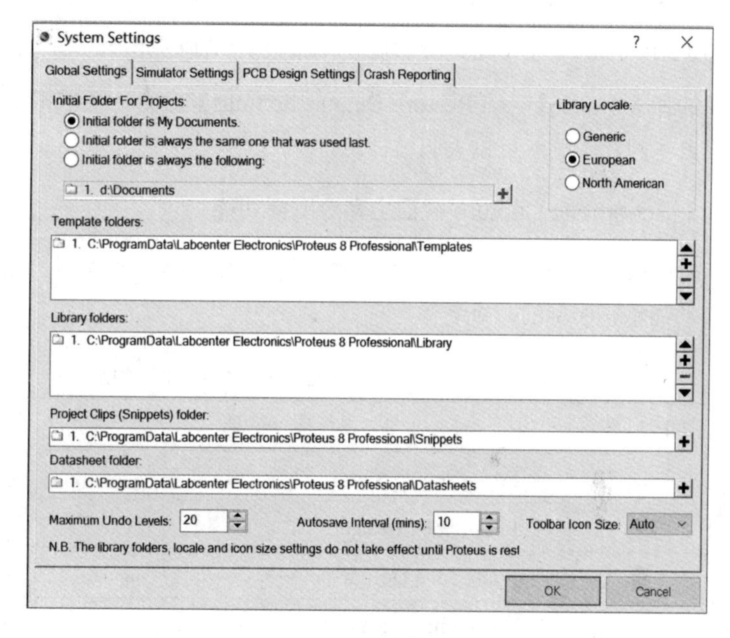

图 2-15　系统设置对话框

选择【System】→【System Size Configuration】命令，打开如图 2-16 所示的对话框，可以对当前图形纸张进行设定。尽管创建工程时已指定，但对于一个工程中的多张图纸，可以根据电路的大小进行单独设定。首先要通过右键菜单选中要改变的图纸，如图 2-17 所示，Root sheet 1 指的是系统默认的第一张图纸，Root sheet 2 是通过工具新添加的图纸，都是根图纸，即下层没有子图纸。

选择【System】→【Animated Circuits Configuration】命令，打开如图 2-18 所示的电路演示设置对话框，左上方选项可对仿真的帧、速度、每帧间隔时间等进行设置；左下方选项可设置电压、电流范围；右边选项可设置对模拟电路仿真时的电压探针和电流探针是否显示数据(默认是显示)、数字电路仿真时的器件管脚电平是否以颜色显示(默认是显示)、是否用不同的颜色显示导线中的电压高低、是否用箭头显示电流方向；另外还可对仿真参数选项设置，单击“SPICE Options”按钮打开后和选择【System】→【Set Simulation Options】命令是一样的，因不常用，不再详述。

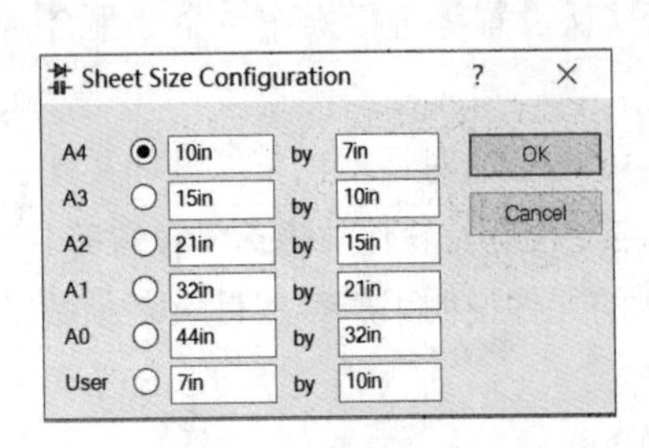

图 2-16　图纸规格设置

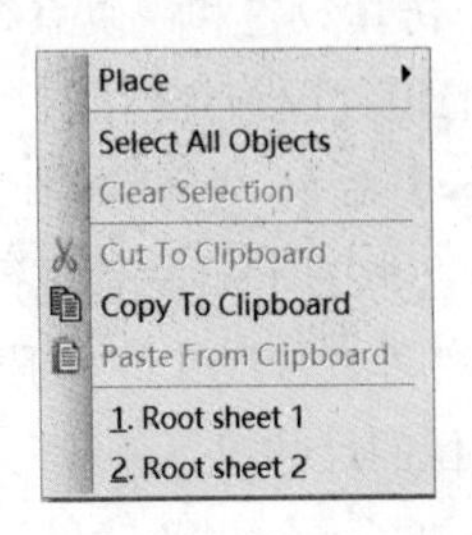

图 2-17　右键菜单中的多张图纸

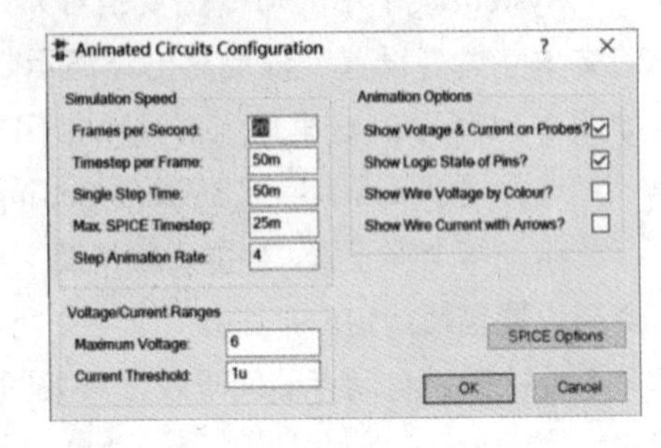

图 2-18　电路演示相关设置对话框

选择【System】→【Restore Default Settings】命令，可取消所有系统设置，恢复至系统默认设置，因此，读者可以大胆尝试。

6. Schematic Capture 视窗主命令图标功能

Schematic Capture 视窗主命令图标功能集合如表 2-1 所示。当把鼠标指向任一个图标时，会自动显示该图标的命令名称。

表 2-1　主命令图标功能

图　标	对 应 菜 单	功　能
	File→New Design	新建设计
	File→Open Design	打开设计
	File→Save Design	保存设计
	File→Import Section	导入部分文件
	File→Export Section	导出部分文件
	File→Print	打印
	File→Set Area	设置区域
	View→Redraw	刷新
	View→Grid	栅格开关
	View→Origin	原点

(续表)

图　标	对 应 菜 单	功　能
	View→Pan	选择显示中心
	View→Zoom In	放大
	View→Zoom Out	缩小
	View→Zoom All	显示全部
	View→Zoom to Area	缩放一个区域
	Edit→Undo	撤销
	Edit→Redo	恢复
	Edit→Cut to clipboard	剪切
	Edit→Copy to clipboard	复制
	Edit→Paste from clipboard	粘贴
	Block Copy	(块)复制
	Block Move	(块)移动
	Block Rotate	(块)旋转
	Block Delete	(块)删除
	Library→Pick Device/Symbol	拾取元器件或符号
	Library→Make Device	制作元件
	Library→Packaging Tool	封装工具
	Library→Decompose	分解元器件
	Tools→Wire Auto Router	自动布线器
	Tools→Search and Tag	查找并标记
	Tools→Property Assignment Tool	属性分配工具
	Design→Design Explorer	设计资源管理器
	Design→New Sheet	新建图纸
	Design→Remove Sheet	移去图纸
	Exit to Parent Sheet	转到主原理图
	View BOM Report	查看元器件清单
	Tools→Electrical Rule Check	生成电气规则检查报告
	Tools→Netlist to ARES	创建网络表

2.2 绘图工具图标

Schematic Capture 工作视窗的主工具栏在视窗左侧，可分为两大类：绘图工具图标和仿真工具图标。

主工具栏的图标都是以放置操作模式，向图纸中添加相关对象的，如元件、终端、总线、图文、子电路模块等，主要用于绘制电路原理图，如图 2-19 所示。选择不同的工具图标，对象列表区显示的对象类别名称也随之变化。本节着重介绍绘图工具图标。

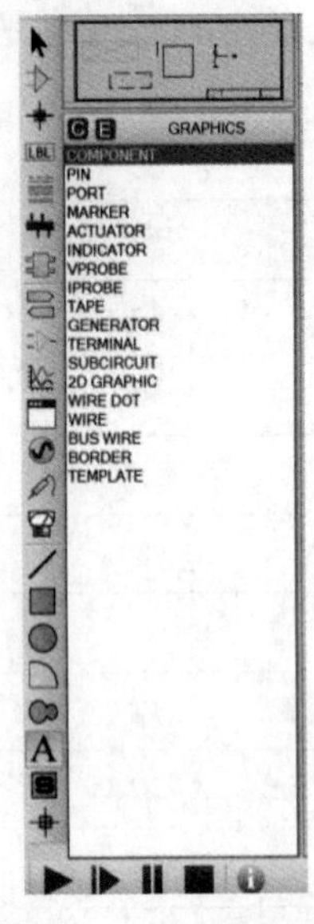

图 2-19　主工具栏图标

2.2.1 选择模式

选择模式图标用来在绘图区选择已放置的对象。单选时用鼠标左键单击，对象变红为选中；框选时鼠标左键单击块左上方不松开，拖出一个矩形后再松开，变红的为选中区域，一定要框住对象的所有部分才能选中。

在放置对象完成后，单击可结束放置对象状态，变为自动捕捉连线模式。在放置同一类对象完成转为放置另一类对象时，比如放置元件向放置终端转换，不需要再单击选择模式图标，直接点击终端模式图标即可。

2.2.2 元件模式

1. 集成元件的放置

因为有些元器件是由多个重复功能的器件共用一个封装组成的，比如 LM324 四路运算放大器、74LS00 四组二输入端与非门等。在这种情况下放置元件时，逻辑元器件自动被标注为"U1：A""U1：B""U1：C"或"U1：D"，以表示它们属于同一物理元器件。这一标注格式，也使得 Proteus 可以为每一个元器件分配正确的引脚编号。

2. 替换元器件

因为在删除元器件的同时也会将与其连接的线删除，因此 Proteus 提供了一种替换元器件的方法，一般用于已接好线的电路中。替换元件与被替换元件可以是不同类型、不同管脚排列，只要有部分管脚重叠即可，或替换后不改变原来的接线。

(1) 从元器件库中调出一个新类型元器件，添加到对象选择器中。

(2) 根据需要使用旋转及镜像图标按钮确定元器件的方位。

(3) 在编辑窗口空白处单击，并移动鼠标指针使新元器件至少有一个引脚的末端与旧元器件的某一引脚重合，然后单击即出现如图 2-20 所示对话框，单击

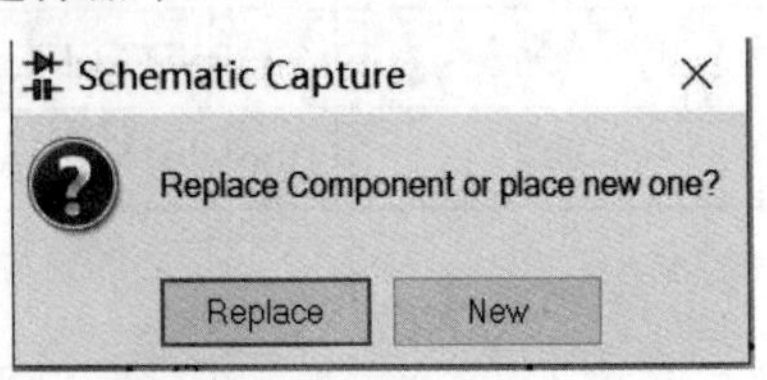

图 2-20　元件替换对话框

“Replace”按钮，替换过程即可完成。

有些元器件进行上述替换操作可能得不到理想的结果，这时可用“Undo”命令进行恢复。

2.2.3　结点模式

结点用于连接导线，与电路理论中的结点定义一致。两条导线交叉连接时，系统自动添加结点，如图 2-21 所示；删除相关器件时，系统会把相关联的导线和结点一并删除。但有的时候可能需要手工在导线交叉处放置结点。

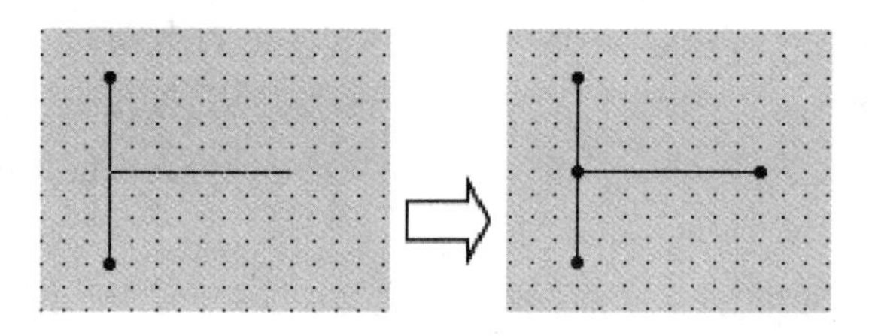

图 2-21　自动放置结点

2.2.4　总线模式

总线主要用于单片机接口同其他元器件并行接线，可以简化电路。Proteus 既支持在层次电路间运行总线，还支持定义库元器件为总线型引脚。总线连接模式其实由三部分组成，总线、总线分支(都在总线模式下)和总线分支标号，就像是我们熟知的一根粗的长导线，剥开胶皮后里面是多根有绝缘胶皮的细导线，要想区别每根导线所接的部件，可在端头标记上线号。

1. 放置总线

(1) 从主工具栏中选择总线“Bus”图标。
(2) 在总线起始端出现的位置单击鼠标左键。
(3) 在总线路径的拐点处单击鼠标左键。
(4) 在总线的终点单击鼠标左键，然后单击鼠标右键，可结束总线放置。

2. 放置总线分支

放置总线分支既可以用总线命令，也可以用一般连线命令。在使用总线命令画总线分支时，粗线自动变成细线。为了使电路图显得专业而美观，通常把总线分支画成与总线呈 45°角的相互平行的斜线，下面举例说明总线与总线分支的画法。

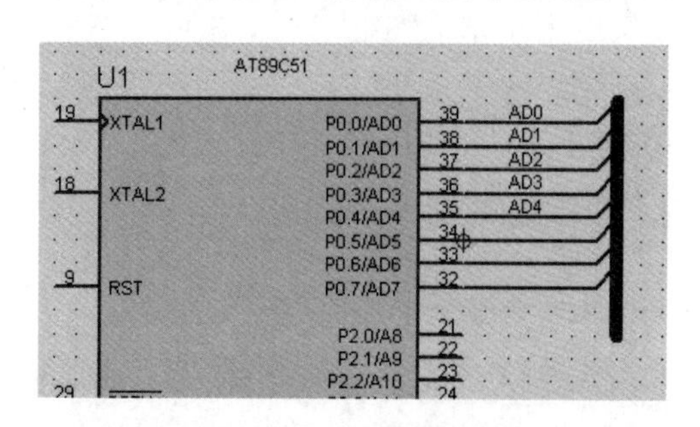

图 2-22　Proteus 总线分支的画法

如图 2-22 所示，在 AT89C51 的 P0 口右侧先画一条自上而下的总线，确认主工具栏中的自动布线器为选中状态，单击鼠标左键开始，拖动到合适位置后双击鼠标左键完成。在 P0.0 引脚单击鼠标左键后松开，拖动鼠标指针画线，距总线一个背景栅格时，单击鼠标左键确认，然后按住“Ctrl”键，并向右上移动鼠标，在与总线呈 45°角相交并出现红色捕捉标识时，单击鼠标左键确认，即完成一条总线分支的绘制。

其他总线分支的绘制不必这样复杂，只需在下一个要连接的单片机引脚处双击鼠标左键即可完成，这是快速绘制一组平行或垂直的相同连线的方法，无需间隔相等。

2.2.5 导线标号模式

导线标号也称为网络标号，接在同一点的所有导线构成一个网络，网络标号必须一样。为了不使布线交叉，在同一图纸跨接不同区域的可以断开，两端分别标记相同的导线标号即可。另外，同一工程不同图纸间只要标有同一导线标号的都认为是接在一个结点上。

导线标号除了标记两条断开的导线外，在画总线及总线分支时也必须使用。

(1) 从主工具栏中选择“Wire Label”图标。

(2) 把鼠标指针指向期望放置标号的总线分支位置，被选中的导线上出现红色捕捉符号，鼠标指针处出现一个“×”号，此时单击鼠标左键，出现“Edit Wire Label”对话框，如图 2-23 所示。

(3) 在该对话框的“Label”选项卡中键入相应的文本，如“AD0”。

(4) 单击“OK”按钮，结束文本的输入。

(5) 在放置相邻的第二个总线标号时，系统不会自动按序标出标号，必须重新再输入一次，或单击“Edit Wire Label”对话框中“String”右侧的下拉箭头，当出现前一个同类标号时选中并修改，如将“AD0”修改成“AD1”。

像删除元件一样直接双击右键来删除标号是不行的，会使所连的导线一起被删除掉。要删除总线标号可以对准总线标号单击右键，出现快捷菜单，如图 2-24 所示。其中第一项“Edit Label”是编辑总线标号，第二项“Delete Label”是删除总线标号(单独删除总线分支标号无意义)，第三项“Drag Wire”是移动总线标号(直接选中拖动即可)。

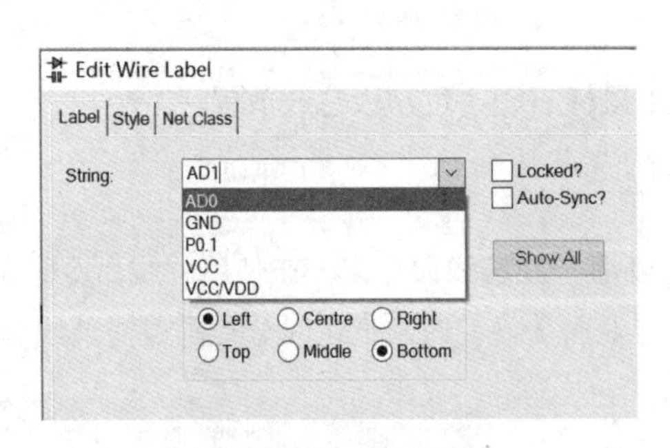

图 2-23　编辑总线分支的标号

图 2-24　总线标号的更改

2.2.6 文本脚本模式

1. 文本脚本的功能及放置

文本脚本，Proteus 的一个重要特色就是支持自由格式的文本编辑(Text Script)，其使用方式如下：

- 定义变量，用于表达式或作为参数。
- 定义原始模型及脚本，用于 VSM 仿真。
- 标注设计。
- 当某一元器件被分解时，用于保存属性和封装信息。

放置文本脚本的步骤如下：

(1) 从主工具栏中选择“Text Script”图标，在编辑窗口需要放置文本的地方单击，弹出“Edit Script Block”对话框，如图 2-25 所示。

(2) 在该对话框中先选择“Style”选项卡，可以说，文本类型实在是太多样化了，前面列举的也只是部分功能而已，不同的工作情况下选择不同的文本类型，这里选择“DESCRIPTION”，即用于电路的描述，如图 2-26 所示。

(3) 在“Text”区域键入文本。

(4) 单击“OK”按钮，完成“Text Script”的放置与编辑。

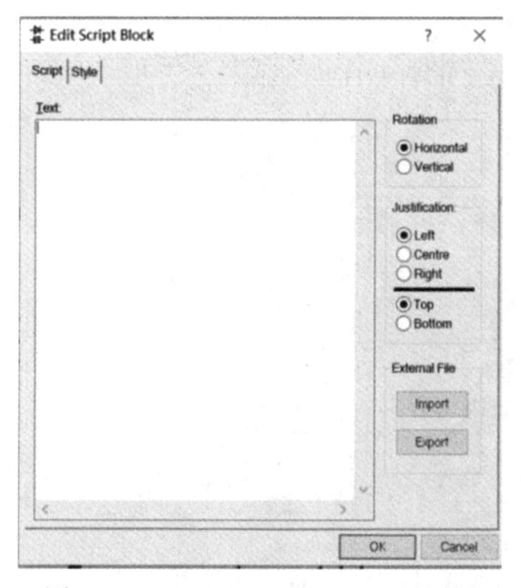

图 2-25　“Edit Script Block”对话框

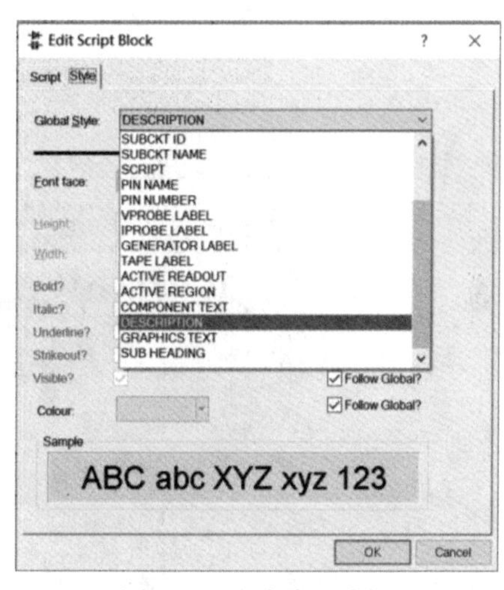

图 2-26　文本类别选择

2. 脚本模式文本应用实例

打开 Proteus 8.7 实例 “Graph Based Simulation”中的“7493 EasyHDLModel”，如图 2-27 所示，一个基于文本脚本创建的元件，它的功能图表仿真与基于模型创建的元件功能完全一致。

图 2-28 是打开后的原理图工作视窗下的电路图纸。其中，左上角放置的文字就是通过文本脚本模式放置的用于电路描述功能的文本，通常和文本脚本工具配合使用。即放置文本后，单击文本脚本图标，在对象列表区选择“2D GRAPHIC”放置矩形，做文字的底版；双击矩形边框在弹出的对话框的“Edit Style”项中选择“Panel”；关闭对话框再次选中矩形边框后，通过选择【Edit】→【Send to Back】命令使其衬于文字下方。

7493 本来是基于模型文件“74××93.MDF”的计数器(和 7490 功能一样)，但图 2-28 中的元件没有指定仿真模型，它的功能完全是通过脚本来编程的。

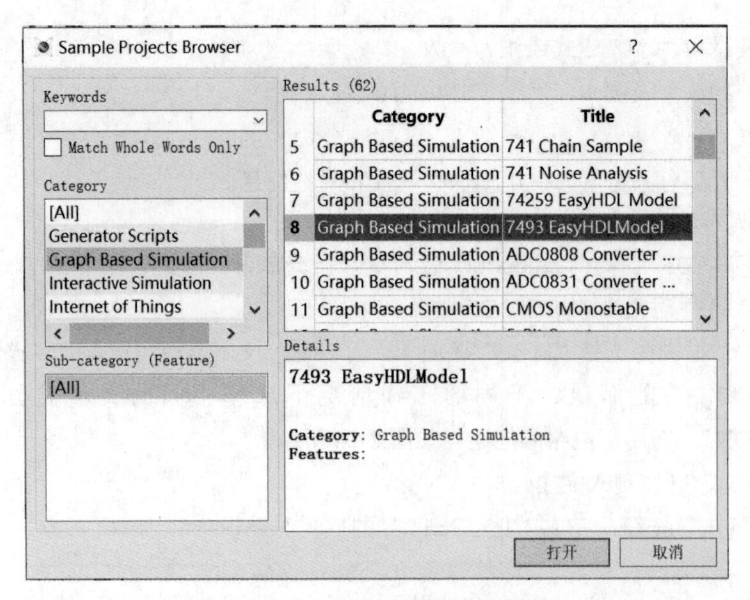

图 2-27　主页面打开样例对话框

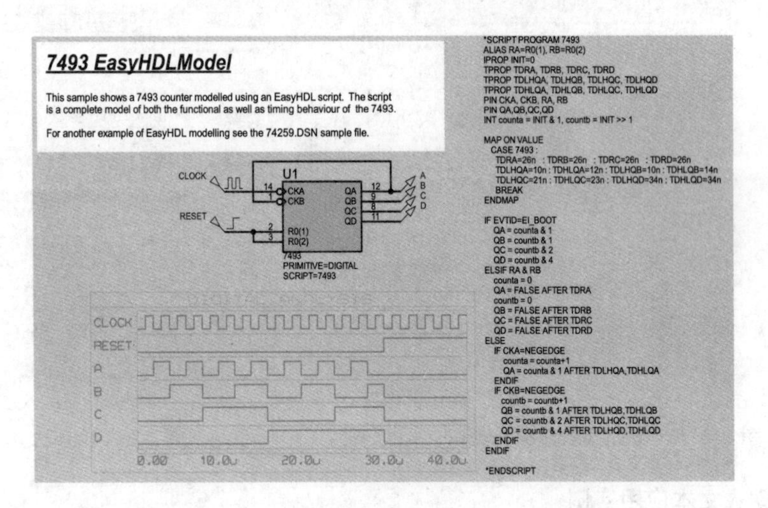

图 2-28　“7493 EasyHDLModel”实例图

双击图 2-28 中的 7493 元件，查看属性设置对话框，如图 2-29 所示。在“Simulator Primitive Type”项中输入的是“Digital”；在“Lisa Script File”项中输入的是用于描述元件功能的文本脚本文件，即在一个指定的文本脚本中用 EasyHDL 语言编写的程序文件，该文件名设为“7493”，这是元件与功能的一个链接，即由一般的模型文件“74××93.MDF”变为文本脚本文件。接下来，要在绘图区放置一个文本脚本，进行相关设置并输入 EasyHDL 程序。

单击文本脚本图标▤，在绘图区指定位置单击，出现其属性设置对话框，先单击“Style”项，在“Global Style”中选择“PROPERTIES”即元件性能，再单击“Script”项，在“Text”中输入程序，如图 2-30 所示。

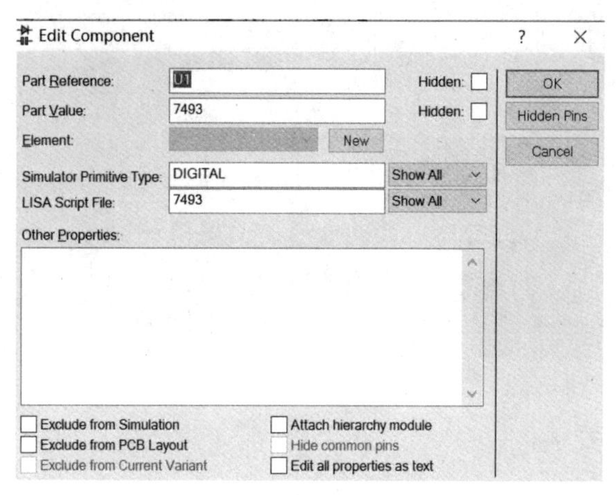

图 2-29　样例中的 7493 属性设置对话框

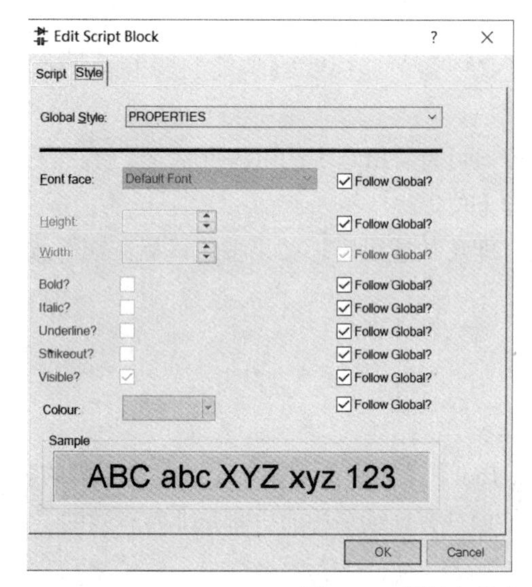

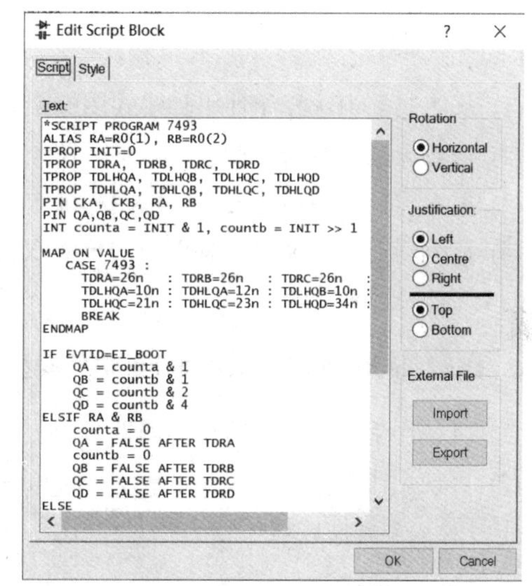

图 2-30　样例中的文本脚本属性设置对话框

EasyHDL 是 Proteus 改良的一种简单的硬件描述语言，可在主页面的帮助中查看相关的链接。图 2-30 中程序的第一行“SCRIPT PROGRAM 7493”指定了程序所在的文件名为“7493”。程序完成后单击“OK”按钮即可。

在图 2-28 中，把 7493 连接成四位二进制计数模式，用来描述 7493 元件功能的脚本文本已经放置在了线路图的右侧，在元件上放置了一些电压探针，在下边放置有数字仿真图表，通过把输入、输出电压探针名称移入图表，按空格键，自动生成了时序图，可以通过图表中的波形，查看脚本中文本的 EasyHDL 程序是否正确。

2.2.7　放置终端模式

终端是接在导线末端的端头符号或电源、接地等，端头符号用来指示电路输入或输出端信号流向，该模式在创建电路元件时用得较多。从主工具栏中选择“Terminal Mode”图标，出现如图 2-31 所示的几种终端模式。

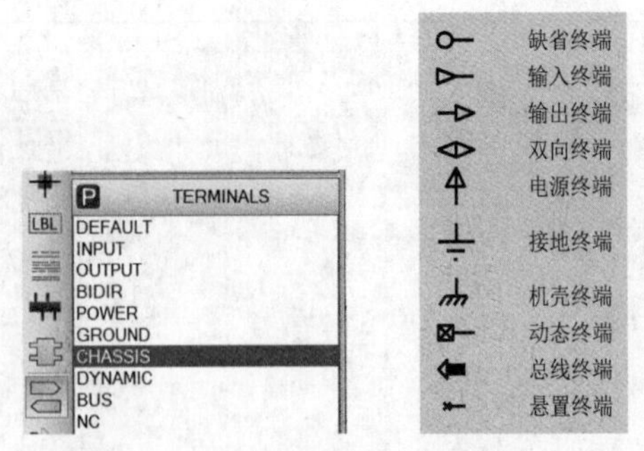

图 2-31　终端对象列表及模式

2.2.8　元件引脚模式

元件引脚终端是在创建元器件或绘制子电路功能元件时，为元件放置的引脚。

1. 放置引脚对象

(1) 从工具箱中选择元件引脚模式图标 。

(2) 在对象列表区选中期望的引脚，在预览窗口可查看所选中的引脚形状。

(3) 根据需要，使用旋转及镜像图标确定引脚方位。

(4) 在编辑窗口中期望引脚出现的位置双击，即可放置引脚。如果按住鼠标左键不放，可对其进行拖动操作。

2. 编辑引脚名称、引脚编号及其电气类型

(1) 可使用手动方式编辑引脚属性。

(2) 可使用【Tools】→【Property Assignment Tool】菜单命令编辑一个或多个引脚的名称、引脚编号及类型属性。这一方法对于一组(例如总线)具有连续名称的引脚是非常有效的。

2.2.9　子电路模式

子电路模式图标 用来创建一个具有子电路功能的模块，下面通过创建一个全加器仿真模块来介绍该图标功能，同时介绍层次电路图的概念。

打开第 1 章的最后一个例子“Test3.pdsprj”工程，在原理图设计视窗中，选择【Design】→【New (Root) sheet】命令或在右上方单击主命令图标 ，新建一张图纸，在这张图纸上画一个能用来仿真的全加器。这是因为 Proteus 库中的 74LS183 全加器没有仿真模型，因此不能用于两个一位二进制数相加。

1. 在父电路中创建全加器模块

(1) 绘制模块外轮廓

选择子电路模式图标 ，在绘图区通过鼠标拖出一个矩形框，双击方框打开如图 2-32 所示的编辑子电路对话框，修改器件名称及对应的子电路名称，增加性能注释，然后单击“OK”按钮返回绘图区。再用鼠标把矩形框调小一点。

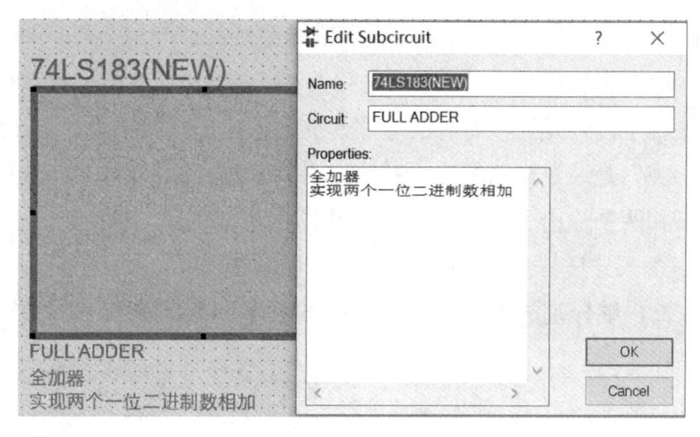

图 2-32　编辑子电路对话框

(2) 添加模块输入输出引脚

在子电路模式下，用鼠标单击选中列表区中的 INPUT(输入引脚)，在元件左边框上等距单击三次(出现×捕捉点且元件点亮时)，再单击选中列表区中的 OUTPUT(输出引脚)，在元件右边框上等距单击两次，即分别放置了三个输入引脚和两个输出引脚，如图 2-33(a)所示。分别双击每个引脚对其命名，命名后的元件如图 2-33(b)所示，全加器元件创建完成，但只是个符号，没有任何功能。必须为其创建一个与该符号相链接的下层子电路，使其具有全加器逻辑功能才能仿真，因此，当前电路又叫父电路图层，即子电路的上一层电路。

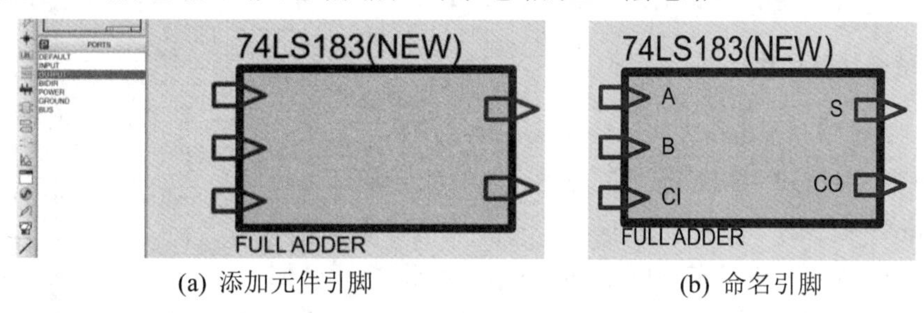

(a) 添加元件引脚　　　　(b) 命名引脚

图 2-33　添加和命名元件引脚

2. 在子电路中绘制全加器的逻辑电路

(1) 绘制子电路

右键单击父电路元件，选择右键菜单中的“Goto Child Sheet”，打开子电路图纸(默认模板与父电路一致，可以修改)，绘制全加器的逻辑电路，即子电路。子电路所用元件如表 2-2 所示。

表 2-2　全加器子电路元件清单

元　件　名	所　在　类	子类	含　义
74LS86	TTL 74LS Series	Gates & Inverters	异或门
74LS08	TTL 74LS Series	Gates & Inverters	与门
74LS32	TTL 74LS Series	Gates & Inverters	或门

照图 2-34 完成子电路绘制。注意，要想引出输入、输出连线，需选择主工具栏中的画线图

标，然后在绘图区相应位置向外引出导线后双击结束连线。

(2) 添加输入、输出引脚标号

现在子电路绘制好了，但是还没有与父电路建立输入输出对接关系，那么这两层电路是通过什么建立连线关系的呢？是通过电路的输入和输出引脚来建立联系的。在父电路中，全加器模块创建了三个输入引脚和两个输出引脚，因此，在子电路中也要创建同样的输入、输出端，即用“Wire Label Mode”工具加入导线标号(不区分大小写)，如图 2-35 所示。为使图形规范，先使用终端模式工具，在输入输出端分别放置并接入对应的 INPUT 和 OUTPUT 对象(这一步是非必须的)。

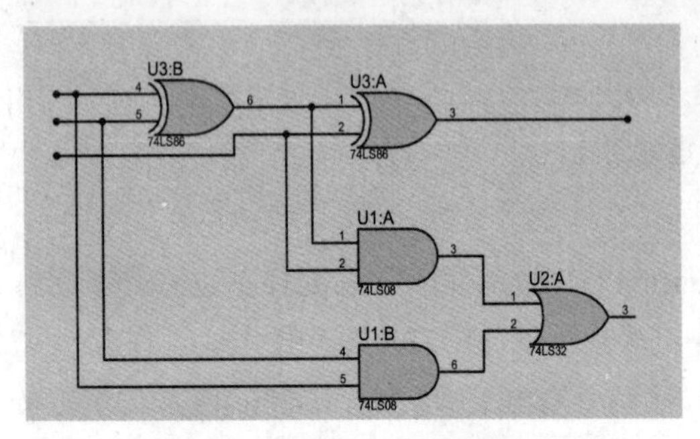

图 2-34　全加器子电路逻辑电路

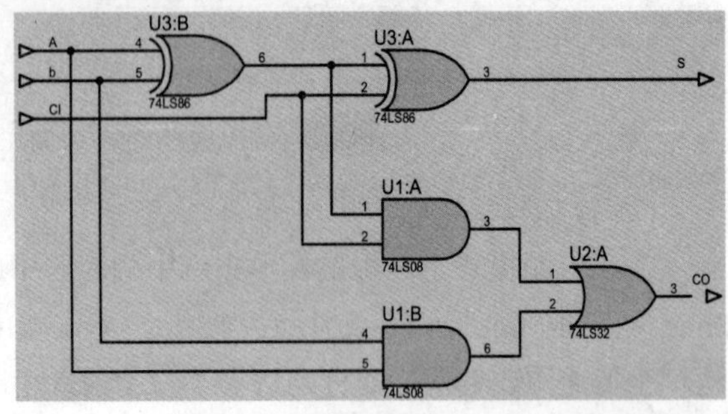

图 2-35　放置了输入输出导线标号的全加器子电路

单击保存图标，单击鼠标右键出现菜单，选择“Exit to Parent Sheet”命令退回到父图纸或父电路所在的图层，如图 2-36 所示。

图 2-36　子电路下的右键菜单

3. 测试全加器模块功能

至此，父电路和子电路之间已经建立了联接关系，现在测试一下全加器 74LS138(NEW)模块的逻辑功能是否正确(前提是保证子电路绘制正确)。在父图层中，用直接查询法拾取两个测试元件 LOGICSTATE 和 LOGICPROBE[BIG]，分别连接在全加器的输入和输出端。单击仿真运行按钮，然后单击三个输入端的 LOGICSTATE，按表 2-3 所示的真值表测试全加器的功能。

表 2-3　全加器功能真值表

输入			输出	
A(加数)	B(加数)	CI(低一级进位)	CO(高一级进位)	S(本位和)
0	0	0	0	0
0	0	1	0	1
0	1	0	0	1
0	1	1	1	0
1	0	0	0	1
1	0	1	1	0
1	1	0	1	0
1	1	1	1	1

完成后单击仿真结束按钮■退出仿真状态，存盘，完成子电路创建及功能测试，如图 2-37 所示。

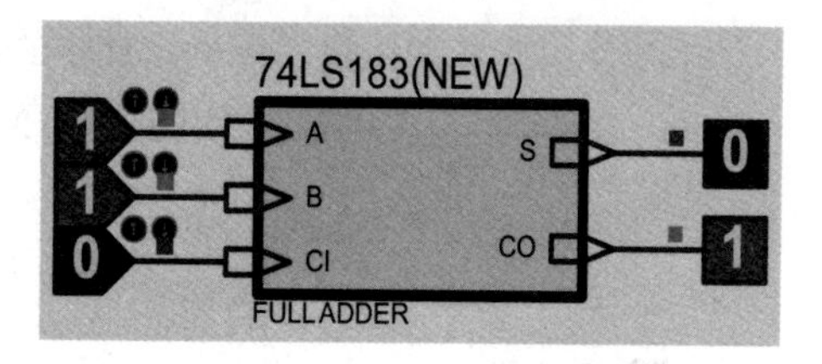

图 2-37　全加器 74LS183(NEW)功能测试

现在，Test3 工程中多了与其平行的电路及其对应的子电路。这个工程保存好，之后我们还要用它。

以上这个例子所呈现的电路图纸结构又叫层次电路图，Test3 中原来建立的单片机电路图层和全加器模块所在的图层是平行的，即都处在根图层。根图层的电路可以是互相独立的，也可以通过导线标号建立关系，并且能够协同仿真。每张图纸又可以有子图纸，全加器的子电路所处的图层是全加器模块下的子图层或子电路。图层或图纸就像是文件目录一样，这些图纸目录及所包含的元件可通过 Design Explorer 工作视窗查看。

在工程上，层次电路设计的真正意义在于简化电路，把复杂的电路模块化、概念化，以功能符号的形式出现在主电路图中，各功能模块下创建与之关联的子电路，这样增加了电路的可读性。

读者可打开主页面样例中的“Graph Based Simulation”类下的“741 Op-Amp Model”文件，右键单击“741”元件，选择“Goto Child Sheet”，查看 741 运放器详细的子电路原理图。

2.2.10　二维图形模式

二维图形模式共有 8 个工具图标，分别是二维图形画线模式(2D Graphics Line Mode)、二维图形画矩形框模式(2D Graphics Box Mode)、二维图形画圆模式(2D Graphics Circle Mode)、二维图形画弧模式(2D Graphics Arc Mode)、二维图形多边形模式(2D Graphics Closed Path Mode)、二维图形文字输入模式(2D Graphics Text Mode)、二维图形符号模式(2D Graphics Symbols Mode)、二维图形放置标记符模式(2D Graphics Markers Mode)，可用来在绘图区画二维图形、创建元件及进行区域标记等。

1. 二维画图及文字输入工具

这 6 个图标对应的对象种类是一样的，即选择其中任一工具图标后，在对象区中列出了 18 种可选择的对象种类，如图 2-38 所示，分别用于绘制元件、引脚、端口、标记线、执行器、指示器、电压探针、电流探针、磁带、激励源、终端、子电路、二维图形、导线结点、导线、总线、边界及模板。用户可在绘图区创建的对象种类中分别对应选择，大多情况下是创建对象，即创建一个元件、仪器或子电路等。

(1) 导线

值得强调的是，在进行原理图连线时，选择画线图标，则无论在对象列表区选中哪类直线，都可以在绘图区进行电气连线。因为在自动连线时，通常无须选择连线模式即可自动捕捉元件管脚进行连线，但有时需要从非管脚处开始画一段导线，就需要选择此操作图标。

(2) 输入文字A

① 从主工具栏中选择文字图标A。

② 从对象选择器中选择文本输入说明的对象类型。

③ 使用旋转和镜像图标确定文字的方向。

④ 在绘图区，在期望文本出现位置的右下角单击，将出现如图 2-39 所示的文本输入对话框。

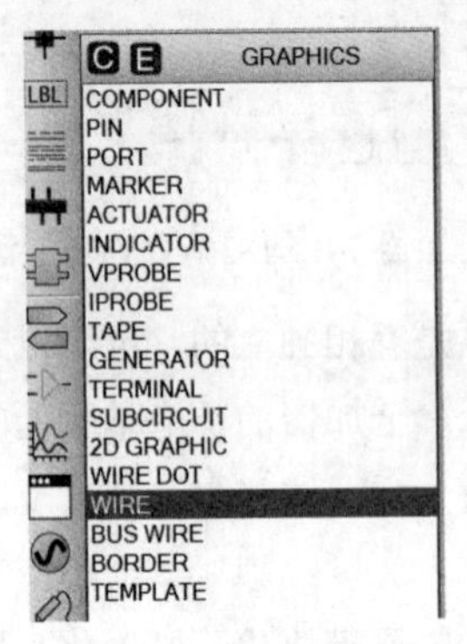

图 2-38　二维图形画线的种类

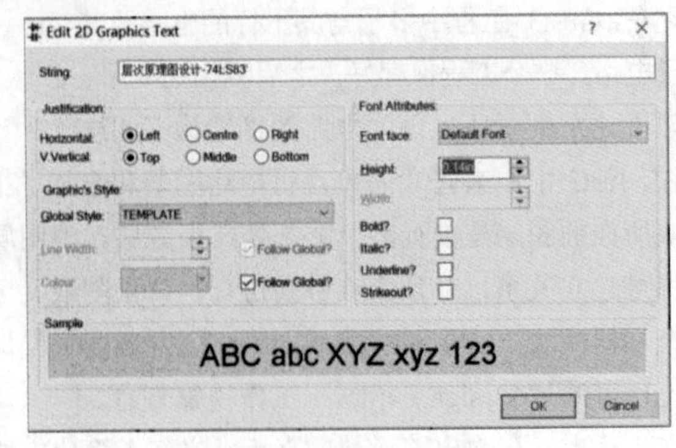

图 2-39　文本输入对话框

⑤ 在“String”文本框中输入文字，并设置字体类型“Font face”、字体高度“Height”及字体的修饰(如是否加粗)等选项。

⑥ 按“Enter”键或单击“OK”按钮，完成文字的放置。

2. 放置图形符号和图形标记

(1) 放置图形符号和放置电器元件的操作是一样的，Proteus 原理图工作视窗提供了 120 个系统图形符号，用于用户拾取并制作自己的元件。选择图标后，对象列表区先是空的，单击列表区上方的P图标或直接在键盘上按快捷键“P”，打开如图 2-40 所示的符号拾取对话框，浏览并双击相应符号，对象列表区中即出现了符号的名称，然后再根据需要放置在绘图区。

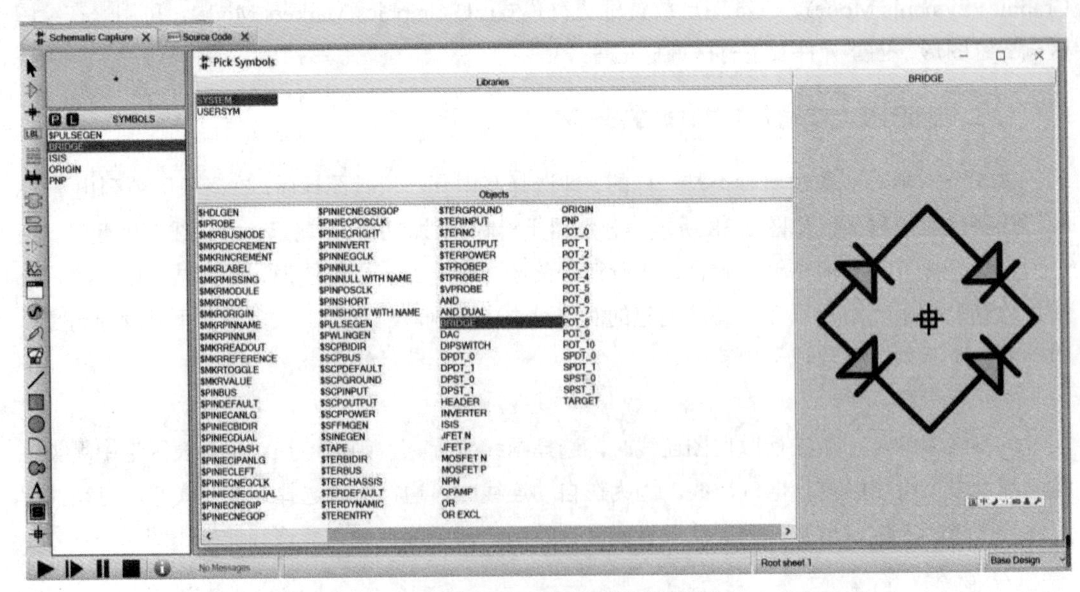

图 2-40　符号拾取对话框

(2) 选择放置图形标记符号后，对象列表区给出了 9 种标记符号，用于在绘图区标记原点、结点、总线结点、标签、引脚名、引脚号、增量符、减量符及转换符，在已设计好的图形中或在设计元件时做标记符号使用。图 2-41 给出了这些图形标记符号及对应的名称。

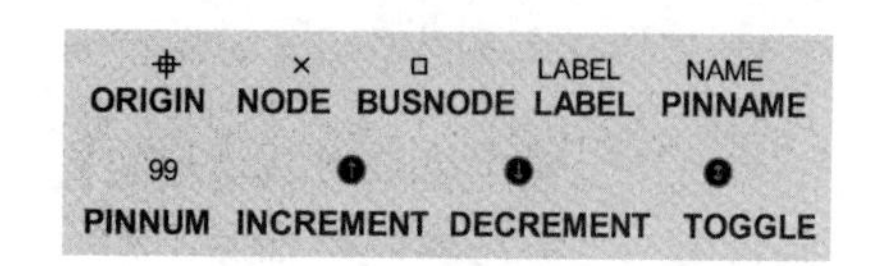

图 2-41 九种图形标记符号

2.3 仿真工具图标

Proteus 原理图视窗的主工具栏中有 5 个仿真工具图标，分别是激励源模式、虚拟仪器模式、图表模式、探针模式和活动窗口模式，用来在绘图区放置输入信号、虚拟仪器、图表及活动窗口，以进行原理图的动态仿真、静态仿真、程序与多个弹出活动窗口中的局部原理图之间的交互仿真。

仿真工具在同一电路图中可能会出现多处，因此每个都要通过属性设置对话框进行命名且不能重复，以便系统和用户对每个工具的仿真结果进行区分。

2.3.1 激励源模式

电路原理图绘好后，要想进行交互式仿真，必须添加相应的输入信号即激励源才行。选择激励源模式图标，在对象列表区显示出 14 种不同的激励源，选中激励源并放置在绘图区后，双击激励源可以对其参数进行设置。表 2-4 中给出了这些激励源的名称、符号及中文名称。

表 2-4 激励源一览表

名　称	符　号	意　义
DC		直流信号发生器
SINE		正弦波信号发生器
PULSE		脉冲发生器
EXP		指数脉冲发生器
SFFM		单频率调频波发生器
PWLIN		分段线性激励源
FILE		FILE信号发生器
AUDIO		音频信号发生器
DSTATE		数字单稳态逻辑电平发生器
DEDGE		数字单边沿信号发生器
DPULSE		单周期数字脉冲发生器
DCLOCK		数字时钟信号发生器
DPATTERN		数字模式信号发生器
SCRIPTABLE	? HDL	脚本表信号发生器

1. 直流信号发生器(DC)

直流信号发生器用来产生模拟直流电压或电流。放置在绘图区后，可使用镜像、旋转工具调整直流信号发生器在原理图中的位置。直流信号发生器属性设置可通过以下步骤完成。

(1) 在原理图编辑区中，用鼠标左键双击直流信号发生器符号，出现如图 2-42(a)所示的属性设置对话框。

(2) 默认为直流电压源，可以在“Generator Name”和“Voltage(Volts)”处分别输入名称或电压大小，可以选择或输入负电压。

(3) 如果需要直流电流源，则在对话框中选中左下角的“Current Source”项，右侧自动出现电流值的设置框，根据需要填写即可，如图 2-42(b)所示。

(4) 单击“OK”按钮，完成属性设置。

在图 2-42 中还可以看到，放置直流信号源后，通过选择“Analogue Types”中的选项即模拟信号类型，可以更改为对象列表区中的其他激励源模式。

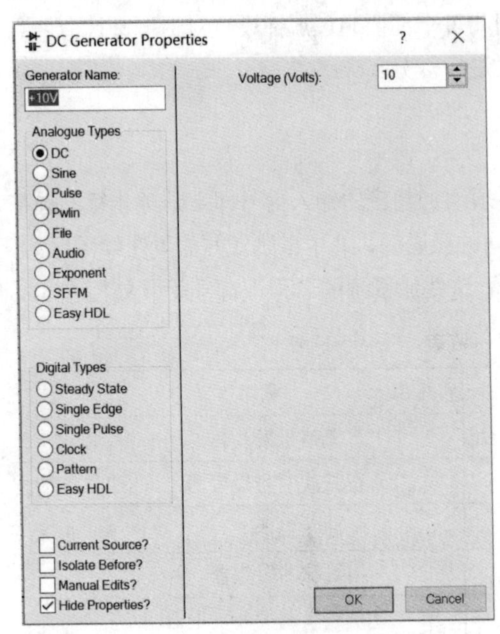

(a) 直流电压源属性设置

(b) 直流电流源属性设置

图 2-42 直流信号发生器属性设置

2. 正弦波信号发生器(SINE)

正弦波信号发生器用来产生固定频率的连续正弦波。正弦波信号发生器属性设置可通过以下步骤完成。

(1) 双击原理图中的正弦波信号发生器符号，出现其属性设置对话框，如图 2-43 所示。正弦波信号发生器属性设置对话框中主要选项的含义如下。

- Offset(Volts)：补偿电压，即正弦波的振荡中心电平。

- Amplitude(Volts)：正弦波的三种幅值标记方法，其中 Amplitude 为振幅，即半波峰值电压；Peak 为峰值电压；RMS 为有效值电压。以上三个电压值选填一项即可。
- Timing：正弦波频率的三种定义方法，其中 Frequency(Hz)为频率，单位为赫兹；Period (Secs)为周期，单位为秒；这两项填一项即可。Cycles/Graph 为占空比，要单独设置。
- Delay：延时，指正弦波的相位，有两个选项，选填一个即可。其中 Time Delay (Secs)是时间轴的延时，单位为秒；Phase(Degrees)为相位，单位为度。

(2) 正弦波信号测试举例。

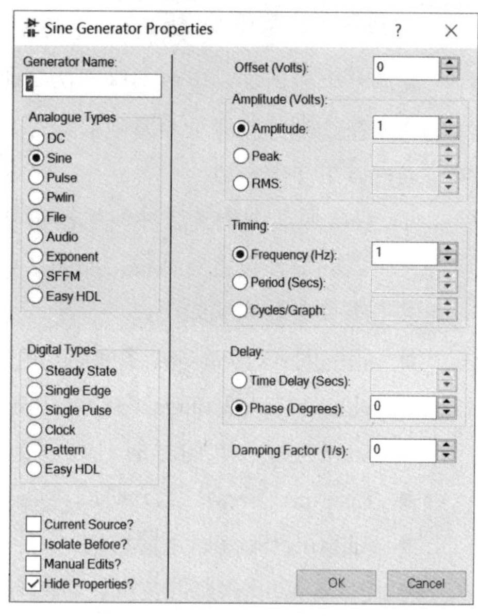

图 2-43　正弦波信号发生器的属性设置对话框

① 在“Generator Name”文本框中输入正弦波信号发生器的名称，比如“SINE SOURCE 1”，在相应的项目中设置相应的值。本例中使用两个正弦波发生器，各参数设置如表 2-5 所示。

表 2-5　两个正弦波信号发生器参数示例

信号源名称	幅　值	频率/kHz	相位/°
SINE SOURCE1	1	1	0
SINE SOURCE2	2	1	90

② 单击“OK”按钮，完成设置。

③ 用示波器观察两个信号，连线如图 2-44 所示。

④ 示波器显示的图形如图 2-45 所示。

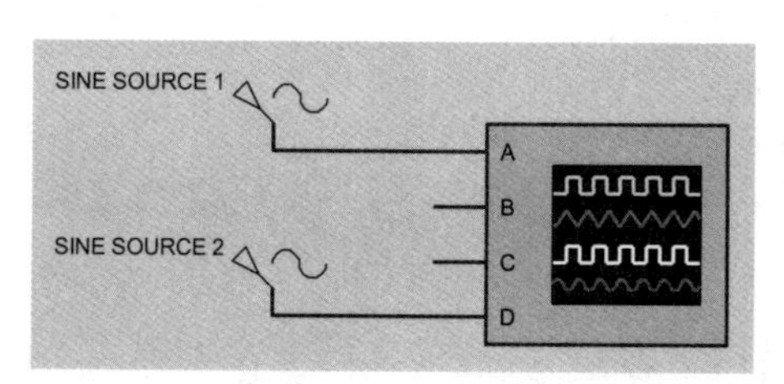

图 2-44　正弦波信号发生器与示波器的连接

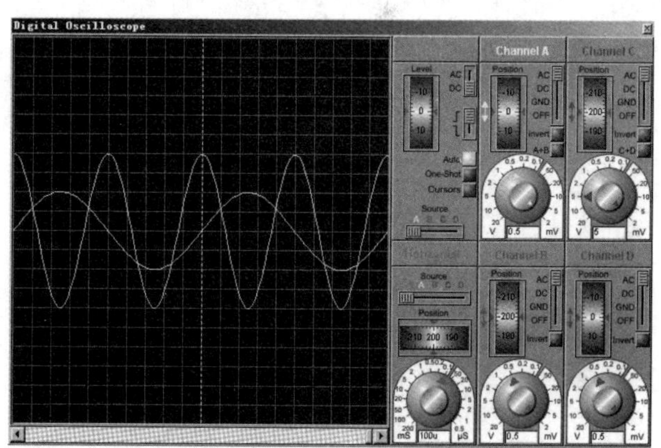

图 2-45　示波器显示的正弦波信号波形

3. 脉冲发生器(PULSE)

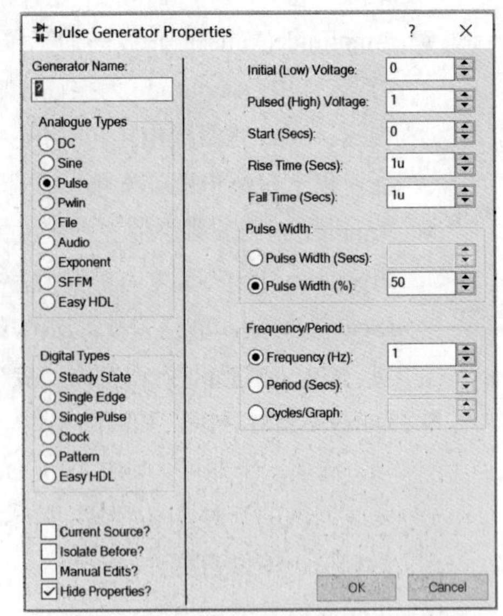

图 2-46　脉冲发生器属性设置对话框

脉冲发生器用来产生单个脉冲信号或连续脉冲信号，在绘图区放置脉冲发生器后，其属性设置可通过以下步骤完成。

(1) 双击原理图中的脉冲发生器符号，出现脉冲发生器的属性设置对话框，如图 2-46 所示。

其中主要参数说明如下。

- Initial(Low)Voltage：初始(低)电压值。
- Pulsed(High)Voltage：初始(高)电压值。
- Start(Secs)：起始时刻。
- Rise time(Secs)：上升时间。
- Fall time(Secs)：下降时间。
- Pulse Width：脉冲宽度。有两种设置方法，Pulse Width(Secs)指定脉冲宽度，Pulse Width(%)指定脉冲占空比。
- Frequency/Period：频率或周期。
- Current Source：脉冲发生器的电流值设置。

(2) 在图 2-46 的“Generator Name”文本框中输入脉冲发生器的名称，并在相应的项目中输入合适的值。

(3) 设置完成后，单击“OK”按钮。

(4) 可用与正弦波信号类似的方法，用示波器查看脉冲发生器的信号波形。

4. 指数脉冲发生器(EXP)

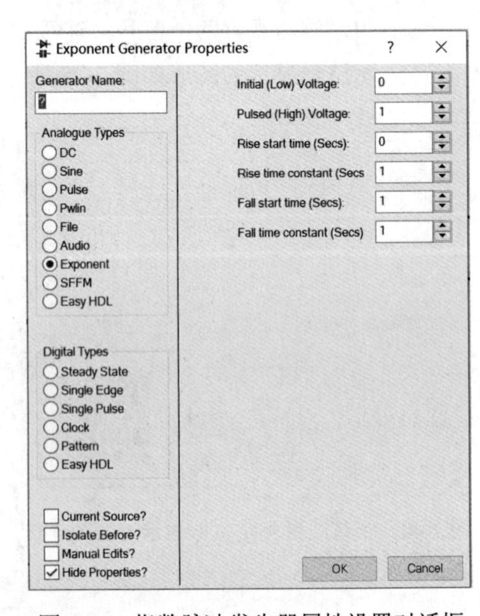

图 2-47　指数脉冲发生器属性设置对话框

指数脉冲发生器产生指数函数的输入信号，将其放置在绘图区后，双击其符号可以通过属性对话框来设置相关参数。

(1) 设置参数。

① 双击原理图中的指数脉冲发生器符号，出现指数脉冲发生器的属性设置对话框，如图 2-47 所示。

其中主要参数说明如下。

- Initial(Low)Voltage：初始(低)电压值。
- Pulsed(High)Voltage：初始(高)电压值。
- Rise start time(Secs)：上升沿起始时刻。
- Rise time constant(Secs)：上升沿持续时间。
- Fall start time(Secs)：下降沿起始时刻。
- Fall time constant(Secs)：下降沿持续时间。

② 在图 2-45 的“Generator Name”文本框中输入指数脉冲发生器的名称，并在相应的项目中输入合适的值。

③ 设置完成后，单击“OK”按钮。

(2) 指数信号测试举例。

① 用仿真图表观测输出波形。选择主工具栏中的图表模式“Graph Mode”图标，在对象列表区中将出现各种仿真分析所需的图表类型；选择其中的“ANALOGUE”模拟波形，然后在原理图编辑区单击鼠标左键拖动出一个矩形框，则出现仿真图表的框架，如图 2-48 所示。

② 在图 2-48 中双击，出现如图 2-49 所示的图表设置对话框，把其中的“Stop time”改为 6(秒)。

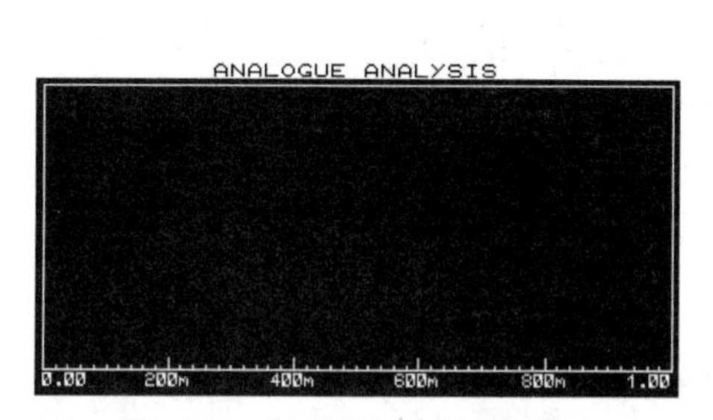

图 2-48　拖出的仿真图表框架

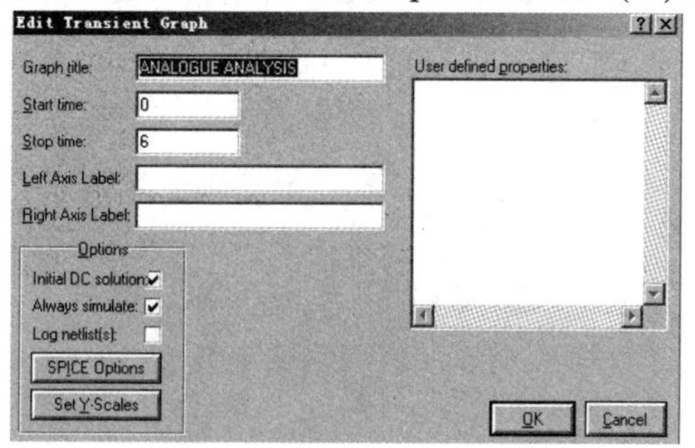

图 2-49　仿真图表设置对话框

③ 单击主工具栏中的“Terminals Mode”图标，在对象列表区中将出现各种终端名称。选择“DEFAULT”(默认)项，然后将其放置到原理图编辑区中。

④ 把终端与指数脉冲发生器连接在一起，然后把原理图中的指数脉冲发生器拖动到仿真图表中(拖动名称)，图表中出现“EXP SOURCE”的名称，同时有白色的竖线分区出现，如图 2-50 所示。

⑤ 按空格键进行图表仿真，在图表框中出现指数脉冲发生器的波形，如图 2-51 所示。

⑥ 改变指数脉冲的参数后，再按空格键，可以重新生成新的波形。

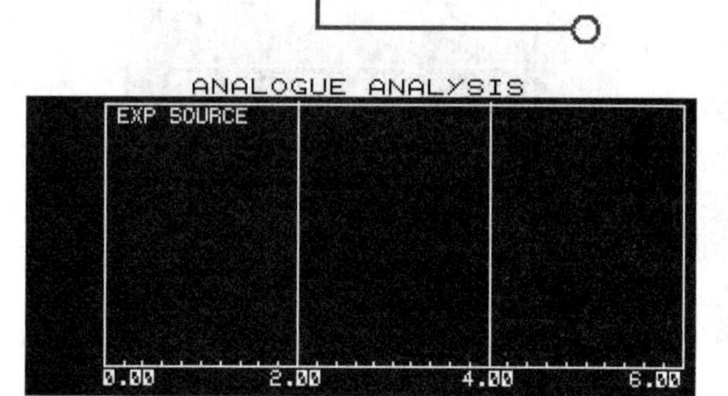

图 2-50　终端与指数脉冲发生器的连接

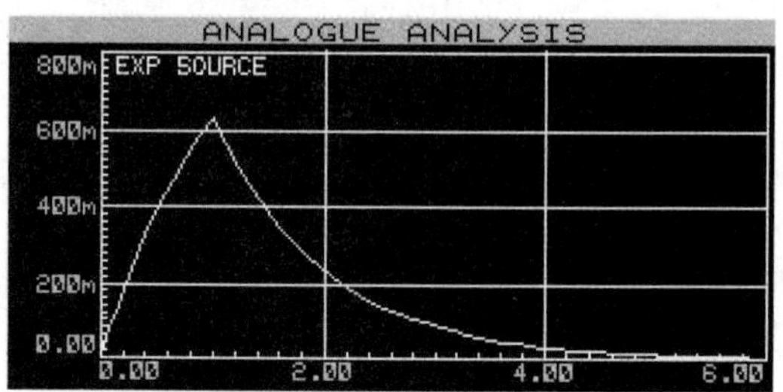

图 2-51　指数脉冲发生器的图表仿真波形

5. 单频率调频波发生器(SFFM)

单频率调频波发生器产生调频波输入信号，将其放置在绘图区后，双击其符号可以通过属性对话框来设置相关参数。

(1) 设置属性参数。

① 双击原理图中的单频率调频波发生器符号，出现指数脉冲发生器的属性设置对话框，如图 2-52 所示。

其中主要参数说明如下。

- Offset(Volts)：电压偏置值 V_O。
- Amplitude(Volts)：电压幅值 V_A。
- Carrier Freq(Hz)：载波频率 f_C。
- Modulation Index：调制指数 M_{DI}。
- Signal Freq(Hz)：信号频率 f_S。
- 经调制后，输出信号为 $V = V_O = V_A\sin[2\pi f_c^{\,f} + M_{DI}\sin(2\pi f_s^{\,f})]$。

② 在图 2-52 的“Generator Name”文本框中输入脉冲发生器的名称，并在相应的项目中输入合适的值。

③ 设置完成后，单击“OK”按钮。

(2) 用仿真图表观测输出波形。

参照前面介绍的方法，在绘图区放置单频率调频波发生器之后，再放置一个终端与其相连，然后选择图表模式并拖出一个图表，双击“SFFM”名称并拖入图表中，按空格键进行图表仿真，即得到如图 2-53 所示调制后的模拟波形。

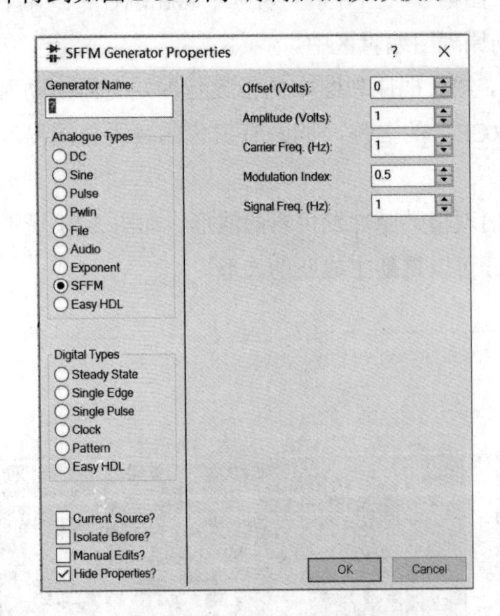

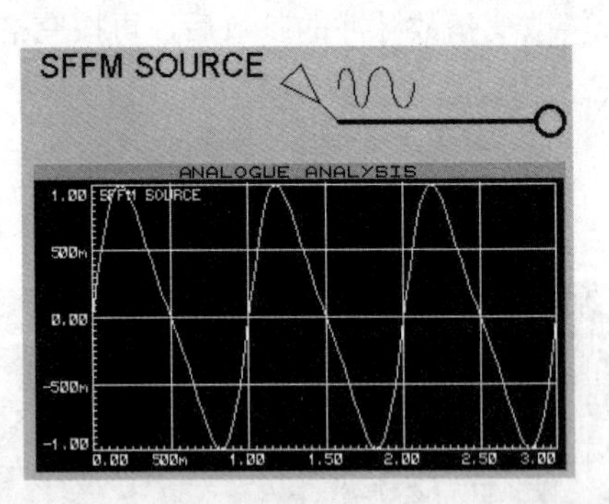

图 2-52 单频率调频波发生器的属性设置对话框　图 2-53 单频率调频波发生器图表仿真波形

6. 分段线性激励源(PWLIN)

分段线性激励源产生可编辑的分段组合输入信号，将其放置在绘图区后，双击其符号可以通过属性对话框来设置相关参数。

(1) 设置属性参数。

① 双击原理图中的分段线性激励源符号，出现分段线性激励源的属性设置对话框，如图 2-54 所示。

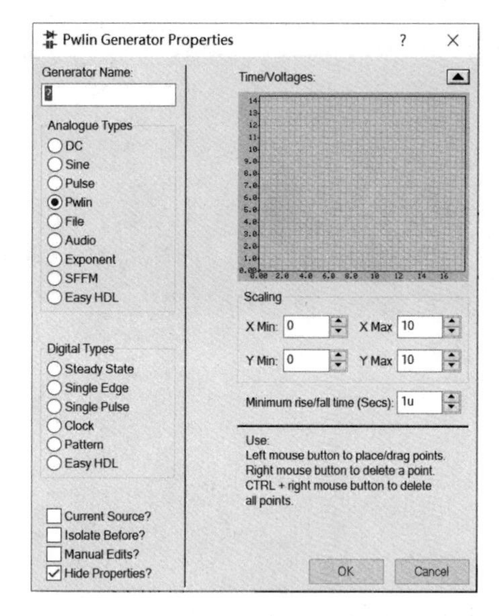

图 2-54　分段线性激励源属性设置对话框

其中主要参数说明如下。

● Time/Voltages 项

用于显示波形，X 轴为时间轴，Y 轴为电压轴。单击右上角的三角按钮，可弹出放大了的曲线编辑界面。

● Scaling 项

X Mir：横坐标(时间)最小值显示。

X Ma：横坐标(时间)最大值显示。

Y Mir：纵坐标(时间)最小值显示。

Y Ma：纵坐标(时间)最大值显示。

Minimum：最小上升/下降时间。

② 在打开的分段线性激励源的图形编辑区中，用鼠标左键在任意点单击，则绘制完成从原点到该点的一段直线；再把鼠标向右移动，在任意位置单击，又出现一连接的直线段，可编辑为自己满意的分段激励源曲线，如图 2-55 所示。

(2) 按照前述介绍的信号测试方法，用仿真图表可以观察到和编辑的图形相同的曲线，如图 2-56 所示。

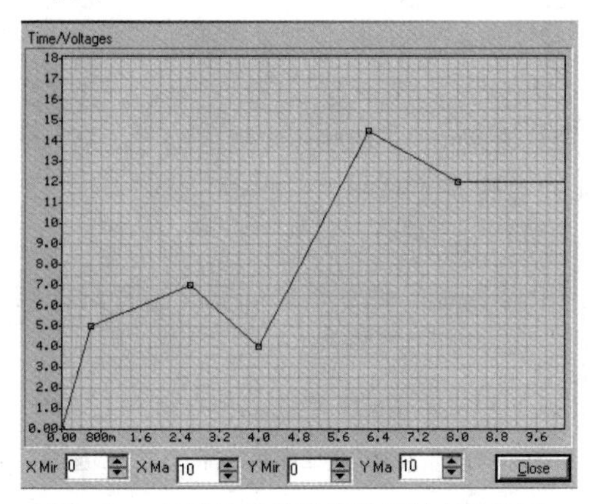

图 2-55　编辑分段线性激励源的任意图形

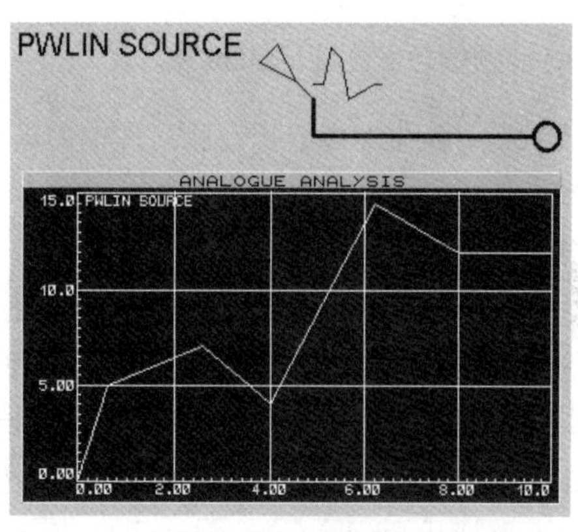

图 2-56　分段线性激励源的图表仿真波形

7. FILE 信号发生器(FILE)

FILE 信号发生器能够把 ASCII 文件作为输入信号，将其放置在绘图区后，双击其符号可以通过属性对话框来设置相关参数。

(1) 属性参数设置。

① 双击原理图中的 FILE 信号发生器符号，出现 FILE 信号发生器的属性设置对话框，如图 2-57 所示。

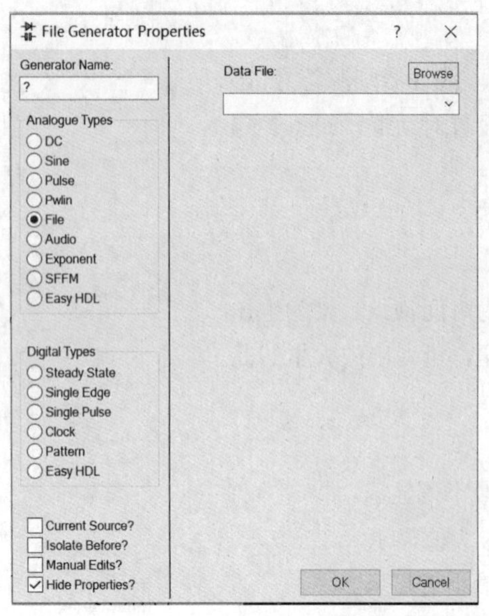

图 2-57 FILE 信号发生器的属性设置对话框

② 在“Data File”项中输入数据文件的路径及文件名，或单击“Browse”按钮进行路径及文件名选择，即可使用电路中编制好的数据文件。

FILE 信号发生器与 PWLIN 信号源相同，只是数据由 ASCII 文件产生。

③ 在“Generator Name”文本框中输入发生器的名称，如“FILE SOURCE”。

④ 编辑完成后，单击“OK”按钮，完成信号源的设置。

(2) 可用模拟图表仿真模式观测该文件信号源的输出曲线。

8. 音频信号发生器(AUDIO)

音频信号发生器能够把音频文件作为输入信号，比如用于功率放大器的输入信号。将其放置在绘图区后，双击其符号可以通过属性对话框来设置相关参数。

(1) 属性参数设置。

① 双击原理图中的音频信号发生器符号，出现音频信号发生器的属性设置对话框，如图 2-58 所示。

② 在“Generator Name”文本框中输入自定义的音频信号发生器的名称，如“11”；在“WAV Audio File”选项中，通过“Browse”浏览按钮找到一个“*.wav”音频文件，这里选择一首草原歌曲加载进去。

③ 单击“OK”按钮完成设置。

(2) 仿真测试。

需要一个播放音频源的喇叭(扬声器)，可以用直接查询法拾取元件“SPEAKER”，在元件拾取对话框的元件列表中，选取“Library”列为“ACTIVE”的“SPEAKER”元件。按图 2-59 所示接线，然后单击仿真运行按钮，可以听一首优美的歌曲，前提是打开你的电脑音箱。

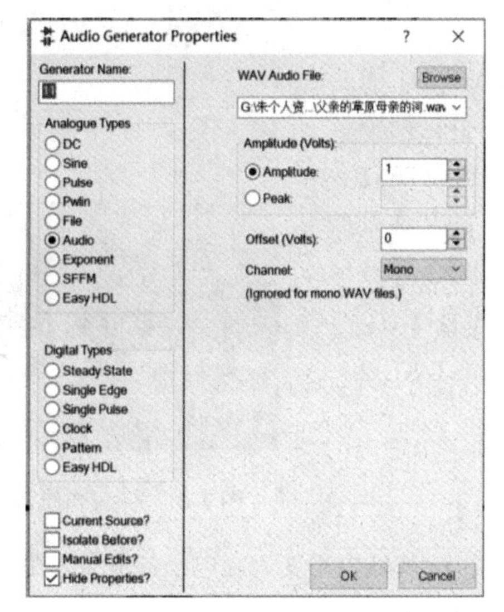

图 2-58　音频信号发生器的属性设置对话框

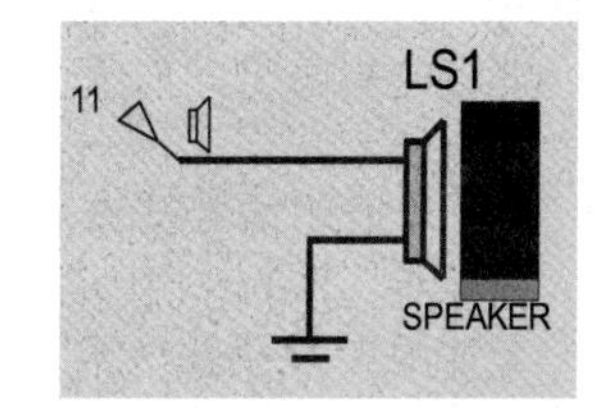

图 2-59　音频信号与扬声器的连接

9. 数字单稳态逻辑电平发生器(DSTATE)

数字单稳态逻辑电平发生器产生单稳态输入信号，将其放置在绘图区后，双击其符号可以通过属性对话框来设置相关参数。

(1) 属性参数设置。

① 双击原理图中的数字单稳态逻辑电平发生器符号，出现其属性设置对话框，如图 2-60 所示。

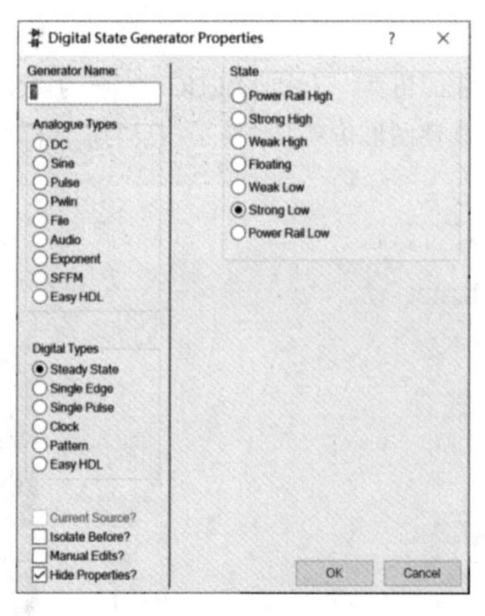

图 2-60　数字单稳态逻辑电平发生器属性设置对话框

② 在“Generator Name”文本框中输入自定义的数字单稳态逻辑电平发生器的名称，如“DSTATE 1”；在“State”选项中，选择逻辑状态为“Weak Low”(弱低电平)。

③ 单击“OK”按钮完成设置。

(2) 信号仿真测试。

在绘图区放置两个 DSTATE 信号源 DSTATE 1 和 DSTATE 2，放置并连接两个终端，添加一个图表，并把两个信号源分别拖入图表中，如图 2-61 所示。其中，DSTATE 1 的 State 设为“Weak Low”(弱低电平)，DSTATE 2 的状态设为“Weak High”(弱高电平)。会发现图 2-61 中的信号源符号中，一个显示“0”，一个显示“1”。图表仿真的结果中，DSTATE 1 信号源为绿色的低电平，与最下边的水平轴重叠；DSTATE 2 信号源为红色的高电平，与最上顶水平线重叠。

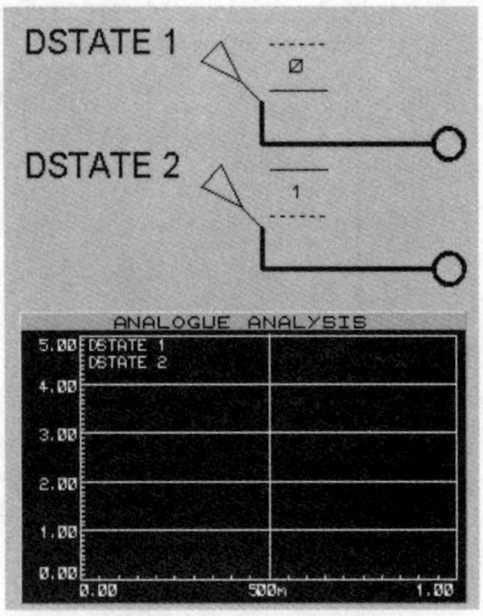

图 2-61　图表仿真测试

10. 数字单边沿信号发生器(DEDGE)

数字单边沿信号为从高电平变为低电平的信号，或从低电平变为高电平的信号。将其放置在绘图区后，双击其符号可以通过属性对话框来设置相关参数。

(1) 属性参数设置。

① 双击原理图中的数字单边沿信号发生器符号，出现数字单边沿信号发生器的属性设置对话框，如图 2-62 所示。

② 在“Generator Name”文本框中输入自定义的数字单边沿信号发生器的名称，如“DEDGE 1”; 在“Edge Polarity”选项中，选中“Positive (Low-To-High)Edge”正边沿项; 对于“Edge At(Secs)”项，输入“500m”，即选择边沿发生在 500m 处。

③ 单击“OK”按钮完成设置。

(2) 信号测试仿真。

照图 2-63 接线来完成图表的仿真。其中，DEDGE 2 设为“Negative (High-To-Low)Edge”负边沿，其他同 DEDGE 1。观察图形仿真中的两个相反的单边沿信号。

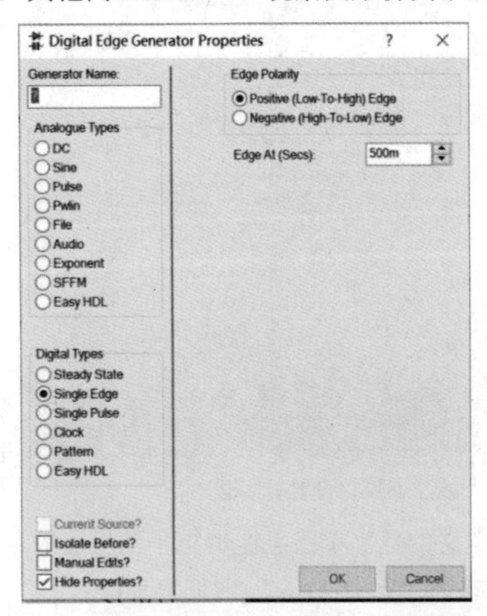

图 2-62　数字单边沿信号发生器属性设置对话框

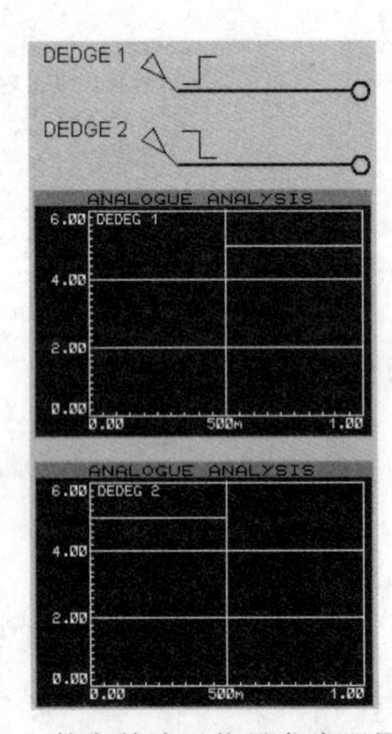

图 2-63　数字单边沿信号发生器图表分析

11. 单周期数字脉冲发生器(DPULSE)

单周期数字脉冲发生器产生一个具有上升沿和下降沿的单个正脉冲或负脉冲信号。将其放置在绘图区后，双击其符号可以通过属性对话框来设置相关参数。

(1) 属性参数设置。

① 双击原理图中的单周期数字脉冲发生器符号，出现单周期数字脉冲发生器的属性设置对话框，如图 2-64 所示。

主要有以下参数设置。

- Pulse Polarity(脉冲极性)：正脉冲 Positive(Low-High-Low)Pulse 和负脉冲 Negative(High-Low-High)Pulse。
- Pulse Timing(脉冲定时)：Start Time(Secs)为起始时刻；Pulse Width(Secs)为脉宽；Stop Time(Secs)为停止时间。

② 在“Generator Name”文本框中输入自定义的单周期数字脉冲发生器的名称，如“DPULSE SOURCE”，并在相应的项目中设置合适的值。

③ 单击“OK”按钮完成设置。

(2) 照图 2-65 接线来完成图表的仿真。

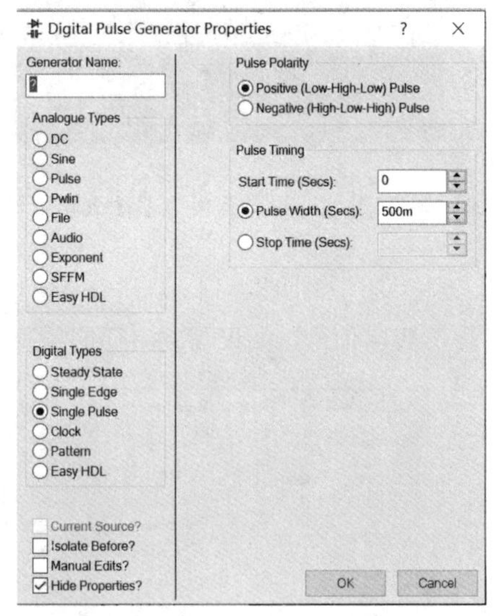

图 2-64　单周期数字脉冲发生器属性设置对话框

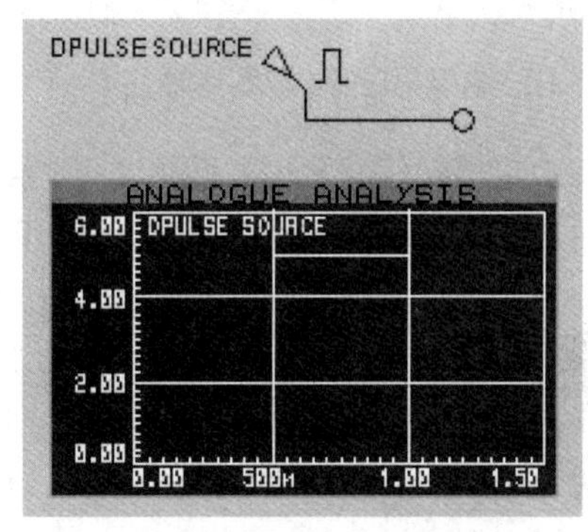

图 2-65　单周期正脉冲图表仿真

12. 数字时钟信号发生器(DCLOCK)

数字时钟信号发生器产生数字时钟信号源。将其放置在绘图区后，双击其符号可以通过属性对话框来设置相关参数。

(1) 属性参数设置。

① 双击原理图中的数字时钟信号发生器符号，出现数字时钟信号发生器的属性设置对话框，如图 2-66 所示。

② 在“Generator Name”文本框中输入自定义的数字时钟信号发生器的名称，如“DCLOCK”，并在“Timing”项中把“Frequency(Hz)”频率设为1kHz(可输入1000或1k)。

③ 单击“OK”按钮完成设置。

(2) 信号仿真测试。

照图2-67接线来完成图表的仿真。因为时钟的周期为1ms，所以图表的时间轴设为5ms，即观察5个周期。

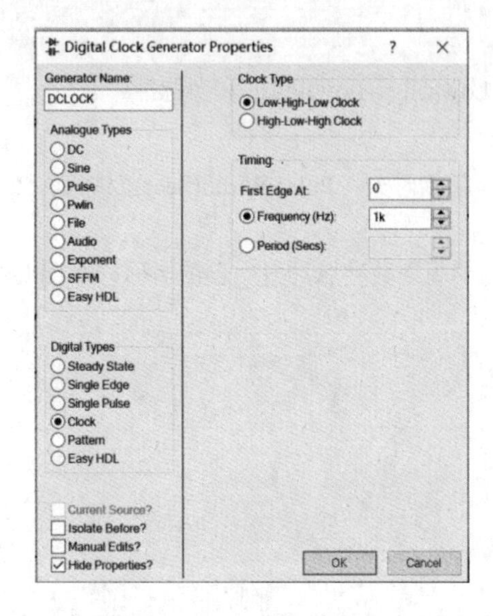

图2-66 数字时钟信号发生器属性设置对话框

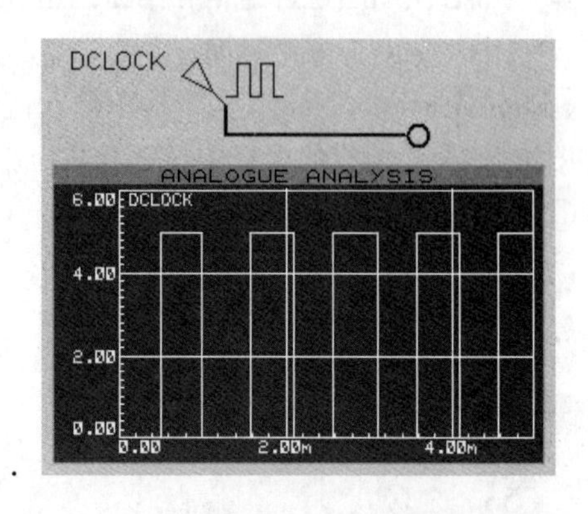

图2-67 数字时钟信号发生器图表仿真结果

13. 数字模式信号发生器(DPATTERN)

数字模式信号发生器可通过简单编程产生任意波形数字信号，如果需要串行信号源，可以通过此方式编辑相关帧，并配合原理图中的时钟信号进行仿真。将其放置在绘图区后，双击其符号可以通过属性对话框来设置相关参数。

(1) 属性参数设置。

① 双击原理图中的数字模式信号发生器符号，出现数字模式信号发生器的属性设置对话框，如图2-68所示。

② 在“Generator Name”项中输入自定义的数字模式信号发生器的名称，如“DPattern1”，其他各项的设置如图2-68所示，其中各项含义如下。

- Initial State：初始状态。
- First Edge At(Secs)：第一个边沿位于几秒处。
- Pulse width(Secs)：脉冲宽度。

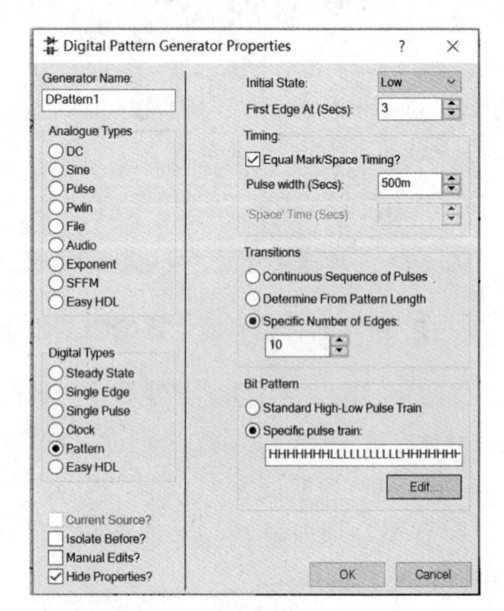

图2-68 数字模式信号发生器属性设置对话框

- Specific Number of Edges：指定脉冲边沿数目。
- Specific pulse train：指定脉冲轨迹。

③ 在指定脉冲轨迹项的下边一栏中输入高低电平组合字母 H 和 L 进行轨迹编辑，或者单击下方的“Edit”按钮，出现如图 2-69 所示的数字模式信号发生器的轨迹编辑区。

④ 在图 2-69 中，通过在高、低和悬空三个电平位置单击鼠标左键可以生成相应的信号波形轨迹。单击“OK”按钮完成轨迹编辑，返回图 2-68 所示的属性设置对话框。

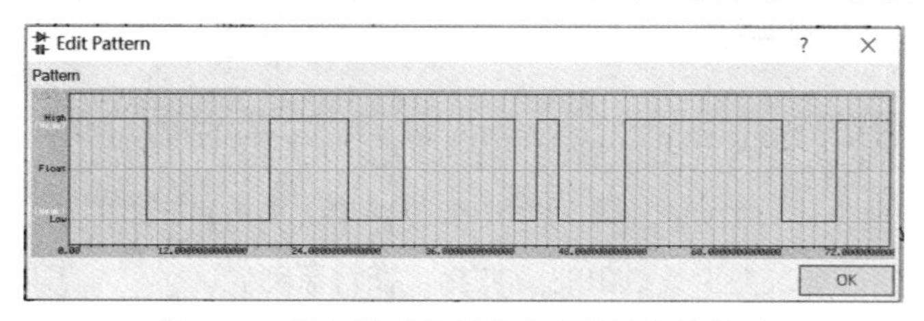

图 2-69　数字模式信号发生器的轨迹编辑区

⑤ 单击对话框中的“OK”按钮完成属性设置。

(2) 同样也可通过图表仿真来测试。

14. 脚本表信号发生器(SCRIPTABLE)

脚本表信号发生器可通过 EasyHDL 硬件描述语言生成模拟和数字波形，或创建复杂的测试向量，并可通过一个脚本指定原理图上多个脚本表信号发生器对象。EasyHDL 建立在 BASIC 编程语言的基础上，但增加了额外的特性。具体的使用可参考属性参数设置对话框中的帮助文件。在绘图区放置脚本表信号发生器后，双击器件可进行属性参数设置。

(1) 双击原理图中的脚本表信号发生器符号，出现其属性设置对话框。

(2) 在“Generator Name”文本框项中输入自定义的脚本表信号发生器的名称，其他各项的设置如图 2-70 所示，其中各项含义如下。

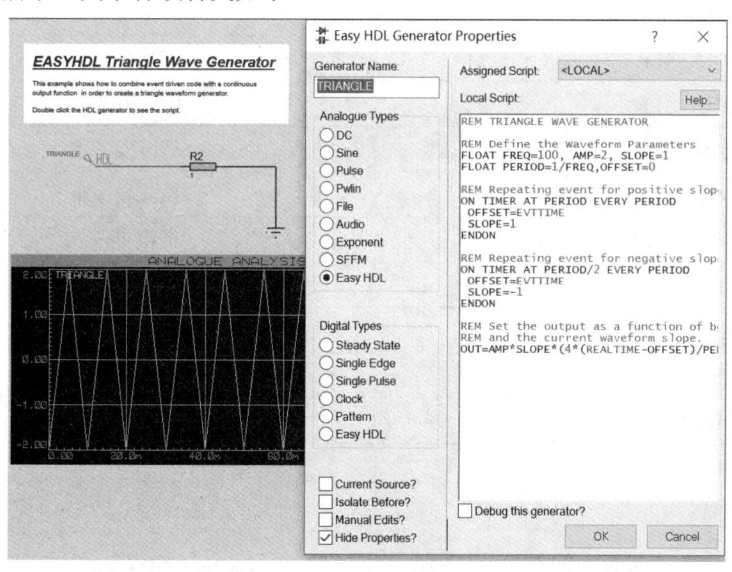

图 2-70　用文本脚本 EasyHDL 编程产生的三角波信号

- Assigned Script：可分配的脚本，只有一个选项 Local，即本地。
- Local Script：下边的文本区输入 EasyHDL 程序。
- Help：EasyHDL 语法、命令及详细编程指导。
- Debug this generator：是否调试这个激励源选项。

(3) 程序编写完成后，单击“OK”按钮完成属性设置。

在样例的 Generator Scripts 类中可查看相关例子。图 2-70 是样例“Triangle Wave.pdsprj”中用 EasyHDL 编程并进行图表仿真的三角波信号。

2.3.2 虚拟仪器模式

Proteus 8 原理图设计视窗中的主工具栏中的仪器模式为用户提供了多种虚拟仪器。单击主工具栏中的图标，在对象列表区出现所有的虚拟仪器名称，如图 2-71 所示，和 Proteus 7 相比增加了一个功率表(WATTMETER)。其名称含义如表 2-6 所示。

通常情况下，设计者希望在完成绘图后进行交互式仿真，这时候需要把相应的虚拟仪器放置在绘图区并与电路进行适当的连接，比如电压表并联在被测元件上、电流表串联在支路中、四路数字示波器接相应的输出等。

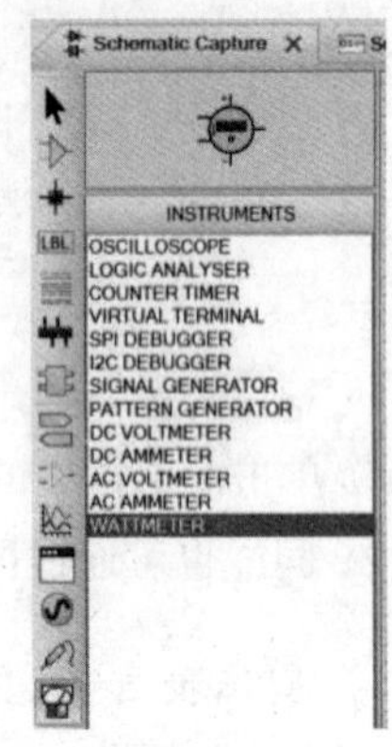

图 2-71　虚拟仪器名称列表

表 2-6　虚拟仪器名称一览表

名　称	含　义
OSCILLOSCOPE	示波器
LOGIC ANALYSER	逻辑分析仪
COUNTER TIMER	计数/定时器
VIRTUAL TERMINAL	虚拟终端
SPI DEBUGGER	SPI调试器
I2C DEBUGGER	I^2C 调试器
SIGNAL GENERATOR	信号发生器
PATTERN GENERATOR	模式发生器
DC VOLTMETER	直流电压表
DC AMMETER	直流电流表
AC VOLTMETER	交流电压表
AC AMMETER	交流电流表
WATTMETER	功率表

下面对这些虚拟仪器的设置分别进行介绍。

1. 示波器(OSCILLOSCOPE)

(1) 示波器的放置

① 在主工具栏中单击虚拟仪器模式“Virtual Instrument Mode”按钮图标，出现如图 2-71 所示的所有虚拟仪器名称列表。

② 用鼠标左键单击列表区的“OSCILLOSCOPE”，则在预览窗口中出现示波器的符号。

③ 在绘图区单击鼠标左键，出现示波器的拖动图像，拖动鼠标指针到合适位置，再次单击左键，示波器被放置到原理图编辑区中。虚拟示波器的原理图符号如图 2-72 所示。

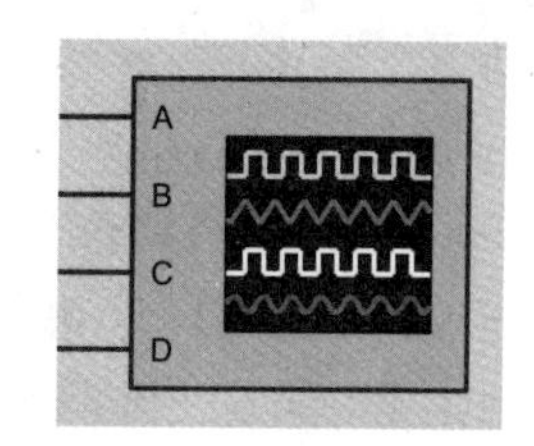

图 2-72　虚拟示波器的原理图符号

(2) 虚拟示波器的使用

① 示波器的四个接线端 A、B、C、D 应分别接四路输入信号，信号的另一端应接地(如果有接地端的话)。该虚拟示波器能同时查看四路信号的波形。

② 照图 2-73 接线，把 1kHz、1V 的正弦激励信号加到示波器的 A 通道。

③ 单击仿真控制按钮中的运行按钮开始仿真，出现如图 2-74 所示的示波器运行界面。可以看到，左面的图形显示区有四条不同颜色的水平扫描线，其中 A 通道由于接了正弦信号，已经显示出正弦波形。

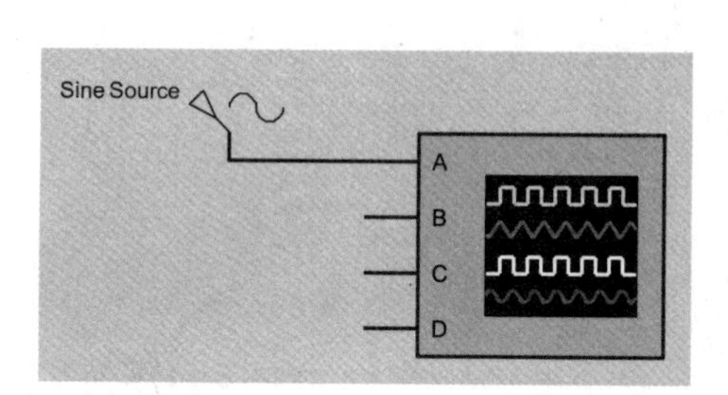

图 2-73　正弦信号与示波器的接法

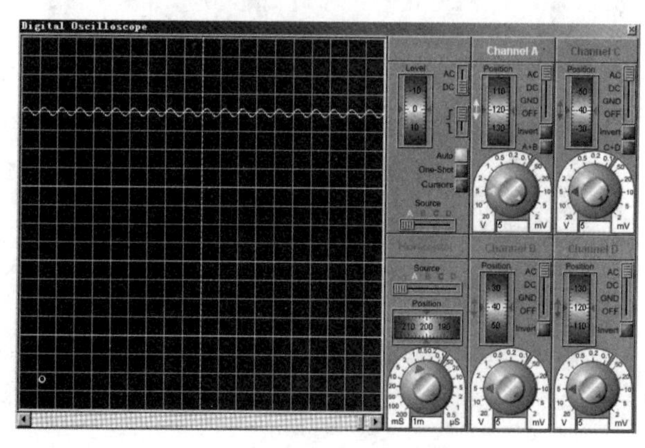

图 2-74　仿真后的示波器运行界面

④ 示波器的操作区共分为以下六部分。

- Channel A：A 通道
- Channel B：B 通道
- Channel C：C 通道
- Channel D：D 通道
- Trigger：触发
- Horizontal：水平

四个通道区：每个区的操作功能都一样。主要有两个旋钮，“Position”用来调整波形的垂直位移；下面的旋钮用来调整波形的 Y 轴增益，白色区域的刻度表示图形区每格对应的电压值。内旋钮是微调，外旋钮是粗调。在图形区读波形的电压时，会把内旋钮顺时针调到最右端。

触发区：其中“Level”用来调节水平坐标，水平坐标只在调节时才显示。“Auto”按钮一般为红色选中状态。“Cursors”光标按钮选中后，可以在图标区标注横坐标和纵坐标，从而读波形的电压和周期，如图 2-75 所示。单击鼠标右键会出现快捷菜单，可选择清除所有的标注坐标、打印及颜色设置。

水平区：“Position”用来调整波形的左右位移，下面的旋钮用来调整扫描频率。当读周期时，应把内环的微调旋钮顺时针旋转到底。

(3) 波器仿真界面找不到怎么办

单击仿真控制按钮 ▶ ▶ ‖ ■ 中的停止按钮结束仿真，则示波器的仿真界面自动消失，下次仿真运行将再次出现。如果仿真运行期间单击右上方的“×”按钮关闭示波器仿真界面，则下次运行仿真时将不会自动弹出示波器仿真界面，需要在仿真运行状态下，从 Debug 菜单的最下面调出，如图 2-76 所示，其他像信号发生器等类似仪器的操作也一样。这也往往是初学者习惯性的操作，关闭示波器之后出现找不到的情况。

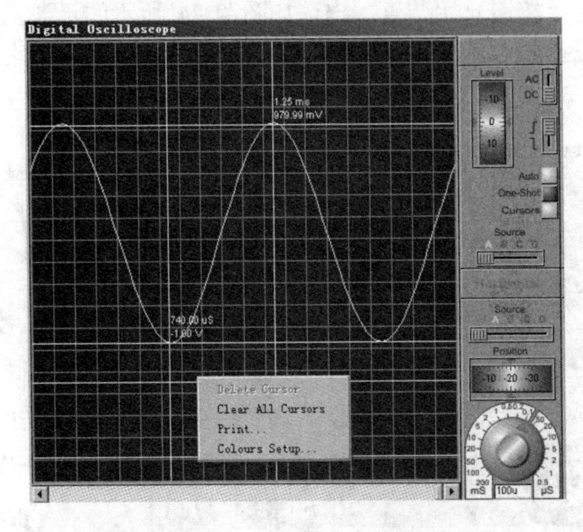

图 2-75　触发区“Cursors”按钮的使用

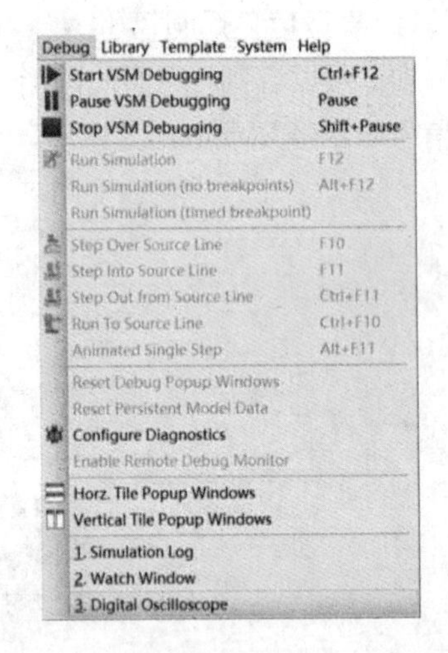

图 2-76　仿真时找到示波器界面

2. 逻辑分析仪(LOGIC ANALYSER)

逻辑分析仪是通过将连续记录的输入信号存入到大的捕捉缓冲器中进行工作的。这是一个采样过程，具有可调的分辨率，用于定义可以记录的最短脉冲。在触发期间，驱动数据捕捉处理暂停，并监测输入数据。触发前后的数据都可显示。因其具有非常大的捕捉缓冲器(可存放 10 000 个采样数据)，因此支持放大/缩小显示和全局显示。同时用户还可移动测量标记，对脉冲宽度进行精确定时测量。

逻辑分析仪在原理图中的放置方法与示波器一样，原理图符号如图 2-77 所示(图中在逻辑分析仪的输入端接了一个信号源、一个地端和一个直流电压源)。其中 A0～A15 为 16 路数字信号输入，B0～B3 为总线输入，每条总线支持 16 位数据，主要用于接单片机的动态输出信号。运行后可以显示 A0～A15 及 B0～B3 的数据输入波形。

逻辑分析仪的使用方法如下：

(1) 把逻辑分析仪放置到原理图编辑区，在 A0 输入端上接 10Hz 的方波信号，A1 接低电平，A2 接高电平。

(2) 单击仿真运行按钮，出现其操作界面，如图 2-78 所示。

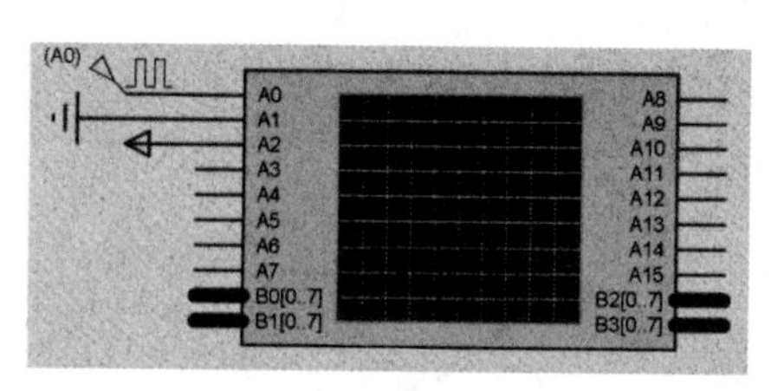

图 2-77　逻辑分析仪

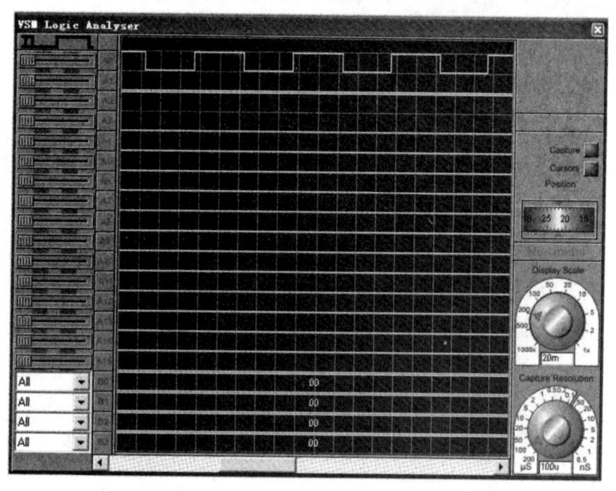

图 2-78　逻辑分析仪的仿真界面

(3) 先调整一个分辨率，类似于示波器的扫描频率，在图 2-66 中调整捕捉分辨率“Capture Resolution”，单击光标按钮“Cursors”使其不显示。单击捕捉按钮“Capture”，开始显示波形，该按钮先变红，再变绿，稍后显示如图 2-78 所示的波形。

(4) 调整水平显示范围旋钮“Display Scale”，或在图形区滚动鼠标滚轮，可调节波形，使其左右移动。

(5) 如果希望的波形没有出现，可以再次调整分辨率，然后单击捕捉按钮，就能重新生成波形。

(6)“Cursors”光标按钮按下后，在图形区单击，可标记横坐标的数值，即可以测出波形的周期和脉宽等。

图 2-78 中可以观察到，A0 通道显示方波，A1 通道显示低电平，A2 通道显示高电平，这两条线紧挨着。其他没有端接的输入 A3～A15 一律显示低电平；B0～B3 由于不是单线而是总线，所以有两条高低电平来显示；如有输入波形应为我们平时分析存储器读写时序时见到的数据或地址的波形。

3. 计数器/定时器(COUNTER TIMER)

虚拟计数器/定时器是一种多功能数字仪器，可用于测量时间间隔、信号频率和脉冲计数，其原理图符号和仿真运行时的弹出界面如图 2-79 所示，有三个输入端子，其工作模式及参数设置需要双击仪器打开属性设置对话框。时间、频率或计数值既可显示在原理图元件上，也可选择显示在计数器/定时器弹出窗口上(仿真运行状态)。可以通过在计数器/定时器组件上单击鼠标左键或者在模拟运行时从调试菜单中选择它来使弹出窗口出现。

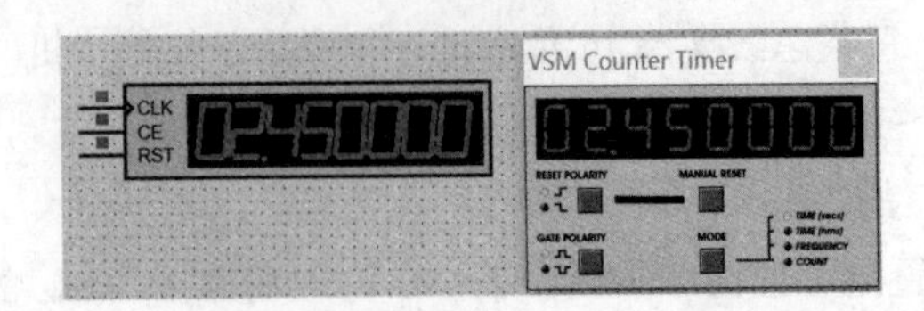

图 2-79　计数器/定时器原理符号及仿真运行时的界面

(1) 计数器/定时器的 5 种工作方式

可通过属性设置对话框中的“Operating Mode”选项来选择 5 种工作方式，如图 2-80 所示。

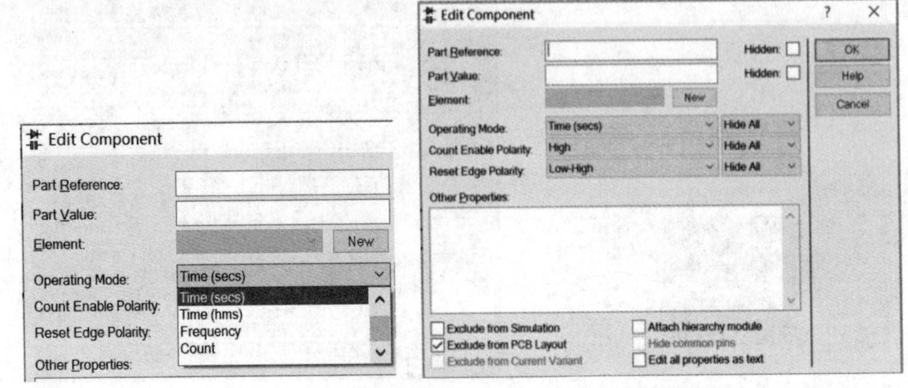

图 2-80　计数器/定时器的工作方式设置及对话框

- Default：默认方式，系统设置为计数方式。
- Time(secs)：定时方式，相当于一个秒表，最多计 100 秒，精确到 1 微秒。CLK 端无须外加输入信号，内部自动计时。由 CE 和 RST 端来控制暂停或重新从零开始计时。
- Time(hms)：定时方式，相当于一个具有小时、分、秒的时钟，最多计 10 小时，精确到 1 毫秒。CLK 端无须外加输入信号，内部自动计时。由 CE 和 RST 端来控制暂停或重新从零开始计时。
- Frequency：测频方式，在 CE 有效和 RST 没有复位的情况下，能稳定显示 CLK 端外加的数字波的频率。
- Count：计数方式，能够计外加时钟信号 CLK 的周期数，最多计满 8 位，即 99,999,999。

(2) 计数器/定时器的三个输入端功能

- CLK：计数和测频状态时，数字波的输入端。
- CE：计数使能端(Counter Enable)，可通过计数器/定时器的属性设置对话框设为高电平或低电平有效，当此信号无效时，计数暂停，保持目前的计数值不变，一旦 CE 有效，计数继续进行。
- RST：复位端(RESET)，可设为上升沿(Low-High)或下降沿(High-Low)有效。当有效沿到来时，计时或计数复位到 0，然后立即从 0 开始计时或计数。

(3) 应用示例

① 计数器模式(默认)

如图 2-81 所示，在计数器/定时器的 CLK 端为外加的 1kHz 方波时钟输入，其他两个输入分别通过开关接地或接高电平。通过设置使能端和复位端观察计数值的变化情况。

② 计时模式

照图 2-82 接线(外部时钟输入不接)，双击计数器/定时器元件，打开其属性设置对话框，设操作模式为“Time(hms)”，即时钟方式；计时使能端设为“High”高电平有效，即开关合上为低电平时计时暂停；复位端设为“Low-High”，即上升沿有效。

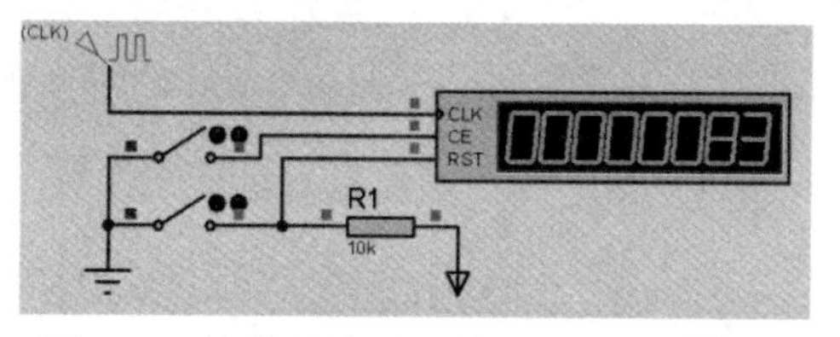

图 2-81　计数器/定时器输入端功能测试图

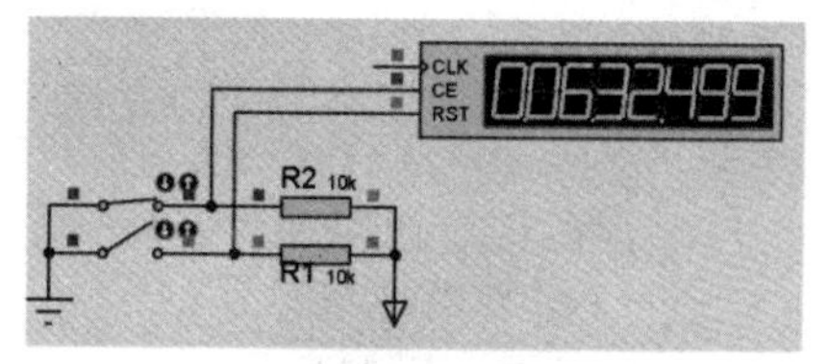

图 2-82　计时模式的电路仿真

运行仿真，观察时间的变化，合上图 2-82 中与 CE 相接的开关，计时停止，打开开关则继续计时；合上与 RST 相接的开关再打开，计时清零后重新计时。

③ 测频模式

把计数器/定时器的属性中的操作方式设为“Frequency”测频，其他不变，照图 2-81 连接，设外接数字时钟的频率为 1kHz，图中两个开关位于打开状态，运行仿真，出现如图 2-83 所示的测频结果。虽然和图 2-81 的接线一样，但由于工作模式设置不一样，显示的是频率，图中为 1000Hz，这和输入信号一致。拨动两个开关可以看到使能和清零的效果。

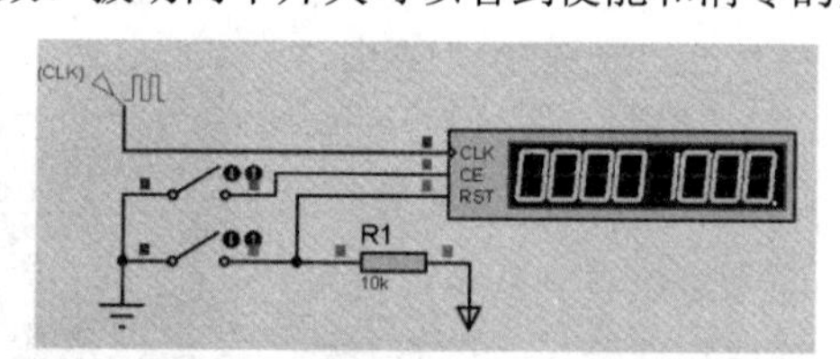

图 2-83　测频时的电路仿真

4. 虚拟终端(VIRTUAL TERMINAL)

虚拟终端相当于键盘和屏幕的双重功能，免去了上位机系统的仿真模型，使用户在用到单片机与上位机之间的串行通信时，直接由虚拟终端经 RS232 模型与单片机之间异步发送或接收数据。虚拟终端在运行仿真时会弹出一个仿真界面，当由 PC 机向单片机发送数据时，可以和实际的键盘关联，用户可以从键盘经虚拟终端输入数据；当接收到单片机发送来的数据后，虚拟终端相当于一个显示屏，会显示相应信息。虚拟终端的原理图符号如图 2-84 所示。

虚拟终端共有四个接线端，其中 RXD 为数据接收端，TXD 为数据发送端，RTS 为请求发送信号，CTS 为清除传送，是对 RTS 的响应信号。

在使用虚拟终端时，首先要对其属性参数进行设置。双击元件，出现如图 2-85 所示的虚拟终端属性设置对话框，单击“Help”按钮可以进行详细了解和学习。

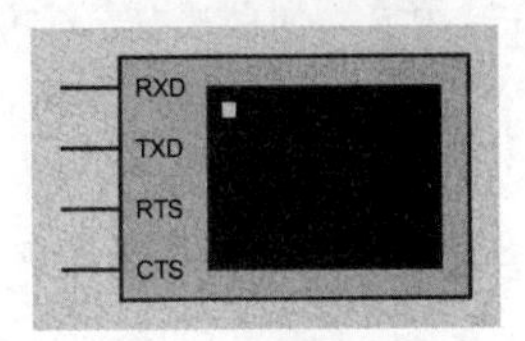

图 2-84　虚拟终端的原理图符号

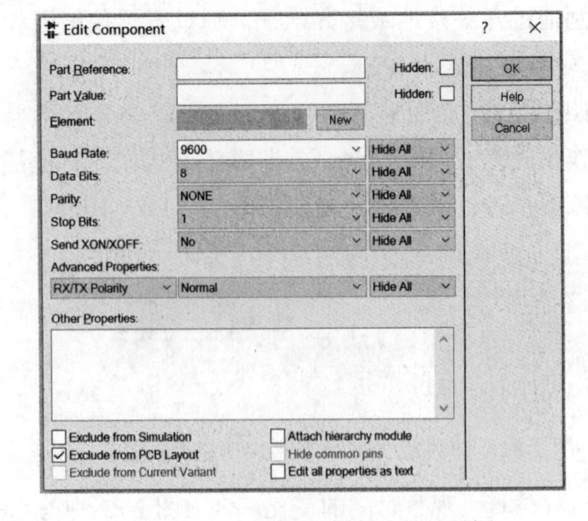

图 2-85　虚拟终端属性设置对话框

要对仪器进行命名和参数配置，主要有下面五个参数。

- Baud Rate：波特率，范围为 300～57 600b/s。
- Data Bits：传输的数据位数，7 位或 8 位。
- Parity：奇偶校验位，包括奇校验、偶校验和无校验。
- Stop Bits：停止位，具有 0、1 或 2 位停止位。
- Send XON/XOFF：第 9 位，发送允许/禁止。

选择合适参数后，单击“OK”按钮，关闭对话框。运行仿真，弹出如图 2-86 所示的虚拟终端的仿真界面。

用户在图 2-86 所示的界面中可以看到从单片机发送来的数据，并能够通过键盘把数据输入该界面，然后发送给单片机。

虚拟终端的具体应用实例，读者可以参考本书第 5 章的 5.11 节。

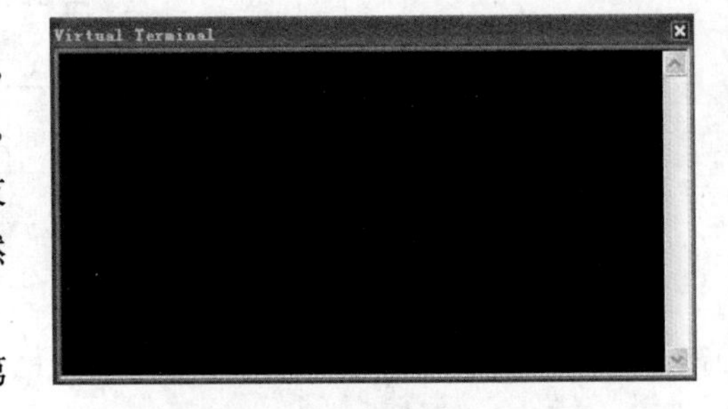

图 2-86　虚拟终端的仿真界面

5. SPI 调试器虚拟终端(SPI DEBUGGER)

串行外设接口(Serial Peripheral Interface，SPI)总线系统是 Motorola 公司提出的一种同步串行外设接口，允许 MCU 与各种外围设备以同步串行通信方式交换信息。

SPI 调试器接口(SPI Protocol Debugger)同时允许用户与 SPI 接口交互。这一调试器允许用户查看沿 SPI 总线发送的数据，同时也可向总线发送数据。

(1) 引脚功能

此元件共有以下五个接线端。

- DIN：接收数据端。
- DOUT：输出数据端。
- SCK：连接总线时钟端。

- $\overline{\mathrm{SS}}$：从模式选择端，从模式时必须为低电平才能使终端响应；主模式时当数据正传输时此端为低电平。
- TRIG：输入端，它能够把下一个存储序列放到 SPI 的输出序列中。

(2) 属性参数设置

双击 SPI 的原理图符号，可以打开它的属性设置对话框，如图 2-87 所示。

对话框主要参数如下。

- SPI Mode：有三种工作模式可供选择，Monitor 为监控模式，Master 为主模式，Slave 为从模式。
- Master clock frequency in Hz：主模式的时钟频率(Hz)。
- SCK Idle state is：SCK 空闲状态为高或者为低，选择一个。
- Sampling edge：采样边，指定 DIN 引脚采样的边沿，选择 SCK 从空闲状态到激活状态，或从激活状态到空闲状态。

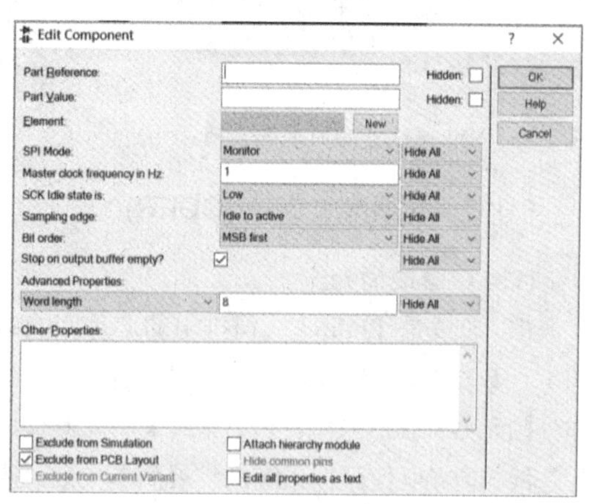

图 2-87　SPI 属性设置对话框

- Bit order：位顺序，指定一个传输数据的位顺序，可先传送最高位 MSB，也可先传送最低位 LSB。

(3) 测试

使用 SPI 调试器做从站接收数据监控器。

① 将 SCK 和 DIN 引脚连接到电路的相应端。为了简化，这里把 1kHz 时间 CLOCK 接到 SCK 端，在 DIN 端接一个逻辑状态输入 LOGICSTATE，把 $\overline{\mathrm{SS}}$ 接地设为从模式，如图 2-88 所示。

② 双击打开 SPI 调试器属性设置对话框，设为 Monitor 模式，时钟频率与外接 CLOCK 时钟一致。

③ 运行仿真，弹出 SPI 的仿真调试窗口，如图 2-89 所示。同时，当前工作视窗自动从原理图设计切换到源代码设计工作视窗，以便在程序中修改发送和接收的数据，这里暂不通过编程来测试。

④ 切换至原理图工作视窗，反复单击 LOGICSTATE 产生串行的输入信号，观察弹出的 SPI 仿真窗口的数据变化情况。

如图 2-89 所示，向左的箭头表示接收的数据变化情况，向右的箭头表示输出的数据变化情况。本例只接收数据不发送数据。可以看到，接收的数据是一个字节形式(两位 16 进制数)，通过单击“＋”号展开可以显示每秒钟接收的位信息。想了解更多的使用帮助，可以单击图 2-87 中的“Help”按钮进行查看。

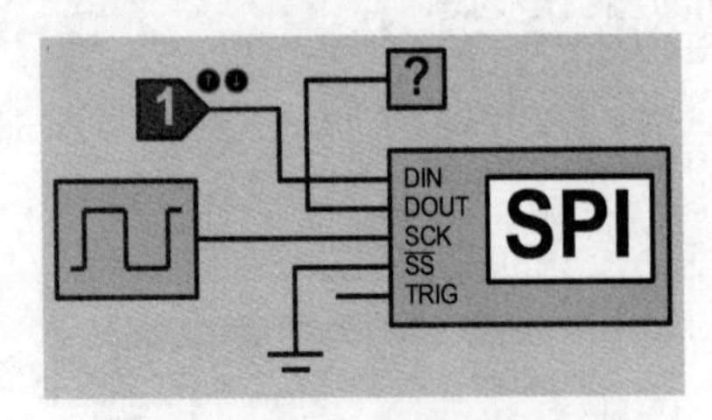

图 2-88　SPI 调试器的原理图及接线

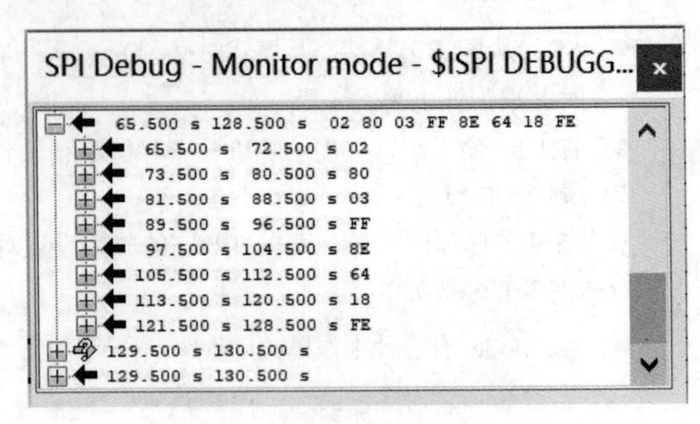

图 2-89　SPI 调试器的仿真界面

6. I^2C 调试器(I2C DEBUGGER)

(1) I^2C 总线简介

I^2C 总线是 Philips 公司推出的芯片间的串行传输总线。它只需要两根线(串行时钟线 SCL 和串行数据线 SDA)就能实现总线上各元器件的全双工同步数据传送，可以极为方便地构建系统和外围元器件扩展系统。I^2C 总线采用元器件地址的硬件设置方法，避免了通过软件寻址元器件片选线的方法，使硬件系统的扩展简单灵活。按照 I^2C 总线规范，总线传输中的所有状态都生成相应的状态码，系统的主机能够依照状态码自动地进行总线管理，用户只要在程序中装入这些标准处理模块，再根据数据操作要求完成 I^2C 总线的初始化，启动 I^2C 总线，就能自动完成规定的数据传送操作。由于 I^2C 总线接口集成在片内，用户无须设计接口，使设计时间大为缩短，且从系统中直接移去芯片对总线上的其他芯片没有影响，方便了产品的升级。

主工具栏虚拟仪器中的“I2C DEBUGGER”就是 I^2C 调试器，允许用户监测 I^2C 接口并与之交互，用户可以查看 I^2C 总线发送的数据，同时也可向总线发送数据。

(2) I^2C 调试器的使用

I^2C 调试器的原理图符号如图 2-90 所示。

I^2C 调试器共有三个接线端，分别如下。

- SDA：双向数据线。
- SCL：双向输入端，连接时钟。
- TRIG：触发输入，能引起存储序列被连续地放置到输出队列中。

双击该元件，打开属性设置对话框，如图 2-91 所示。

主要参数如下。

- Address byte 1：地址字节 1，如果使用此终端仿真一个从元件，则这一属性指定从器件的第一个地址字节。
- Address byte 2：地址字节 2，如果使用此终端仿真一个从元件，并期望使用 10 位地址，则这一属性指定从器件的第二个地址字节。

I^2C 调试器的仿真运行界面与测试方法与 SPI 类似，此处不再详细介绍。关于调试器更深入的了解可以单击图 2-91 中的“Help”按钮查看帮助。

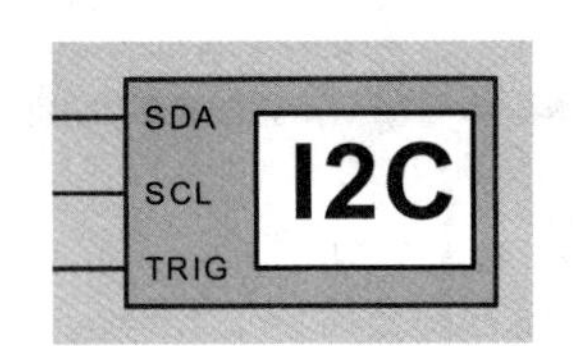

图 2-90　I^2C 调试器的原理图符号

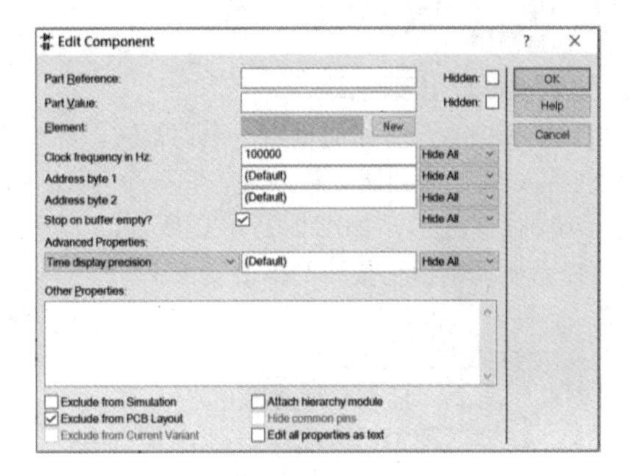

图 2-91　I^2C 调试器属性设置对话框

7. 信号发生器(SIGNAL GENERATOR)

(1) 信号发生器的功能

Proteus 的虚拟信号发生器主要有以下功能：

- 产生方波、锯齿波、三角波和正弦波。
- 输出频率范围为 0～12MHz，有 8 个可调范围。
- 输出幅值为 0～12V，有 4 个可调范围。
- 幅值和频率的调制输入和输出。

信号发生器的原理图符号如图 2-92 所示。

信号发生器有两大功能，一是输出非调制波，二是输出调制波。通常使用它的输出非调制波功能来产生正弦波、三角波和锯齿波，方波直接使用专用的脉冲发生器来产生比较方便，主要用于数字电路中。

在用作非调制波发生器时，信号发生器的下面两个接头“AM”和“FM”悬空不接，右面两个接头“＋”端接至电路的信号输入端，“－”端接地。

仿真运行后，出现如图 2-93 所示的界面。

最右端两个方形按钮，上面一个用来选择波形；下面一个选择信号电路的极性，既是双极型(Bi)又是单极型(Uni)三极管电路，以和外电路匹配。最左边两个旋钮用来选择信号频率，左边是微调，右边是粗调。中间两个旋钮用来选择信号的幅值，左边是微调，右边是粗调。如果在运行过程中关闭了信号发生器，则需要从主菜单中选择【Debug】→【VSM Signal Generator】命令来重现。

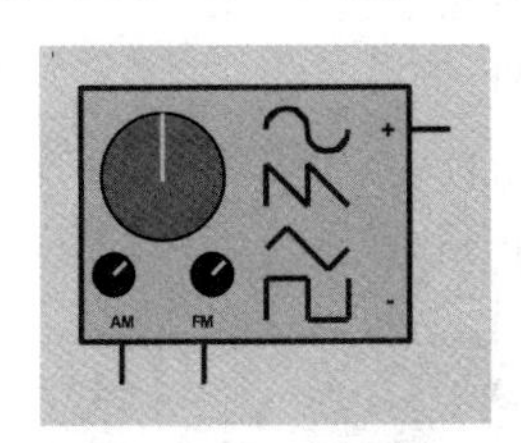

图 2-92　信号发生器原理图符号

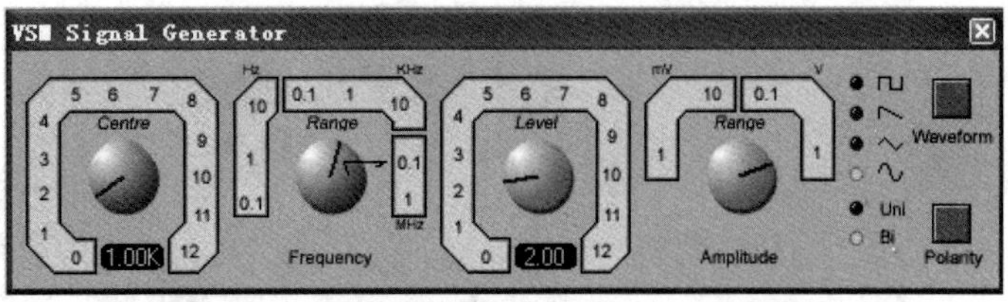

图 2-93　信号发生器仿真运行后的界面

Proteus 的虚拟信号发生器还具有调幅波和调频波输出功能。无论是哪种调制，调制电压都不能超过±12V，且输入阻抗要足够大。调制信号从下面两个端子中的一个输入，调制波从右面的“＋”端输出。

(2) 调制波形输出及测试

下面我们先来看一看如何输出一个调幅波。照图 2-94 连接电路，把一个 1.5V 的直流电源 BAT1(元件名 CELL)接到调幅输入端，和一个 1kHz 的正弦波(来自信号发生器，通过仿真界面调出)进行调制，输出波形如图 2-95 右图所示，左图是没有加调制电压的非调制正弦波的波形，对比后可以看出调制后正弦波的幅值变大了。

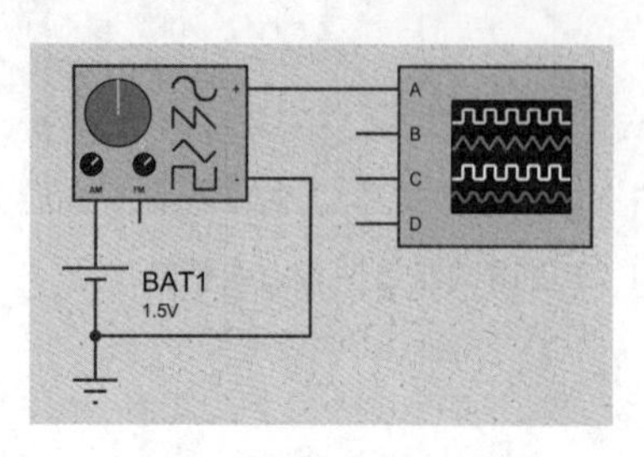

图 2-94　信号发生器的调幅功能接线图

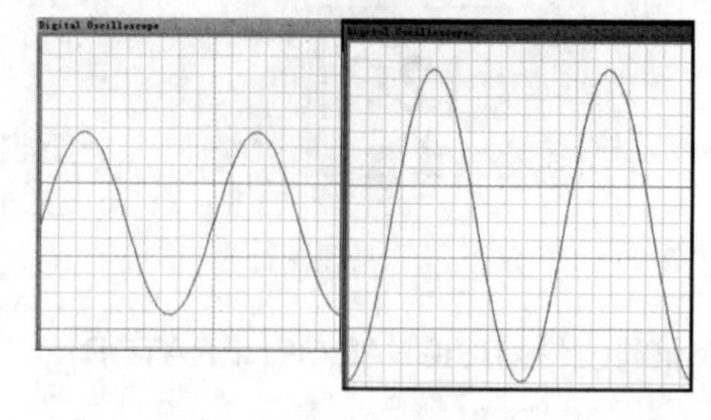

图 2-95　调幅波与非调幅波的波形对比

产生调频波的电路如图 2-96 所示。我们在信号发生器的“FM”端接一个 2V、100Hz 的交流信号，元件名“ALTERNATOR”，双击属性设置参数，如图 2-97 所示。运行后把信号发生器调至 2V 上下、10kHz 左右，观察示波器的波形，如图 2-98 所示。

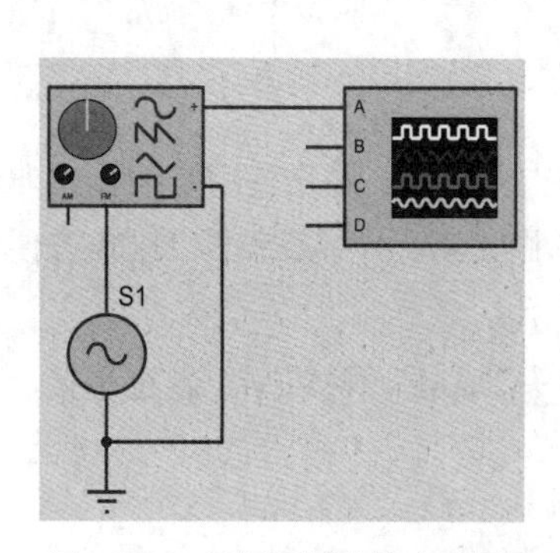

图 2-96　产生调频波的电路图

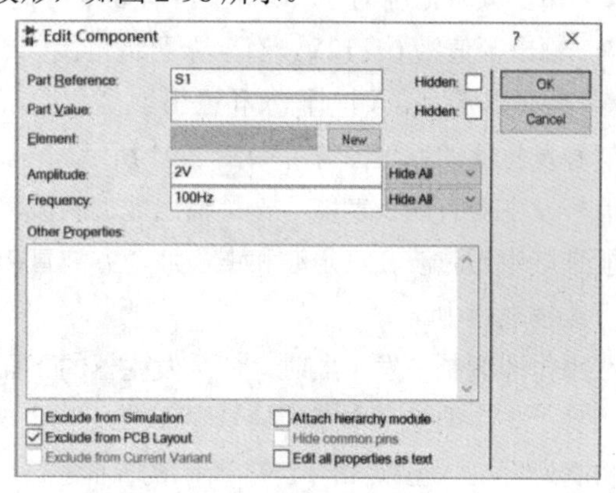

图 2-97　S1 正弦波参数设置对话框

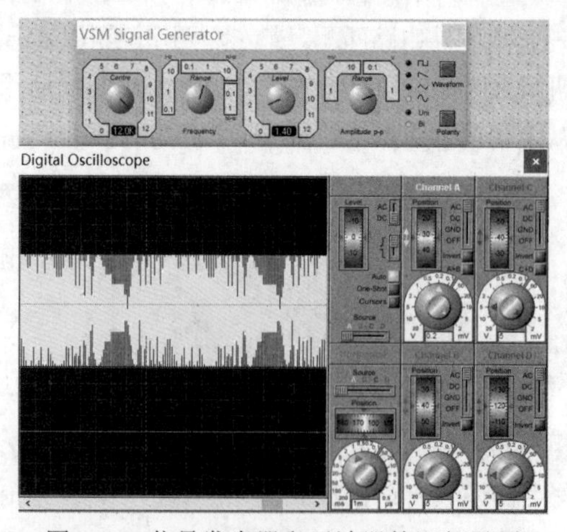

图 2-98　信号发生器和示波器的运行界面

8. 模式发生器(PATTERN GENERATOR)

(1) 模式发生器的特点

模式发生器是模拟信号发生器的数字等价物，它支持 8 位 1KB 的模式信号，同时具有以下特性：

- 既可以在基于图表的仿真中使用，也可以在交互式仿真中使用；
- 支持内部和外部时钟模式及触发模式；
- 使用游标调整时钟刻度盘或触发器刻度盘；
- 十六进制或十进制栅格显示模式；
- 在需要高精度设置时，可直接输入指定的值；
- 可以加载或保存模式脚本文件；
- 可单步执行；
- 可实时显示工具包；
- 可使用外部控制，使其保持当前状态；
- 栅格上的块编辑命令使得模式配置更容易。

(2) 模式发生器的使用

① 模式发生器原理图符号及引脚说明。

模式发生器的原理图符号如图 2-99 所示。

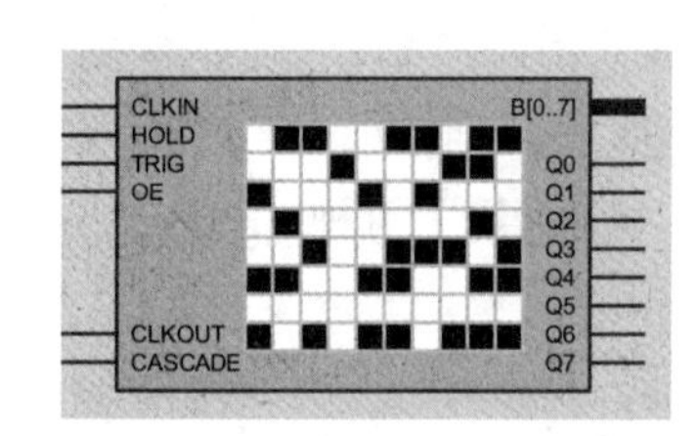

图 2-99　模式发生器的原理图符号

各接线端含义如下。

- CLKIN：外部时钟信号输入端，系统提供两种外部时钟模式。
- HOLD：外部输入信号，用来保持模式发生器目前状态，高电平有效。
- TRIG：触发输入端，用于将外部触发脉冲信号反馈到模式发生器。系统提供五种外部触发模式。
- OE：输出使能信号输入端，高电平有效，模式发生器可输出模式信号。
- CLKOUT：时钟输出端，当模式发生器使用的是外部时钟时，可以用于镜像内部时钟脉冲。
- CASCADE：级联输出端，用于模式发生器的级联，当模式发生器的第一位被驱动，并且保持高电平时，此端输出高电平，保持到下位被驱动之后的一个周期时间。
- B[0..7]和 Q0～Q7 分别为数据输入和输出端。

② 模式发生器的属性设置对话框主要参数说明。

双击模式发生器的原理图符号，则弹出其属性设置对话框，如图 2-100 所示。

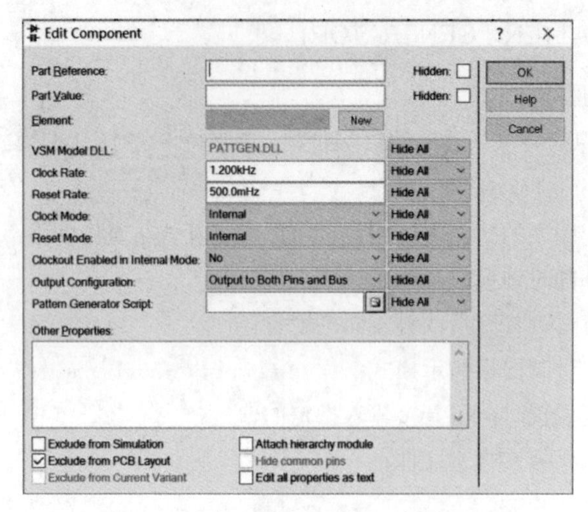

图 2-100　模式发生器属性设置对话框

模式发生器的属性设置对话框主要有以下参数。

- Clock Rate：时钟频率。
- Reset Rate：复位频率。
- Clock Mode：时钟模式，可分为以下三种类型。
  - Internal：内部时钟；
  - External Pos Edge：外部上升沿时钟；
  - External Neg Edge：外部下降沿时钟。
- Reset Mode：复位模式，可分为以下五种。
  - Internal：内部复位；
  - Async External Pos Edge：异步外部上升沿脉冲；
  - Sync External Pos Edge：同步外部上升沿脉冲；
  - Async External Neg Edge：异步外部下降沿脉冲；
  - Sync External Neg Edge：同步外部下降沿脉冲。
- Clockout Enabled in Internal Mode：内部模式下时钟输出使能。
- Output Configuration：输出配置，可分为以下三种类型。
  - Output to Both Pins and Bus：引脚和总线均输出；
  - Output to Pins Only：仅在引脚输出；
  - Output to Bus Only：仅在总线输出。
- Pattern Generator Script：模式发生器脚本文件。

③ 模式发生器的仿真界面介绍。

参数设置完成后，单击“OK”按钮结束。

- 单击仿真运行控制按钮中的暂停按钮 II ，弹出模式发生器的仿真界面，如图 2-101 所示。

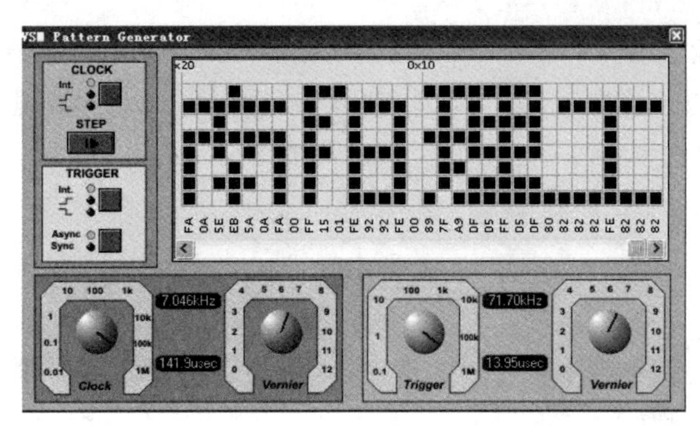

图 2-101　模式发生器仿真运行时的界面

- 初始化要输出的状态，用鼠标左键有选择地单击栅格，使其表示的逻辑状态改变，如图 2-101。
- 在“CLOCK”按钮上单击选择模式发生器的时钟模式，要与前面的属性设置保持一致。三个绿灯点亮分别表示内部时钟、外部上升沿时钟和外部下降沿时钟。
- 使用“TRIGGER”按钮设置触发方式——内部或外部。如果是外部触发，要考虑是同步还是异步；如果是内部触发，调节“Trigger”旋钮确定触发频率。
- 单击仿真运行按钮，输出设定的模式。

9. 电压表、电流表和功率表

Proteus 8 VSM 提供了五种电表，分别是交流电压表(AC VOLTMETER)、直流电压表(DC VOLTMETER)、交流电流表 (AC AMMETER)、直流电流表(DC AMMETER)和功率表(WATTMETER)。

(1) 五种电表的符号

在主工具栏中，选择虚拟仪器图标，在对象列表区中，分别把上述五种电表放置到绘图区中，如图 2-102 所示。

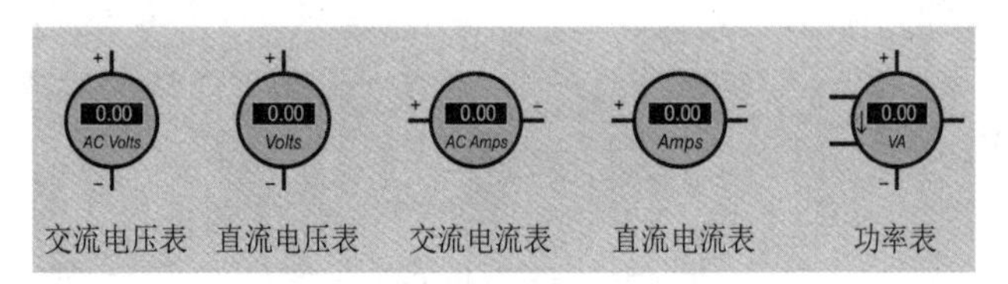

图 2-102　五种电表的原理图符号

(2) 属性设置

① 电压表属性设置

双击交流电压表或直流电压表的原理图符号，出现其属性设置对话框，图 2-103 所示是电压表的属性设置对话框。

在元件名称“Part Reference”项中给电压表命名，元件值“Part Value”为空(前面所示的虚拟仪器一般都不填此项)。在显示范围“Display Range”中有四个选项，用来设置该电压表的量程，分别是千伏(kV)、伏特(Volts)、毫伏(Millivolts)和微伏(Microvolts)，默认是伏特。然后单击“OK”按钮即可完成设置。

② 电流表属性设置

双击交流电流表或直流电流表的原理图符号，出现其属性设置对话框，图 2-104 所示是电流表的属性设置对话框。

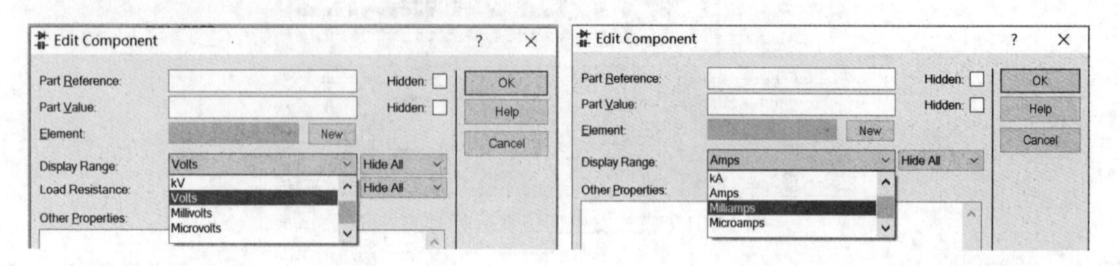

图 2-103　电压表的属性设置对话框　　图 2-104　电流表的属性设置对话框

在元件名称“Part Reference”项中给电流表命名，元件值“Part Value”为空。在显示范围“Display Range”中有四个选项，用来设置该电流表的量程，分别是千安(kA)、安培(Amps)、毫安(Milliamps)和微安(Microamps)，默认是安培。然后单击“OK”按钮即可完成设置。

③ 功率表属性设置

双击功率表的原理图符号，出现其属性设置对话框，如图 2-105 所示是电流表的属性设置对话框。

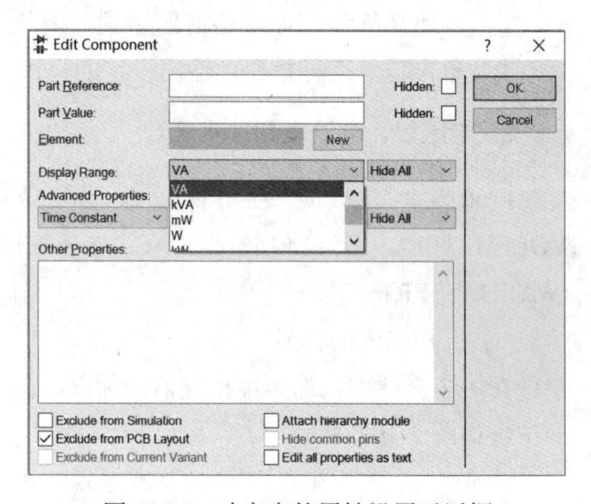

图 2-105　功率表的属性设置对话框

在元件名称“Part Reference”项中给功率表命名，元件值“Part Value”为空。在显示范围“Display Range”中有九个选项，用来设置该功率表的量程，分别是测视在功率的三级量程 mVA、VA、kVA，测有功功率的三级量程 mW、W、kW，测无功功率的三级量程 mVAR、VAR、kVAR，默认是 VA。然后单击“OK”按钮即可完成设置。

(3) 使用方法

这五个电表的使用方法和实际的电表一样，电压表并联在被测电压两端，电流表串联在电路中，极性接反显示负值；功率表有四个接线端，上下两端是测电压的，并联在被测电路端口，左边两个接线端是测电流的，串联在被测电路的端口中。运行仿真时，交流表显示的是有效值，功率表显示的是三类功率值。

电压表和电流表的具体测量电路如图 2-106(a)和(b)所示。电流表的量程都改成了 mA，两图中的交流电压源和直流电压源分别通过属性对话框设为 10V、50Hz 和 10V。先画图 2-106(a)，使用块复制把整个电路粘贴到右边，把电池组拉到交流源的位置使上下接线端重叠，则可替代。再把交流表和直流表分别替代即可得到图 2-106(b)。

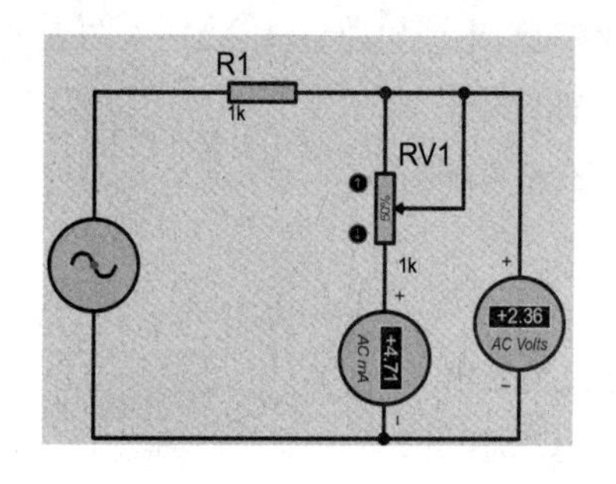

(a)交流电压表和电流表

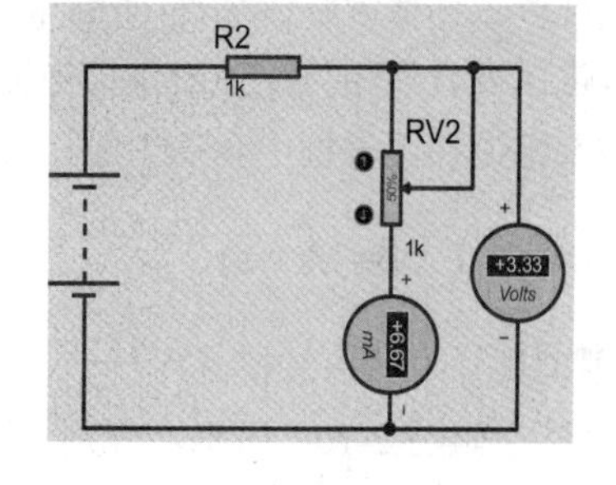

(b) 直流电压表和电流表

图 2-106　电压表和电流的接法

功率表的接线如图 2-107 所示，功率表量程改为 mW，思考一下，图中的功率表测的是哪个元件的直流功率？

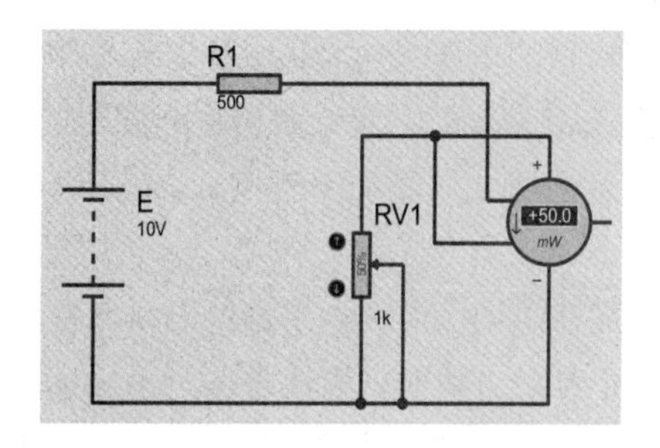

图 2-107　功率表的接法

图 2-107 中元件清单如表 2-7 所示。

表 2-7　电表测试电路元件清单

元 件 名	所 在 类	子 类	含 义
ALTERNATOR	Simulator Primitives	Sources	信号源
BATTERY	Simulator Primitives	Sources	电池组
RES	Resistor	Generic	电阻
POT-HG	Resistor	Variable	滑动变阻器

2.3.3　图表仿真

图表仿真是 Proteus ISIS 交互式仿真的另一种形式，能够根据所需，在电路原理图中自动生成电路性能分析的相关波形。图表仿真通常需要通过主工具栏中的两种模式配合完成，即图表模式和探针模式。生成仿真图表有以下几个步骤：

(1) 选择探针模式(Probe)，在对象列表区选择探针的名称，在电路中观测点位置连接探针。

(2) 选择图表模式(Graph Mode)，在对象列表区选择所放置图表的类别，并在原理图中用鼠标拖出用于生成波形的图表框。

(3) 把探针名称或激励源名称(即电路中某个支路的输出或电路的输入)拖入图表框中。

(4) 双击图表设置相关属性，包括坐标、颜色、标题等。

(5) 按空格键在图表框中自动生成相关波形并留存在绘图区。

1. 探针模式(Probe Mode)

选取主工具栏中的探针模式图标，在对象列表区给出了三种探针的名称，如图 2-108 所示，分别是电压探针(VOLTAGE)、电流探针(CURRENT)和录播探针(TAPE)。

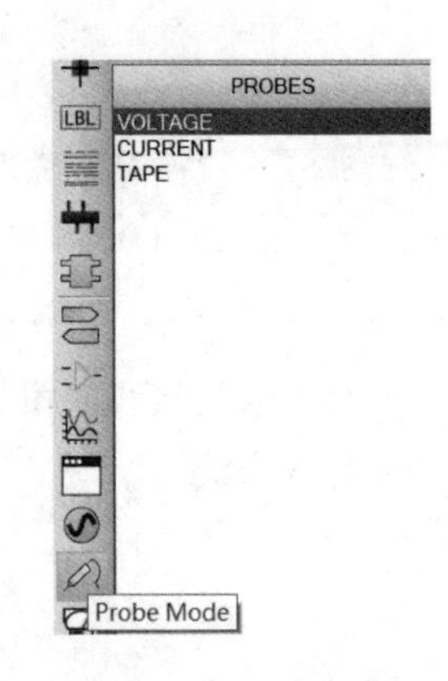

图 2-108 探针列表

这里的电压探针和电流探针有两层含义，首先，可以单独作为电表使用，即当接到电路中后，按下仿真运行键时，能实时显示该点对地的电压或该支路中的电流，常用于模拟电路；和电流表相比不需要串联在支路中，但和电压表相比，它不能测两点之间的相对压差，只能测某一点对地的电压或电位。其次，可以和图表模式配合使用，以自动生成相关波形，就像实验室示波器的探头一样。这里要指出的是，录播探针只能和图表相结合，用于多级电路的分级仿真。

在列表区中选择探针后，先在绘图区空白处单击一下鼠标左键，然后移动到要连接的导线上，当导线上出现自动捕捉标记红色方块时，再次单击一下鼠标左键就连接上了。或者在列表区选中探针后，松开鼠标左键，把鼠标移动到要接的导线上，当导线上出现“×”号时单击连接。可以双击探针的名称并进行修改。

但要强调的一点是，电流探针上多了一个小的箭头，表示支路电流的方向，必须保证其与所接导线平行，方向可以相反，但不能垂直，连接前后，可以通过右键菜单旋转调整。

2. 图表模式(Graph Mode)

选取主工具栏中的图表模式(Graph Mode)图标，在对象列表区出现了 13 种可以放置在绘图区中的图表类型，或可以生成的波形类别，如图 2-109 所示，其含义如表 2-8 所示。

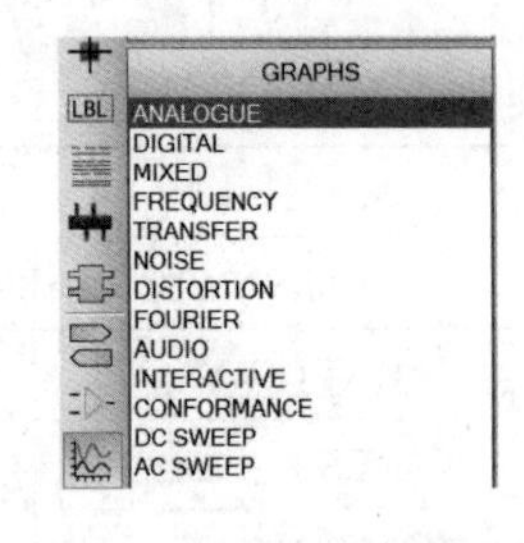

图 2-109 仿真波形类别

表 2-8 图表类别含义

仿真波形类别名称	含 义
ANALOGUE	生成模拟波形
DIGITAL	生成数字波形
MIXED	生成模数混合波形
FREQUENCY	生成频率响应分析波形
TRANSFER	生成转移特性分析波形
NOISE	生成噪声波形

(续表)

仿真波形类别名称	含　义
DISTORTION	生成失真分析波形
FOURIER	生成傅里叶分析波形
AUDIO	生成音频分析波形
INTERACTIVE	生成交互分析波形
CONFORMANCE	生成一致性分析波形
DC SWEEP	生成直流扫描波形
AC SWEEP	生成交流扫描波形

图 2-110 所示是一个由混合(MIXED)模式图表生成的仿真波形，一个是数字波形，一个是模拟波形，分布在上下两个区域，即 Y 轴的坐标起始点不一样。数字波形就像我们常见的时序图一样，每个波形在 Y 轴上不重叠，在时间轴上对齐。

如果希望它们在同一个坐标起点，选择模拟图表(ANALOGUE)，则会生成如图 2-111 所示的在 Y 轴上重叠的波形。

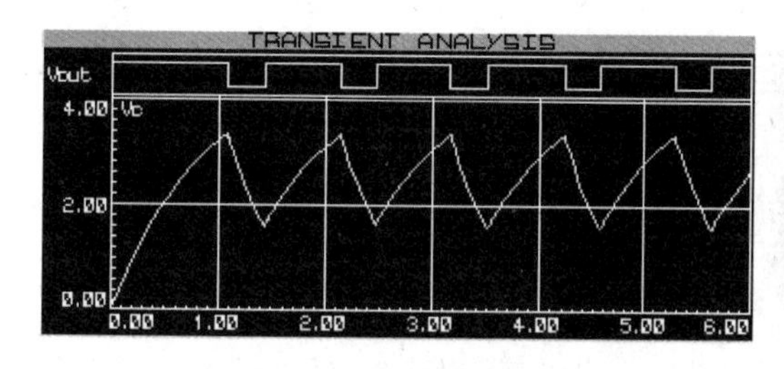

图 2-110　模拟和数字波形

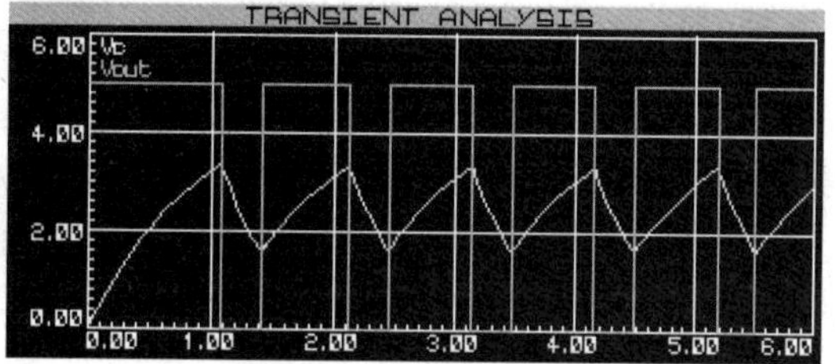

图 2-111　模拟波形

3. 图表仿真实例

返回主页面，打开如图 2-112 所示的样例工程文件“741 Op-Amp Model”。

单击工作视窗标签“Schematic Capture”，选择当前工作视窗为原理图设计视窗。这是一个由运算放大器 741 组成的同相比例运算放大器。右面放置了四个不同类型的图表并生成了相关的分析波形。就该实例，我们分别对电压、电流探针的实时监测功能，以及几个常用的图表波形的生成进行介绍。

(1) 电压电流探针的实时监测功能

在图 2-113 中，已经放置了一个输出电压探针 OUTPUT，现在在 R3 支路放置连接一个电流探针(默认名如图所示)，图中已经旋转了电流探针使电流方向与导线平行。运行仿真，可以看到对应电压值和电流值，因为输入信号 INPUT 是交流信号，因此显示的都是有效值，输出电压指的是对地的电压，负号说明与输入信号的电压和电流反相。电压和电流的默认单位是伏特和安培，电流值是科学记数法，即微安级的电流。如果把 R3 或 RF2 之一改变为滑动变阻器，或者把输入信号的幅值改变，可以看到仿真时电压及电流探针的值不同。仿真停止，则显示也结束。

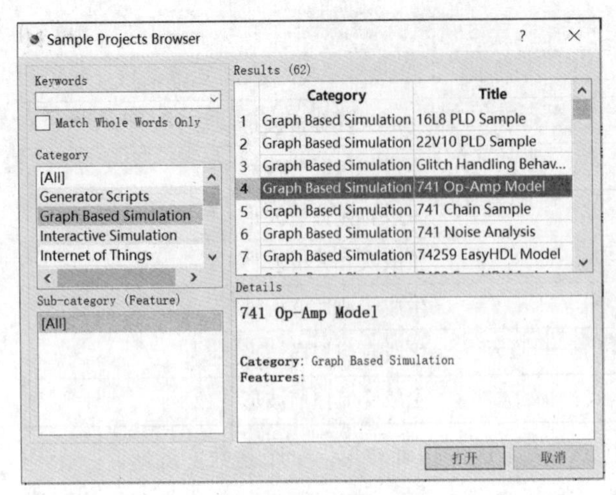

图 2-112　主页面中的样例

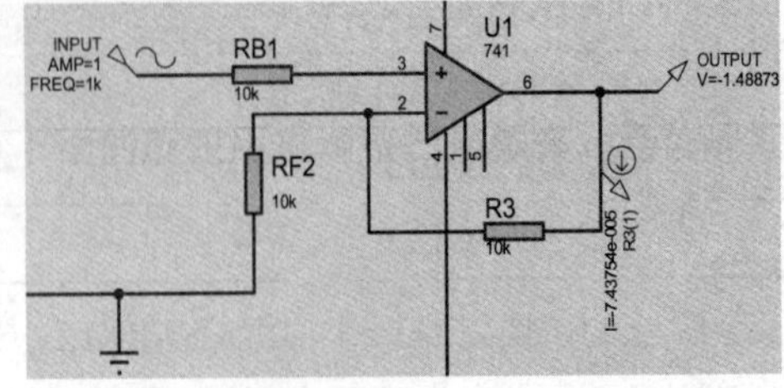

图 2-113　用电压探针监控电压示意图

(2) 几种常见的图表仿真

在“741 Op-Amp Model”原理图中，一共放置了四个仿真图表，从上到下分别是模拟分析(ANALOGUE ANALYSYS)、频率响应(FREQUENCY RESPONSE)、噪声分析(NOISE ANALYSYS)和失真分析(DISTORTION ANALYSYS)。下面逐个介绍这些图表是如何放置和生成的。

① 模拟分析(ANALOGUE ANALYSYS)图表

图中放置的模拟图表是为了把同相比例放大电路的输入、输出电压波形绘制在一个坐标系中，进行幅值、相位和频率的比较，如图 2-114 所示。

下面我们来重新放置并生成一个这样的图表。需要一个图表框和两个信号，分别是输入信号和输出信号。

- 放置输入信号和输出信号探针。因为图中已经有了，因此省去这一步。
- 选择主工具栏中的图表模式图标，在对象列表区选择模拟波形(ANALOGUE)，在绘图区空白处(图纸以外，A4 图纸太小放不下)单击鼠标左键不松开，拖出一个矩形后再次单击左键，出现一个空的图表。
- 在图中输入信号的名称“INPUT”上快速双击，选中后不松开鼠标左键，拖入到图表框的左侧栏中，鼠标左键在图表外单击一下，图表出现了左右分栏，INPUT 的名称显示在左栏中。
- 在图中输出信号探针的名称“OUTPUT”上快速双击，选中后不松开鼠标左键，拖入到图表框的左侧栏中，鼠标左键在图表外单击一下，OUTPUT 的名称显示在左栏中 INPUT 的下面。
- 如果因误操作出现多余的重复名称，需要删除图表中的信号名称，只需用鼠标指针指向图表，操作滚轮放大图表后，指向要删除的名称，双击右键即可。
- 完成信号名称加载后，在图表的非标题处双击，出现如图 2-115 所示的暂态图表设置对话框。在第一栏的“Graph title”中，可以更改图表的标题名称；第二栏的“Start time”

中可以指定生成波形的横坐标起点，通常不用更改；第三栏的“Stop times”可以指定生成波形横坐标的长度，这里设为 1 毫秒，输入“1m”即可；接下来的两栏是坐标纵轴和横轴的名称的指定，分别输入“V”和“time”。

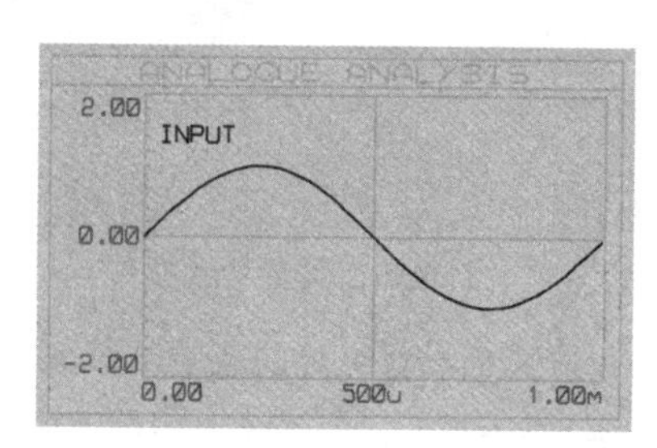

图 2-114　输入输出电压波形

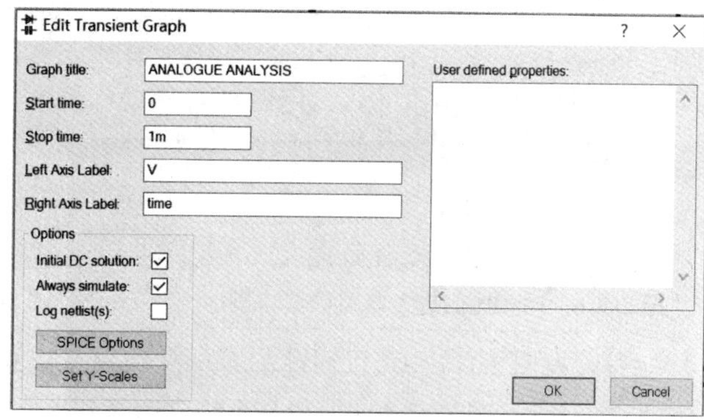

图 2-115　暂态图表属性设置对话框

- 单击图 2-115 中的“OK”按钮，关闭对话框。
- 按键盘上的空格键，则生成输入、输出电压波形。可以观察到，和原图中的波形是一样的，只是多了坐标轴的名称。

② 频率响应 (FREQUENCY RESPONSE)分析图表

图中放置的频率响应分析图表其实是生成一个波特图，即同相比例放大电路的电压放大倍数和相位差相对于频率变化的波形。已经放置并生成的波特图如图 2-116 所示。

下面我们来重新放置并生成一个这样的图表。

- 选择主工具栏中的图表模式图标，在对象列表区选择频率响应(FREQUENCY RESPONSE)图表，在绘图区空白处单击鼠标左键不松开，拖出一个矩形后再次单击左键，出现一个空的频率响应图表，图表被垂直线条划分为几个区域。
- 在图中输出信号的名称 OUTPUT 上快速双击，选中后不松开鼠标左键，拖入到图表框的最左侧栏中；再次重复以上操作，把 OUTPUT 拖入到图表框的最右侧栏中。放大图表，可以看到添加的轨迹名称和对应的纵坐标名称分别为 GAIN(dB)和 PHASE，即用分贝表示的电压增益和相位。
- 完成信号名称加载后，在图表的非标题处双击，出现如图 2-117 所示的频率图表设置对话框。在“Reference”栏中选择“INPUT”选项，其他不用更改。但要说明的是，这里必须指定“INPUT”作为参考电压，是因为帧频波形的纵轴是输出电压入与输入电压的比值，而且取 20lg 后得到的单位是分贝(dB)。在“Interval”一栏中有三个选项，其中“DECADES”的意思是横轴为几十倍频间隔，下边一栏中的数字“10”为 10 倍频。
- 单击图 2-115 中的“OK”按钮，关闭对话框。
- 按键盘上的空格键，则生成了幅频和相频特性波形。左右两个纵轴都有刻度，左侧是增益，右侧是相位，波形的区别是看颜色的，与纵轴名称一致。

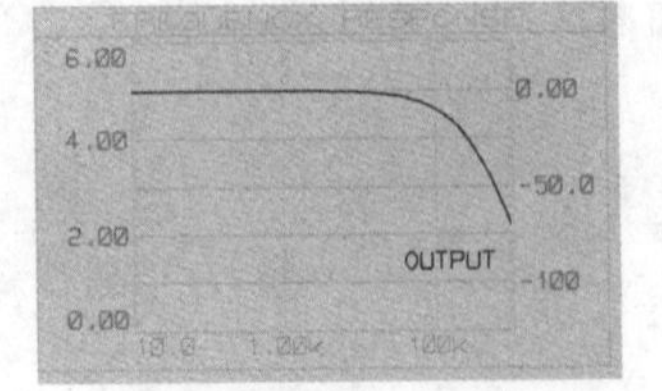

图 2-116　同相比例放大电路的波特图

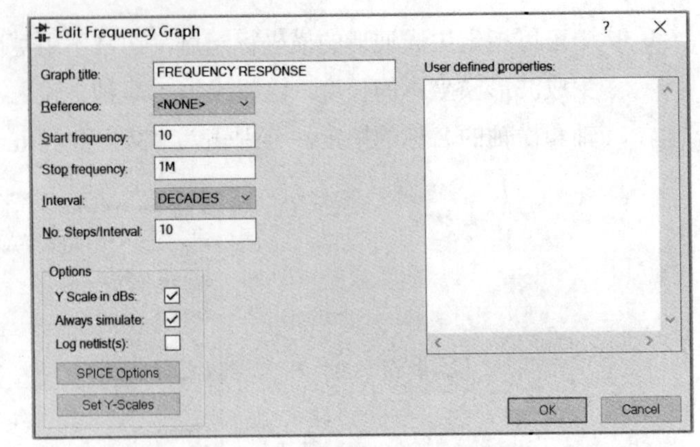

图 2-117　频率图表属性设置对话框

另外，在图 2-117 中可以通过左下方的“Set Y-Scales”按钮来设置纵轴的范围，单击后打开如图 2-118 所示的对话框。一般是系统自动调节适应波形，不需指定，但横轴一般需要指定。这适合所有图表。

关于 741 放大电路图中的噪声分析(NOISE ANALYSYS)图表和失真分析(DISTORTION ANALYSYS)图表的创建，不再一一介绍，请读者打开其属性对话框查看相关设置，然后按照前面介绍的两种图表的生成方法，来自己做一遍。如果想删除图表，在图表处双击右键即可。

(3) 录播探针的使用方法

当设计一个复杂电路时，如果不想对整个电路进行仿真，而只是希望对其中一部分电路进行仿真或分段仿真，录播探针非常有用，它可以加快仿真速度。

图 2-119 是一个简单的两级运放电路，元件一共有两个，分别是理想运放“OP1P”电阻“RES”，电阻分别设置为 10kΩ 和 30kΩ，输入端信号使用 Generator Mode 中的正弦波(SINE)，设置幅值为 1V，频率为 1000Hz。照图连接并在输出端加入电压探针。

如果只想看最后一级运放的输出电压波形，而不想让第一级运放参与仿真，则可以进行如下操作。

选择主工具栏中的探针模式图标，在对象列表区选择“TAPE”探针，把它连接到图 2-119 所示的导线上。现在，电路被分隔成左右两部分，左边的电路仿真结果可以通过“TAPE”探针存储起来，直接驱动右边的电路。

但要注意的是，这里，“TAPE”探针图标内的箭头方向必须是从左到右的，可以通过右键菜单的镜像工具来调整。

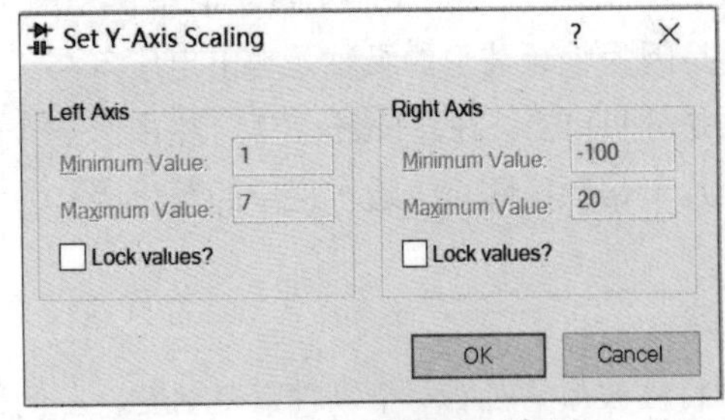

图 2-118　图表纵轴设置对话框

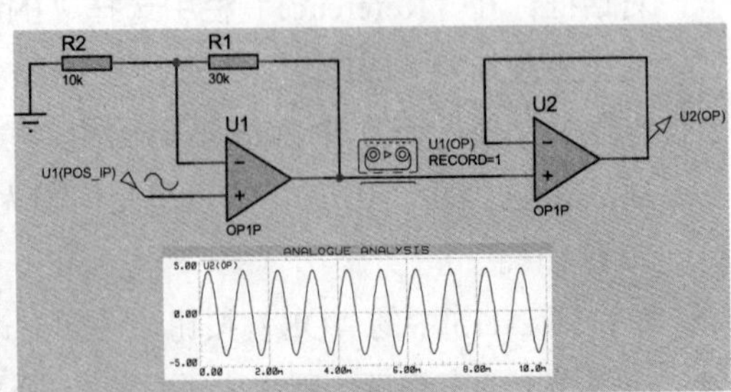

图 2-119　使用录播器的两级运放电路

注意：录播器选择的分隔点要符合这样的要求，即前一级的电路输出阻抗要低，后一级的输出阻抗要高。

在电路中添加一个模拟仿真图表，并把输出电压探针 U2 拖到图表中。

录播探针有三种工作模式：自动、录制和播放。其中自动模式最常用，运行仿真后，录播器分隔点前一级的电路先仿真，把结果存下来，然后作为后一级输入信号再仿真。

双击录播探针打开如图 2-120 所示的对话框。

① 选择“Automatic”模式，“File name”一栏可以空着，单击“OK”按钮关闭对话框。按空格键进行图表仿真，可观察到如图 2-119 下方所示的波形。注意，事先把图表框的横坐标设置为 10ms。

② 再次打开录播器对话框，选择“Record”模式，这时必须在“File name”一栏指定一个名称，单击“OK”按钮关闭对话框。按下空格键进行图表仿真，出现和前面一样的波形，录播器已把前级电路输入的信息录入指定文件中。

③ 把电路的前一级断开，保证录播器和后一级电路相连，如图 2-121 所示。

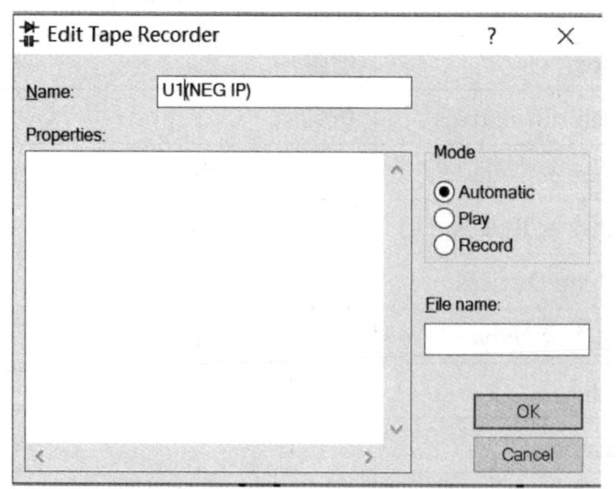

图 2-120　录播模式设置对话框

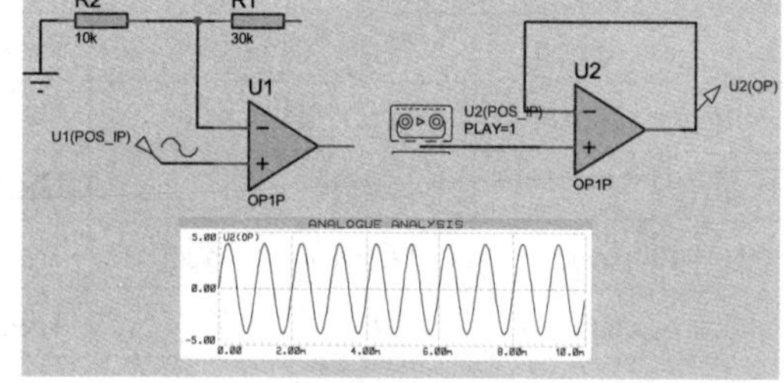

图 2-121　播放模式下的仿真结果

④ 把录播器设置为“Play”模式，要确保“File name”一栏中的名称是刚才录制时所填写的文件名，单击“OK”按钮关闭对话框。按下空格键进行图表仿真，出现和前面一样的波形，录播器已把前级电路的仿真结果加载到后一级电路的输入端和后级电路一起仿真，如图 2-119 中的波形所示。

读者可尝试其他更为复杂的电路的多断点录播应用。

2.4 Proteus ISIS 的元件库

前面熟悉了 Proteus ISIS 的原理图设计工作视窗环境，以及相关命令和绘图仿真工具，但原理图设计总是从元件调用开始的，而元件是存放在不同的库中的，那么如何快速准确地找到所需的元件是绘图的首要任务。Proteus ISIS 的库元件是以英文命名、按类查找的，本节我们对 Proteus 8.7 版本的 ISIS 库元件的分类进行介绍，以方便读者调取元件。

2.4.1 库元件的分类

Proteus ISIS 的元件存放在不同的库中，但拾取时不是按库查找，而是按类查找的，因此，我们只需关心元件的分类，即“大类→子类→元件”，并不需关心它存于哪个库中。对于比较常用的元件是需要记住它们的名称的，可通过直接输入名称的全部或部分关键字母组合来拾取。但大部分元件不可能记住名称，是需要通过按类查询的办法来拾取的。

1. 大类(Category)

打开元件拾取对话框，在左侧的“Category”中，共列出了 37 个大类，其含义如表 2-9 所示。大类名称后带“*”的为 Proteus 8 新增的大类。

表 2-9　库元件分类示意

Category(类)	含　义	Category(类)	含　义
Analog ICs	模拟集成器件	PLDs & FPGAs	可编程逻辑器件和现场可编程门阵列
Capacitors	电容	Resistors	电阻
CMOS 4000 series	CMOS 4000系列	Simulator Primitives	仿真源
Connectors	接头	Speakers & Sounders	扬声器和声响
Data Converters	数据转换器	Switches & Relays	开关和继电器
Debugging Tools	调试工具	Switching Devices	开关器件
Diodes	二极管	Thermionic Valves	热离子真空管
ECL 10000 series	ECL 10000系列	Transducers	传感器
Electromechanical	电机	Transistors	晶体管
Inductors	电感	TTL 74 series	标准TTL 系列
Laplace Primitives	拉普拉斯模型	TTL 74ALS series	TTL先进的低功耗肖特基系列
Mechanics*	机械部件(电机)	TTL 74AS series	TTL先进肖特基系列
Memory ICs	存储器芯片	TTL 74CBT series*	TTL可兼容总线开关
Microprocessor ICs	微处理器芯片	TTL 74F series	TTL快速系列
Miscellaneous	混杂器件	TTL 74HC series	高速CMOS系列
Modelling Primitives	建模源	TTL 74HCT series	与TTL兼容的高速CMOS系列
Operational Amplifiers	运算放大器	TTL 74LS series	TTL低功耗肖特基系列
Optoelectronics	光电器件	TTL 74S series	TTL肖特基系列
PICAXE*	PICAXE单片机		

当要从库中拾取一个元件时，首先要清楚它的分类位于表 2-9 中的哪一类，然后在打开的元件拾取对话框中，选中“Category”中相应的大类。

2. 子类(Sub-category)

选取元件所在的大类(Category)后，再选子类(Sub-category)，也可以直接选生产厂家(Manufacturer)，这样会在元件拾取对话框中间部分的查找结果(Results)中显示符合条件的元件列表。从中找到所需的元件，双击该元件名称，元件即被拾取到对象选择器中。如果要继续拾取其他元件，最好使用双击元件名称的办法，对话框不会关闭。如果只选取一个元件，可以选中元件名称后单击“OK”按钮，关闭对话框。

如果选取大类后，没有选取子类或生产厂家，则在元件拾取对话框的查询结果中，会把此大类下的所有元件按元件名称首字母的升序排列出来。

2.4.2　各子类介绍

下面对 Proteus ISIS 库元件的各子类逐一进行介绍。子类名称后带“*”的为 Proteus 8 新增的子类。

1. Analog ICs

Analog ICs (模拟集成器件)共有 9 个子类，如表 2-10 所示。

表 2-10　Analog ICs 子类示意

子　　类	含　　义
Amplifier	放大器
Comparators	比较器
Display Drivers	显示驱动器
Filters	滤波器
Miscellaneous	混杂器件
Multiplexers*	多路选择器(分配器)
Regulators	三端稳压器
Timers	555定时器
Voltage References	参考电压

2. Capacitors

Capacitors (电容)共有 35 个子类，如表 2-11 所示。

表 2-11　Capacitors 子类示意

子　　类	含　　义	子　　类	含　　义
Animated	可显示充放电电荷电容	Multilayer Ceramic X5R*	多层陶瓷X5R电容
Audio Grade Axial	音响专用电容	Multilayer Ceramic X7R*	多层陶瓷X7R电容

(续表)

子　类	含　义	子　类	含　义
Axial Lead polypropene	径向轴引线聚丙烯电容	Multilayer Ceramic Y5V*	多层陶瓷Y5V电容
Axial Lead polystyrene	径向轴引线聚苯乙烯电容	Multilayer Ceramic Z5U*	多层陶瓷Z5U电容
Ceramic Disc	陶瓷圆片电容	Multilayer Metallised	多层金属化电容
Decoupling Disc	解耦圆片电容	Multilayer Metallised Polyester Film	多层金属聚酯膜电容
Electrolytic Aluminum*	电解铝电容	Mylar Film	聚酯薄膜电容
Generic	普通电容	Nickel Barrier	镍栅电容
High Temp Radial	高温径向电容	Non Polarized	无极性电容
High Temp Axial Electrolytic	高温轴向电解电容	Polyester Layer	聚酯层电容
Metallised Polyester Film	金属聚酯膜电容	Poly Film Chip*	聚薄膜芯片电容
Metallised polypropene	金属聚丙烯电容	Radial Electrolytic	径向电解电容
Metallised polypropene Film	金属聚丙烯膜电容	Resin Dipped	树脂蚀刻电容
Mica RF Specific*	云母射频专用电容	Tantalum SMD*	钽贴片二极管电容
Minature Electrolytic	微型电解电容	Thin Film	薄膜电容
Multilayer Ceramic *	多层陶瓷电容	Variable*	可变电容
Multilayer Ceramic C0G*	多层陶瓷C0G电容	VX Axial Electrolytic	VX 轴电解电容
Multilayer Ceramic NPO*	多层陶瓷NPO电容		

3. CMOS 4000 Series

CMOS 4000 系列数字电路共有 16 个子类，如表 2-12 所示。

表 2-12　CMOS 4000 Series 子类示意

子　类	含　义	子　类	含　义
Adders	加法器	Gates & Inverters	门电路和反相器
Buffers & Drivers	缓冲和驱动器	Memory	存储器
Comparators	比较器	Misc. Logic	混杂逻辑电路
Counters	计数器	Multiplexers	数据选择器
Decoders	译码器	Multivibrators	多谐振荡器
Encoders	编码器	Phase-locked Loops(PLL)	锁相环
Flip-Flops & Latches	触发器和锁存器	Registers	寄存器
Frequency Dividers & Timer	分频和定时器	Signal Switcher	信号开关

4. Connectors

Connectors (接头)共有 18 个子类，如表 2-13 所示。

表 2-13　Connectors 子类示意

子　类	含　义	子　类	含　义
Arduino Connectors*	Arduino接头	PCB Transfer	PCB传输接头
Audio	音频接头	PCB Transition Connectors*	PCB转换连接器
D-Type	D型接头	Ribbon Cable	蛇皮电缆
DIL	双排插座	Ribbon Cable/Wire Trap Connectors*	带状电缆/电线陷阱连接器
FFC/FPC Connectors*	FFC/FPC接头	RJ12 Connectors*	RJ12接头
Header Blocks	插头块	RJ45 Connectors*	RJ45接头
Header/Receptacles*	插头/插座	SIL	单排插座
IDC Headers *	IDC插头	Terminal Blocks	接线端子台
Miscellaneous	各种接头	USB for PCB Mounting*	用于PCB安装的USB接口

5. Data Converters

Date Converters (数据转换器)共有 5 个子类，如表 2-14 所示。

表 2-14　Data Converters 子类示意

子　类	含　义
A/D Converters	模数转换器
D/A Converters	数模转换器
Light Sensors*	光纤传感器
Sample & Hold	采样保持器
Temperature Sensors	温度传感器

6. Debugging Tools

Debugging Tools (调试工具)共有 3 个子类，如表 2-15 所示。

表 2-15　Debugging Tools 子类示意

子　类	含　义
Breakpoint Triggers	断点触发器
Logic Probes	输出电平检测(可显示0或1)
Logic Stimuli	逻辑状态输入(可置0或1)

7. Diodes

Diodes (二极管)共有 9 个子类，如表 2-16 所示。

表 2-16　Diodes 子类示意

子　类	含　义
Bridge Rectifiers	整流桥
Generic	普通二极管
Rectifiers	整流二极管
Schottky	肖特基二极管
Switching	开关二极管
Transient Suppressors*	瞬态抑制二极管 (反向并联使用，保护器件)
Tunnel	隧道二极管
Varicap	变容二极管
Zener	稳压二极管

8. ECL 10000 Series

ECL (射极耦合逻辑)10000 系列没有划分子类，其下共有 28 个元件，如图 2-122 所示。

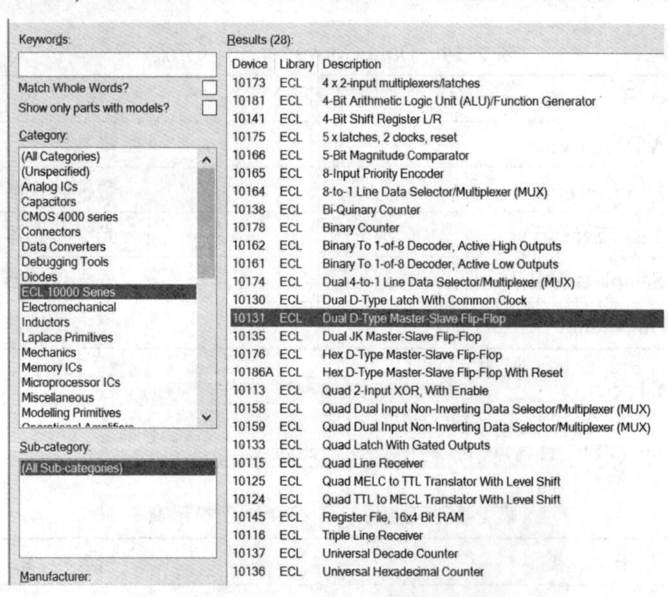

图 2-122　ECL 10000 Series 类元件

9. Electromechanical

Electromechanical (电动机械)类元件也没有划分子类，其下是各种电机，如图 2-123 所示。

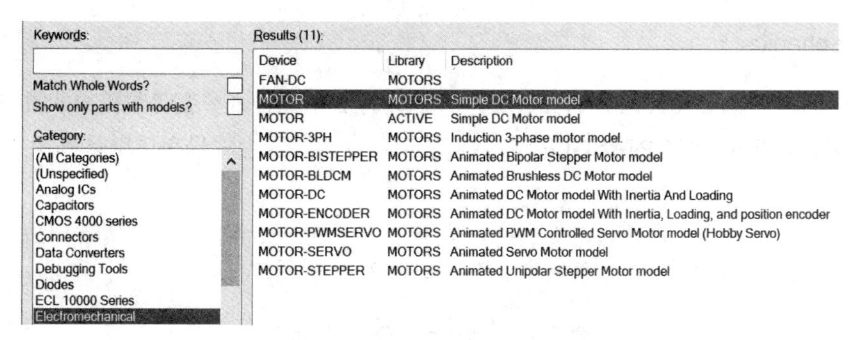

图 2-123　Electromechanical 类元件

10. Inductors

Inductors (电感)共有 8 个子类，如表 2-17 所示。

表 2-17　Inductors 子类示意

子　类	含　义
Ferrite Beads*	铁氧体磁珠电感
Fixed Inductors*	固定电感器
Generic	普通电感
Multilayer Chip Inductors*	多层片式电感器
SMT Inductors	表面安装技术电感
Surface Mount Inductors*	表面贴装电感器
Tight Tolerance RF Inductor*	紧公差射频电感器
Transformers	变压器

11. Laplace Primitives

Laplace Primitives (拉普拉斯模型)共有 7 个子类，如表 2-18 所示。

表 2-18　Laplace Primitives 子类示意

子　类	含　义
1st Order	一阶模型
2nd Order	二阶模型
Controllers	控制器
Non-Linear	非线性模型
Operators	算子
Poles/Zeros	极点/零点
Symbols	符号

12. Mechanics*

Mechanics (机械)类元件没有划分子类，其下共有 2 个元件，分别是星接电机和角接电机，即 BLDC-STAR 和 BLDC-TRIANGLE。

13. Memory ICs

Memory ICs (存储器芯片)共有 9 个子类，如表 2-19 所示。

表 2-19　Memory ICs 子类示意

子　类	含　义
Dynamic RAM	动态数据存储器
EEPROM	电可擦除程序存储器
EPROM	可擦除程序存储器
FIFO*	先进先出存储器
I2C Memories	I^2C 总线存储器
Memory Cards	存储卡
SPI Memories	SPI总线存储器
Static RAM	静态数据存储器
UNI/O Memories*	单I/O串行通信存储器

14. Microprocessor ICs

Microprocessor ICs (微处理器芯片)共有 20 个子类，如表 2-20 所示。

表 2-20　Microprocessor ICs 子类示意

子　类	含　义	子　类	含　义
68000 Family	68000系列	MSP 430 Family*	混合信号处理器
8051 Family	8051系列	Peripherals	CPU外设
ARM Family	ARM系列	PIC 10 Family	PIC 10系列
AVR Family	AVR系列	PIC 12 Family	PIC 12系列
BASIC Stamp Modules	Parallax公司微处理器	PIC 16 Family	PIC 16系列
Cortex-M0*	ARM公司低功耗处理器	PIC 18 Family	PIC 18系列
DSPIC33 Family*	Microchip公司的16位闪存微处理器	PIC 24 Family	PIC 24系列
HC11 Family	HC11系列	Stellaris Piccolo Family*	ARM处理器
i86 Family*	Intel 8086微处理器	TMS320 Piccolo Family*	DSP控制器
LUA Processors*	基于LUA脚本的VSM处理器	Z80 Family	Z80系列

15. Miscellaneous

Miscellaneous (混杂元件)没有划分子类，如图 2-124 所示，读者可以单击查看原理符号。

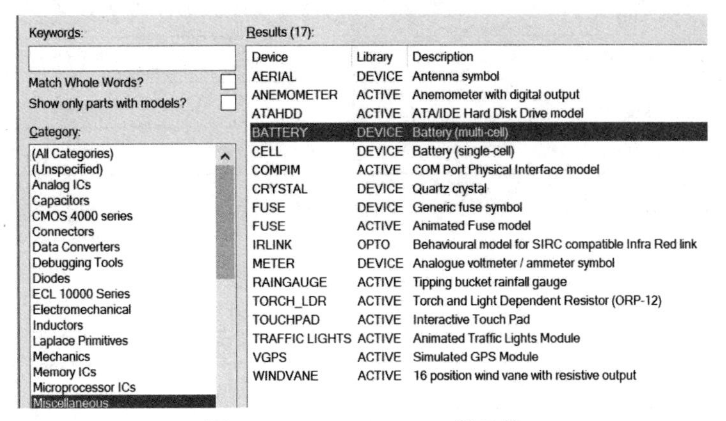

图 2-124　Miscellaneous 类元件

16. Modelling Primitives

Modelling Primitives (建模源)共有 9 个子类，如表 2-21 所示。

表 2-21　Modelling Primitives 子类示意

子　类	含　义
Analog(SPICE)	模拟(仿真分析)
Digital(Buffers & Gates)	数字(缓冲器和门电路)
Digital(Combinational)	数字(组合电路)
Digital(Miscellaneous)	数字(混杂)
Digital(Sequential)	数字(时序电路)
Mixed Mode	混合模式
PLD Elements	可编程逻辑器件单元
Realtime(Actuators)	实时激励源
Realtime(Indictors)	实时指示器

17. Operational Amplifiers

Operational Amplifiers (运算放大器)共有 7 个子类，如表 2-22 所示。

表 2-22　Operational Amplifiers 子类示意

子　类	含　义
Dual	双运放
Ideal	理想运放
Macromodel	大量使用的运放

(续表)

子　类	含　义
Octal	八运放
Quad	四运放
Single	单运放
Triple	三运放

18. Optoelectronics

Optoelectronics (光电器件)共有 11 个子类，如表 2-23 所示。

表 2-23　Optoelectronics 子类示意

子　类	含　义	子　类	含　义
7-Segment Displays	7段数码显示	Lamps	灯
14-Segment Displays*	14段数码显示	LCD Controllers	液晶显示控制器
16-Segment Displays*	16段数码显示	LCD Panels Displays	液晶面板显示
Alphanumeric LCDs	字符液晶显示器	LEDs	发光二极管
Bargraph Displays	条形LED显示	Miscellaneous*	混杂元件
Dot Matrix Displays	LED点阵显示	Optocouplers	光电耦合
Graphical LCDs	图形液晶显示器	Serial LCDs	串行液晶显示

19. PICAXE*

PICAXE 是预编程的 PIC 单片机，简单易学，没有划分子类，其下所属元件如图 2-125 所示。

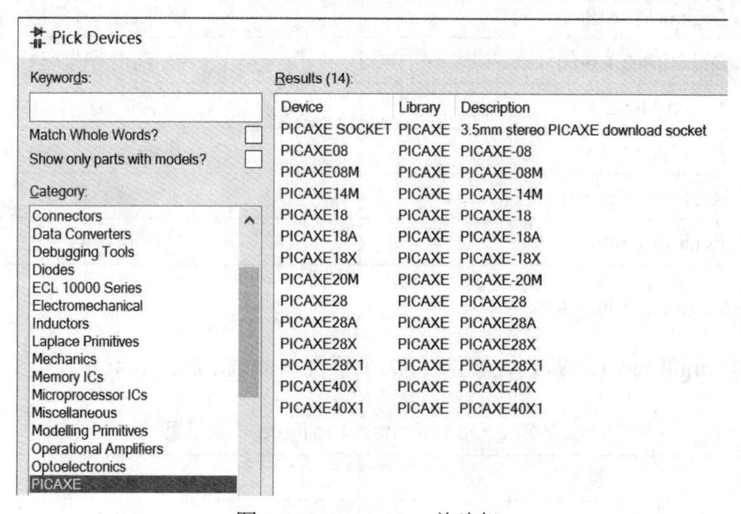

图 2-125　PICAXE 单片机

20. PLDs & FPGAs

PLDs & FPGAs 是可编程逻辑器件和现场可编程门阵列器件，没有划分子类，其下所属元件如图 2-126 所示。

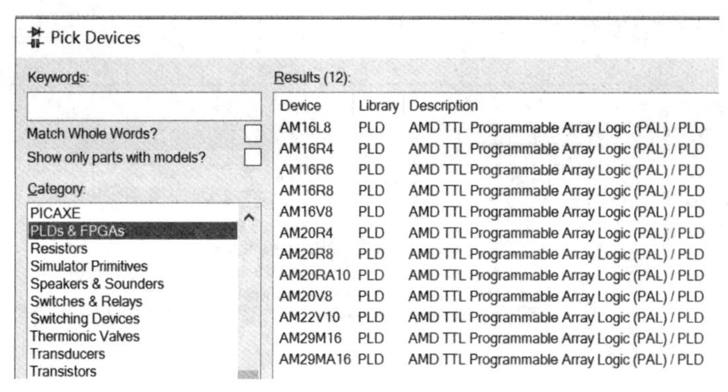

图 2-126　PLDs & FPGAs 器件

21. Resistors

Resistors (电阻)共有 14 个子类，如表 2-24 所示。其中贴片电阻按功率又细分了很多子类，此处不再列举。

表 2-24　Resistors 子类示意

子　类	含　义	子　类	含　义
0.6 Watt Metal Film	0.6瓦金属膜电阻	High Voltage	高压电阻
10 Watt Wirewound	10瓦绕线电阻	NTC	负温度系数热敏电阻
2 Watt Metal Film	2瓦金属膜电阻	PTC*	热敏电阻
3 Watt Wirewound	3瓦绕线电阻	Resistor Network*	网络电阻
7 Watt Wirewound	7瓦绕线电阻	Resistor Packs	排阻
Chip Resistor*	贴片电阻	Variable	滑动变阻器
Generic	普通电阻	Varistors	可变电阻

22. Simulator Primitives

Simulator Primitives (仿真源)共有 3 个子类，如表 2-25 所示。

表 2-25　Simulator Primitives 子类示意

子　类	含　义
Flip-Flops	触发器
Gates	门电路
Sources	电源

23. Speakers & Sounders

Speakers & Sounders (扬声器和音响器件)有模拟信号驱动的扬声器和数字信号驱动的音响器件，没有划分子类，其下共有 6 个元件，分别是 Arduino 专用数字音响、蜂鸣器、数字喇叭、扬声器。注意，在 ACTIVE 库中的元件才能仿真，如图 2-127 所示。

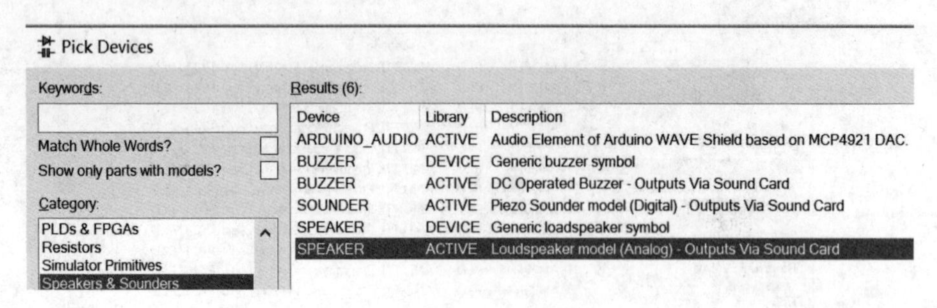

图 2-127　音响器件

24. Switches and Relays

Switches and Relays (开关和继电器)共有 4 个子类，如表 2-26 所示。

表 2-26　Switches and Relays 子类示意

子　类	含　义
Keypads	键盘
Relays(Generic)	普通继电器
Relays(Specific)	专用继电器
Switches	开关

25. Switching Devices

Switching Devices (开关器件)指的是晶体管控制的有源器件，共有 4 个子类，如表 2-27 所示。

表 2-27　Switching Devices 子类示意

子　类	含　义
DIACs	两端交流开关
Generic	普通开关元件
SCRs	可控硅
TRIACs	三端双向可控硅

26. Thermionic Valves

Thermionic Valves (热离子真空管)共有 4 个子类，如表 2-28 所示。

表 2-28　Thermionic Valves 子类示意

子　类	含　义
Diodes	二极管
Pentodes	五极真空管
Tetrodes	四极管
Triodes	三极管

27. Transducers

Transducers (传感器)共有 8 个子类，如表 2-29 所示。

表 2-29　Transducers 子类示意

子　类	含　义
Distance*	测距传感器
Humidity/Temperature*	湿度/温度传感器
Light Dependent Resistor(LDR)*	光敏电阻
Light Sensor*	光线传感器
Load Cell*	负载单元
Pressure	压力传感器
Sound*	声音传感器
Temperature	温度传感器

28. Transistors

Transistors (晶体管)共有 8 个子类，如表 2-30 所示。

表 2-30　Transistors 子类示意

子　类	含　义
Bipolar	双极型晶体管
Generic	普通晶体管
IGBT	绝缘栅双极晶体管
JFET	结型场效应管
MOSFET	金属氧化物场效应管
RF Power LDMOS	射频功率LDMOS管
RF Power VDMOS	射频功率VDMOS管
Unijunction	单结晶体管

74系列的数字集成芯片的子类示意不再一一列表说明，可以参考前面的CMOS 4000系列子类。

2.4.3 常用元件

对于初学者来说，从以上各子类中逐一查找一个个器件还是比较繁琐的事，为了让大家快速上手，本节我们把最常用的一些元件列出来，供大家参考拾取。

比较常用的部分分离元件及集成元件名称与分类可参考表2-31～表2-34。对于查找结果出现的同名称多个元件，仿真时应选择“Library”为ACTIVE库中的元件。

表2-31 常用元件(一)

类别	名称	大类	子类	含义
电阻	RES	Resistors	Generic	电阻
	POT-HG	Resistors	Variable	滑动变阻器
	VARISTOR	Resistors	Varistors	可变电阻
	RESPACK-8	Resistors	Resistor Packs	排阻
电容	CAP	Capacitors	Generic	电容
	CAP-ELEC	Capacitors	Generic	电解电容
	CAP-POL	Capacitors	Generic	极性电容
	CAPACITOR	Capacitors	Animated	可演示电容
二极管	DIODE	Diode	Generic	二极管
	DIODE-ZEN	Diode	Generic	稳压二极管
	BRIDGE	Diode	Generic	整流桥
三极管	NPN	Transistors	Generic	NPN三极管
	PNP	Transistors	Generic	PNP三极管
	SCR	Switching Devices	Generic	可控硅
电感	INDUCTOR	Inductors	Generic	电感
	TRAN-2P2S	Inductors	Transformers	变压器(副边2抽头)
	TRAN-2P3S	Inductors	Transformers	变压器(副边3抽头)
开关	BUTTON	Switches & Relays	Switches	按键
	SWITCH	Switches & Relays	Switches	开关
	DIPSWC_8	Switches & Relays	Switches	拨动开关
	SW-SPDT	Switches & Relays	Switches	两位开关
	SW-ROT-3	Switches & Relays	Switches	三位开关
	SW-DPST	Switches & Relays	Switches	联动开关
	SW-DPDT	Switches & Relays	Switches	两位联动开关
	Relay	Switches & Relays	Relays	继电器

(续表)

类 别	名 称	大 类	子 类	含 义
电源信号	BATTERY	Simulator Primitives	Sources	电池阻
	CELL	Miscellaneous	-	电池
	ALTERNATOR	Simulator Primitives	Sources	交流信号
	CLOCK	Simulator Primitives	Sources	时钟
调试工具	LOGICSTATE	Debugging Tools	Logic stimuli	逻辑电平输入
	LOGICPROBE	Debugging Tools	Logic Probes	逻辑电平探测
	LOGICPROBE(BIG)	Debugging Tools	Logic Probes	逻辑电平探测(大)

表 2-32 常用元件(二)

类 别	名 称	大 类	子 类	含 义
电机	FAN-DC	Electromechanical	-	直流风扇
	MOTOR	Electromechanical	-	直流电机
	MOTOR-3PH	Electromechanical	-	三相电机
	MOTOR-STEPPER	Electromechanical	-	步进电机
	BLDC-STAR	Mechanics	-	星接三相电机
	BLDC-ANGLE	Mechanics	-	角接三相电机
混杂	FUSE	Miscellaneous	-	熔断器
	TRAFFIC LIGHTS	Miscellaneous	-	交通灯
	CRYSTAL	Miscellaneous	-	晶振
音响	SPEAKER	Speakers & Sounders	-	模拟信号驱动喇叭
	SOUNDER	Speakers & Sounders	-	数字信号驱动喇叭
	BUZZER	Speakers & Sounders	-	蜂鸣器
发光二极管	LAMP	Optoelectronics	Lamps	灯泡
	LED-RED	Optoelectronics	LEDs	红色发光二极管
	LED-GREEN	Optoelectronics	LEDs	绿色发光二极管
	DIODE-LED	Optoelectronics	LEDs	发光二极管(原理符号，不可仿真)
受控源	VCVS	Modelling Primitives	Analog(SPICE)	电压控制电压源
	VCCS	Modelling Primitives	Analog(SPICE)	电压控制电流源
	CCVS	Modelling Primitives	Analog(SPICE)	电流控制电压源
	CCCS	Modelling Primitives	Analog(SPICE)	电流控制电流源

(续表)

类 别	名 称	大 类	子 类	含 义
传感器	GP2D12	Transducers	Distance	测距传感器
	DHT11	Transducers	Humidity/Temperature	湿度/温度传感器
	BMP180	Transducers	Pressure	压力传感器
	VUMETER	Transducers	Sound	声音传感器
	NTC	Transducers	Temperature	热敏电阻
	OVEN	Transducers	Temperature	加热炉
	RTD-PT100	Transducers	Temperature	铂热电阻
	TCJ	Transducers	Temperature	J型热电偶
	TCK	Transducers	Temperature	K型热电偶

表 2-33 常用元件(三)

类 别	名 称	大 类	子 类	含 义
模拟器件	555	Analog ICs	Timers	555定时器
	NE555	Analog ICs	Timers	NE555定时器
	7805	Analog ICs	Regulators	5V稳压电源
	LM317S	Analog ICs	Regulators	三端可调稳压电源
数据转换	ADC0808	Data Converters	A/D Converters	模数转换器
	DAC0832	Data Converters	D/A Converters	数模转换器
	DS18B20	Data Converters	Temperature Sensors	单线数字温度传感器
	MCP9800	Data Converters	Temperature Sensors	两线温度传感器
建模源	AND_2	Modelling Primitives	Digital(Buffers & Gates)	两入与门(如需封装改为74系列，下同)
	AND_4	Modelling Primitives	(同上)	四入与门
	NAND_2	Modelling Primitives	(同上)	两入与非门
	OR_2	Modelling Primitives	(同上)	两入或门
	NOR_2	Modelling Primitives	(同上)	两入或非门
	BUFFER	Modelling Primitives	(同上)	缓冲器
	TRIBUFFER	Modelling Primitives	(同上)	三态缓冲器
运放	OPAMP	Operational Amplifiers	Ideal	理想运放
	OP1P	Operational Amplifiers	Ideal	单级性理想运放
	LM324	Operational Amplifiers	Quad	四运放

(续表)

类　别	名　　称	大　　类	子　　类	含　　义
LED 显示	7SEG-BCD	Optoelectronics	7-Segment Displays	七段数码显示(输入为四位二进制数)
	7SEG-COM-AN-GRN	Optoelectronics	(同上)	七段共阳极数码显示(不带译码驱动)
	7SEG-COM-CAT-GRN	Optoelectronics	(同上)	七段共阴极数码显示(不带译码驱动)
	7SEG-MPX4-CA	Optoelectronics	(同上)	四位七段共阳极数码显示(不带译码驱动)
	LED-BARGRA-GRNPH	Optoelectronics	Bargraph Displays	条状LED显示
	Matrix-8×8-RED	Optoelectronics	Dot Matrix Displays	-8×8点阵LED显示

表 2-34　常用元件(四)

类　别	名　　称	大　　类	子　　类	含　　义
LCD 显示	LM016L	Optoelectronics	Alphanumeric LCDs	16×2字符液晶显示器
	LM3228	Optoelectronics	Graphical LCDs	128×64图形液晶显示器
	LM3229	Optoelectronics	Graphical LCDs	240×128图形液晶显示器
	VIM-332-DP	Optoelectronics	LCD Panels Displays	3位半LCD数字面板
微处理器及外设	8086	Microprocessor ICs	i86 Family	8086微处理器
	AT89C51	同上	8051 Family	8051单片机
	AT89C52	同上	8051 Family	8051单片机
	LPC2103	同上	ARM Family	ARM7处理器
	AT90S1200	同上	AVR Family	AVR单片机
	PIC16C54	同上	PIC16 Family	PIC单片机
	TMS320F280	同上	Family	数字信号处理器
	8255A	同上	Peripherals	可编程扩展I/O
	MAX232	同上	Peripherals	R232接收驱动标准接口

在这一章里，我们把 Proteus ISIS 原理图设计工作视窗环境、主菜单和主命令、主工具以及元件分类等，结合实例给读者做了较为详细的介绍。由于 Proteus 8.7 的集成应用视窗太多，而之间的联系和配合又非常紧密，再加上很多快速设计功能，必须通过几个比较系统的工程设计，才能使读者更加深刻理解 Proteus 8.7 的设计思想和复杂功能，对软件有一个更加系统的了解，对工程设计有一个更加全面的掌握。

第3章 电子技术实验

本章以模拟电子技术实验和数字电子技术典型实验为案例，使读者通过 Proteus 绘图和虚拟实验操作，逐渐熟悉和掌握更多的电子元器件和虚拟仪器，同时也加强和巩固电子技术实验技能，帮助大家更好地理解和学习电子技术知识。

3.1 模拟电子技术实验

3.1.1 晶体管共射极单管放大器

1. 实验目的

- 学会放大器静态工作点的测试方法。
- 掌握放大器电压放大倍数、输入电阻、输出电阻及带宽的测试方法。
- 熟悉常用电子仪器及模拟电路实验设备仪器的使用。

2. 实验原理图

图 3-1 为电阻分压式工作点稳定的单管共射放大器实验原理图。在 Proteus ISIS 中按表 3-1 中的元件清单调取元件和仪表并连线。

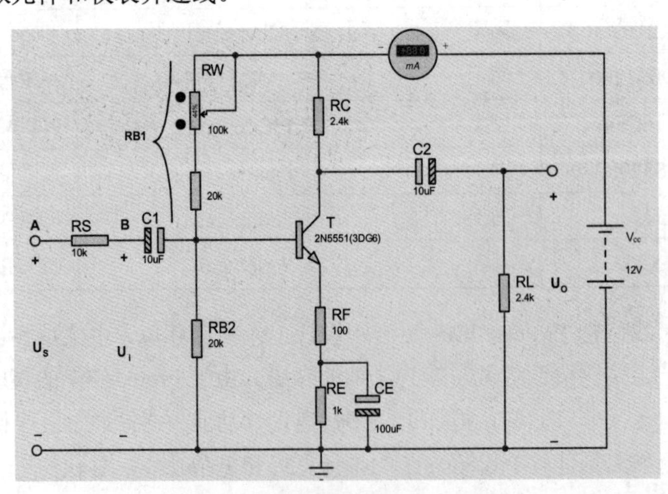

图 3-1 共射极单管放大器原理图

表 3-1　图 3-1 的 Proteus 元件清单

元 件 名 称	所 属 类	所 属 子 类
2N5551	Transistors	Bipolar
BATTERY	Miscellaneous	—
CAP-ELEC	Capacitors	Generic
RES	Resistors	Generic
POT-HG	Resistors	Variable
SW-SPST	Switches & Relays	Switches

在 Proteus ISIS 的虚拟仪器工具中调取直流安培表，接在图中，注意方向。双击安培表修改为毫安表。依次双击其他各元件，照图 3-1 所示修改元件参数。

3. 实验设备与器件

- +12V 直流电源
- 函数信号发生器
- 双踪示波器
- 交流毫伏表
- 直流电压表
- 电流毫安表
- 万用表
- 晶体三极管 3DG6(β=50~100)或 9011(2N5551)
- 电阻、电容若干

4. 实验内容及步骤

(1) 静态工作点测量

测量静态工作点时，不要加交流信号源，根据叠加原理，把交流信号输入端短路，保证直流电源接通。然后，用直流电压表和直流毫安表分别测算出 V_{CE} 和 I_C 即可，I_B 可通过计算得到。测量图如图 3-2 所示。

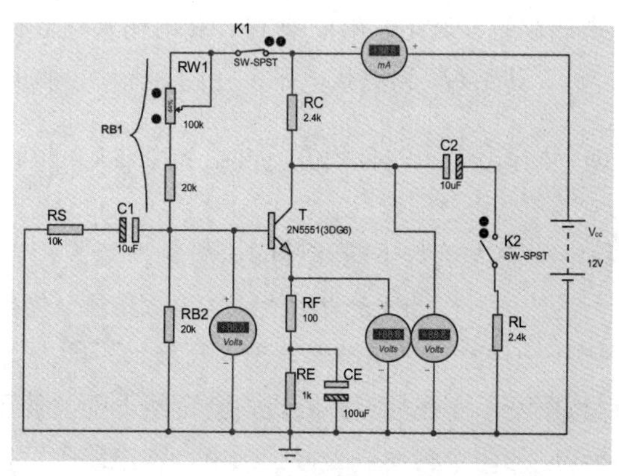

图 3-2　单管共射极放大器实验电路图

假定静态工作点已调好，读者可通过调节滑动变阻器 RW 使 I_C 约为 2mA(图中毫安表读数)即可。把直流伏特表依次接在图示的位置，分别测出 V_C、V_B 和 V_E，可算出 $V_{BE}=V_B-V_E$，约为 0.7V，$V_{CE}=V_C-V_E=5.46$V。

(2) 动态参数的测量

单管共射放大电路的动态参数有：放大倍数、输入电阻、输出电阻和带宽等。

● 电压放大倍数

电压放大倍数有两种含义，一种是输出电压对信号源的比值，即 $A_{VS}=\dfrac{U_O}{U_S}$，另一种是输出电压对输入电压的比值，即 $A_1=\dfrac{U_O}{U_i}$。

如图 3-3 所示接线，把信号发生器、示波器和交流电压表分别接在对应位置，注意输入端的电压表量程范围设置为毫伏表。

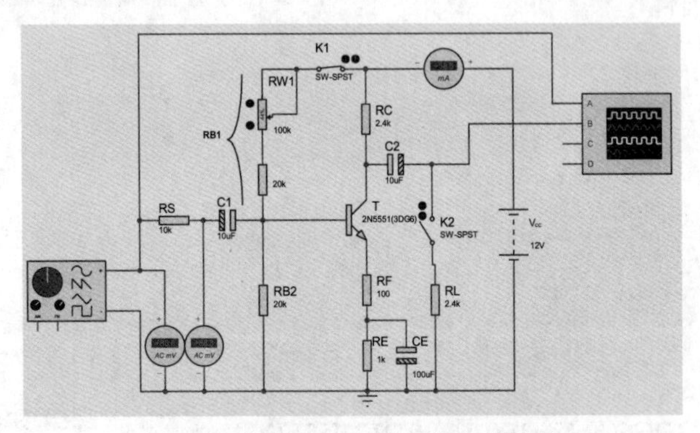

图 3-3　空载时电压放大倍数的测量

运行 Proteus 仿真，弹出信号发生器和示波器的交互界面，按图 3-4 所示设置信号发生器的电压幅值和频率，并调节示波器的对应通道旋钮，即可得到图 3-3 所示的电表读数和图 3-4 所示的参数及波形(注意波形不能失真，输入输出反相)。根据前面的公式可计算出电压放大倍数。

● 输入电阻和输出电阻

根据 $U_i=\dfrac{R_i}{R_i+R_s}U_S$，如果知道 U_S、R_S 及 U_i，就可以算出 R_i，测量输入电阻的原理即如此。在图 3-3 中，由两个毫伏表的读数及 RS(即 R_S)的值可计算出输入电阻 R_i。

再根据 $U_O=\dfrac{R_L}{R_L+R_O}U_O^1$，其中 U_O^1 为空载电压，在图 3-3 中，打开开关 K2 和合上 K2，分别测量出空载输出电压和有载输出电压的有效值，再由 RL(即 R_L)的值可计算出输出电阻 R_o。

● 带宽

带宽是放大电路在稳定的放大倍数下能通过的信号频率范围，当放大倍数下降至原来的 0.707 倍时，认为已不能正常放大。按图 3-3 所示接线，运行仿真，先把信号发生器的频率调节到 1kHz，保持信号的幅值不变(注意观察示波器输出电压波形不能失真)而改变其频率，会发现输出电压在某些频段会保持不变，而在另一些频段则会突然下降，甚至为零。当输出电压下降至原来的 0.707 倍时，所对应的两个频率值为截止频率，本电路中可以测量出分别为 13Hz 和

400kHz 左右，则这个放大电路的带宽 $f_{WH}=f_H-f_L$，约为 400kHz。

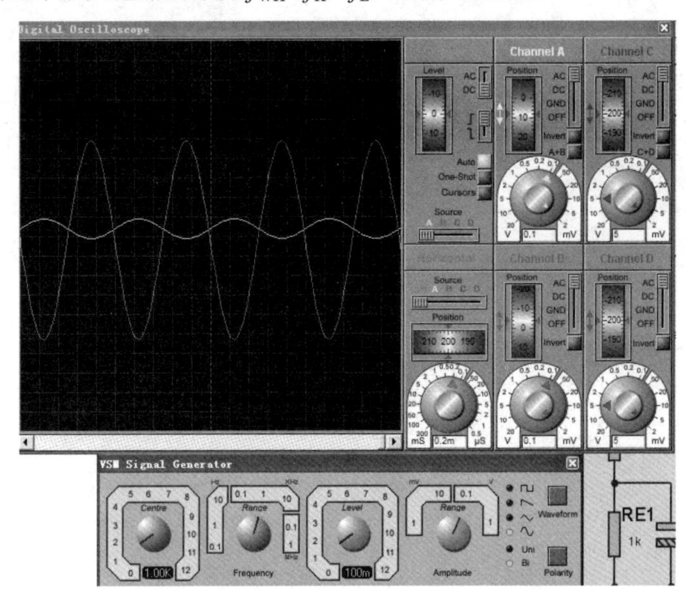

图 3-4　信号发生器和示波器的运行界面

3.1.2　差动放大器

1. 实验目的

- 加深对差动放大器性能及特点的理解。
- 学习差动放大器主要性能指标的测试方法。

2. 实验原理图

图 3-5 所示是差动放大器的 Proteus 实验电路图。当开关 K 拨向左边时，构成典型差动放大器；当 K 拨到右边时，为具有恒流源的差动放大器。图中的电表为直流电压表。

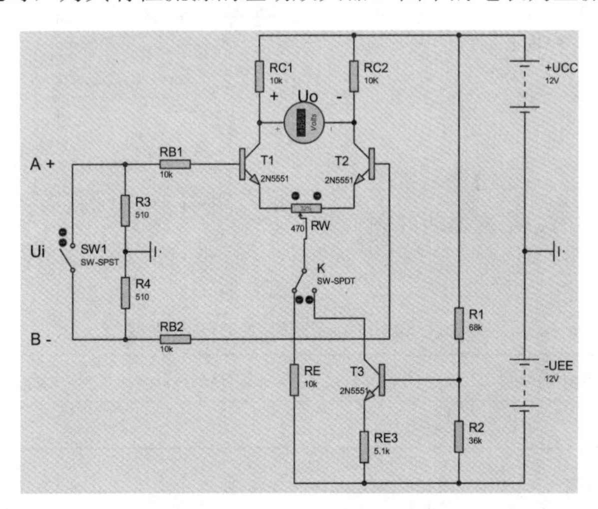

图 3-5　差动放大器实验电路图

Proteus 中电路元件清单如表 3-2 所示。

表 3-2　图 3-5 的 Proteus 元件清单

元 件 名 称	所 属 类	所 属 子 类
2N5551	Transistors	Bipolar
BATTERY	Miscellaneous	—
RES	Resistors	Generic
POT-HG	Resistors	Variable
SW-SPST	Switches & Relays	Switches

3. 实验设备与器件

- +12V 直流电源
- 函数信号发生器
- 双踪示波器
- 交流毫伏表
- 直流电压表
- 晶体三极管 3DG6×3 或 9011×3(2N5551)，要求 T1、T2 管特性参数一致
- 电阻器、电容器若干

4. 实验内容及步骤

(1) 测量静态工作点

- 电路调零

如图 3-5 所示，闭合开关 SW1(即交流输入端短接)，把开关 K 拨到左侧，这时电路中全部为直流电量。调节滑动变阻器 RW，使电压表的读数接近零为止，保持 RW 的触头位置不变。

- 测量静态工作点

如图 3-6 所示连接电路，将测得的数据及计算值填入表 3-3 中。注意基极和射极电位均为负值。

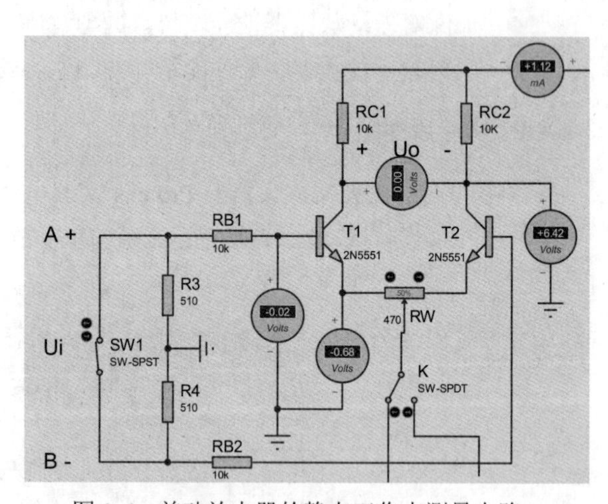

图 3-6　差动放大器的静态工作点测量电路

表 3-3　差动放大器静态工作点测量值

V_B(V)	V_E(V)	V_C(V)	I_C(mA)	V_{BE}(V)	V_{CE}(V)

(2) 动态参数的测量

● 单端输出时的差模电压放大倍数测量

打开 SW1，在差模输入端接一信号源，并联交流毫伏表，调节信号发生器，使差模信号的频率为 1kHz，调节信号源的幅值使交流毫伏表的读数约为 100mV(有效值)。在 T1 管的集电极接一交流伏特表，同时在 T1 管集电极接示波器，观察单端输出电压波形不失真为准。测量接线如图 3-7 所示。

先把开关 K 拨到左侧，测得 T1 管的集电极输出电压；再把开关 K 拨到右侧，测得 T1 管的集电极输出电压。可计算出射极分别接电阻和恒流源时的单端输出差模电压放大倍数。把测量值和计算值填入表 3-4 中。

再把开关 K 拨到右侧，所有接线不变，在输出电压不失真的情况下读出输出电压值，并填入表 3-4 中。

● 单端输出共模电压放大倍数

如图 3-8 所示，把 T1、T2 管的两输入端并联，即把开关 SW 合上，再接一频率为 1kHz、有效值为 1V 的共模输入信号。

先把开关 K 拨到左侧，测得 T1 管的集电极输出电压；再把开关 K 拨到右侧，测得 T1 管的集电极输出电压。

把以上测得的两个共模输出电压填入表 3-4 中。

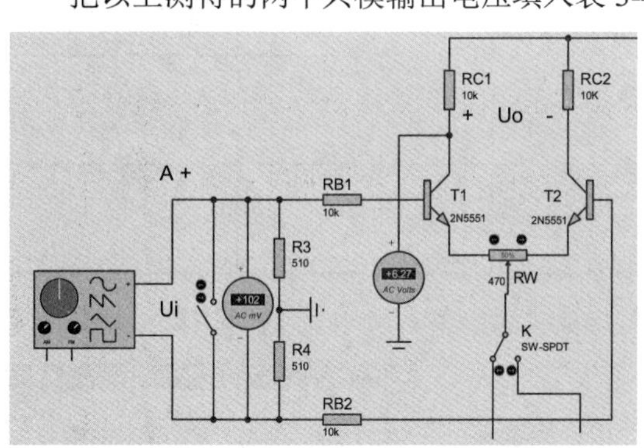

图 3-7 差动放大器的单端输出差模电压放大倍数测量电路

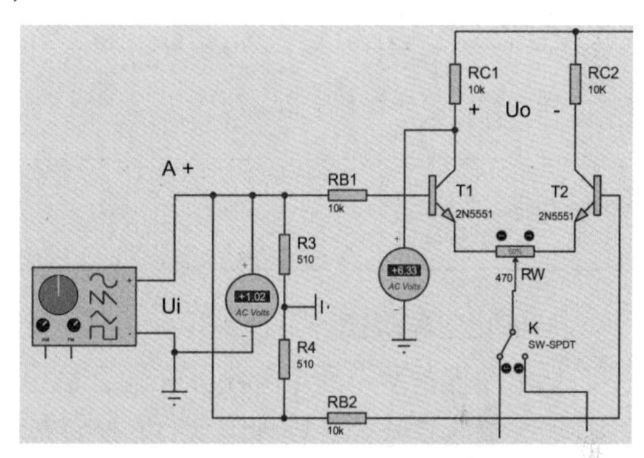

图 3-8 差动放大器的单端输出共模电压放大倍数测量电路

● 双端输出时差模电压放大倍数测量

按照前面介绍的差模输入信号的接法，先在输入端接 1kHz、有效值约为 100mV 的差模输入信号，在 T1 和 T2 管的集电极之间接一交流电压表，如图 3-9 所示。

把开关 K 拨到左边读输出电压表读数，填入表 3-4 中相应位置；再把开关 K 拨到右边读出输出电压值，并填入表 3-4 中相应位置。Proteus 中双端输出时的差模输出电压测量读数如图 3-9(a)所示。可算出双端输出时的差模电压放大倍数。

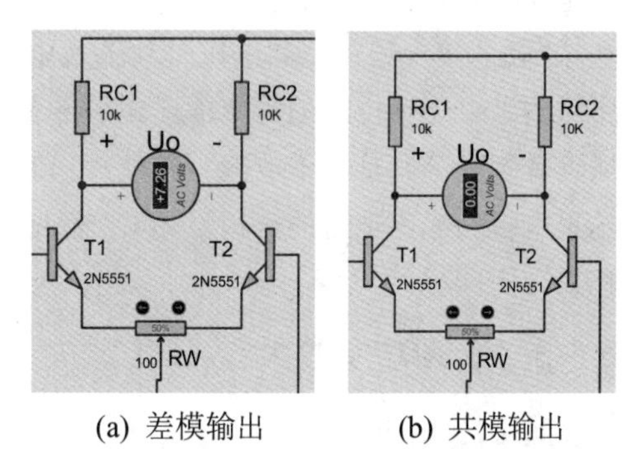

(a) 差模输出 (b) 共模输出

图 3-9 差动放大器的双端输出测量电路

● 双端输出时共模电压放大倍数测量

按照前面介绍的共模输入信号的接法，先在输入端接 1kHz、有效值为 1V 的共模输入信号，在 T1 和 T2 管的集电极之间接一交流电压表，把开关 K 拨到左边读输出电压表读数，填入表 3-4 中相应位置；再把开关 K 拨到右边读出输出电压值，并填入表 3-4 中相应位置。Proteus 中双端输出时的共模输出电压测量读数如图 3-9(b)所示。可算出双端输出时的共模电压放大倍数。

表 3-4　差动放大器动态参数的测量

	典型差动放大电路		具有恒流源的差动放大电路	
	差模输入信号	共模输入信号	差模输入信号	共模输入信号
U_i	100mV	1V	100mV	1V
U_{c1}(V)				
U_{c2}(V)				
$A_{d1}=\frac{U_{c1}}{U_i}$		/		/
$A_d=\frac{U_O}{U_i}$		/		/
$A_{c1}=\frac{U_{c1}}{U_i}$	/		/	
$A_c=\frac{U_o}{U_i}$	/		/	
$\text{CMRR}=\left\lvert\frac{A_{o1}}{A_{c1}}\right\rvert$				

(3) 输出波形观察

把示波器的两个通道分别接在输入输出端。在差模输入时，如果输入信号的正极性端接 T1 管的基极，由于共射电路的倒相性，单端输出时，从 T1 管的集电极对地的输出电压是和输入差模信号倒相的。相反，对于同样的输入信号，从 T2 管的集电极输出的电压是和输入电压同相的。图 3-10 所示的是单端输出时的两个输出电压及差模输入电压波形，请读者判断分别是哪个波形。双端输出时，如果选择 T1 管的集电极为输出电压的正极性端，则输出电压与输入电压反相，否则同相。

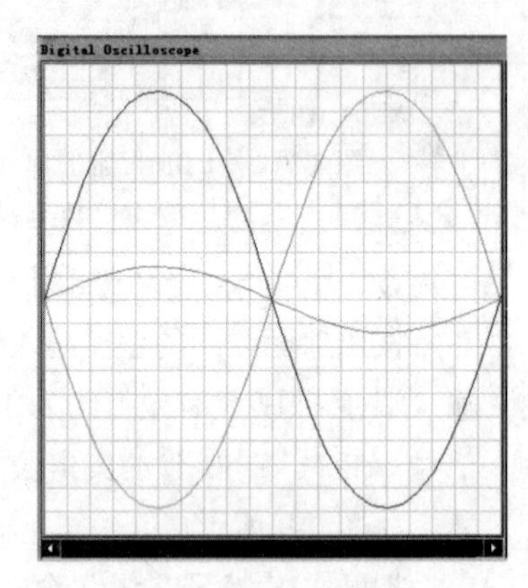

图 3-10　单端输出时的电压波形

3.1.3　低频功率放大器(OTL)

1. 实验目的

● 进一步理解 OTL 功率放大器的工作原理。

● 学会 OTL 电路的调试及主要性能指标的测试方法。

2. 实验原理图

这里要讨论的低频功率放大器是一个 OTL(无输出变压器)电路，5V 单直流电源供电，输出端接 1000μF 的大电容，通过充放电，作负电源使用，原理上和 OCL 电路还是一样的。Proteus 实验原理图如图 3-11 所示。本实验主要调试和观察交越失真波形、测量最大不失真输出电压及计算最大输出效率。

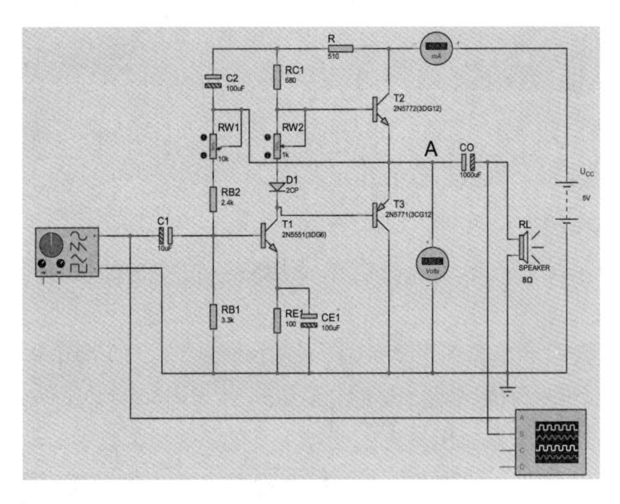

图 3-11　OTL 功率放大器实验接线图

Proteus 中电路元件清单如表 3-5 所示。

表 3-5　图 3-11 的 Proteus 元件清单

元 件 名 称	所　属　类	所 属 子 类
2N5551	Transistors	Bipolar
2N5771	Transistors	Bipolar
2N5772	Transistors	Bipolar
CAP-ELEC	Capacitors	Generic
RES	Resistors	Generic
POT-HG	Resistors	Variable
DIODE	DIODES	Generic
BATTERY	Miscellaneous	—
SPEAKER	Speakers & Sounders	—

3. 实验设备与器件

- +5V 直流电源
- 函数信号发生器
- 双踪示波器
- 交流毫伏表

- 直流电压表
- 交流毫安表
- 晶体三极管 3DG6×1 或 9011×1(2N5551)，3DG12×1 或 9013×1(2N5771)，3CG12×1 或 9012×1(2N5772)，晶体二极管 2CP×1，8Ω 喇叭×1，电阻器、电容器若干

4. 实验内容及步骤

(1) 静态工作点的测试

Proteus 中静态工作点测试电路及仪表接法如图 3-12 所示。

图中扬声器内阻设置为 8Ω，电源中串入直流毫安表，电位器 RW2 置最小值，RW1 置其中间位置。接通+5V 直流电源，观察毫安表指示。

- 调节输出中点电位 U_A

调节电位器 RW1，用直流电压表测量 A 点电位，使 $U_A=U_{CC}/2$，即 2.5V。

- 观察交越失真波形

调节 RW2 使毫安表的读数在 5～10mA 之间。这时，T2、T3 两个管子的 V_{CE} 均为 2.5V，电容 C0 通过直流电源、T2 和扬声器负载充电至 2.5V。

RW2 和 D1 是专门用来消除输出波形的交越失真的。如图 3-12 所示，分别在输入端和输出端接交流信号发生器和示波器。信号发生器的频率设为 1kHz，调节其幅值，观察示波器上的波形，使其不出现上下顶失真。调节 RW2 使 T2 与 T3 两基极间电压减小，从而在输出波形中出现交越失真，如图 3-13 所示。

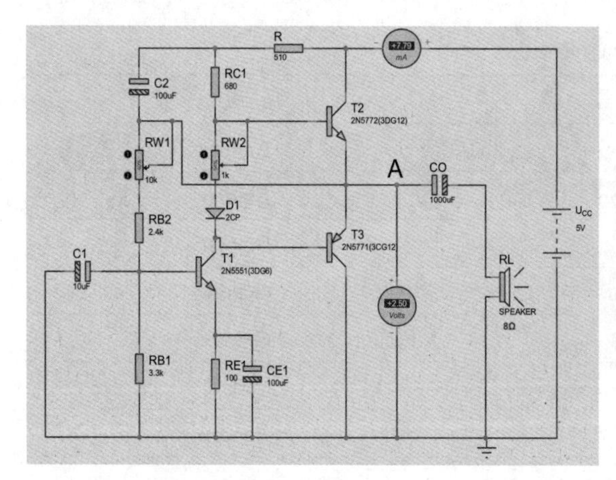

图 3-12 OTL 功率放大器静态工作点测试图

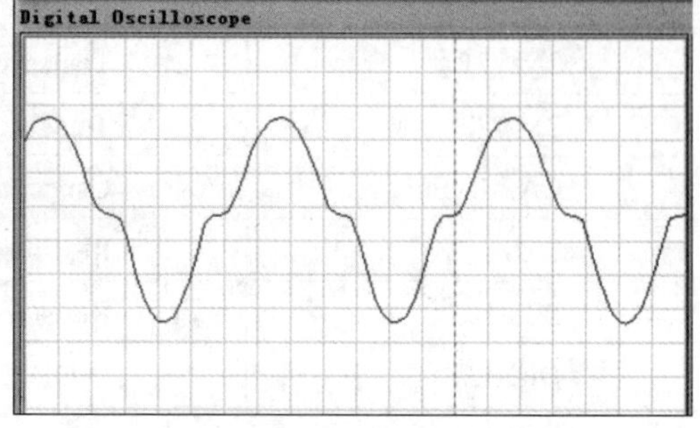

图 3-13 输出波形的交越失真现象

观察了交越失真之后，继续调节滑动变阻器 RW2，使其值变大，直至交越失真消失为止。然后加大输入信号的幅值，使输出波形上下顶出现失真，再调节 RW1，使失真对称，减小输入信号幅值，观察失真是否真的对称，这样反复调节 RW1 和减小输入信号幅值，直到输出波形上下顶的波形失真刚刚同时消失为止。这时的静态工作点是最合适的。

去掉交流信号源，保持电路电位器不变。重新按图 3-12 所示接线，即把输入端短路，测量各级静态工作点，并填入表 3-6 中。($I_{C2}=I_{C3}=$____mA, U_A=2.5V)

表 3-6　OTL 功率放大器静态工作点的测量

电　压　值	T1	T2	T3
U_B(V)			
U_C(V)			
U_E(V)			

(2) 最大输出功率 P_{om} 和效率 η 的测试

- 测量最大输出功率 P_{om}

在图 3-11 中，输入端重新接入 f=1kHz 的交流信号 U_i，输出端用示波器观察波形。逐渐增大 U_i，使输出电压达到最大不失真输出，用交流毫伏表测出扬声器(R_L)上的电压 U_{om}，则可计算出电路最大输出功率

$$P_{om} = \frac{U_O^2}{R_L}$$

- 测量输出效率 η

当输出电压为最大不失真时，读出直流毫安表中的电流值，此电流即为直流电源供给的平均电流 I_{dc}(有一定误差)，由此可近似求得 $P_E=U_{cc} \cdot I_{dc}$，再根据上面测得的 P_{om} 即可求得 $\eta = \frac{P_{om}}{P_E} \times 100\%$。

(3) 试听

在输出端接 8Ω 的扬声器，在输入端接信号发生器，保持信号幅度不变，运行仿真，连续改变信号的频率，听喇叭音调的改变。

3.1.4　比例运算放大器

1. 实验目的

- 加深理解反相与同相比例运算放大器输出电压与输入电压之间的关系。
- 验证比例运放电路的运算关系。

2. 实验原理图

反相比例和同相比例的 Proteus 实验原理图分别如图 3-14 和图 3-15 所示。元件清单如表 3-7 所示。

表 3-7　图 3-14 的 Proteus 元件清单

元 件 名 称	所　属　类	所 属 子 类
LM324	Operational amplifiers	Quad
RES	Resistors	Generic
POT-HG	Resistors	Variable
BATTERY	Miscellaneous	—

反相比例运放输出电压与输入电压的关系为$V_O = -\frac{R_f}{R_1}V_i$，同相比例运放输出电压与输入电压的关系为$V_O = (1+\frac{R_f}{R_1})V_i$。

3. 实验设备与器件

- −18～+18V 直流电源
- 函数信号发生器
- 双踪示波器
- 交流毫伏表
- 万用表
- 运算放大器 LM324×1、电阻、电位器和导线若干

4. 实验内容及步骤

(1) 反相比例运算放大器

连接如图 3-14 所示的电路，使信号发生器调出 100mV～1500mV、1kHz 的正弦波信号加在输入端 V_i，用示波器同时观察输入电压 V_i 和输出电压 V_O 波形，并用交流毫伏表测量输出电压 V_O，计算 V_O/V_i，填入表 3-8 中。

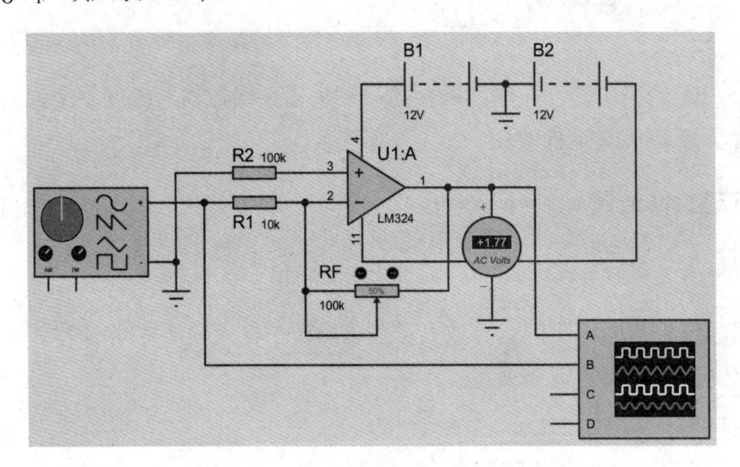

图 3-14　Proteus 中反相比例实验接线图

表 3-8　反相比例运放参数的测量

V_i(mV)	100	200	500	700	1000	1500
V_O(mV)						
A_v (V_O/ V_i)						
波形						

适当调节输入信号幅度，使示波器输入信号和输出信号的 Y 轴增益刻度值保持一致。测得的输入与输出波形反相，电压放大倍数为 5。

(2) 同相比例运算放大器

连接如图 3-15 所示的电路，使信号发生器调出 100mV～1500mV、1kHz 的正弦波信号加在输入端 V_i，用示波器同时观察输入电压 V_i 和输出电压 V_O 的波形，并用交流毫伏表测量输出电压 V_O，计算 V_O/V_i，填入表 3-9 中。

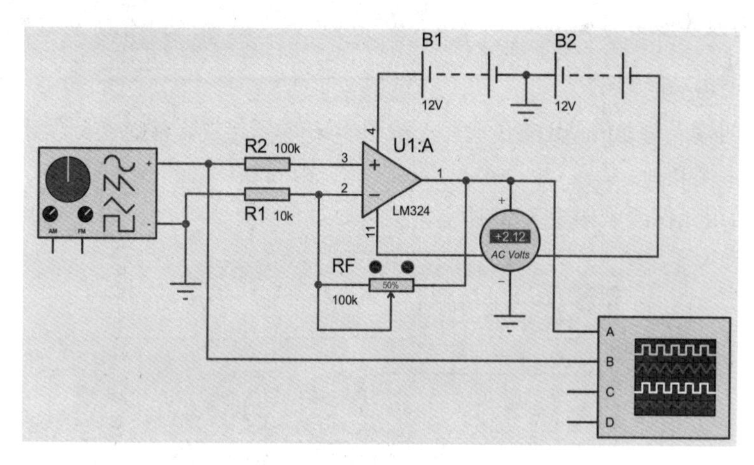

图 3-15　Proteus 中同相比例实验接线图

表 3-9　同相比例运放参数的测量

V_i(mV)	100	200	500	700	1000	1500
V_O(mV)						
A_v (V_O/ V_i)						
波形						

适当调节输入信号幅度，使示波器输入信号和输出信号的 Y 轴增益刻度值保持一致，测得的输入与输出波形同相，电压放大倍数为 6。

3.2 数字电子技术实验

3.2.1 门电路逻辑功能及测试

1. 实验目的

- 熟悉门电路逻辑功能。
- 熟悉数字电路实验台的使用方法。

2. 实验器件

- 74LS00(二输入四与非门) 2 片
- 74LS20(四输入双与非门) 1 片
- 74LS86(二输入四异或门) 1 片
- 74LS04(六反相器) 1 片

3. 实验内容及步骤

(1) 与非门逻辑功能测试

- 选用双四输入与非门 74LS20 一片，按图 3-16 所示接线，注意实际使用时集成芯片一定要接电源和地。

Proteus 中所用元件清单如表 3-10 所示。

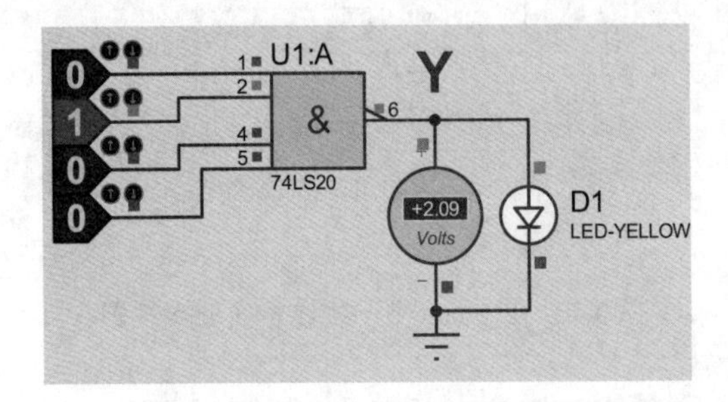

图 3-16 Proteus 中 74LS20 功能测试

表 3-10 图 3-16 Proteus 元件清单

元件名称	所在大类	所在子类	数量	备注
74LS20	74LS series	Gates & Inverters	1	四入二与非门
LOGICSTATE	Debugging Tools	-	4	输入逻辑电平
LED	Optoelectronics	LEDs	1	输出显示

- 将输入端按表 3-11 置位，分别测输出电压和对应的逻辑状态。

表 3-11 测试真值表

输入				输出	
1	2	4	5	6(Y)	电压(V)
H	H	H	H		
L	H	H	H		
L	L	H	H		
L	L	L	H		
L	L	L	L		

(2) 异或门逻辑功能测试

- 在 Proteus 中直接调用元件 74LS86(二输入四异或门电路)，按图 3-17 所示接线，输入端 1、2、4、5 接逻辑电平输入，输出 A、B、Y 接发光二极管。

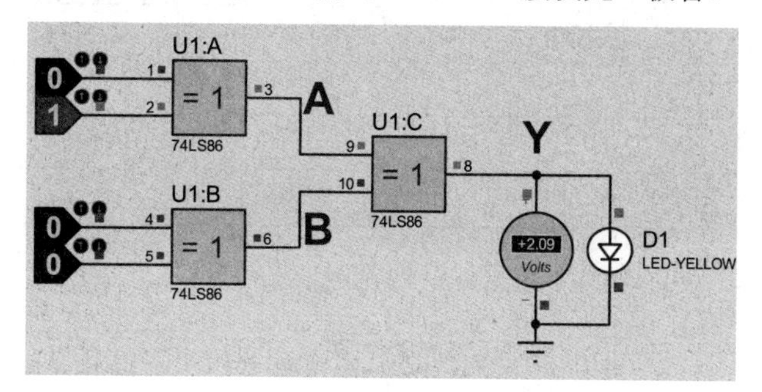

图 3-17　Proteus 中 74LS86 功能测试

- 将输入电平按表 3-12 置位，将结果填入表中。

表 3-12　测试真值表

输　入				输　出			
1	2	4	5	A	B	Y	电压(V)
L	L	L	L				
H	L	L	L				
H	H	L	L				
H	H	H	L				
H	H	H	H				
L	H	L	H				

(3) 逻辑电路的逻辑关系确定

- 用 74LS00 按图 3-18 所示接线，通过测试，将输入输出逻辑关系填入表 3-13 中。

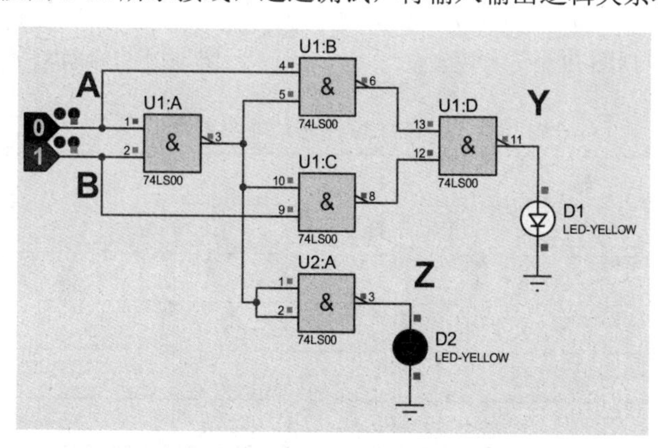

图 3-18　Proteus 中 74LS00 构成的逻辑电路功能测试

图中用了两片 74LS00 二输入四与非门，其中 U2 用作反相器，可以把两个输入端短接；也可以一个接高平，另外一个当输入端使用。

表 3-13 逻辑关系测试真值表

输入		输出	
A	B	Y	Z
L	L		
L	H		
H	L		
H	H		

3.2.2 译码器和数据选择器

1. 实验目的

- 熟悉集成译码器和数据选择器。
- 了解集成译码器和数据选择器的使用方法。

2. 实验器件

- 74LS139(二线—四线译码器) 1 片
- 74LS153(双四选一数据选择器) 1 片

3. 实验内容及步骤

(1) 译码器逻辑功能测试

将 74LS139 译码器按图 3-19 接线(注意实际芯片 9 端应接地，16 端接电源)。按表 3-14 中的输入逻辑电平分别测试，将对应的输出状态填入表中。

(2) 译码器扩展

请读者将双二线—四线译码器扩展为三线—八线译码器，在 Proteus 中画图并测试其功能。

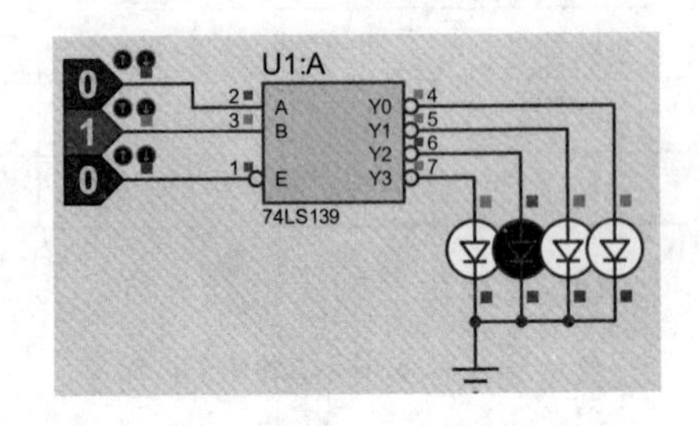

图 3-19 Proteus 中 74LS139 逻辑功能测试

表 3-14 74LS139 逻辑功能测试真值表

输入			输出
使能	选择		
$\overline{E}$	B	A	$\overline{Y0}$ $\overline{Y1}$ $\overline{Y2}$ $\overline{Y3}$
H	X	X	
L	L	L	
L	L	H	
L	H	L	
L	H	H	

(3) 数据选择器的测试及应用

- 将双四选一数据选择器 74LS153 按图 3-20 所示接线，测试其逻辑功能。设输入 3、4、5、6 端分别为 D3、D2、D1、D0，输出 7 端为 Y。

图 3-20 中没有显示电源和地端的接线，其中 8 端为地，16 端为电源。先使使能端 $\overline{EN}$ 为高电平，按图接入逻辑电平，观察输出发光二极管是否亮；再让 $\overline{EN}$ 端为低电平，按照表 3-15 来测试 74LS153 的逻辑功能并填表。

表 3-15　74LS153 的逻辑功能测试真值表

输　入							输　出
使　能	选　择		数　据				
$\overline{EN}$	1	0	D0	D1	D2	D3	Y
H	1	1	0	0	0	1	
L	L	L	H	L	L	L	
L	L	H	L	H	L	L	
L	H	L	L	L	H	L	
L	H	H	L	L	L	H	

- 从脉冲信号源中调出数字脉冲信号，使频率设置不同，接到数据选择器任意两个数据输入端，分别设置相应的选择端信号，在输出端用示波器观察输出信号是否与被选择的数据输入通道信号一致。

Proteus 中的实验仿真图如图 3-21 所示。其中 D1 设置为 1kHz 的 DCLOCK 信号源，D3 设置为 500Hz 的 DCLOCK 信号源。

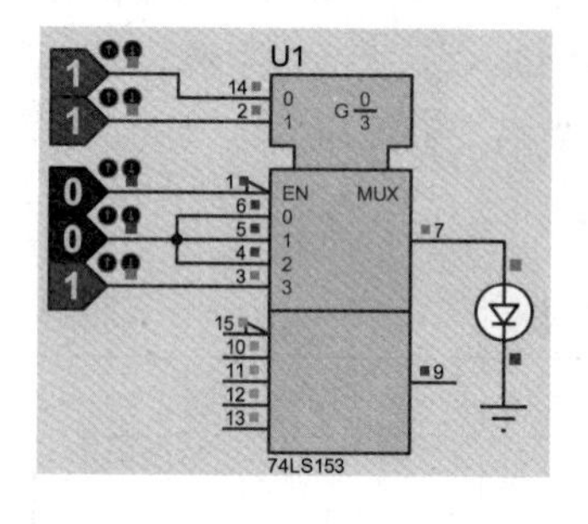

图 3-20　Proteus 中 74LS153 逻辑功能测试

图 3-21　Proteus 中 74LS153 应用电路

- 分析上述实验结果，总结数据选择器的作用。

3.2.3　移位寄存器的功能测试

1. 实验目的

- 掌握移位寄存器的工作原理及电路组成。
- 测试集成芯片四位双向移位寄存器 74LS194 的逻辑功能。

2. 实验器件

- 74LS74(六 D 触发器) 2 片
- 74LS194 1 片

3. 实验内容及步骤

(1) 由 D 触发器构成的单向移位寄存器

- 右向移位寄存器，按图 3-22 所示接线。

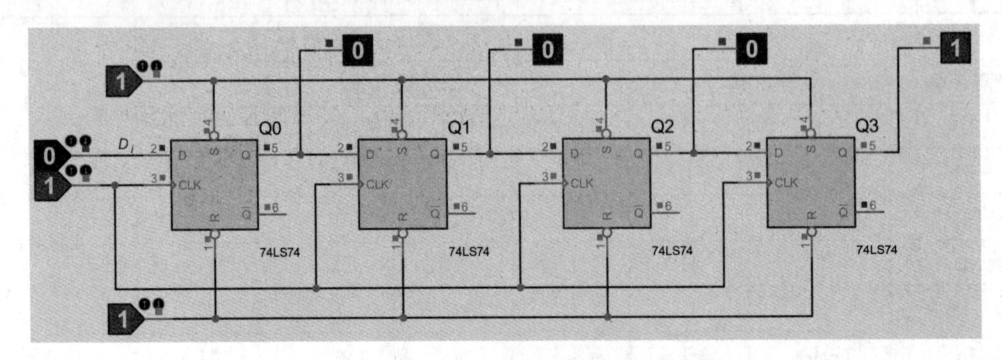

图 3-22　Proteus 中 D 触发器构成的右移寄存器

把 LOGICPROBE 逻辑电平指示接在各触发器的 Q 端。

CLK 接单脉冲，$\overline{S}$、$\overline{R}$、D 端接相应电平，用同步清零法或异步清零法清零。清零后应将 $\overline{S}$ 和 $\overline{R}$ 置高电平。将 D_i 置高电平并输入一个时钟脉冲，然后将 D_i 置低电平，再输入 3 个时钟脉冲，此时已把 1000 串行送入寄存器，并完成数码 1 的右移过程。每输入一个时钟脉冲，同时观察 Q0～Q3 的状态显示，并将结果填入表 3-16 中。

在 Proteus 仿真中，用逻辑状态来代替单脉冲。先把四个 D 触发器的异步端都接高电平，移位寄存器的数据输入端 D 设为 1，运行仿真；单击时钟 CLK 上所接的逻辑状态，使 0 变为 1(即来一个上升沿)，看到 Q0 输出为 1，其他输出为 0；然后把输入端 D_i 设为 0，双击时钟上逻辑状态三次，即出现如图 3-22 所示的结果。

表 3-16　右移寄存器功能表

CLK	D_i	Q0	Q1	Q2	Q3
0	0	0	0	0	0
1	1				
2	0				
3	0				
4	0				

- 左向移位寄存器。

按照右向移位寄存器的工作原理，请读者自行设计左向移位寄存器的 Proteus 电路并连线实验，将结果填入自拟定的表中。

(2) 测试 74LS194 的逻辑功能

74LS194 为双向四位移位寄存器，有四种工作状态。

● 按图 3-23 所示接线，测试其逻辑功能。

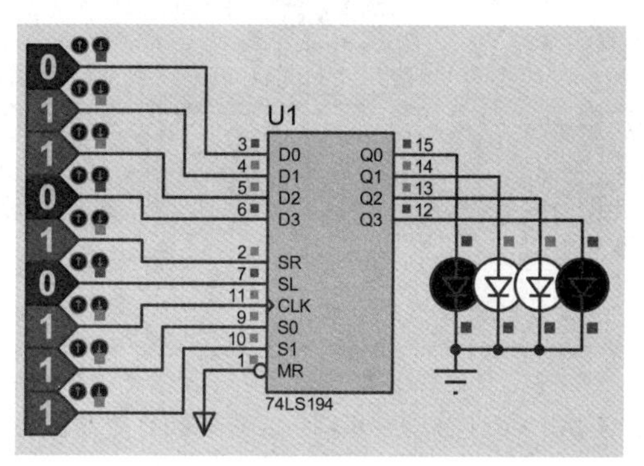

图 3-23　Proteus 中 74LS194 的逻辑功能测试

运行 Proteus 仿真，根据工作方式 S1S0 的不同取值，先使 CLK 为 0，然后单击 CLK 的逻辑状态输入，使其产生一个上升沿，观察输出指示是否和预想的效果一致。

S1S0=00 时，其他输入端可以为任意值，给时钟一个上升沿，观察输出 Q0~Q3 的变化。

S1S0=01 时，令 SR=1，SL=0，给时钟四个上升沿，观察输出 Q0~Q3 的变化。

S1S0=10 时，检查使 SR=0，SL=1，给时钟四个上升沿，观察输出 Q0~Q3 的变化。

S1S0=11 时，使 D0 D1 D2 D3=0110，给时钟一个上升沿，观察输出 Q0~Q3 的变化。

● 根据上述实验，自己拟定表格，填写 74LS194 的逻辑功能表。

(3) 设计一个由两片 74LS194 组成的八位双向移位寄存器，在 Proteus 中画出原理图，并进行仿真，测试其逻辑功能。

3.2.4　时序电路

1. 实验目的

- 掌握常用时序电路分析、设计及测试方法。
- 训练学生独立组织实施实验的技能。

2. 实验器件

- 74LS73(双 J-K 触发器)　　2 片
- 74LS174(六 D 触发器)　　1 片
- 74LS00(二输入四与非门)　1 片

3. 实验内容及步骤

(1) 异步二进制计数器

- 按图 3-24 所示接线，注意 J、K 端一定要接高电平，不要悬空。Proteus 中元件清单如表 3-17 所示。

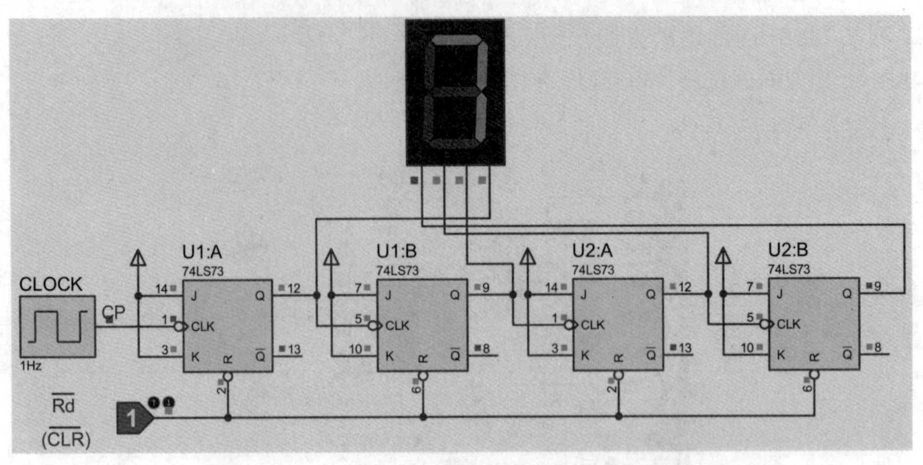

图 3-24　Proteus 中异步四位二进制加计数器仿真图

表 3-17　图 3-24 Proteus 元件清章

元件名称	所在大类	所在子类	数　量	备　注
74LS73	74LS series	Flip-Flops & Latches	2	双 J-K 触发器
LOGICSTATE	Debugging Tools	-	1	输入逻辑电平
7SEG-BCD	Optoelectronics	7-Segment Displays	1	七段带译码显示
CLOCK	Simulator Primitives	Sources	1	时钟

- 由 CP 端输入单脉冲，测试并记录 Q0～Q3 端状态及波形。
- 由 CP 端输入连续脉冲(1Hz)，输出接数码显示，观察计数值的变化。
- 试将此异步二进制加法计数器改接为减法计数器，重复以上两步骤，并做好实验记录。

(2) 异步十进制加法计数器

- 按图 3-25 所示接线，CP 端接连续脉冲，观察计数值的变化。

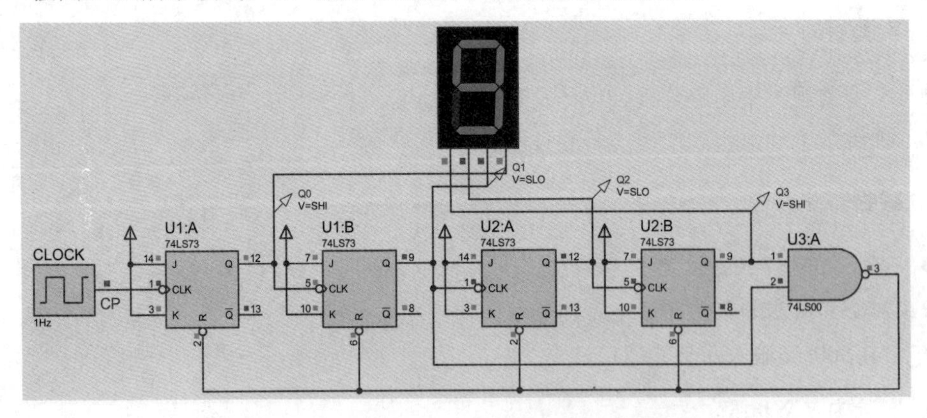

图 3-25　Proteus 中异步十进制加计数器仿真图

- 画出输出波形。

在 Proteus 中利用图表仿真功能可以自动生成输出波形。

单击左边工具箱内的图表类型按钮，在对象选择区“GRAPHS”中选“DIGITAL”(数字波形)项，然后在图形编辑区单击鼠标左键拖出一个图表分析框，再次单击左键确认。

双击图表框空白区，出现其属性修改对话框，把横轴的长度改为 10(默认为秒)。因为本题时钟周期为 1 秒，这样可出现 10 个周期。

在希望产生波形的电路中各点加上电压探针。选中工具箱中的电压探针，分别把它接在四个 JK 触发器的输出端 Q，并分别命名为 Q0、Q1、Q2、Q3(图 3-25 中自左到右)。双击探针名称，然后把它们分别拖入图表分析框。

按“Space”空格键即生成相应的波形，如图 3-26 所示。

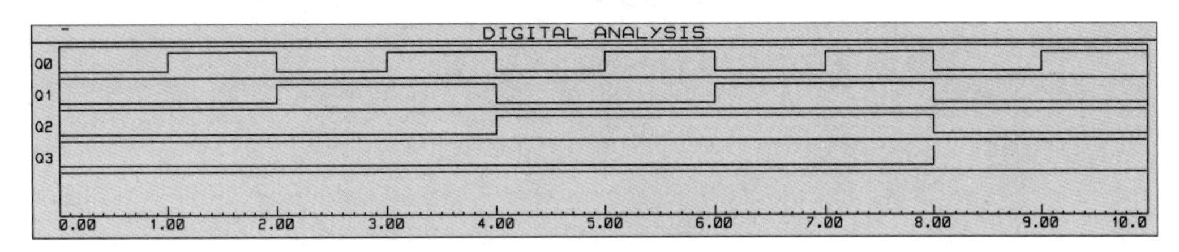

图 3-26　Proteus 中异步十进制加计数器的图表仿真

- 把图 3-25 改成异步十进制减法计数器，在 Proteus 中仿真并生成波形图。

3.2.5　集成计数器

1. 实验目的

- 熟悉集成计数器逻辑功能和各控制端的作用。
- 掌握计数器使用方法。

2. 实验器件

- 74LS90(二、五、十进制计数器)　2 片
- 74LS00(二输入四与非门)　　　1 片

3. 实验内容及步骤

(1) 74LS90 的功能测试

74LS90 是二、五、十进制异步计数器，逻辑图如图 3-27 所示。

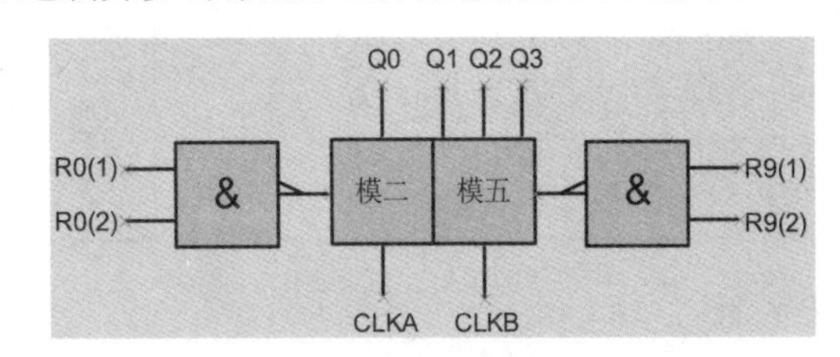

图 3-27　74LS90 简化逻辑图

74LS90 具有以下功能。

- 直接清零，R0(1)和 R0(2)同时为高电平；直接置 9，R9(1)和 R9(2)同时为高电平。

- 一位二进制计数器，只使用模二模块，即 CLKA 作外部时钟，Q0 为输出。
- 五进制计数器，只使用模五模块，即 CLKB 作外部时钟，Q3、Q2、Q1 为输出。
- 十进制计数器，把模二和模五模块通过 CLKB 和 Q0 连接起来，CLKA 作外部时钟，Q3、Q2、Q1、Q0 为输出。
- 74LS90 作为十进制计数器时有两种接法，如图 3-28 所示。

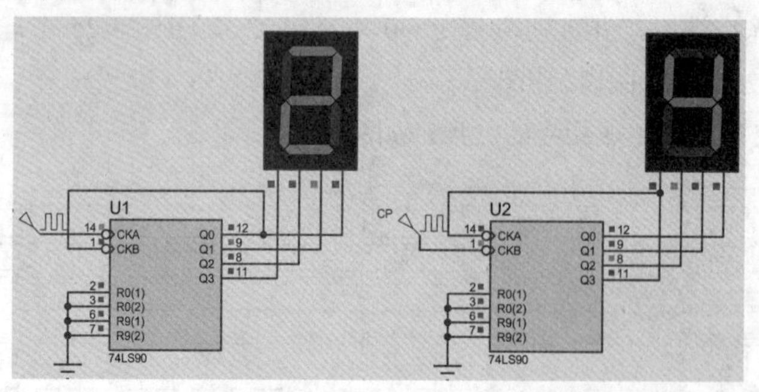

图 3-28　74LS90 构成的两种十进制计数器接线图

图 3-28 中，左图是十进制计数，计数值为 0～9；右图又叫双五进制计数器，计数先是 0、2、4、6、8，再为 1、3、5、7、9。请读者在 Proteus 中仿真并分析原因。

在 Proteus 中取元件 74LS90 和 LOGICSTATE，分别把 LOGICSTATE 接在 2、3、6、7 端，按表 3-18 所示测试其清零和置 9 功能，注意观察 Q0~Q3 管脚着色的变化。

表 3-18　74LS90 逻辑功能测试表

R0(1) R0(2)	R9(1) R9(2)	Q3 Q2 Q1 Q0
H H	L X	
H H	X L	
L X	H H	
X L	H H	
X L	X L	
L X	L X	
L X	X L	
X L	L X	

(2) 任意进制计数器设计

- 用一片 74LS90 和一片 74LS00 设计一个任意进制计数器(6、7、8、9)，并接线验证。可以用清零法或置 9 法。图 3-29 是一个用清零法和置 9 法在 Proteus 中设计的六进制计数器，请读者模仿并设计自己的计数器。

● 用两片 74LS90 和一片 74LS00 设计一个四十五进制计数器，并接线验证。

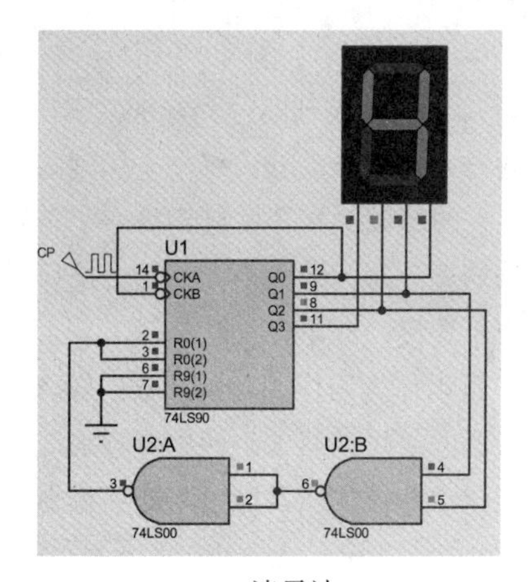

(a) 清零法

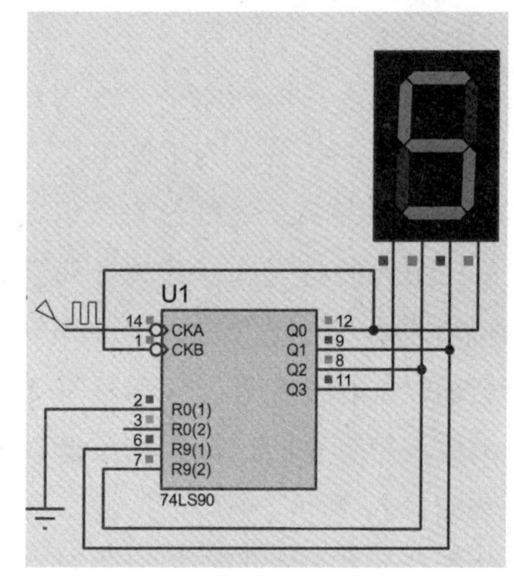

(b) 置 9 法

图 3-29　Proteus 中 74LS90 设计的六进制计数器

图 3-30 是在 Proteus 中用清零法设计的五十四进制计数器原理图，采用异步连接，请读者分析并设计四十五进制或其他进制(11～99)计数器。

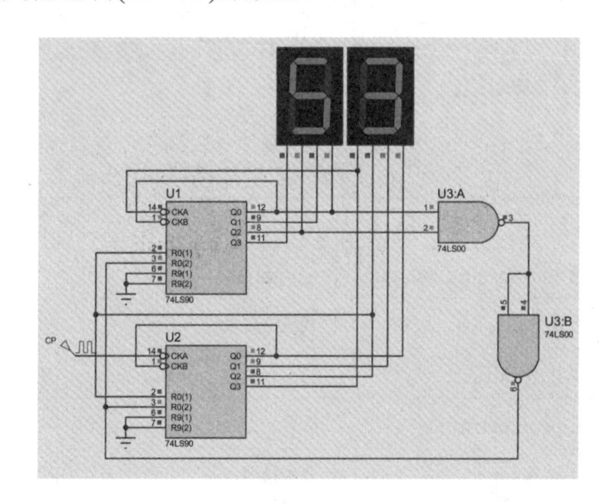

图 3-30　Proteus 中用 74LS90 设计的 54 进制计数器

3.2.6　投票表决电路设计与仿真

1. 实验目的

● 掌握加法器和显示译码器的使用。

● 掌握 Proteus 层次原理图的设计。

2. 实验任务

在 Proteus 中设计一个有六人参与的投标表决电路：每人手持一个开关，可以选择“Yes”、“No”和“弃权”，电路能自动统计并显示选择“Yes”和“No”的人数。

3. 实验步骤

(1) 设计分析

每人一个三位开关，共六个。因为开关为布尔量，不能输入到四位并行加法器(有权值)，只能进一位二进制加法器。为了使用尽可能少的加法器，选用全加器，每个全加器的 A、B 及 CI 都可作为独立的输入，之间没有权值关系。把前三人的赞同选择开关接到第一个全加器的输入端，把后三个人的赞同选择开关接到第二个全加器的输入端；把六个人的反对选择开关分别接到第三和第四个全加器的输入端；弃权开关什么也不连接，即不作加法计算。

每个全加器的输出 S 和 CO 都具有 2^1 权值关系，可以作为四位并行加法器的输入。前两个全加器的结果进第一个四位并行加法器，后两个全加器的结果进第二个四位并行加法器。四位并行加法器的输入高两位不用，接地，即为 0，故第一个并行加法器加出来的结果为赞同票，第二个并行加法器加出来的结果为反对票。

两个四位并行加法器的输出分别接 74LS47，即低电平有效的 BCD 到七段显示译码器，显示译码器的输入端高位 D 接地。因为无论赞成或反对票都不会超过 6，故显示译码输入最大为 0110。

(2) 电路设计

在 Proteus 中画出电路原理图。全加器的输入端为了得到可靠的电平，必须在每个开关两端接适当的电阻值，并接电源和地。接地电阻为 10kΩ，共 12 个；接电源电阻为 500Ω，只有一个。Proteus 中元件清单如表 3-19 所示。

表 3-19　Proteus 中元件清单

元 件 名 称	所 在 大 类	所 在 子 类	数 量	备 注
SW-ROT-3	Switches and relays	Switches	6	三位开关
74LS283	74LS Series	Adders	2	四位并行加法器
74LS47	74LS Series	Decoders & Encoders	2	显示译码器
7SEG-COM-ANODE	Optoelectronics	7-Segment Displays	2	共阳极数码显示
74LS138	74LS Series	Adders	4	全加器
RES	Resistors	Generic	13	电阻 500Ω,1kΩ

(3) 层次原理图设计

在 Proteus 中发现全加器 74LS138 没有仿真模型。为此，利用层次原理图的设计方法，设计一个全加器 74LS138′。

在 Proteus 中单击子电路模式图标 Subcircuit Mode，在图形编辑区拖出一个大小合适的矩形，并命名。在对象选择器中选择“INPUT”，并在矩形框的左边框线上单击三次，生成三个输入端；然后在对象选择器中选择“OUTPUT”，并在矩形框的右边单击两次，生成两个输出端；分别双击这些端子，对其进行命名，生成全加器的父电路，如图 3-31 所示。

右键单击图 3-31 中全加器的矩形空白区，出现右键菜单，选择“Goto Child Sheet”选项，即转到全加器的子电路，此时自动打开一个新的绘图画面，按图 3-32 所示画好全加器的子电路，使输入与输出的引脚名与父电路保持完全一致。

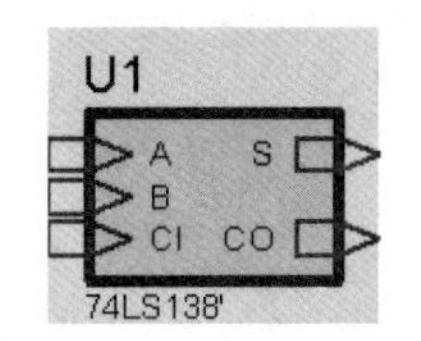

图 3-31　全加器的父电路

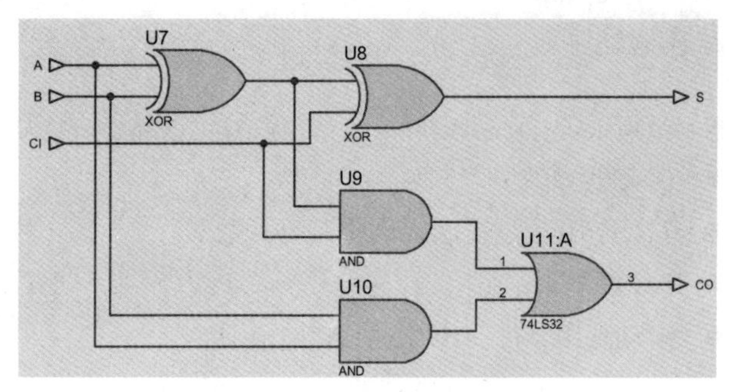

图 3-32　全加器的子电路

单击保存图标，不用另起名字。在图形的空白区单击右键，选择右键菜单中的“Exit Parent Sheet”选项，即返回到上层电路。

最后，把所有元件按以上分析连接成如图 3-33 所示的系统电路。要注意四个全加器的各子电路中的元件代号如 U7 等，应各不相同，且与上层电路中元件代号亦不相同。

图 3-33 中，左下电阻与电路的连接采用的是网络标号形式(R1～R12)，标有同一网络标号(Label)的两根线被视为连接在一起。

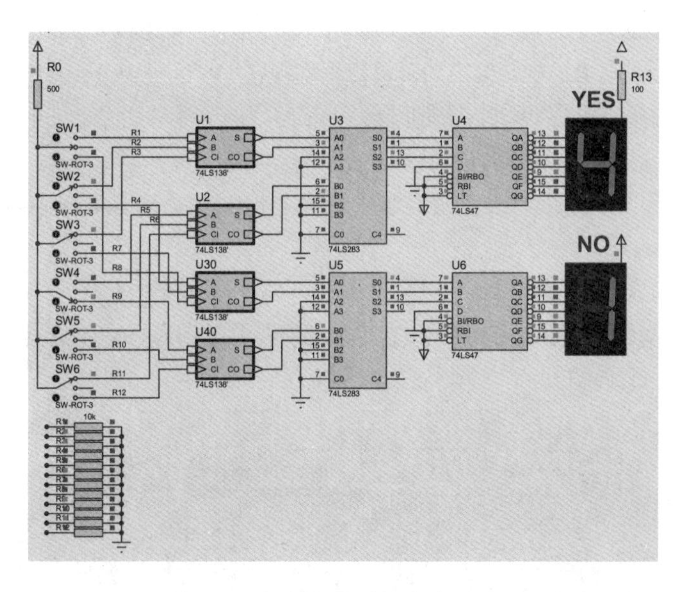

图 3-33　投票表决系统电路原理图

(4) 系统仿真

在 Proteus 中运行仿真，使第一个开关不动作，即选择“弃权”；第四个开关位于下方，即选择“No”；其他四个开关都位于上方，即选择“Yes”。仿真结果表明，系统显示的票数与选择开关一致。

3.2.7　ADC0808 和 DAC0832 的应用设计与仿真

1. 实验目的

熟练掌握 ADC0808 和 DAC0832 的使用方法。

2. 实验器件

- ADC0808(或 ADC0809)(八位模/数转换器)　　1 片
- DAC0832(数/模转换器)　　1 片
- 74LS161(十六进制或四位二进计数器)　　1 片
- LM324(四运放)　　1 片
- 滑动变阻器(1～10kΩ)及 200Ω 电阻　　各 1 个

3. 实验内容及步骤

(1) ADC0808 功能测试与仿真

在 Proteus 中完成对模数转换器 ADC0808 的功能测试，然后接线进行实际实验。

照图 3-34 所示连线(图中 ADC0808 元件做了左右、上下镜像处理)，把模拟输入通道 IN7 接 0~5V 的可调输入电压，并接直流电压表进行测量。通道选择地址 CBA 设为 111，与所接的模拟量通道保持对应。ALE 接高电平。

转换时钟设为 100 kHz，启动转换信号 START 用一个输入逻辑状态来手动产生一个上升沿，即把该输入电平从 0 变为 1 可启动一次 A/D 转换。转换结束后，EOC 为高电平。手动给数据锁存信号 OE 输入一个高电平，则转换成的八位数据出现在 OUT1～OUT8 输出端。要注意的是，这个八位二进制数的最高位为 OUT1，最低位为 OUT8。调节滑动变阻器使电压表的读数改变，重新启动 A/D 转换，发现输出数据有了新的改变。

把模拟量改接在 IN3 通道，改变通道地址 CBA 为 011，启动 A/D 转换器，观察数据转换过程和结果。

(2) DAC0832 的应用与仿真

按图 3-35 所示接线。图中用到两个直流电源，箭头所示为+5V 直流电压，DAC0832 的 VCC(BAT1)为+15V 直流电压。

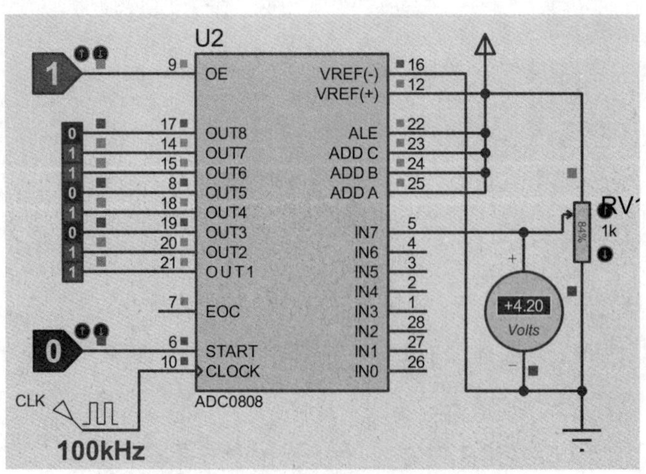

图 3-34　Proteus 中 ADC0808 功能测试仿真图

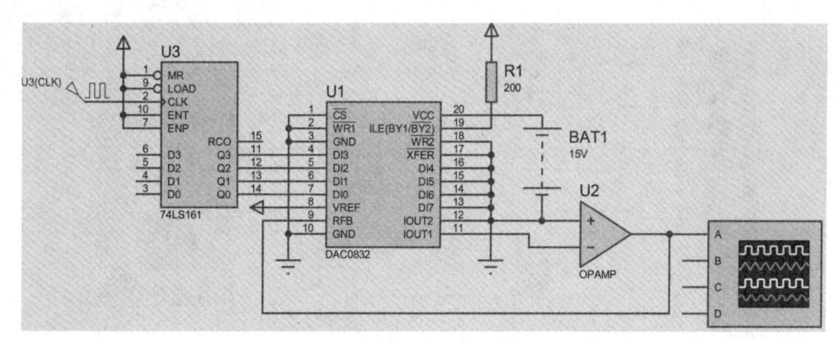

图 3-35　DAC0832 的应用电路

74LS161 计数器接 1kHz 时钟，输出 Q3～Q0 为 0000~1111 循环不止。该输出接至 DAC0832 的数据输入端低四位(或高四位)，注意按照高位接高位、低位接低位的顺序。DAC0832 的输出 IOUT1 和 IOUT2 接一个运算放大器，用示波器观察运放的输出电压波形。因为数/模转换器的输入数据从 00000000～00001111 循环变化，输出电压呈阶梯形并且循环出现。

Proteus 中输出电压波形如图 3-36 所示。

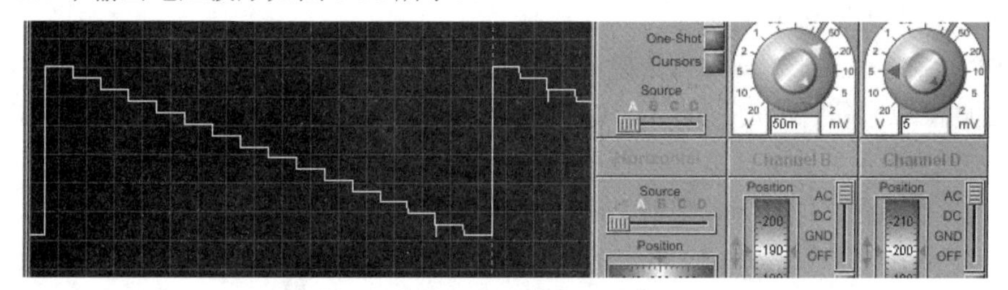

图 3-36　DAC0832 的应用电路仿真结果

3.2.8　显示译码器和数码管的应用设计与仿真

1. 实验目的

熟练掌握显示译码器和七段数码管的使用方法。

2. 实验器件

- 74LS47　　3 片
- 74LS48　　1 片
- 七段共阳极数码管　　3 个
- 七段四位位选共阴极数码管　　1 个

3. 实验内容及步骤

(1) 74LS47 的测灯功能

74LS47 是 BCD 码到七段显示译码器，输出低电平有效，必须接共阳极七段数码管。74LS47 有七个输入端和七个输出端。七个输出端分别接数码管的 a、b、c、d、e、f、g 段；七个输入端中 D、C、B、A 接四位 BCD 码，另外三个端即 3、4、5 端是功能端，低电平有效，平时不用时一般都接高电平，不能悬空。这几个输入端究竟有什么用呢？先在 Proteus 中来进行一个功能测试。照图 3-37 所示连接电路。

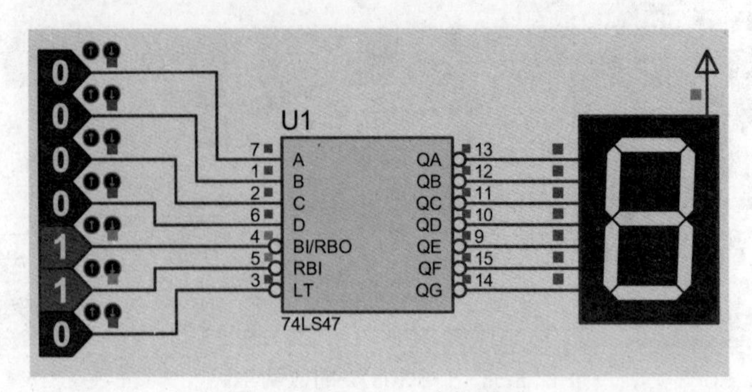

图 3-37　74LS47 功能测试

在 74LS47 的各输入端接 LOGICSTATE，先令 4、5 端为高电平，即让其引脚功能失效；令 3 端为低电平，发现此时数码管显示“8”。改变输入 BCD 码，则数码显示不改变。因此，3 端为测灯输入端 LT(light test)，因为数码管容易缺段，用这个端可以判断所接数码管哪个段已烧坏，为以后复杂电路功能测试和故障找寻带来方便。

(2) 74LS47 的灭零功能

74LS47 的 4、5 端是灭零输入和输出功能。即多个 74LS47 分别驱动数码管显示多位十进制数时(比如共三位，最高位为百位)，当百位上数为零，此时一定不能显示；再判断十位上数是否为零，如果十位上数也是零，亦不能显示；此时个位上是零可以显示。另外一种情况，当百位上不为零时，即使十位为零也必须显示。按照这个规律，设计一种应用电路如图 3-38 所示。

在图 3-38 中，百位显示译码器的灭零输入端 RBI 接地，灭零优先权最高，只要输入端的 BCD 码为零，输出端显示就灭掉；当输出端显示灭零后，在 RBO 端输出一个低电平信号，这个信号接到十位的灭零输入端 RBI 上，即十位的灭零优先权是建立在百位灭零的基础上的；个位不能灭零，故 RBI 端接高电平。

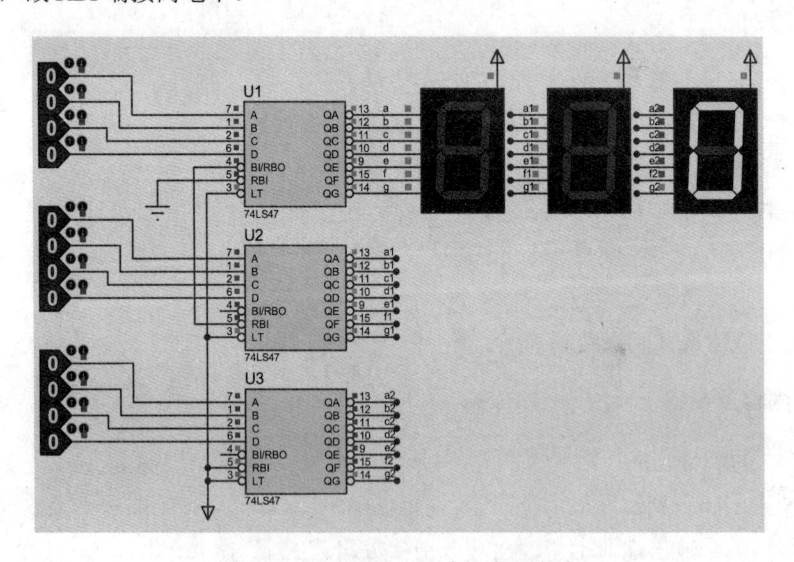

图 3-38　74LS47 灭零功能应用电路

仿真效果如图 3-39 和图 3-40 所示，电路接好后，灭不灭零是自动的。

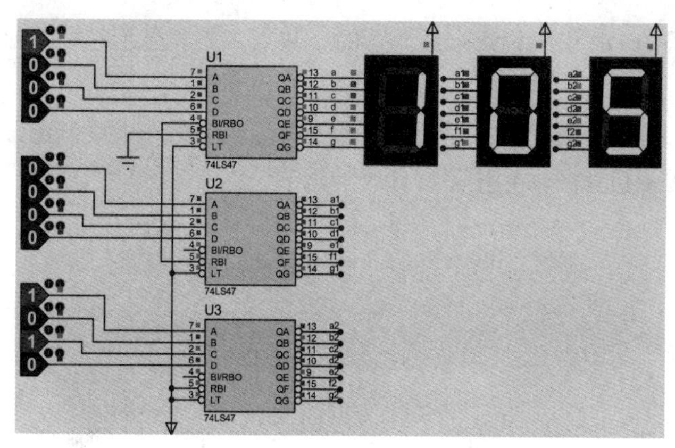

图 3-39　74LS47 十位不灭零电路仿真效果

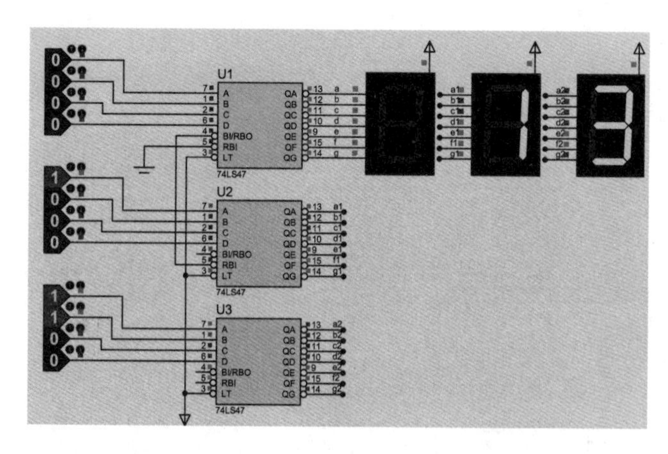

图 3-40　74LS47 百位灭零电路仿真效果

(3) 七段四位位选共阴极数码管的应用

为了节省电路接线，数码管通常做成几位共段码数据线的形式。比如，四位共阴极位选数码管用来显示一个四位十进制数。这四位十进制 BCD 码分时由 74LS48(驱动共阴极数码管)的输入端供给，传送哪一位数，对应的位选信号(即四个共阴极端)应选通，即为低电平。只要时间配合无误，即可分别在不同的位上显示不同的数据，一般数据和位选信号的扫描频率设在 30Hz 以上，人的肉眼即不能分辨出显示间隔，可以看到四位数据同时在显示。图 3-41 为七段四位位选共阴极数码管的测试电路。

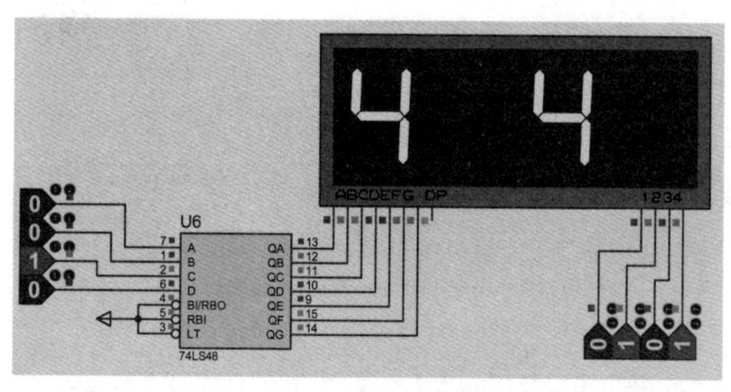

图 3-41　七段四位位选共阴极数码管的应用电路

电路中，数据码的 DP 引脚为每个数码管的小数点，需要显示时可单独控制，一般不从显示驱动器上接。

根据以上步骤和分析，请读者自己设计一种灭零显示电路和七段位选数码管显示电路，写出实验步骤，画出实验仿真图，并验证仿真效果。

第4章

电子技术综合设计

在这一章里，我们对电子技术课程中的几个典型的综合实例进行设计、分析和仿真，目的在于使读者对模拟电子技术和数字电子技术中常用的仿真元件及仪器有个基本的掌握，帮助大家更好地理解和学习电子技术，同时对 Proteus 在电子线路设计中的强大功能能够牢固掌握和灵活运用。

4.1 直流可调稳压电源

利用 Proteus 来设计电子线路非常方便，因为它有丰富的元件库及仿真仪器，能够节约时间和元件成本，缩短设计周期，调试方便，并且设计的一次成功率较高。

本节我们一起来设计一个模拟电子技术中常用的电路，通过例子对 Proteus 各种功能的综合应用更加得心应手。

直流稳压电源是大家颇为熟悉的电路了，这里我们设计一个直流可调稳压电源，具体要求如下：

- 输出电压在 1.25V～37V 可调。
- 最大输出电流为 1.5A。
- 电压调整精度达 0.1%。

1. 题目分析

直流稳压电源的作用是通过把 50Hz 的交流电变压、整流、滤波和稳压变成恒定的直流电压，供给负载，如图 4-1 所示。设计出的直流稳压电源应不随电网电压的波动和负载的变换而改变。

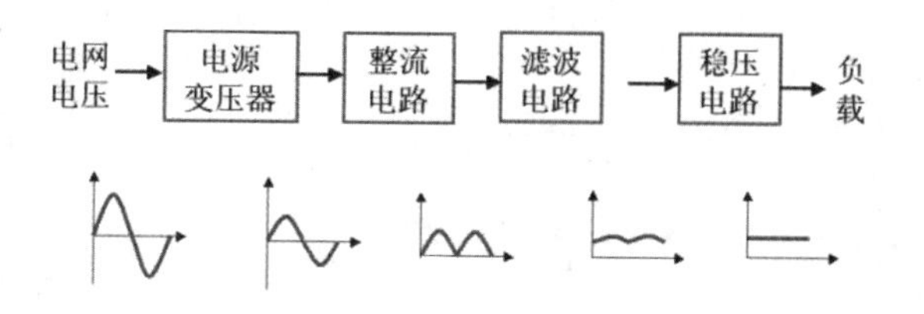

图 4-1　直流稳压电源的组成

直流稳压电源的种类有很多，常用的是串联型直流稳压电源，而由于集成技术的发展，集成稳压器件方便而可靠，从而逐渐代替了串联型直流稳压电源中的调整管及相关电路。

主要的集成稳压器件有：

- 固定式稳压器件 W78XX 和 W79XX。
- 可调式稳压器件 W117、W217 和 W317。

W78XX 稳压器件用来稳定正电压，而 W79XX 稳压器件用来稳定负电压。它们的输出电压各有 7 个等级。W78XX 输出电压有 5V、6V、9V、12V、15V、18V 和 24V，如 W7805 输出+5V 直流电压、W7809 输出+9V 直流电压。输出电流有 3 个等级，分别为 1.5A、0.5A(M)和 0.1A(L)，如 W7805 最大输出电流为 1.5A、W78M05 最大输出电流为 0.5A、W78L05 最大输出电流为 0.1A。

可调式稳压器件 LM117/LM317 是美国国家半导体公司的三端可调正稳压器集成电路。LM117/LM317 的输出电压范围是 1.25V～37V，负载电流最大为 1.5A。它的使用非常简单，仅需两个外接电阻来设置输出电压。此外，它的线性调整率和负载调整率也比标准的固定稳压器好。LM117/LM317 内置有过载保护及安全区保护等多种保护电路。调整端使用滤波电容能得到比标准三端稳压器高得多的纹波抑制比。LM117/LM317 有许多特殊的用法，比如把调整端接到一个较高的电压上，可以用来调节高达数百伏的电压，只要输入输出电压差不超过 LM117/LM317 的极限就行，当然还要避免输出端短路；还可以把调整端接到一个可编程电压上，实现可编程的电源输出。

LM117/LM317 在 1.25V～37V 之间连续可调。调整端的电流可忽略不计，因而有

$$V_{\mathrm{O}} = U_{\mathrm{REF}}(1+\frac{R_2}{R_1})$$

其中，U_{REF}是集成稳压器件调整端 ADJ 与输入端 V_{i}之间的电压，固定为 1.25V。如图 4-2 所示，改变 R_2 的值，V_{O}(R_1 和 R_2 两端的总电压)的值即可改变。当 R_2 短路时，V_{O} 最小，等于 U_{REF}，即 1.25V；当 R_2 大于 0 时，V_{O} 都大于 U_{REF}，最大可达 37V。

集成稳压器件的封装如图 4-3 所示。

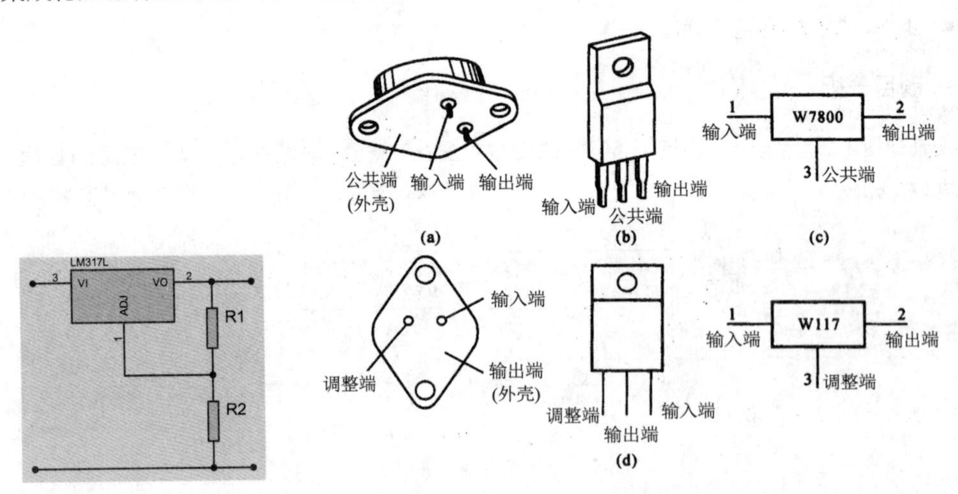

图 4-2　集成直流可调稳压器件的接法

图 4-3　集成稳压器件的封装

2. 电路设计

根据以上分析，我们来设计一个由集成稳压器件构成的直流可调稳压电源。按照图 4-1 所示的直流稳压电源的组成，来分步设计变压、整流、滤波和稳压几部分电路。

(1) 变压电路

直流电源通常从市电取电，把 220V、50Hz 的单相交流电先降压，变成所需的交流电，然后再整流。根据桥式整流电路和电容滤波电路的输出与输入电压的比例关系，从输出电压的最大值 37V 倒推，可以算出所使用的降压变压器的二次侧电压有效值应为 29V 左右。

从 Proteus 的元件库中取变压器“TRAN-2P2S”，在一次侧接交流电源“ALTERNATOR”，一次侧和二次侧分别接交流电压表，且变压器的一次侧和二次侧同时接地，并与后面直流部分电路共地，这一点对于变压器能否正常仿真很重要。

打开交流电源的属性对话框，把频率改为 50Hz，把幅值改为 300V 左右，运行仿真，观察一次侧交流电压表的读数，再次修改交流电源的幅值，直到原边电压表的读数为 220V 为止。

打开变压器属性对话框，按照变压器的变比与电压的关系 $L_1^2:L_2^2= U_1:U_2=n$，保持一次侧电感值(Primary inductance)为 1H 不变，修改二次侧电感值(Secondary inductance)为 0.033H 左右，运行仿真，直到二次侧交流电压表的读数为 29V 左右。变压电路的仿真图如图 4-4 所示。

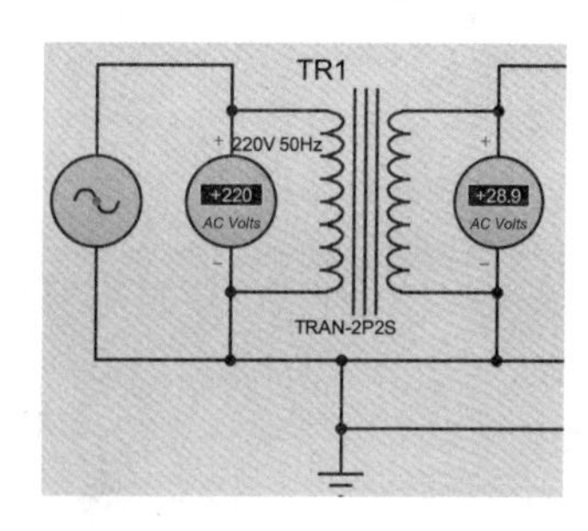

图 4-4　变压电路的仿真图

(2) 整流及滤波电路

整流采用常用的二极管桥式整流电路。在 Proteus 的元件库中寻找“BRIDGE”，取出此通用二极管整流桥，放置在电路中，注意正确接法。

根据经验，一般滤波电路常用的滤波电容有 2200μF 和 1100μF 两种，但要注意它的耐压值要大于电路中所承受的电压，并注意电压极性的接法是上正下负，如图 4-5 所示。

如果要详细计算滤波所需的电容值，可采用以下公式

$$C=\frac{V_{\mathrm{M}}}{2fRV_{\mathrm{r}}}$$

式中，V_{M} 为滤波之后的最大电压，V_{r} 为滤波之后的纹波电压，即最大电压与最小电压的差值，R 为负载电阻，f 为工频 50Hz。此式适用于全波整流，而半波整流时滤波电容的计算则把上式中分母上的 2 去掉，为

$$C=\frac{V_{\mathrm{M}}}{fRV_{\mathrm{r}}}$$

其他参数意义同上。

一般来说，全波整流之后的电压平均值为前面变压器副边电压有效值的 1.35 倍；滤波之后的电压平均值为全波整流电压平均值的 1.2 倍。

注意在图 4-5 中，还要在滤波电容两端并联一电源指示电路，即一个电阻串联一个发光二极管。电路调试时，如果发光二极管亮，说明滤波之前的电路无故障；否则可判断出前面电路有问题。

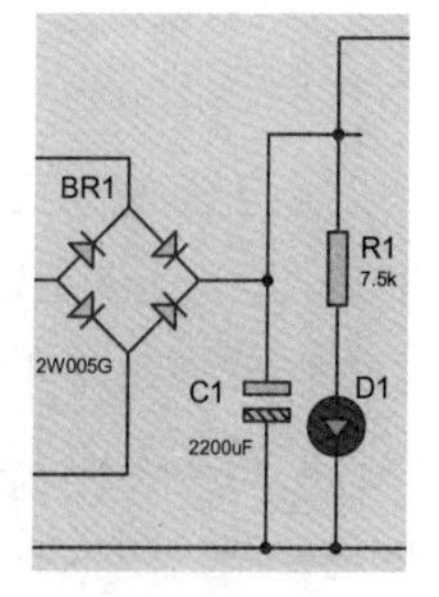

图 4-5　整流及滤波电路

现在来计算一下与发光二极管串联的电阻值。发光二极管要想点亮都有一个最小电流，一般为几毫安，这里取值为 6mA。发光二极管导通时两端的管压降为 2V 左右。而滤波之后的电压为

$$V=1.35\times1.2\times29\approx47\text{V}$$

电阻就等于其两端的电压除以流过它的电流，即

$$R=\frac{47-2}{6}=7.5\text{k}\Omega$$

(3) 集成稳压电路

集成稳压电路的核心器件是 LM317L，在实际应用中要注意加装散热片。为了保护集成器件在接反的状态下不被烧毁，在输入、输出端之间及输出与调节端之间分别接反向保护二极管 1N4003 D2 和 D3，如图 4-6 所示。

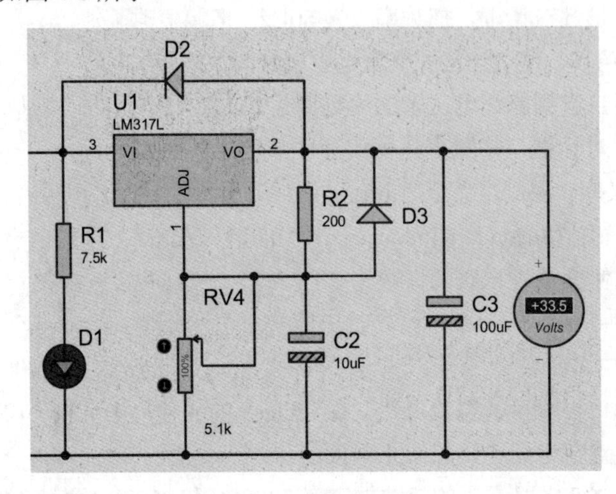

图 4-6　集成稳压电路

关键是对输出端和调节端，以及调节端与地之间的两个外接电阻的计算，就像前面图 4-2 中介绍的一样。由于调节端的输出电流仅为 100mA，可以忽略不计，即认为图 4-6 中的电阻 R_2 和 R_{V4} 是串联关系。而 LM317L 的输出端 2 和调节端 1 之间的输出电压已知为 1.25V，电路的最大输出电压为 37V，所以滑动变阻器的最大值可以算出。一般设 R_2 为 100～200Ω，典型值为 120Ω，这里我们设为 200Ω。在实际接线时，这个电阻应尽可能地靠近 LM317L 元件来接，因为它本应是 LM317L 的内部电阻。

$$\frac{R_2}{R_{V4}}=\frac{200}{R_{V4}}=\frac{1.25}{37}，R_{V4}=5.92\text{k}\Omega$$

由上面的公式算出滑动变阻器的最大值为 5.92kΩ，取典型值 4.1kΩ，这样最大值达不到 37V，理论上只有 32V 左右，仿真时显示为 33.5V，有些误差，并且最小值也比 1.25V 小。

另外，在图 4-6 中，电容 C2 和 C3 分别为去抖和滤波作用。C2 并联在滑动变阻器两端，可防止滑动变阻器在调节过程中由于抖动而产生谐波，一般经验值为 10μF。C3 为输出侧二次滤波，其目的是去掉输出电压波形中细小的波纹。C1 与 C3 的关系一般为 22 倍。

Proteus 中直流可调稳压电源的完整电路如图 4-7 所示。

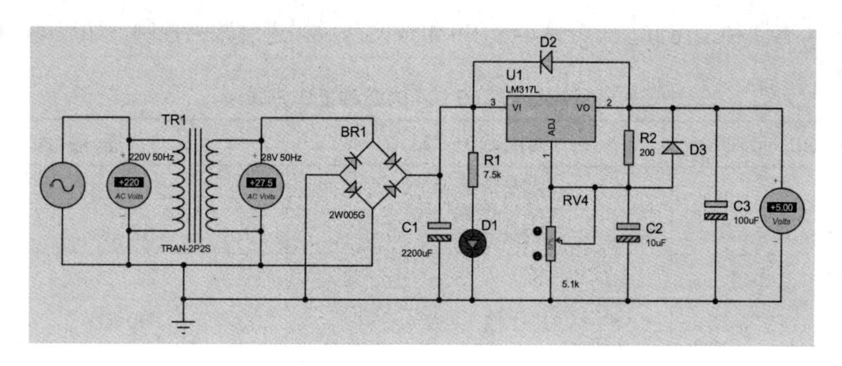

图 4-7　直流可调稳压电源完整电路

4.2 四路彩灯

四路彩灯是数字电路设计中一个非常有趣的课题，结合 Proteus 会使整个设计和分析快捷而轻松。题目设计要求如下：

- 共有四个彩灯，分别实现三个过程，构成一个循环共 12 秒。
- 第一个过程要求四个灯依次点亮，共 4 秒。
- 第二个过程要求四个灯依次熄灭，共 4 秒，先亮者后灭。
- 最后 4 秒要求四个灯同时亮一下灭一下，共闪 4 下。

4.2.1　核心器件 74LS194 简介

其实这个题目主要考察的是四位双向通用移位寄存器 74LS194 的灵活应用，四个灯可用四个发光二极管表示。74LS194 的引脚图如图 4-8 所示。

图 4-8 中的引脚 MR 为复位信号，正常工作时应接高电平；CLK 为时钟信号，上升沿到来时有效。74LS194 的时序图如图 4-9 所示。

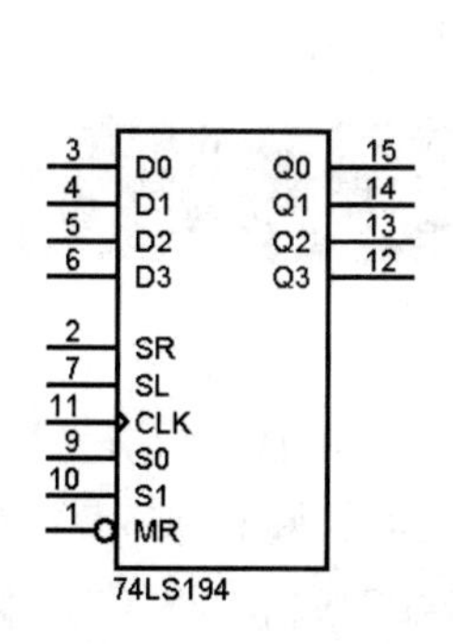

图 4-8　74LS194 的引脚

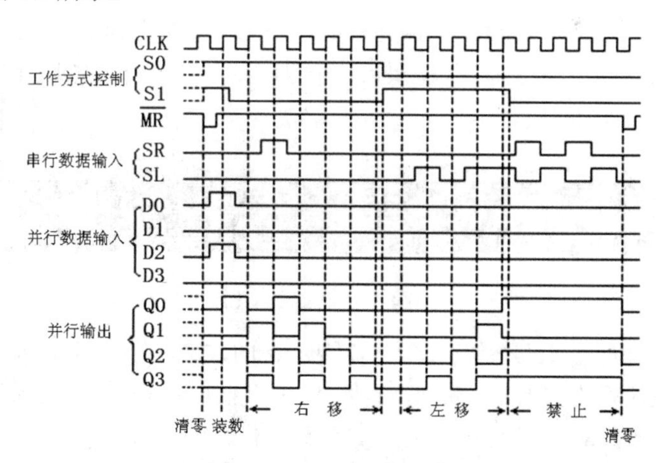

图 4-9　74LS194 的时序图

74LS194 有四种工作方式，分别由 S1S0 组成的两位二进制数来控制，如表 4-1 所示。

表 4-1　74LS194 的四种工作方式

S1S0	输出 Q0～Q3	数 据 输 入
00	保持不变	×
01	右移	SR
10	左移	SL
11	并行输出	D0~D3

74LS194 的功能如表 4-2 所示。

表 4-2　74LS194 的功能表

输　入					输　出	功　能
时　钟	复　位	控　制	串　入	并　入	Q0Q1Q2Q3	
CLK	$\overline{MR}$	S1S0	SL　SR	D0D1D2D3		
×	0	××	×　×	××××	0000	清零
↑	1	1 1	×　×	D0D1D2D3	D0D1D2D3	置数
↑	1	1 0	D　×	××××	Q1Q2Q3D	左移
↑	1	0 1	×　D	××××	D Q0Q1Q2	右移
↑	1	0 0	×　×	××××	Q0Q1Q2Q3	保持

4.2.2　题目分析与设计

此题应把四路彩灯接在 74LS194 的 Q0～Q3 上，SR 稳定接高电平，SL 稳定接低电位，而 D0～D3 接周期为 1 秒的方波信号。下面关键是时钟和方式控制 S1S0 的信号如何实现才能满足题目的要求。

三个过程每个 4 秒，加起来正好 12 秒。如果选择 CLK 为周期 1s 的方波信号，好像就可以了。但是前两个过程可以，最后一个过程却不能精确地实现。图 4-10 是正确的 CLK 信号与 1Hz 方波信号的比较。

图 4-10　正确的 CLK 信号与 1Hz 方波信号的比较

前面我们已经确定 D0～D3 接 1Hz 的方波信号，那么 Q0～Q3 在读 D0~D3 的信号时是在 CLK 上升沿到来的一瞬间，看图 4-10 的前半部分，如果二者一样，CLK 的每个上升沿到来时读到的都是高电平，灯就会一直亮着，不会出现闪的效果。所以，当 74LS194 的工作方式为 11 时，一定要改变 CLK 的信号频率为 D0～D3 信号频率的 2 倍，才可以在 D0～D3 的一个周期内出现 CLK 的两个上升沿，Q0～Q3 分别读到 1 和 0 各一次，如图 4-10 的后半部分。

即正确的时钟信号在整个 12 秒时间应该是前 8 秒为 1Hz 的频率，后 4 秒变为 2Hz 的频率，可以用 555 定时器产生 2Hz 的方波信号，再用 D 触发器分频产生 1Hz 的方波信号，如图 4-11 所示。二者分别与控制信号相与再通过或门即可得到 CLK 信号。

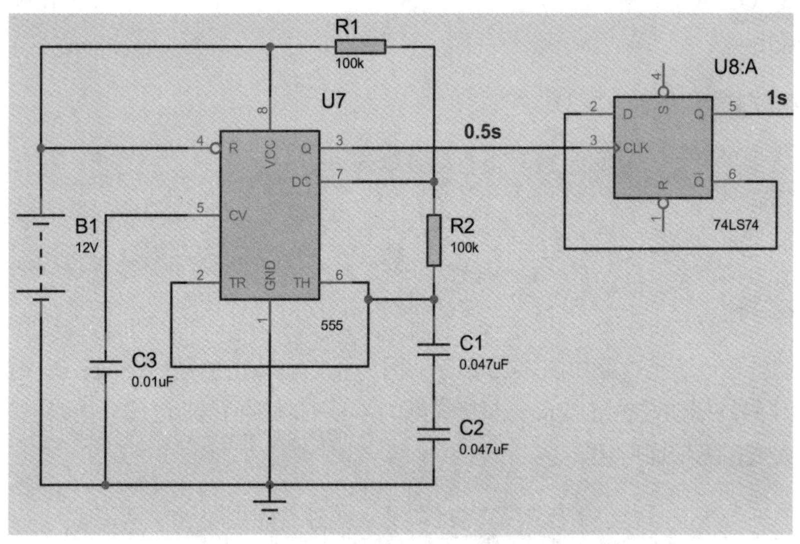

图 4-11 用 555 产生的 2Hz 及 1Hz 方波信号

下面再来分析 S1S0 的信号。四种工作方式中剔除第一种 S1S0 为 00 的情况，那么 S1S0 应按 01、10、11 的顺序循环，可设计一个同步计数器，时钟周期为 4 秒，共三个状态。S1 及 S0 的波形应如图 4-12 所示。S1S0 与非及相与的结果如图中后两个信号，正好用来分别锁定 1Hz 及 2Hz 信号，分别与它们相与后再进入或门，即产生了正确的时钟信号。

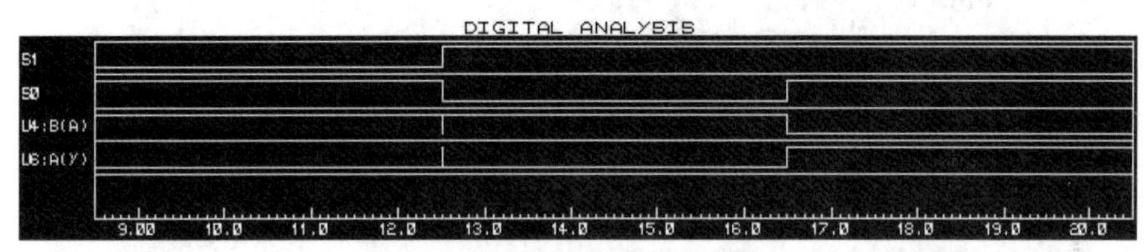

图 4-12 S1 及 S0 的波形图

S1S0 信号的产生可用集成计数器实现，但在这里，为加强同步时序逻辑电路的设计知识，我们使用 D 触发器来设计一个同步三进制计数器，时钟周期为 4 秒。设计步骤如下。

1. 列状态真值表

设 S1S0 对应的触发器输出分别为 Q1、Q0，则状态真值表如表 4-3 所示。

表 4-3 74LS47 状态真值表

$Q1^n$ $Q0^n$	$Q1^{n+1}$ $Q0^{n+1}$
0 0	× ×
0 1	1 0
1 0	1 1
1 1	0 1

2. 求状态方程

根据列出的状态真值表，分别求出 Q1 和 Q0 的状态方程为

$Q1^{n+1} = \overline{Q1Q0}$

$Q0^{n+1} = Q1$

3. 求驱动方程

由 D 触发器的特性方程可直接写出驱动方程为

$D1 = \overline{Q1Q0}$

$D0 = Q1$

4. 电路实现

根据驱动方程，连接电路如图 4-13 所示。因为我们设计出的是一个同步时序逻辑电路，注意图中两个 D 触发器的时钟连接在一起接周期为 4 秒的时钟信号。这部分电路也可以直接用集成计数器来完成，见后面所述。

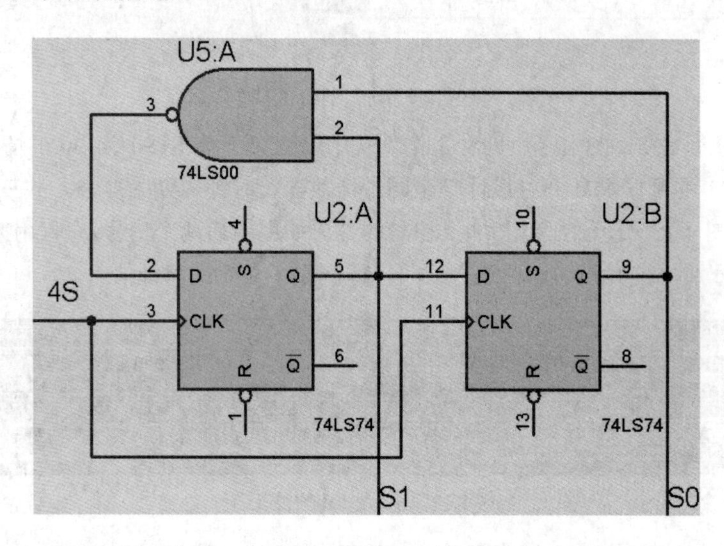

图 4-13　产生 S1S0 的三进制同步计数器

4.2.3　仿真

根据以上分析，在 Proteus 中连接电路如图 4-14 所示，其中省去了 555 及二分频电路，直接用数字脉冲源进行仿真。另外，图中所有 D 触发器的异步输入端在实际电路连接时最好接高电平。产生时钟的电路用与非与非逻辑替代了与或逻辑，因为与非门的应用最普遍。

平时我们在设计电路时，通过卡诺图化简得到的与或式，要想全部用与非门实现，可在草纸上直接画成与或逻辑，然后只需要在与门的输出端与此线的另一头即或门的输入端各加一个小圆圈，两个逻辑非抵消，不影响逻辑关系，直到把或门的输入处理完毕为止。这样或门前面的与门都变成了与非门，或门变成了非或门，而根据摩根定理，非或门恒等于与非门。图 4-14 中的 U4:B、U4:C 和 U4:D 就是用与非与非逻辑实现的与或逻辑。

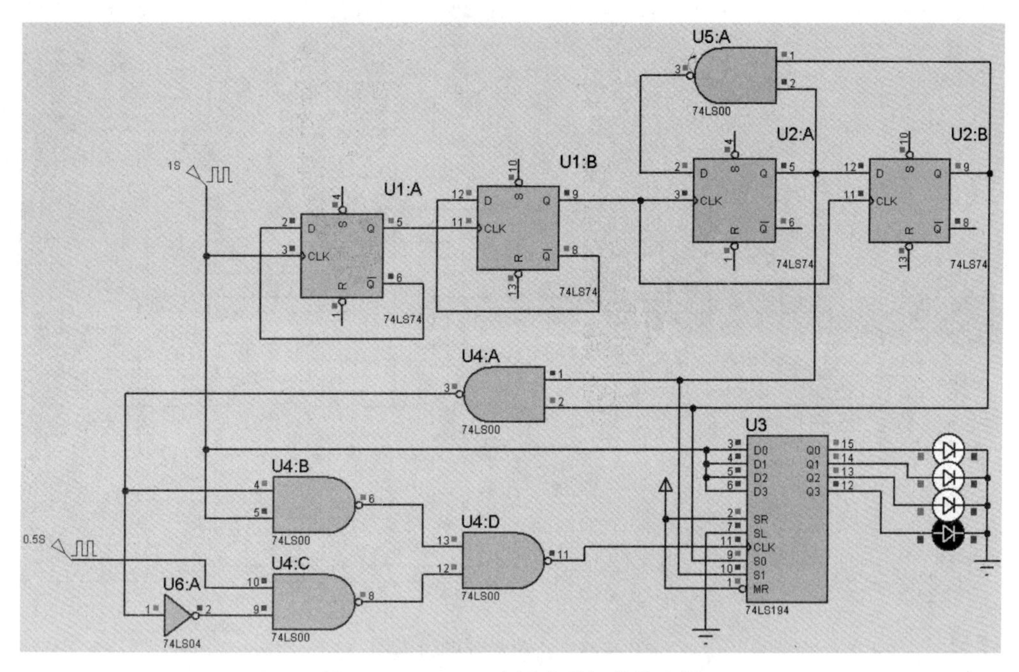

图 4-14　Proteus 中四路彩灯的仿真图

4.2.4　扩展电路

在四路彩灯电路的设计过程中，你可以充分发挥自己的想象空间，扩展出不同花样的电路。我们会想到用两片 74LS194 来完成八路彩灯电路的设计，要求可以和前面的例子一样，也可以不一样。如果彩灯的动作是两个、两个一组，8 个彩灯共分成四组，依次点亮和熄灭，共同闪烁，应该怎样实现？或者说两个、两个一组，流水似的向左或向右滚动，又该怎样实现？其实，关键问题有两个：一是四路彩灯的工作方式(右移、左移或并行输出)，二是信号的模式(三个输入信号各是什么样的状态？高电平、低电平抑或是方波)。解决了这两个问题，其他就很容易明白和实现了。

下面我们重点来分析一下八路彩灯的实现方法。要求和上例一样，8 个灯从左到右依次点亮，各 1 秒，共 8 秒；接下来 8 个灯从右到左依次熄灭，各 1 秒，共 8 秒；最后 8 个灯同时闪烁 8 次，也是 8 秒；总共 24 秒。

因为前例中我们已经做了详细的分析，这里灯的动作流程没有什么变化，只不过要把两片 74LS194 连接成一个整体，接收统一的指令来工作。另外我们把它们的移位方式控制信号 S1S0 的产生电路变成易于实现的集成电路来完成。

图 4-15 是已设计完成的仿真电路图，图中四位双向移位寄存器选用的是 74194。

计数器 74190 是一个中规模集成、十进制可逆计数器，通过或门把它接成一个模三的计数器，即当输出为 0100 时，装入数据 0001，构成循环 0001→0010→0011→ 0001……

74190 的 Q1Q0 输出作为两片 74194 的移位方式控制信号 S1S0，把两片 74194 的 S1 和 S0 分别并起来后再接这两个信号，图中 74190 接成了加计数的形式。

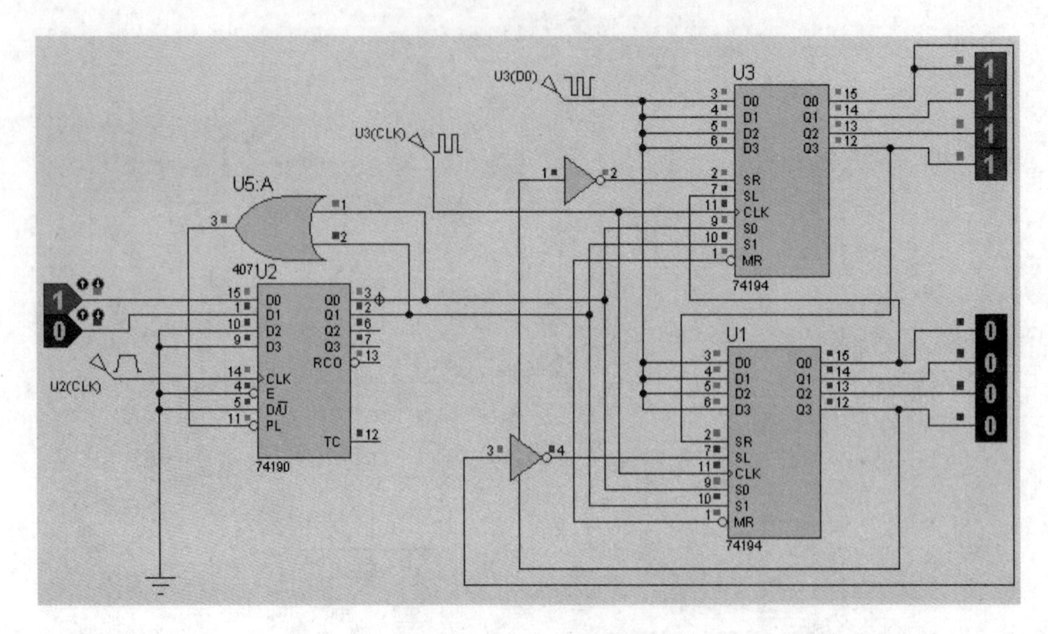

图 4-15　八路彩灯的仿真图

再来看一看两片 74194 是如何连接的。首先把两个芯片的时钟并在一起，接成同步时序电路；接着把两个芯片的并行数据输入端 D3D2D1D0 全部连接在一起，外接 1 个周期为 1 秒的方波信号，实现 8 个灯一起闪烁；最后是左移和右移信号的处理。上面的芯片所驱动的灯先依次点亮，所以右移时的输入信号应从它的 SR 输入，接高电平；把上面芯片 74194 的输出 Q3 接下面芯片 74194 的 SR，这样右移时的信号就可以从第一个芯片的 Q0 一直传递到第二个芯片的 Q3 了。左移时也一样，输入信号接下面芯片的 SL，下面芯片的 Q0 接上面芯片的 SL。在图 4-15 中，左移和右移的输入信号直接来自 74194 的输出。

4.3 八路抢答器

抢答器的应用非常普遍，可用在各类竞赛中。本题目的设计要求如下：

- 主持人按下抢答“开始”按钮，同时喇叭发出“嘀”的一声，八路抢答开始。
- 八路抢答按钮的编号分别为 1～8，一次只能有一人抢答成功。
- 当某一路抢答成功时，发光二极管立即点亮，并在数码管上显示该路的号数，直到主持人按复位开关为止，其他人再抢答无效。
- 主持人按“复位”按钮后，下次必须重新抢按“开始”按钮才能继续抢答。

4.3.1 核心器件 74LS148 简介

仔细分析知道，抢答器的输入为八路抢答按钮及主持人控制的抢答“开始”和“复位”两个按钮。抢答器的输出有一个发光二极管、一个数码管和一个蜂鸣器。

因为要把八路的开关量转变成对应的数字来显示，而显示译码器接收的是 BCD 码，所以这里要用到 8-3 线编码器。而 74LS148 是一个中规模且具有优先编码权限的集成器件，它的优先权按输入端编号从高到低。74LS148 的引脚图如图 4-16 所示。

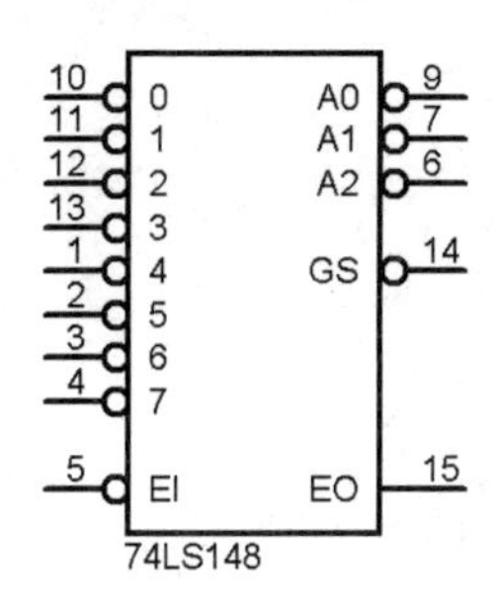

图 4-16　74LS148 的引脚图

$\overline{EI}$ 是使能端，低电平有效。EO 和 $\overline{GS}$ 都为输出，且互反。当 $\overline{EI}$ 有效，且正常编码时，即 8 个输入中有任 1 个输入有效，则 EO 为高电平，$\overline{GS}$ 为低电平；如果没有一路输入为低电平，则 EO 为低电平，$\overline{GS}$ 为高电平。这两个引脚通常用于芯片的扩展。

输入编号为 7 的优先权最高。当 $\overline{EI}$ 有效时，输入与输出的对应关系如表 4-4 所示。

表 4-4　74LS148 的输入输出对应关系

输　入($\overline{76543210}$)	输　出($\overline{A2}\ \overline{A1}\ \overline{A0}$)
7 有效(0××××××××)	000
6 有效(1 0 ××××××)	001
5 有效(1 1 0 ×××××)	010
4 有效(1 1 1 0 ××××)	011
3 有效(1 1 1 1 0×××)	100
2 有效(1 1 1 1 1 0 ××)	101
1 有效(1 1 1 1 1 1 0×)	110
0 有效(1 1 1 1 1 1 1 0)	111

4.3.2　题目分析与设计

由八路电阻与按钮串接在电源和地之间，中间点引出接到优先编码器 74LS148 的 8 个输入端，S1～S7 分别接到输入 1～7，而 S8 接到输入 0 上，当 S8 动作时显示“8”。这样使抢答者的编号 1～7 正好与编码器的输入和输出对应上。

使用 D 触发器来锁存信号，只使用其异步输入端，相当于低电平输入有效的 RS 锁存器。其中 3 个 D 触发器的异步置位 S 端接编码器的 3 个输出，经过反相保持后接到显示译码器的输入端。异步清零端 R 都接到另一个 D 触发器的 $\overline{Q}$ 端，由“复位”按钮来控制。

八路抢答器的原理如图 4-17 所示，下面分块介绍设计过程及原理。

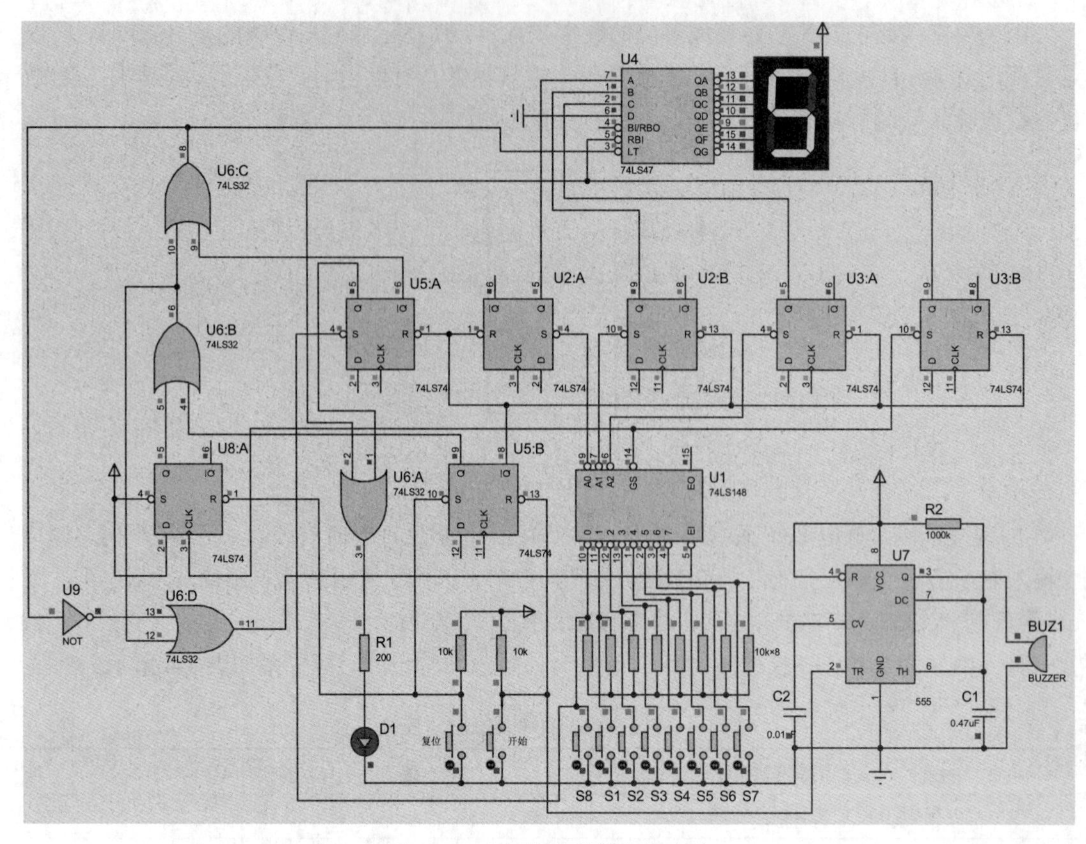

图 4-17　八路抢答器的完整电路

1. 上电初始状态

上电时，74LS148 的各输入 0～7 应为高电平，$\overline{EI}$=0，$\overline{A2}$ $\overline{A1}$ $\overline{A0}$=111，$\overline{GS}$=1，EO=0。

2. “复位”按钮作用

当“复位”按钮按下后，产生一个短暂的低电平，应使电路的状态产生如下变化：74LS148 的 EI=1，即先封锁各路抢答信号，其他状态不变。

3. “开始”按钮作用

当“开始”按钮按下后，产生一个短暂的低电平，应使电路的状态产生如下变化：74LS148 的 $\overline{EI}$=0，即允许各路抢答，同时，蜂鸣器发出“嘀”的一声响。下面讨论“开始”按钮如何使 74LS148 的 $\overline{EI}$ 为 0。

图 4-17 中，当“开始”按钮按下时，产生一个下降沿，送给 U5:B 的异步复位端 R，使其 Q=0，这个低电平作为二入或门 U6:B 的一个输入。U6:B 的另一个输入来自 U8:A 的输出 Q。U8:A 在“复位”按钮按下后，不受“开始”按钮的控制，只受 74LS148 的输入 1～7 路控制，当这些输入中有短暂的低电平时，$\overline{GS}$ 先变低再回到高电平，U8:A 来一个时钟上升沿，使其输出 Q=1，而 74LS148 的输入 0 不起此作用。

故“开始”按钮按下后，当 74LS148 无输入时，U8:A 输出 Q=0、U5:B 输出 Q=0，故 U6:B 输出为 0，此信号作为二入或门 U6:C 的一个输入。而 U6:C 中的一个输入来自 U5:A 的 $\overline{Q}$ 。U5:A 接成异步输入控制方式，置位端来自 74LS148 输入 0，复位端和 U2:A、U2:B、U3:A、U3:B 一起接到 U5:B 的 $\overline{Q}$ 。而 U5:B 在“开始”按钮作用后，$\overline{Q}$ =1，故 U5:B 保持初始状态 Q=0、$\overline{Q}$ =1。

经过以上分析，“开始”按钮作用后，U6:C 的两个输入，一个来自 U6:B 为 0，一个来自 U5:A 为 1，故 U6:C 的输出为 1。此信号经过反相器 U9 后为 0，和来自 U6:B 的输出 0 一起进入或门 U6:D，使 U6:D 为 0。这个信号送给 74LS148 的 $\overline{EI}$，使 $\overline{EI}$ =0，允许抢答。

4. 74LS148 的 1～7 路抢答

74LS148 的 1～7 路输入中任何一个按下后，A2A1A0 出现对应编码值(反码)，$\overline{GS}$ 产生一个负脉冲。电路应完成的功能是：数码管显示对应数字，其他任何路抢答无效，直到按下“复位”按钮后，再次按“开始”按钮。

74LS148 的三位编码输出由高到低分别接至 U3:A 、U2:B、U2:A 的异步置位端。因为 74LS148 输出为反码，这种接法正好使这些 D 触发器对应置位，经触发器后输入原码，送给 74LS47 和数码管译码并显示。74LS47 的输入 BCD 码中高位接地。

当一路优先抢答成功后，为了防止其他路再次抢答成功，此时要立即封锁 74LS148 的其他输入，即使 $\overline{EI}$ =1。考虑到当有编码输出时(即 1～7 路有抢答时)，$\overline{GS}$ 产生一个负脉冲，把此信号接至 U8:A 的时钟输入端，当 $\overline{GS}$ 从负变正时，产生一个上升沿，使 U8:A 的 Q=1，从而使 U6:B 输出为 1，U6:D 输出为 1，即 $\overline{EI}$ =1，及时封锁住了 74LS148 的其他各路输入。$\overline{EI}$ 为 1 后，$\overline{A2}$ $\overline{A1}$ $\overline{A0}$ 恢复初始状态 111，但已经抢答成功的当前路的编码已被 U3:A、U2:B、U2:A 锁存并稳定地显示在数码管上，直到“复位”按钮按下。

U3:B 起灭 0 显示的作用。当复位后，数码管显示 0。74LS47 的灭 0 输出端 RBI(5 端)来自 U3:B 的 Q 端，此端的低电平可使 0 不显示。

5. 74LS148 的第 8 路抢答

由于 74LS148 的 0 路输入信号有效时和无效时的输出状态不发生变化，故其电路设计与 1～7 路有明显的区别。74LS148 的 1～7 路正好对应显示 1～7，故 0 路输入时应该显示“8”，相当于第 8 路抢答。要完成的设计分两个方面：一是当第 8 路抢答成功时，显示“8”；另一个是当第 8 路抢答成功后封锁其他 7 路输入，即使 EI=1。

- 第 8 路抢答成功后显示“8”的实现

74LS47 有个测灯输入端 LT(3 端)，当此信号输入低电平时，显示“8”。把 U6:C 输出连接到 74LS47 的 LT 端，复位后由于 U6:C 的一路输出为 0(来自 U6:B，即 1～7 路无抢答)，另一路来自 U5:A，使其在第 8 路抢答时为 0，即把第 8 路抢答时低电平输入接至 U5:A 的异步置位端，U5:A 的 $\overline{Q}$ 接到 U6:C 的输入即可。

- 第 8 路抢答成功后对 1～7 路的封锁

U6:C 输出的低电平一方面直接给 74LS47 的 LT，使其显示“8”；另一方面经反相器 U9 后变高送给或门 U6:D，使其为高，接入 $\overline{EI}$，封锁 74LS148 的输入。

6. 蜂鸣电路

这部分要求，“开始”按钮一按下，发出一声短促的“嘀”声。考虑用 555 组成单稳态电路，产生一个一定宽度的正脉冲，输出驱动蜂鸣器发音。

关于声音的输出，Proteus 提供了三个仿真元件，即 SPEAKER、SOUDER 和 BUZZER，分别由模拟量信号、数字量信号和直流电源来驱动，使用时要注意适当修改它们的电压才能使其正常工作。

555 接成单稳态电路，触发端 TR(2 端)接“开始”按钮，当“开始”按钮按下时产生一个短暂的低电平，触发单稳态电路，输出 3 端产生一个固定宽度的高电平，此信号给蜂鸣器，使之产生一声“嘀”的声响。改变 555 电路中 R2 和 C1 的参数，可改变声音的长短。

4.4 数字钟

数字钟电路是一款经典的数字逻辑电路，它可以是一个简单的秒钟，也可以只计分和时，还可以计秒、分、时，分别为 12 小时制或 24 小时制，外加校时和整点报时电路。

本题目的设计要求为：

- 能计秒、分、时，且为 24 小时制。
- 能进行数字显示。
- 分和时能够校对。
- 实现整点报时功能，且按四高一低声音报时。

4.4.1 核心器件 74LS90 简介

本题目的核心器件是计数器。计数器的选择很多，常用的有同步十进制计数器 74HC160，以及异步二、五、十进制计数器 74LS90。这里选用 74LS90 芯片。

74LS90 的引脚图如图 4-18 所示。

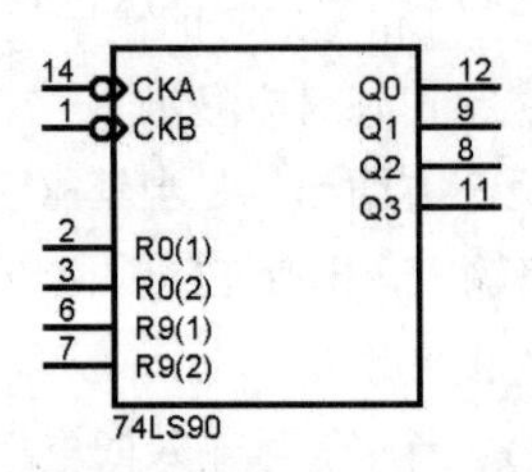

图 4-18　74LS90 引脚图

74LS90 内部是由两部分电路组成的。一部分是由时钟 CKA 与一位触发器输出 Q0 组成的二进制计数器，可计一位二进制数；另外一部分是由时钟 CKB 与三位触发器输出 Q1、Q2、Q3 组成的五进制异步计数器，可计五个数 000~100。如果把 Q0 和 CKB 连接起来，CKB 从 Q0 取信号，外部时钟信号接到 CKA 上，那么由时钟 CKA 和 Q0、Q1、Q2、Q3 组成十进制计数器。

R0(1)和 R0(2)是异步清零端，两个同时为高电平有效；R9(1)和 R9(2)是置 9 端，两个同时为高电平时，Q3Q2Q1Q0=1001；正常计数时，必须保证 R0(1)和 R0(2)中至少一个接低电平，R9(1)和 R9(2)中至少一个接低电平。

74LS90 的功能如, 4-5 所示。

表 4-5　74LS90 的功能表

R0(1)	R1(2)	R0(1)	R1(2)	Q3	Q2	Q1	Q0
1	1	0	×	0	0	0	0
1	1	×	0	0	0	0	0
0	×	1	1	1	0	0	1
×	0	1	1	1	0	0	1
0	×	×	0	计　数			
0	×	0	×				
×	0	×	0				
×	0	0	×				

毫无疑问，本题每个 74LS90 都应首先接成十进制计数器，如图 4-19 所示。

74LS90 内部原理如图 4-20 所示，这是一个异步时序电路。图中的 S_1、S_2 对应于集成芯片的 6、7 管脚，R_1、R_2 对应于集成芯片的 2、3 管脚，CP_0 对应于 14 管脚，CP_1 对应于 1 管脚，Q3、Q2、Q1、Q0 分别对应于 11、8、9、12 管脚。

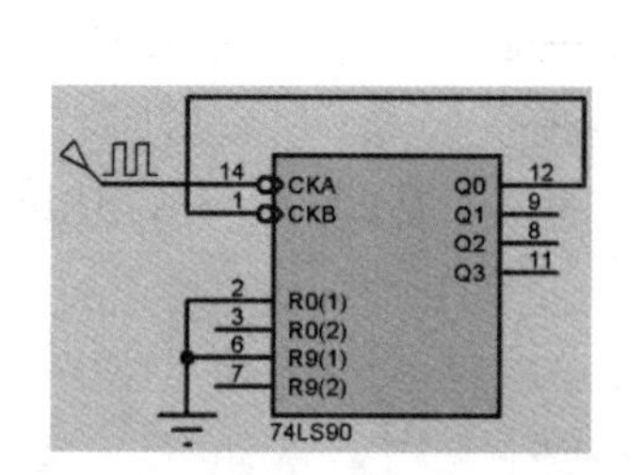

图 4-19　74LS90 接成的十进制计数器

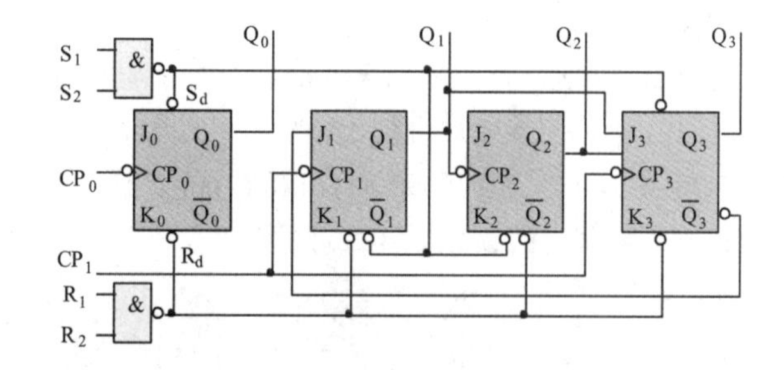

图 4-20　74LS90 的内部原理图

4.4.2　分步设计与仿真

1. 计时电路

计时电路共分三部分：计秒、计分和计时。其中计秒和计分都是六十进制，而计时为二十四进制。难点在于三者之间进位信号的实现。

(1) 计秒、计分电路

- 个位向十位的进位实现

用两片 74LS90 异步计数器接成一个异步的六十进制计数器。所谓异步六十进制计数器，即两片 74LS90 的时钟不一致。个位时钟为 1Hz 方波用来计秒，十位计数器的时钟信号需要由个位计数器输出端来提供。

进位信号的要求是在十个秒脉冲中只产生一个下降沿，且与第十秒的下降沿对齐。只能从个位计数器的输出端来提供，不可能从其输入端来找。而计数器的输出端只有 Q0、Q1、Q2、Q3 四个信号，要么是其中一个，要么是它们之间的逻辑运算结果。

把个位的四个输出波形画出来，如图 4-21 所示。

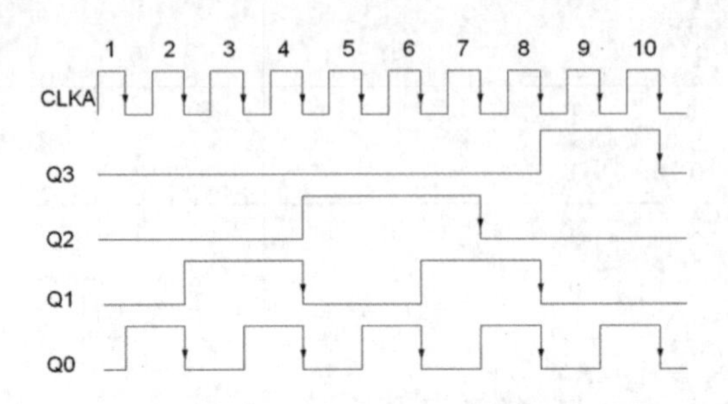

图 4-21　74LS90 接成的个位计数器时序图

由于 74LS90 是在时钟的下降沿到来时计数，所以 Q3 正好符合要求，在 10 秒之内只出现一个下降沿，且与第 10 秒的下降沿对齐。Q2 虽然也只产生一个下降沿，但产生的时刻不对。这样，个位和十位之间的进位信号就找到了，把个位的 Q3(11 端)连接到十位的 CKA(14 端)上即可。

- 六十进制的实现

当计秒到 59 时，下一秒到来时希望回 00。此时个位正好是计满十个数，不用清零即可自动从 9 回 0；十位应接成六进制，即从 0～5 循环计数。用异步清零法，当 6 出现的瞬间，即 Q3Q2Q1Q0=0110 时，同时给 R0(1)和 R0(2)高电平，使这个状态瞬间变成 0000，即 6 出现的时间很短，被 0 取代。接线如图 4-22 所示。

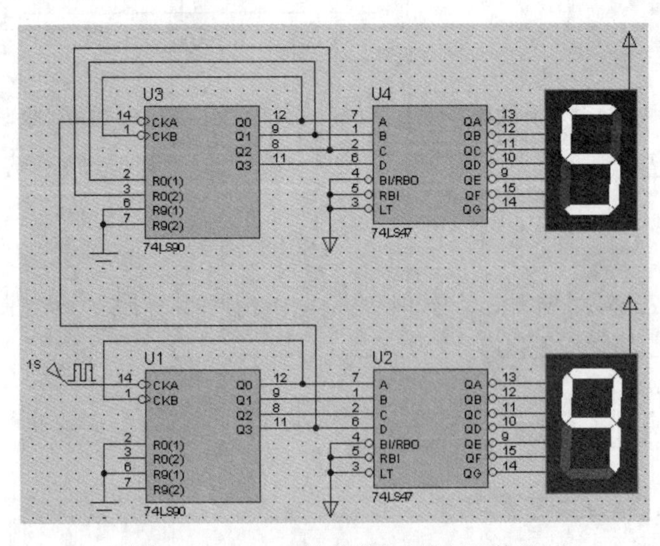

图 4-22　74LS90 接成的六十进制计数器

当十位计数到 6 时，输出 0110，其中正好有两个高电平，把这两个高电平 Q2 和 Q1 分别接到十位 74LS90 的 R0(1)和 R0(2)端，即可实现清零。一旦清零，Q2 和 Q1 都为 0，不能再继续清零，恢复正常计数，直到下次 R0(1)和 R0(2)再同时为 1。

计秒电路的仿真图如图 4-22 所示，计分电路和计秒电路是完全一致的，只是周期为 1 秒的时钟信号改成了周期为 60 秒即 1 分的时钟信号。

● 秒向分的进位信号的实现

计分电路的关键问题是找到由秒向分的进位信号。当秒电路计到 59 秒时，产生一个高电平，在计到 60 秒时变为低电平，来一个下降沿送给计分电路做时钟。

计秒电路在计到 59 秒时的十位和个位的状态分别为 0101 和 1001，把这四个 1 与起来即可，即十位的 Q2 和 Q0、个位的 Q3 和 Q0，与的结果作为进位信号。使用 74LS20 四入与非门反相器构成与门，如图 4-23 所示。

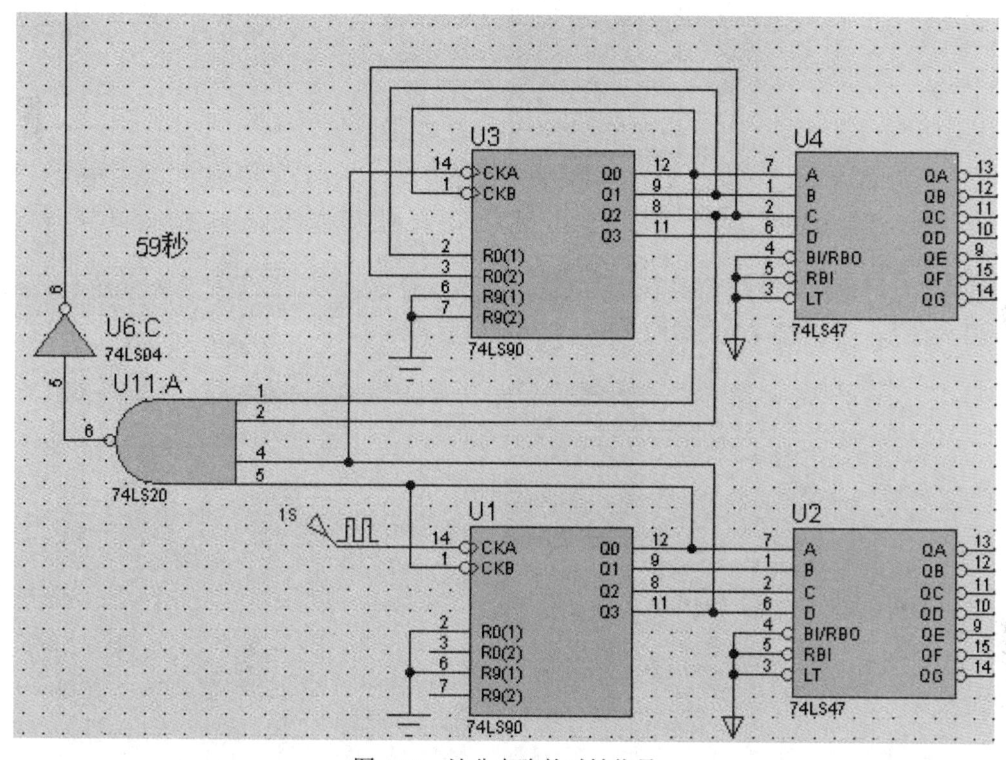

图 4-23　计分电路的时钟信号

计分电路与计秒电路一样，只是四入与门产生的信号应标识为 59 分。

(2) 计时电路

用两片 74LS90 实现二十四进制计数器，首先把两片 74LS90 都接成十进制，并且两片之间连接成具有十的进位关系，即接成一百进制计数器，然后在计到 24 时，十位和个位同时清零。计到 24 时，十位的 Q1=1、个位的 Q2=1，应分别把这两个信号连接到双方芯片的 R0(1)和 R0(2)端，如个位的 Q2 接到两个 74LS90 的 R0(2)清零端，十位的 Q1 接到两个 74LS90 的 R0(1)清零端。

计时电路的个位时钟信号来自秒、分电路产生59分59秒两个信号相与的结果，如图4-24所示。

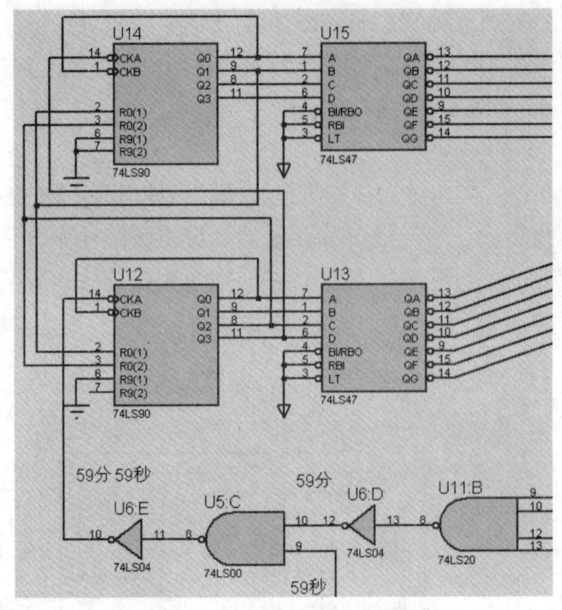

图4-24　24进制计时电路

计分和计时电路可以先单独用秒脉冲调试，以节省时间。联调时，可把秒脉冲的频率加大。图4-25是一个连接好的简单的无校时和报时的数字钟电路。

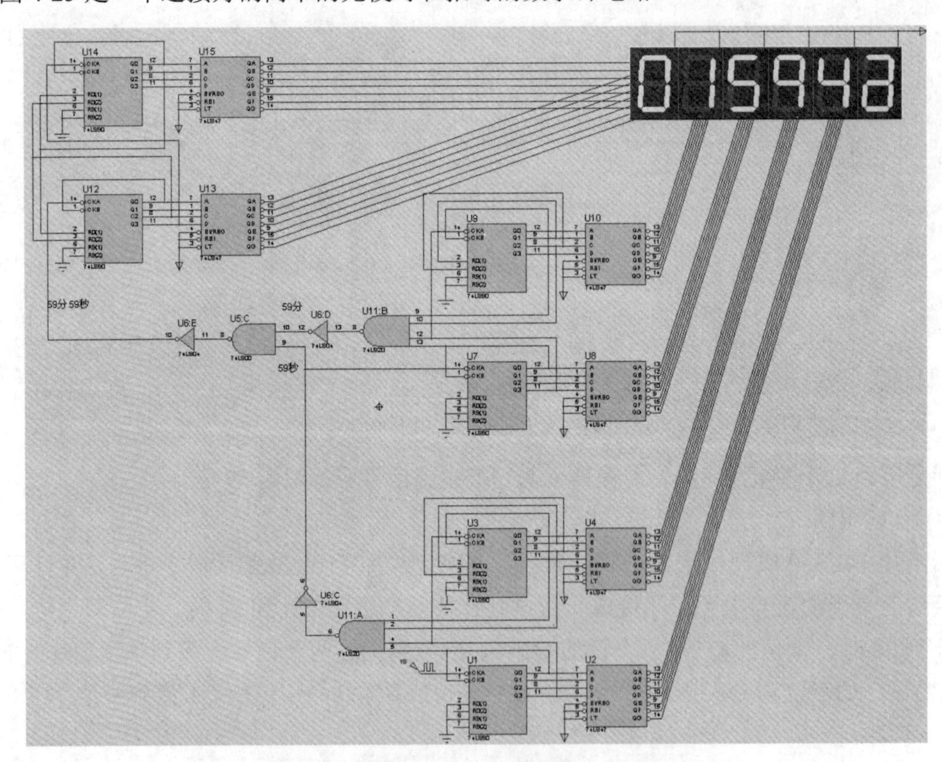

图4-25　具有秒、分、时的数字钟电路

图中为了把数显集中在一块，可以直接把时、分、秒的数码管拖动到一起。但为了仿真时使器件管脚的逻辑状态显示不影响数显的效果，可以从主菜单中把逻辑状态显示去掉。具体操作为：选择【System】→【Animated Circuits Configuration】菜单项，打开如图4-26所示的对话框，取消选中“Animation Options”中的“Show Logic State of Pins?”复选框，然后单击“OK”按钮。

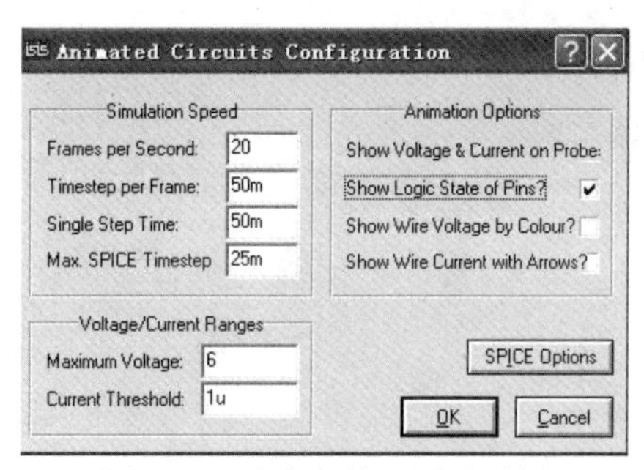

图4-26　仿真参数设置对话框

2. 校时电路

接下来把校时电路加上。校时电路主要完成校分和校时。选择校分时，拨动一次开关，分自动加一；选择校时，则拨动一次开关，小时自动加一。校时校分应准确无误，能实现理想的时间校对。校时校分时应切断秒、分、时计数电路之间的进位连线。

如图4-27所示，虚框内是校时电路，由去抖动电路和选择电路组成。

其中，计到59分的信号已有，如图4-27所示，只需把它和计秒电路的十位中的Q2Q0相与作为开始报时的一个条件即可。如图4-28所示，U6:F和U17:A及U21:A组成的两路与门输出即为报时开始信号。

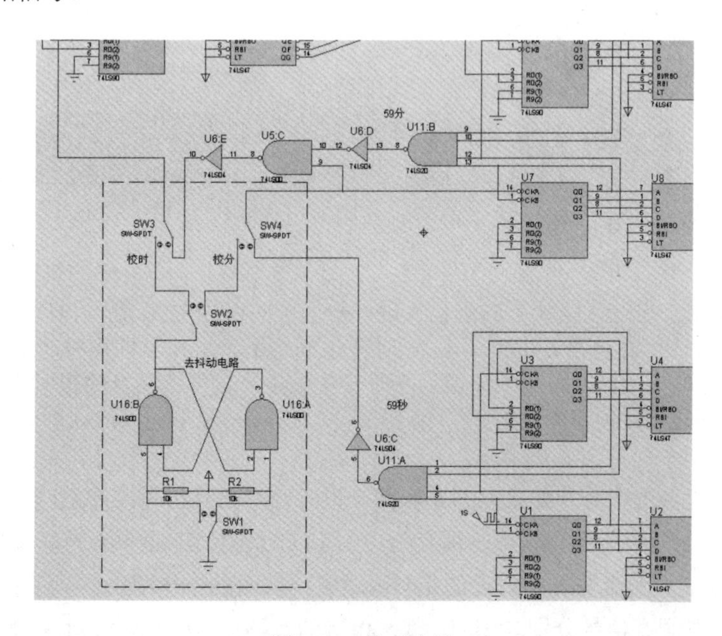

图4-27　校时电路

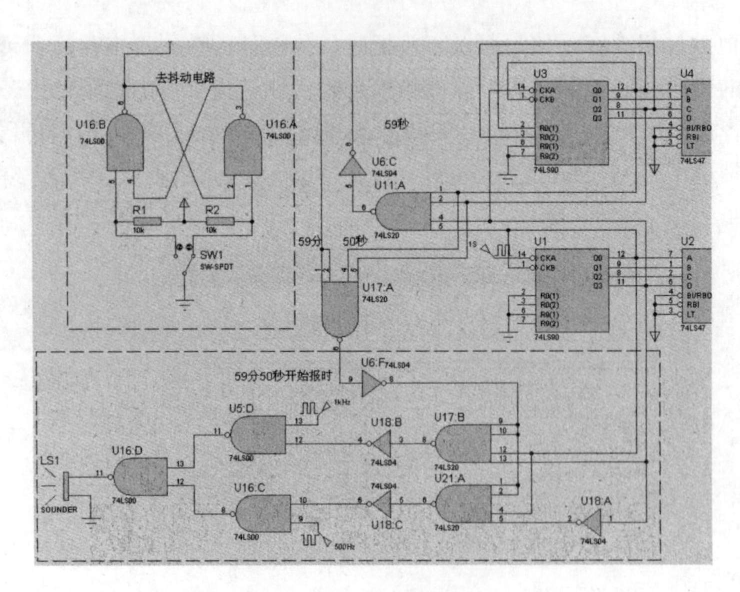

图 4-28　整点报时电路

(1) 报时锁存信号

用秒个位的计数器输出作为四高一低的报时锁存信号。现在来分析一下 50～59 秒之间秒个位的状态。

秒个位：	Q3	Q2	Q1	Q0
	0	0	0	0
	0	0	0	1
	0	0	1	0
	0	0	1	1
	0	1	0	0
	0	1	0	1
	0	1	1	0
	0	1	1	1
	1	0	0	0
	1	0	0	1

结合题目要求，通过这些状态的观察发现，秒个位的 $\overline{Q3}$ 和 Q0 逻辑与后，正好在秒个位计到 1、3、5、7 时产生高电平，0、2、4、6 时产生低电平，可作低四声报时的锁存信号；秒个位的 Q3 和 Q0 逻辑与后，正好在秒个位为 9 时产生高电平，可作高音的报时锁存信号，这样就产生了两个报时锁存信号。

(2) 报时

把上述分析得到的报时开始信号分别和两个报时锁存信号相与，产生两路报时锁存信号，如图 4-28 所示，上面一路为高音报时锁存(U17:B 和 U18:B)，下面一路为低音报时锁存(U21:A 和 U18:C)。图中左面三个与非门实现的是与或逻辑，前面已经介绍。

上下两路报时锁存信号分别与 1kHz 和 500Hz 的音频信号(20Hz~20kHz)相与或来驱动数字喇叭，实现整点报时功能。这里喇叭使用元件“SOUNDER”，它接收数字信号。

实验时，把 59 分 50 秒这个报时开始信号直接用高电平取代，这样比较省时。另外实际连接电路时，可用 555 定时器产生一个 1kHz 的方波，再经 D 触发器二分频得到 500Hz 的方波信号。计时电路的 1Hz 方波也可由 555 定时器产生，但由于标准电阻和电容值的选择会带来一些积累误差，还可选用其他更精确的振荡电路来实现。

图 4-29 是 Proteus 中完整的数字钟电路图。

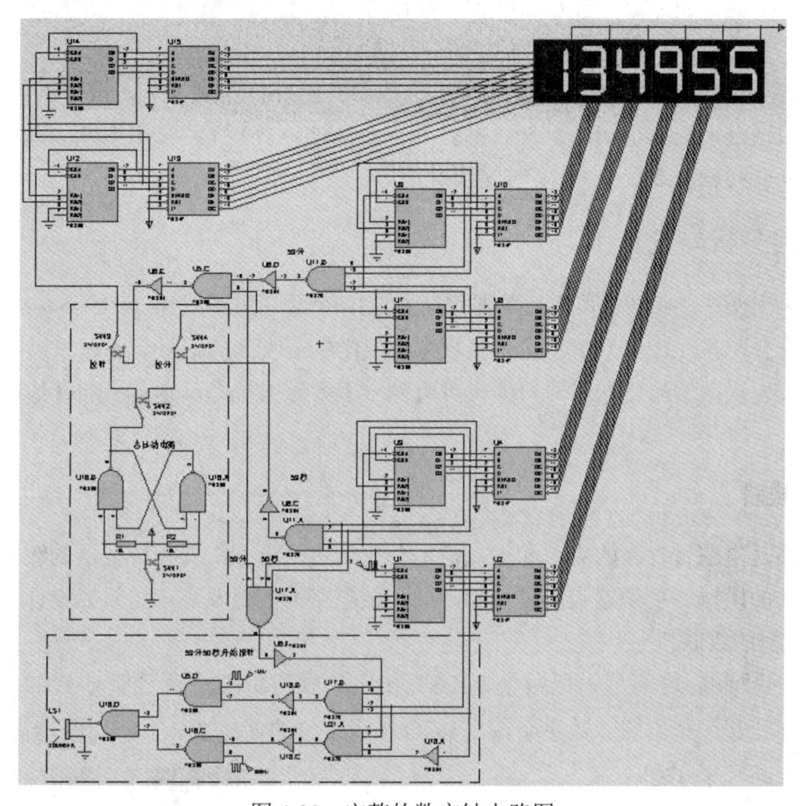

图 4-29　完整的数字钟电路图

4.5 音乐教室控制台

音乐教室控制台并不是数字逻辑电路中很经典的题目，但它主要用了可逆计数器和数据分配器，加强了数字组合逻辑电路中非常重要的两个环节的应用。题目设计要求如下：

- 音乐教室分多个室，教师和学生不在同一个室，要求教师对学生通过语音进行课堂指导，可任意指定要指导的学生，也可按顺序指导，共有学生 40 名。
- 教师所在的屋设有数码显示以显示每个学生的代号(00～39)，并设有拨码开关，可设置要单个指导的学生代号或轮流指导的初始学生代号。
- 单个指导时，指导时间由教师决定，轮流指导时，时间可调。
- 轮流指导时，有正序和反序两种方式。正序从 N～39，再返回 N；反序从 N～00，再返回 N。

4.5.1 核心器件 74LS190 简介

本题目所用到的核心器件是十进制可逆计数器 74LS190(也可用 CD4510)。74LS190 的引脚图如图 4-30 所示。

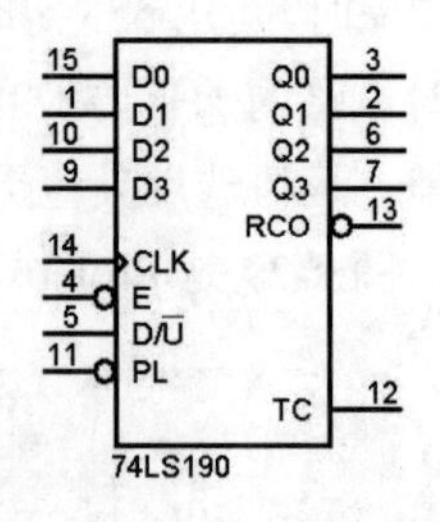

图 4-30　74LS190 的引脚图

CLK 时钟上升沿到来时计数。计数方式有两种，加计数和减计数。当 U/D=0 时，加计数；当 U/D=1 时，减计数。$\overline{E}$ 为使能端，低电平有效。$\overline{PL}$ 为异步预置数端，低电平时，把 D3、D2、D1、D0 输入端预设的数对应输出到 Q3、Q2、Q1、Q0 中。TC 和 $\overline{RCO}$ 都为终端计数输出，前者输出正脉冲，后者输出负脉冲，分别为加计数计到 9~0 和减计数计到 0～9 时输出脉冲。

4.5.2 题目分析与设计

本题目采用两片 74LS90 可逆计数器来计 00~39 个数，采用四片 74HC154(4-16 线译码器)译码器作数据分配器，接 40 个发光二极管来模拟学生端收到的信号。本题只进行单向信息传送，如果要实现双向信息传送，即教师也可听到学生弹琴或视唱，则需另加其他电路，这里暂不考虑。

1. 计数电路

计数电路是本题目设计的难点和重点，主要包括两位十进制加减计数器的级联、预置数电路中拨码开关的模拟、手动置数和自动加、减计数电路的实现及显示电路的设计。

(1) 计数器的级联

先不考虑预置数这部分，把两个 74LS190 连接成同步的一百进制计数器，即把两个芯片的时钟接在一起，个位的计数终端输出 $\overline{RCO}$ 接到十位的使能端 $\overline{E}$ 上，如图 4-31 所示。

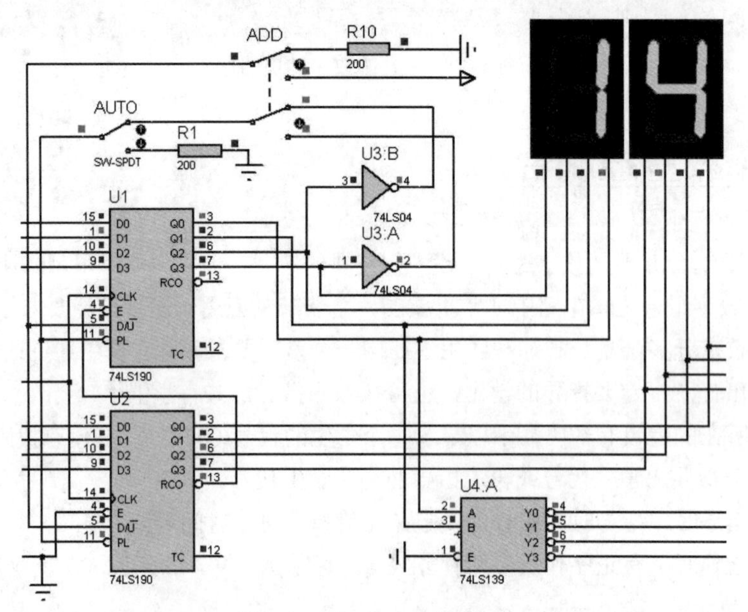

图 4-31　计数器的连接

(2) 计数方式的连接

两片 74LS190 应具有同样的计数方式，所以应把二者的 *U*/*D* 连接在一起，接到一个两位开关上。当开关接高电平时，减计数；当开关接地时，加计数。

(3) 预置数端

预置数端$\overline{PL}$低电平有效。此题有手动和自动置数两种方式。手动置数时，教师在置数电路中先置一个数，比如 20 号学生，再把手动/自动预置数开关拨到低电平，直接使 PL=0，把 20 装入到计数器中，计数器不进行计数，一直保持目前状态，直到 PL=1 为止。在这段时间内认为教师指导 20 号学生，表示该生接收信息的对应发光二极管会一直亮。

当自动置数时，又分加计数和减计数两种情况。加计数时，从 *N* 计到 40 时，给出一个低电平信号使$\overline{PL}$有效，装入提前设置好的数 *N*；减计数时，减到 00 后，再减一个数变成 99，此时要产生一个低电平信号使$\overline{PL}$有效，装入提前设置好的数 *N*，再接着进行减计数。

通过以上的分析，连接成如图 4-31 所示的电路。双联开关同时用于选择加/减计数方式和加、减计数时产生的不同的$\overline{PL}$信号，并发送给$\overline{PL}$。

由于加计数时计到 40 返回 *N*，所以只需把十位的 Q2 反相后给 PL 即可；减计数时减到 00 后是 99，要 99 通过预置数变成 *N*。十位为 9，而加计数时十位最大为 4 不会计到 9，所以可以用 9 来生成一个减计数时的预置数信号，而个位的 9 在加计数过程中并不会出现，所以不用。又因十位减计数时先 9 后 8，所以为了省一根线，直接把十位的 Q3 经反相器接到$\overline{PL}$上，并不表示 8，因为 9 时 Q3 也为 1。

2. 拨码电路

拨码电路实际是由排电阻和排开关串联组成的，前面抢答器电路中我们已经用到了类似的电路。

Proteus 中的 8 路排阻位于 RESISTOR 类的 Resistor Packs 子类中，8 路排开关位于 Switches & Relays 类的 Switches 子类中。把排阻和排开关一一串接后，开关一端接地，电阻公共端接 5V 电源，而中间的引出端分别接 74LS190 的预置数输入端 D0～D3，如图 4-32 所示。实际应用中的排阻取值为 10kΩ。

3. 数据分配电路

这一部分电路完成学生端对教师信号的接收，并对应一一显示。我们知道 74HC154 是 4—16 线译码器，但是它通过和使能端的配合可以实现数据分配器的功能。

在教师的指导过程中，当学生的编号显示出来的同时，对应的 40 个发光二极管中的某一个要点亮，表示该学生正在接收教师的指导。

把发光二极管接在 74HC154 的输出端，把学生的编号接在 74HC154 的输入端。因为学生的编号为 BCD 码，故译码输出 0～9 有效，每个 74HC154 只能接 10 个发光二极管，如图 4-33 所示。74HC154 的两个使能端$\overline{E1}$和$\overline{E2}$，一个用作片选信号，来自 2～4 线译码器 74LS139；另一个接教师的模拟指导信号，这里用低电平表示有效。当开关合上时，信号有效；当开关打开时，信号无效。

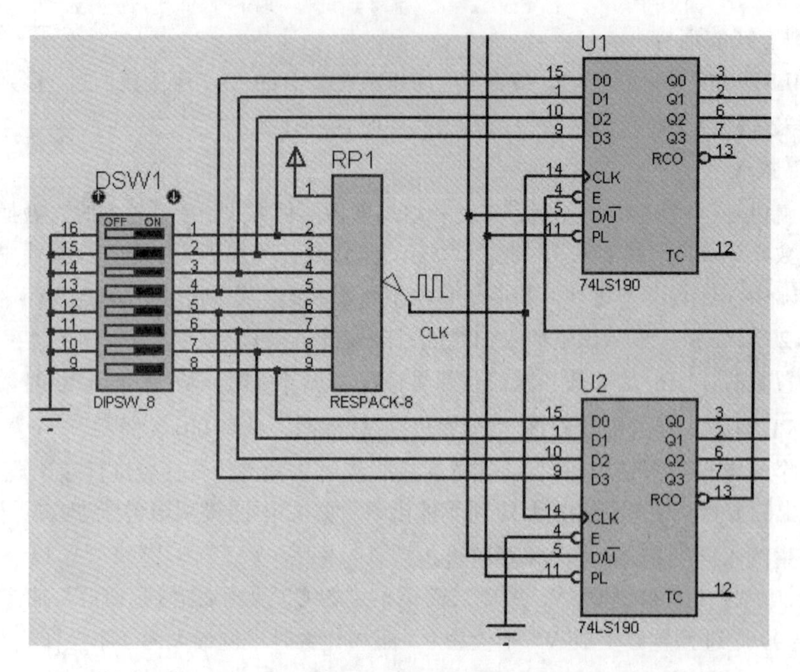

图 4-32　拨码电路

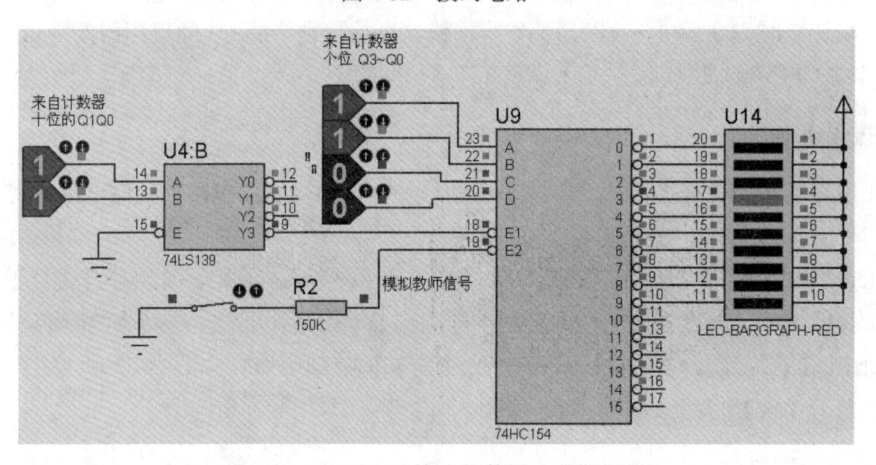

图 4-33　74HC154 接成的数据分配器电路

74HC154 的 BCD 码输入端 DCBA 应该连接学生编号的个位数 Q3、Q2、Q1、Q0(来自计数器 74LS190 的个位)。比如 3，74LS139 的二进制码输入端 B、A 应接学生编号的十位数的 Q1、Q0(来自计数器 74LS190 的十位)，因为学生编号的十位不大于 3，故只接低两位即可。

图中 74LS139 的输入 BA=11，74HC154 的输入 DCBA=0011，教师信号 $\overline{E2}$ =0 有效，故此时数显的数应该是 33，而点亮的二极管应该是第 33 号。因为 U9 是第四片 74HC154，它的发光二极管的编号应该是 30～39。其他三片的 DCBA 及 $\overline{E2}$ 应该分别和此片相应信号并联，片选信号 $\overline{E1}$ 应分别接 74LS139 的 $\overline{Y0}$、$\overline{Y1}$、$\overline{Y2}$，二极管编号分别为 00～09、10～19、20～29、30～39。

因为每个 74HC154 并排接十个发光二极管，所以这里的发光二极管也采用条状 LED 显示比较方便，它位于 Optoelectronics 类中的 Bargraph Displays 子类中。因为 74HC154 输出低电平有效，所以要把 LED-BARGARPH-RED 左右镜像(可点右键操作)后再连接。像这样的多排水平等距连接，只需连接好第一根线，其他的连接只要在起始点双击鼠标左键即可实现，非常方便。另外，由于条状 LED 显示管脚上的编号分布较密，从 74HC154 向它连线如不方便，也可反过来从右到左连接，同样可以使用刚才介绍的方便连线方法。

4. 定时电路

定时电路是指教师轮流指导学生时，指导时间的产生电路，即 74LS190 计数器的时钟周期。因为时间要能调整，可以用 555 定时器组成频率可调的多谐振荡器，来作计数器的时钟，如图 4-34 所示。图中的滑动变阻器可在 Resistors 类中的 Variable 子类中查找。选用元件后面标注为 ACTIVE 库的元件，其中 POT-HG 的调整精确度较高。

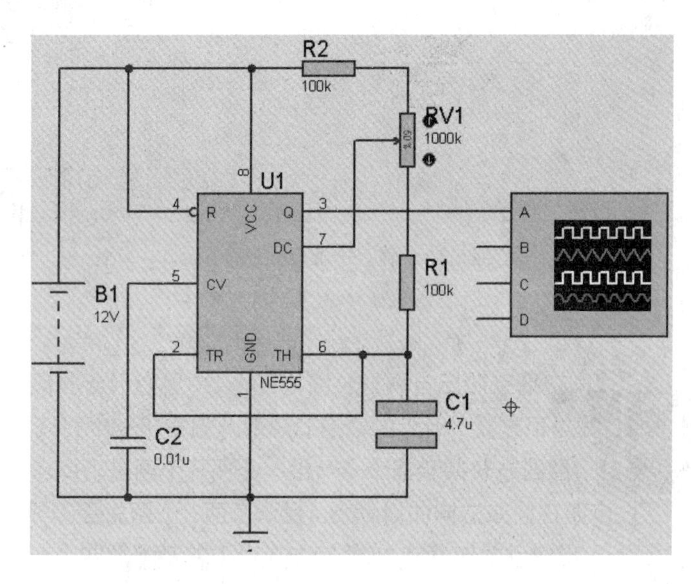

图 4-34　可调的轮流指导时间产生电路

改变图中滑动变阻器并不能改变输出方波的正向导通时间 T_{on}，只能改变 T_{off}，因为电容 C1 充电回路的时间常数没变，而放电时间常数改变了。读者可根据需要改变 R1、R2、RV1 的值，估算周期的调节范围，即教师指导每位学生的时间。

但由于此题中学生人数(40)较多，如果每位学生指导 10 分钟，电路运行时间会很长，所以电路仿真时，我们直接用数字脉冲源作为计数器的时钟，实际应用中可改为 555 电路。

最后的完整 Proteus 仿真电路图如图 4-35 所示。

为了节约集成芯片 74HC154，可采用如图 4-36 所示的显示电路。其中，只用了一片 74HC154，该芯片的输入端接法不变，仍和图 4-35 一样，但输出端同时驱动四十个发光二极管。每十个发光二极管一组，第一组编号为 00～09，第二组编号为 10～19，第三组编号为 20～29，第四组编号为 30～39。74HC154 的每一路输出接四个发光二极管，比如输出 0 接发光二极管 00、10、20、30，分别为四个组中的第一个发光二极管。2-4 译码器 74LS139 的四个输出经反相器 74LS00 驱动后分别接四组发光二极管的共阳极端，从而达到每一时刻只点亮一个发光二极管，同样达到设计目的，但大大节约了元件成本，起到事半功倍的效果。

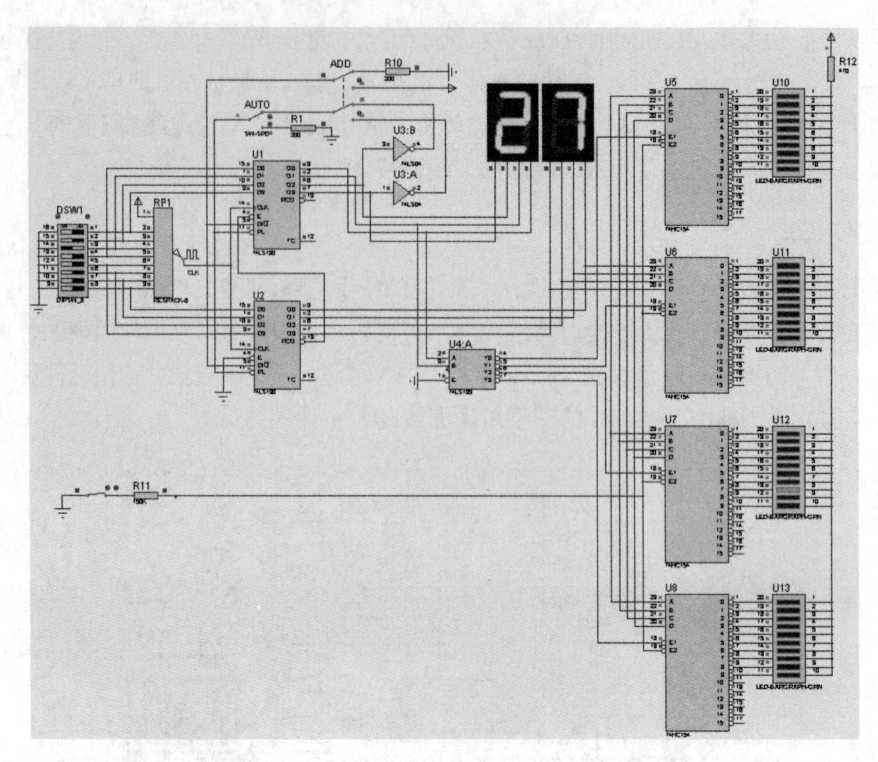

图 4-35　音乐教室控制台的完整仿真电路

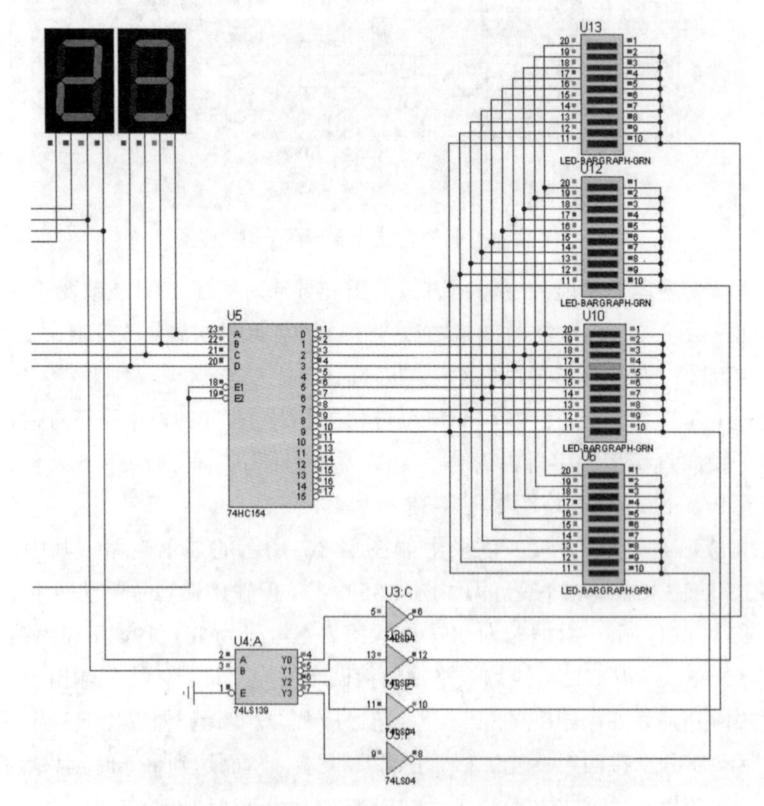

图 4-36　改进的音乐教室控制台的显示部分仿真电路

4.6 直流数字电压表

直流数字电压表的设计制作已不是一个新课题，但通常采用的是单片机控制，必须通过软件编程来实现电路功能。本课题设计一种新型的全硬件电路构成的“直流数字电压表”。

题目设计要求如下：

- 电压测量范围为 DC 0～4V ，误差小于 0.05V。
- 要求不能使用单片机和任何软件进行编程控制。
- 以 A/D 转换器、移位、计数和数码显示等全硬件电路来实现。

4.6.1 系统功能模块组成

全硬件直流数字电压表的功能模块结构图如图 4-37 所示。

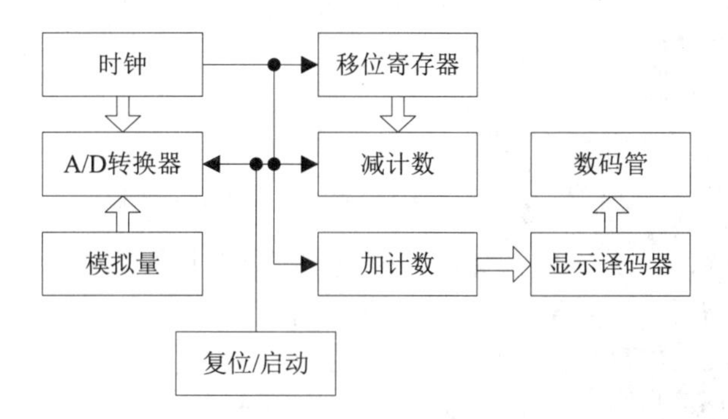

图 4-37　系统功能模块组成

其中，A/D 转换器和加、减计数器是核心模块，根据核心模块实现的功能再去设计周边模块。A/D 转换器使用 ADC0808 或 ADC0809 并行 8 位模/数转换器便能满足精度要求，时钟电路采用 555 定时器，减计数采用四位二进制可逆计数器 74LS193，加计数采用四位十进制加计数 74LS160，数码管要求用四个带小数点的七段显示器，模拟量由滑动变阻器和 DC 5V 电源组成，复位/启动电路可根据各功能模块需求自行设计。

根据图 4-37 给出的功能模块，通过思考会发现，ADC 和加、减计数器都需要时钟脉冲信号，因此需要设计一个时钟电路。其次，二进制减计数的初始值是 ADC 输出的数字量，因此必须先设计 ADC 电路，再设计减计数模块；而加计数模块是为了完成 BCD 码转换进行显示用的，因此，最后设计加计数和显示模块，中间可加上必要的启动和复位电路。有了这样的思路，在 Proteus 平台上进行分模块设计与仿真就可以了。

4.6.2 A/D 转换模块和时钟模块

1. A/D 转换电路设计

以 ADC0808 元件为核心，先上网查找该元件的详细说明书，明确各引脚功能及使用。打开 Proteus ISIS，调出 ADC0808，再调出相应电阻、开关、5V 直流电源和直流电压表等，根据分析可连接如图 4-38(a)所示的 A/D 转换电路。

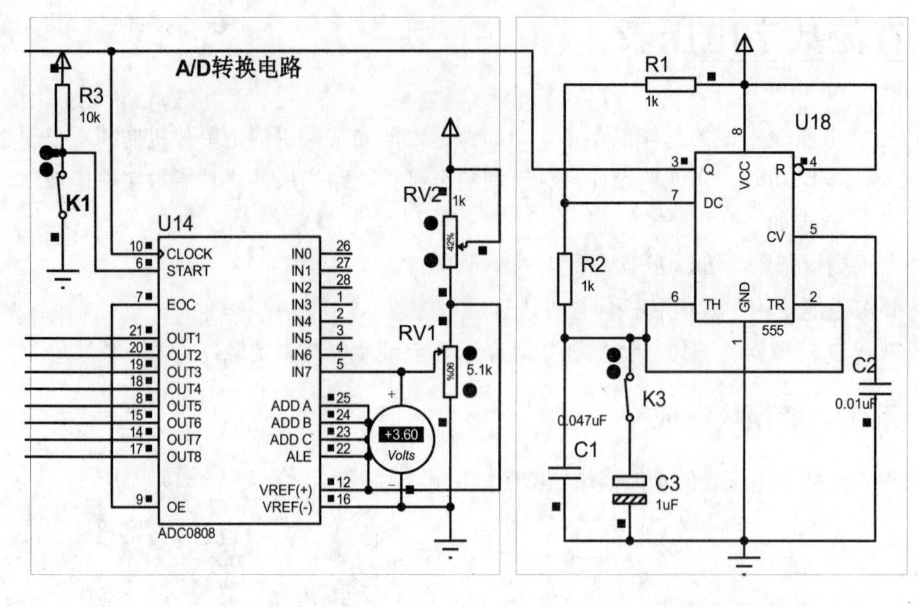

(a) A/D 转换电路　　　　(b) 时钟电路

图 4-38　A/D 转换和时钟的 Proteus 设计电路

ADC0808 的 CLOCK 端要求输入一个 100kHz 左右的时钟信号 ADC 才能工作(这一点一定要注意)，START 端需要一个上升沿来启动 A/D 转换。在转换过程中 8 位数字量不会出现在 OUT1～OUT8 端线上，而是锁存在内部数据缓冲器中，转换结束后，EOC 变高作为指示。但要打开缓冲器，必须给 OE 一个高电平，因此，把 EOC 直接接到 OE 上。注意，OUT1～OUT8 输出的是 8 位二进制数，OUT1 是高位。从 8 个模拟量输入通道中选定一个，比如第 7 通道，则对应的通道地址为 111，把对应的三个管脚接高电平即可，ALE 端也必须要接高电平。在 IN7 和地之间接一个 0～4V 的可变电压，而给定的电源是 5V，需要进行分压，采用两个滑动变阻器串联，如图 4-38 所示，把 RV1 的滑头置于最上端，调节 RV2，观察 Proteus 中虚拟电压表的读数为 4V 时，固定 RV2 不再变化，则在以后采集模量时，只调节 RV1 即可。

此课题中，为什么非要采用 0～4V 的模拟量输入呢？主要是为了简化下面的移位和加法电路。我们来算一下 ADC0808 的分辨率，$\frac{5}{2^8-1}\approx 0.02\text{V}$，满足设计要求。但如何把它方便地转换成可显示的十进制数呢？采取二/十进制转换的方法来实现，即由二进制减计数器对 ADC 输出的数字电压进行计数，同时十进制加计数器也启动，当减计数到 0 时，加计数的值应为实际电压值。按照这样的想法，当输入电压为 5V 时，ADC 输出为 11111111，即 255；当减计数计到 0 时，加计数的计数结果为 255，显然不能和实际的电压 5V 相对应。如果我们把 ADC 数字量的输出扩展成 12 位，输入最大电压设为 4V，则分辨率(即每位二进制数据代表的实际电压值)为 $\frac{4}{2^{12}-16}=\frac{4}{4080}\approx 0.001\text{V}$，那么当输入为最大值 4V 时，ADC 输出为 11111111，左移 4 位后作为减计数的初始值，即 111111110000，那么对应加计数的值为 4080，约为 4000mV，满足课题设计的要求。

2. 时钟电路设计

555 时钟脉冲发生电路有两个功能，一个是产生 100kHz 左右的矩形波输入到 ADC0808 作为工作时钟，另一个是产生一个低频输出作为计数器的计数时钟。这是因为，如果把 100kHz 信号加到计数器上，由于频率过高，计数器无法正常工作，如果不想使电路更加复杂，可根据参数计算，通过开关选择交替输出两个频率即可。首先把 555 定时器接成一个多谐振荡器，根据输出端的频率计算公式 $f \approx \frac{1}{0.7(R_1 + 2R_2)C_1}$，固定 R_1 和 R_2 为 1kΩ 不变，分别选择并联电容 C_1 和 C_3 为 0.047μF 和 1μF，如图 4-38(b)所示，当开关 K3 打开时，输出为高频 ADC 工作时钟，当 K3 合上时，输出为低频计数时钟。在选择元件参数时，一定注意参数的数量级以及实际可用值。

4.6.3　二/十进制转换电路

二/十进制转换电路包括 8～12 位数字量扩展电路(移位电路)、二进制减计数电路和十进制加计数电路三部分。关键是 8～12 位数字量扩展的思路，以及计数器的复位信号如何产生。

1. 二进制减计数电路

二进制减计数电路完成的功能是以 ADC0808 输出的数字量为计数初始值，来一个脉冲减一个数，直到减为 0 为止停止计数。计数器不接显示装置，与加计数也没有太多的关系，关键是加计数和它同时启动，同时停止，由加计数输出显示。就像是有一篮子鸡蛋，减计数器每扔出一个，加计数器就捡到自己篮子里，当减计数器把鸡蛋全部扔完时，加计数器也就没鸡蛋可捡了。最后查一查，加计数器篮子里的鸡蛋一定和减计数器原来篮子里的鸡蛋数目是相等的，这样就完成了二进制到十进制的转换。

减计数的初始值要先变成 12 位，即要选用三片 74LS193。最低位的计数器初始值设为 0000，中间的计数器的初始值接 ADC0808 的低四位，最高位的计数器接 ADC0808 的高四位。三片 74LS193 由低到高进行级联，输出端不使用。如图 4-39(a)所示，相当于把 ADC 输出的 8 位数字量左移 4 位(即乘以 16)后接到减计数的预置数端。

计数器的启动采用手动开关操作，当启动 ADC 后，便可同时启动加、减计数器。启动的作用是给定计数时钟和减计数的预装数信号，如图 4-39(b)所示。采用 JK 触发器输出端 Q 与计数时钟相与后作为最终的计数时钟，来控制计数器的启停。通过开关 K2 给 JK 触发器一个下降沿时钟，使其输出高电平，启动计数器。当减计数电路计到 0 时，高位的 $\overline{\text{TCD}}$ 输出一个负脉冲，用它来给 JK 触发器复位，切断计数时钟，使加、减计数器同时停止。减计数的预装数信号 $\overline{\text{PL}}$ 直接由 K2 提供。有的读者没有了解清楚 74LS193 的引脚功能或使用了其他减计数器，在 Proteus 仿真时，采用或非门和 74HC133(13 输入与非门)，把三片 74LS193 的所有输出取非相或后再与非来产生负脉冲，虽然也可行，但使电路复杂化了。

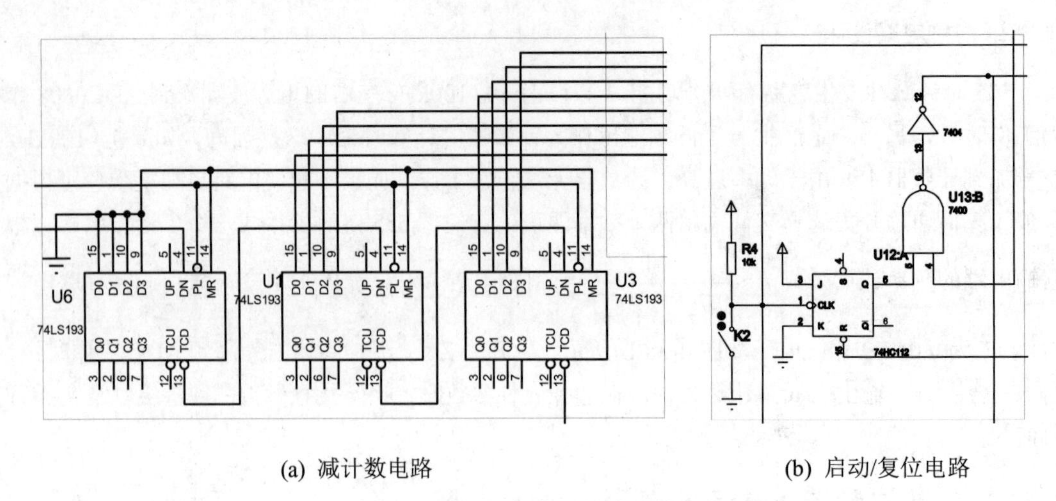

(a) 减计数电路 (b) 启动/复位电路

图 4-39 Proteus 中设计的减计数电路

2. 十进制加计数电路

根据前面的分析结果，十进制加计数电路应由四片 74LS160 组成，如图 4-40 所示。它不需要预置数，从 0 开始计数，直到减计数减到 0 时，通过 JK 触发器切断计数时钟，加计数器才停止计数，此时，它的输出保持不变，能够稳定地进行显示。加计数器的清零信号由 K2 控制，在启动时先清零，也清了显示屏。由于每片 74LS160 都是十进制加计数器，通过由低到高的级联后，分别为个、十、百、千位，每个芯片的输出都是 BCD 码，可直接送给显示译码器。

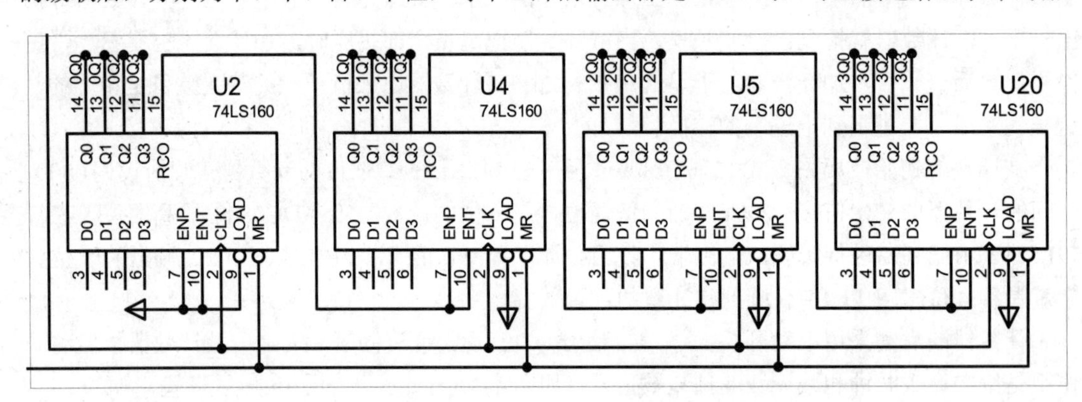

图 4-40 Proteus 中设计的加计数电路

4.6.4 显示电路

显示电路比较简单，包括显示驱动译码器和数码管。数码管要选用带小数点的，如果是共阴极，译码芯片要使用 74LS48；如果是共阳极数码管，则要选用 74LS47 来驱动；也可以选用 CD4543，能驱动共阳极和共阴极两种数码管。

四个 74LS47 的输入端 BCD 码 ABCD 分别与四个 74LS160 的输出 Q0～Q3 相连，74LS47 的七个输出端分别与四个共阳极数码管的 abcdefg 一一对接，74LS47 的三个功能端不使用，都接高电平。数码管的小数点和共阳极端都接高电平，除了千位的小数点接地，要常显示。这样，加计数的千位变成了个位，其他位都变成了小数位。

根据前面的分析，当某一模拟量的转换值为 11100101 时，减计数器直接对 111001010000 进行减计数，当减计数到 0 时，加计数也停止计数。这样加计数一共计的数就是 111001010000 的十进制数值，即 $2^{11}+2^{10}+2^{9}+2^{6}+2^{4}=3664$，由于分辨率约为 0.001V，因此为 3.664V，显示电路如图 4-41 所示。

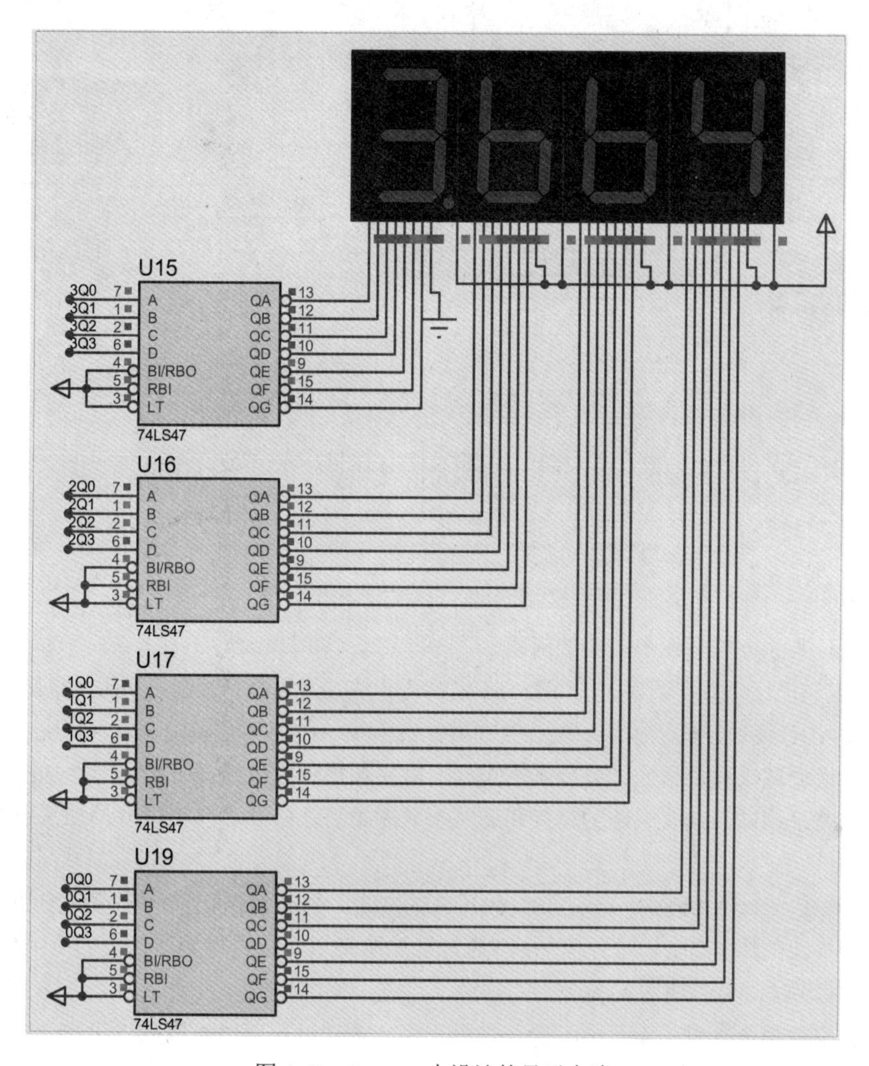

图 4-41　Proteus 中设计的显示电路

4.6.5　焊接与调试

把各个功能模块的电路在 Proteus 中设计仿真正确之后，再进行整体连接和仿真调试，数字电压表的完整电路图如图 4-42 所示。

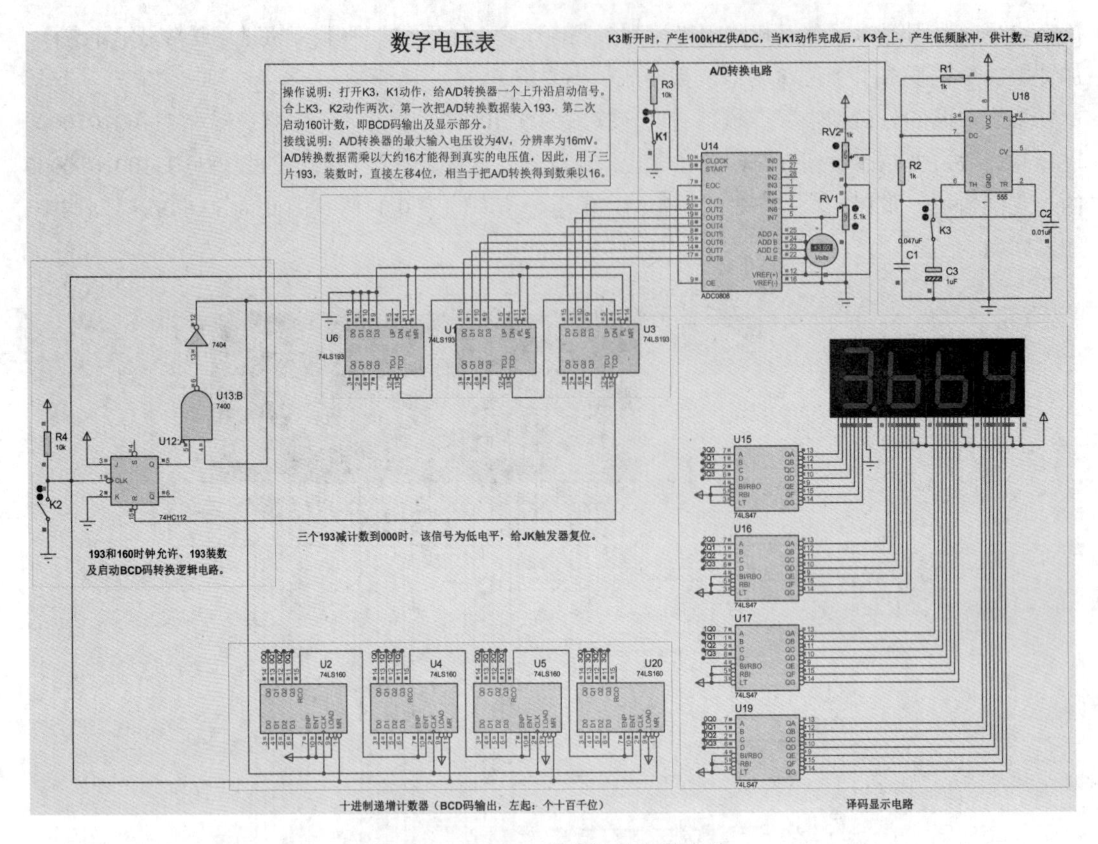

图 4-42　Proteus 中设计的完整电路

在焊接时要注意以下几个方面的问题。

(1) 分模块进行焊接和调试。先焊接 555 定时器模块，因为没有时钟，其他电路都无法工作；其次再焊接 ADC 模块、显示模块、加计数和减计数模块、启动复位模块。显示模块一定要先于计数模块焊接调试成功，因为如果显示不正确，就会增加计数电路调试的困难。加法电路可以通过显示电路来调试，减法电路的焊接和调试要放在最后，必须和已调试好的加法电路及显示电路一起调试。

(2) 每焊接一个功能模块，一定要设计好调试方案，只有调试出前一个模块的功能，才能进行下一个模块的焊接。比如时钟模块，可通过示波器来观察是否得到所需要的两个脉冲信号。调试 ADC 模块时，可先使用实验台上的时钟，给定一个电压值，启动 A/D 转换，然后测量 8 位数字量输出的每个管脚的电平值，验算是否正确。调试显示电路可以人工给定一些数量，看显示是否正确等。

(3) 每个模块都调试正确后，方可把模块间的引线连在一起进行整体调试。

(4) 焊接时应焊接集成芯片对应的插座，要注意元件的封装，调试时再安装芯片，以免焊接时烫坏芯片。

(5) 不要忘记焊接集成芯片的电源和接地线，最好统一排规整，以便排查故障。

(6) 要善于利用实验台上的装置和仪器，注意断电后进行电路焊接，上电后进行电路测量。

在实际指导过程中发现，万能板焊接故障点多，如果事先又没有严格按要求来分模块焊接和调试，一旦出了问题，就前功尽弃。而使用自制印刷电路板，则故障点就降低很多，容易实现电路功能。图 4-43 是学生在测量自己所焊接完成的电路功能。

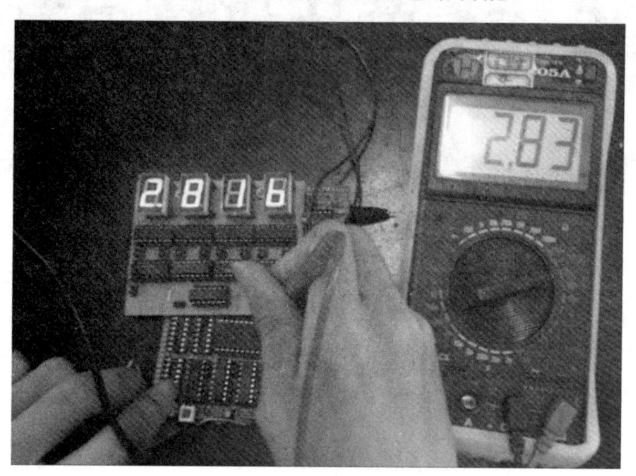

图 4-43　电路功能测试

本课题涵盖了数字电子技术中重点章节知识点，如脉冲发生电路，模/数转换电路，组合逻辑电路(显示译码器、集成组合门电路)，时序逻辑电路(移位电路、计数电路、触发器)。根据设计任务和要求，提出分模块进行电路设计与调试。在 Proteus 虚拟实验平台上能加强学生自主设计的兴趣和能力，通过独立焊接调试和验收答辩，提高学生综合运用数电知识解决和分析实际问题的能力，锻炼学生的实践操作技能。

第5章 MCS-51单片机接口基础

MCS-51 系列单片机在很多产品中得到了广泛的应用。在具体的工程实践中，单片机应用技术所涉及的实践环节较多，且硬件投入较大，如果因为控制方案有误而进行相应的开发设计，会浪费较多的时间和经费。Proteus 仿真软件很好地解决了这些问题，它可以像 Protel 一样绘制硬件原理图并实现硬件调试，再与 Keil 编程软件进行联调，实现对控制方案的验证，为初学单片机的用户提供了极大的方便。

5.1 汇编源程序的建立与编译

Keil 是德国 Keil 公司开发的单片机编译器，为目前最好的 51 单片机开发工具之一，可以用来编译 C 源代码和汇编源程序、连接和重定位目标文件与库文件、创建 HEX 文件、调试目标程序等，是一个集成化的文件管理编译环境。在 Proteus 中，可以直接与 Keil 编程软件进行联调，进而实现对所设计电路的验证。

5.1.1 Proteus 中的源程序设计与编译

Proteus VSM 提供了简单的文本编辑器，作为源程序的编辑环境。对于不同系列的单片机，VSM 均提供了相应的编译器，使用时可根据单片机的型号和语言要求来选取。

编译器有以下 6 种：

- ASEM51(51 系列单片机编译器)；
- ASM11(Motorola 单片机编译器)；
- AVRASM(Atmel AVR 系列单片机编译器)；
- AVRASM32(Atmel AVR 系列单片机编译器)；
- MPASM(PIC 单片机编译器)；
- MPASMSWIN(PIC 单片机编译器)。

1. 建立源程序文件

(1) 在 Proteus ISIS 界面中单击【Source】(源程序) →【Add/Remove Source Files...】(添加/移除源程序)选项，弹出如图 5-1 所示对话框，单击“Code Generation Tool”(目标代码生成工具)下拉列表框中的▼按钮，弹出下拉菜单，根据需要选择相应的编译器，例如“ASEM51”(51

系列单片机编译器)。

(2) 在图 5-1 所示的对话框中单击“New”按钮，弹出如图 5-2 所示的对话框；在文件名框中输入新建源程序文件名“mydesign”，单击“打开”按钮，弹出图 5-2 中所示的小对话框；单击“是”按钮，新建的源程序文件就添加到图 5-1 中的“Source Code Filename”方框中，如图 5-3 所示。同时在 ISIS 界面的“Source”菜单中也加入了源程序文件名“mydesign.asm”，如图 5-4 所示。

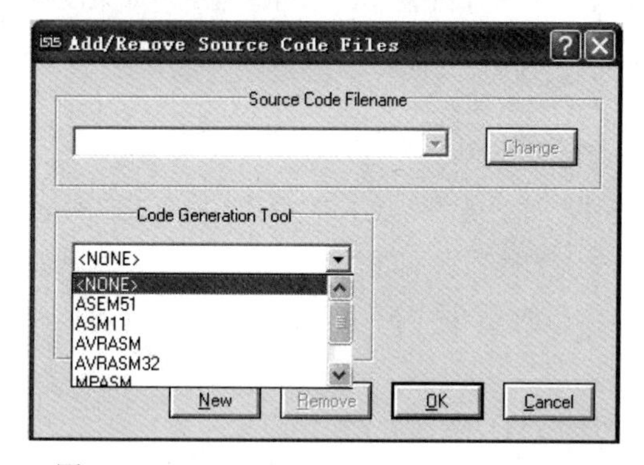

图 5-1　Add/Remove Source Code Files 对话框

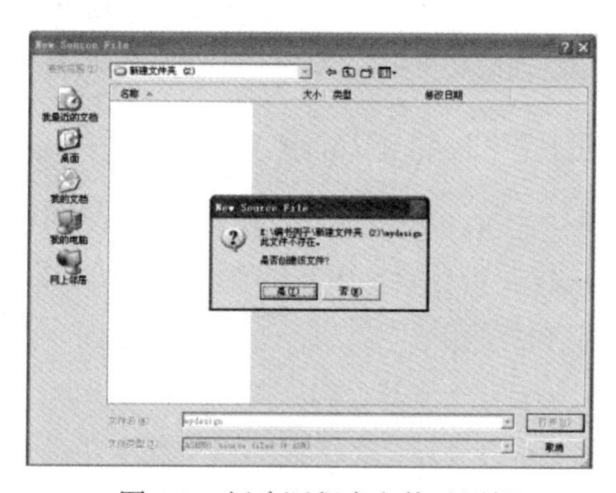

图 5-2　新建源程序文件对话框

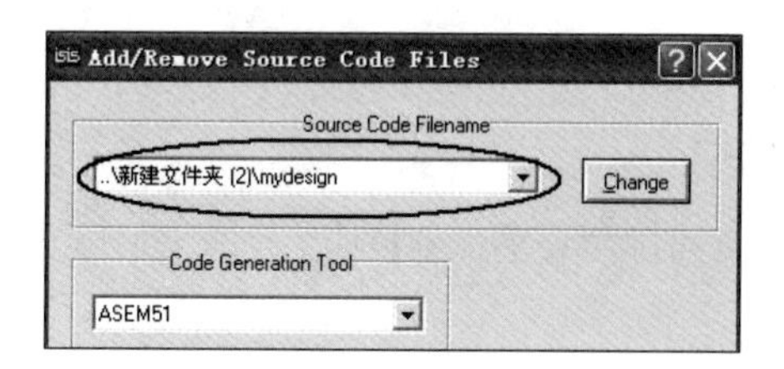

图 5-3　源程序添加结果

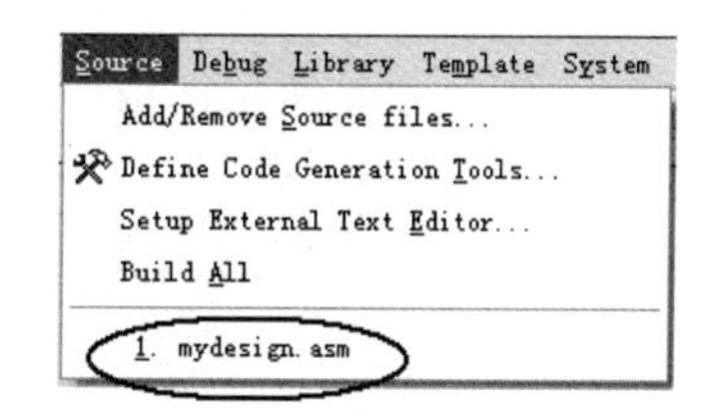

图 5-4　Source 菜单中加载的源程序文件名

2. 编写源程序代码

单击【Source】→【mydesign.asm】菜单项，出现如图 5-5 所示的源程序编辑窗口。编写源程序后保存并退出。

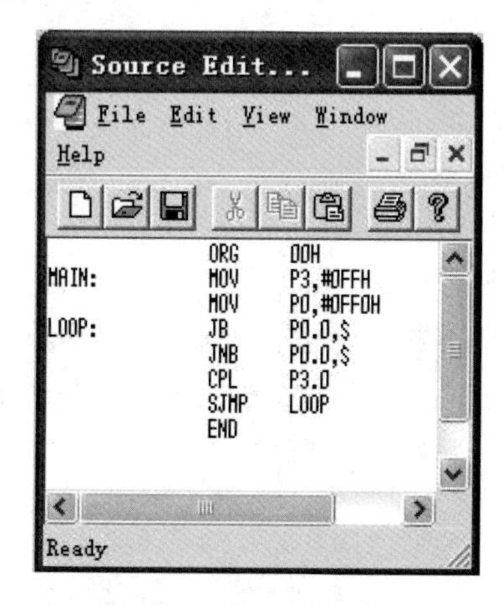

图 5-5　源程序编辑窗口

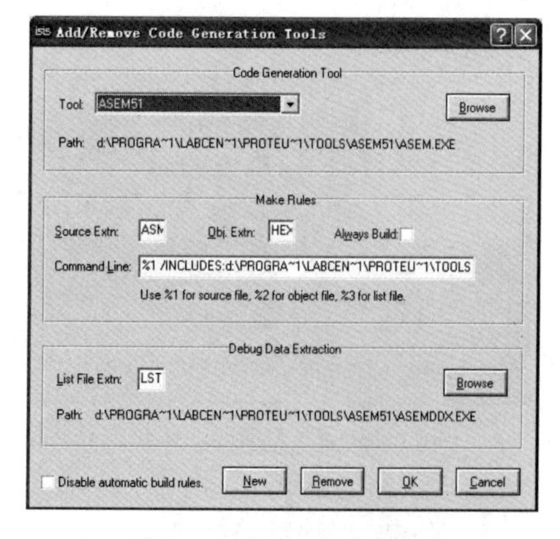

图 5-6　编译器设置对话框

3. 源程序编译

(1) 编译器设置。

第一次使用编译器时需要进行相关的设置，单击【Source】→【Define Code Generation Tools】菜单项，出现如图5-6所示对话框，本例中实际设置结果如图5-6所示。

(2) 编译源程序，生成目标代码文件。

单击【Source】→【Build All】菜单项，编译结果出现在弹出的编译日志对话框中。如果没有错误便成功生成目标代码的“.hex”文件。本例中生成的目标代码文件为“MYDESIGN.HEX”。

5.1.2 Keil μVision 中的源程序设计与编译

在Keil集成开发环境下使用工程的方法来管理文件，而不是单一文件的模式，所有的文件包括源程序(如C程序及汇编程序)、头文件等，都可以放在工程项目文件里统一管理。对于刚刚使用Keil的用户，一般可以按照下面的步骤来创建一个自己的应用程序：

(1) 一个工程项目文件。

(2) 选择目标器件(例如，选择ATMEL公司的AT89C51)。

(3) 为工程项目设置软硬件调试环境。

(4) 创建源程序文件并输入程序代码。

(5) 保存创建的源程序项目文件。

(6) 把源程序文件添加到项目中。

具体如何建立应用程序并进行仿真调试，我们将通过实验来详细说明。

1. 建立一个项目

双击桌面快捷图标即可进入如图5-7所示的集成开发环境编辑操作界面，主要包括三个窗口：工程项目窗口、编辑窗口和输出窗口。

(1) 单击【Project】→【New Project】选项，新建一个项目，如图5-8所示。

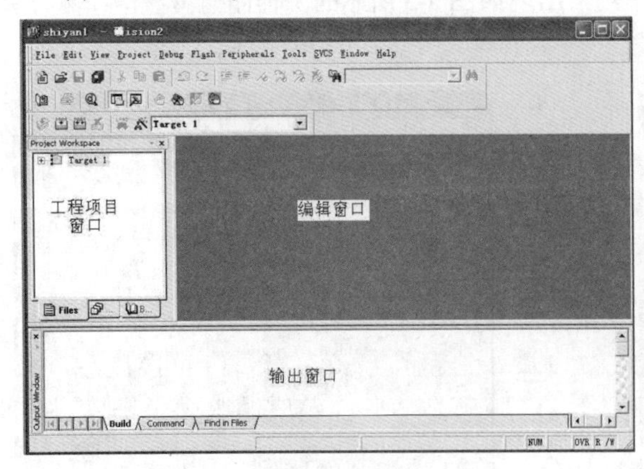

图5-7　μVision2编辑操作界面

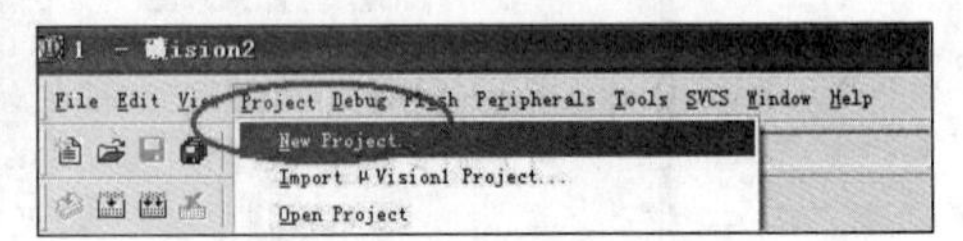

图5-8　Project菜单

(2) 选择要保存的路径，输入工程文件的名字(比如保存到“UV2”文件夹里，工程文件的名字为“shiyan1”)，如图 5-9 所示，然后单击“保存”按钮。

这时会弹出一个对话框，要求选择单片机的型号。这里可以根据所使用的单片机来选择，Keil 几乎支持所有 51 核的单片机，此处以 Atmel 的 AT89C51 来说明，如图 5-10 所示。

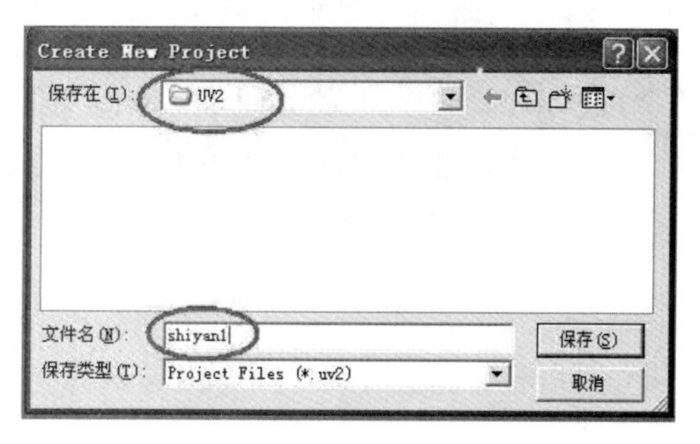

图 5-9　Project 保存设置界面

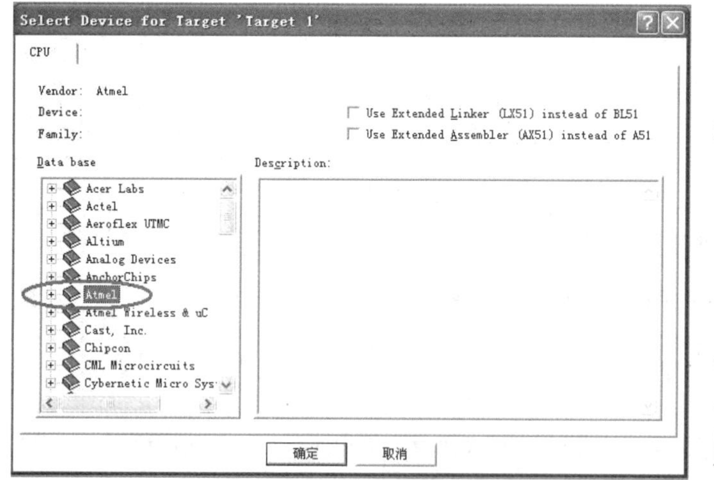

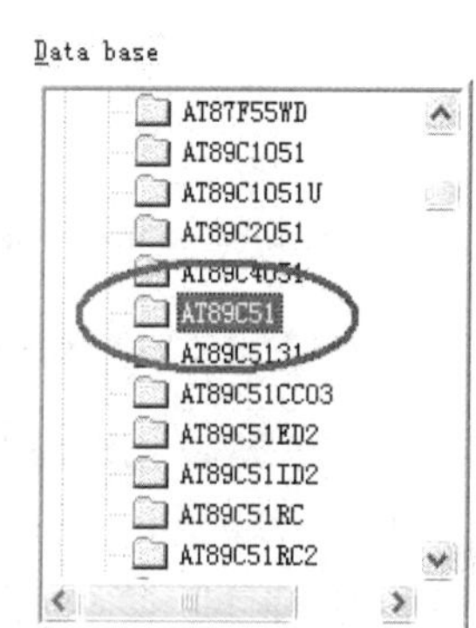

图 5-10　选择器件

(3) 首先选择 Atmel 公司，接着单击左边的“+”号选择 AT89C51 之后，右边栏是对这个单片机的基本说明，然后单击“确定”按钮，在随后弹出的对话框单击“否”按钮。

完成以上步骤后，屏幕如图 5-11 所示。

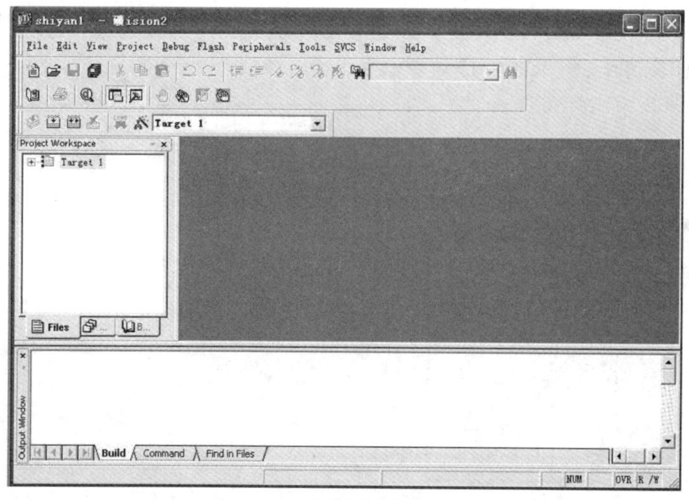

图 5-11　初始化编辑界面

(4) 接下来进行选项设置，将鼠标指针指向“Target 1”并单击右键，从弹出的快捷菜单中单击选择“Options for Target Target 1”选项，如图 5-12 所示。

(5) 从弹出的“Options for Target ′Target 1′”对话框中选择“Output”标签栏，并按图 5-13 所示设置其中各项参数。

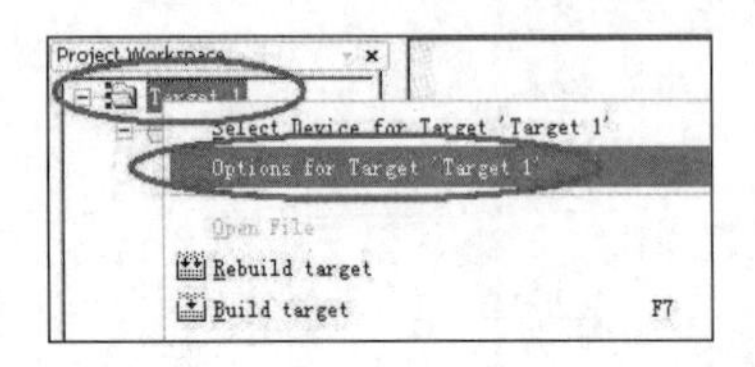

图 5-12　选择“Options for Target ′Target 1′”选项

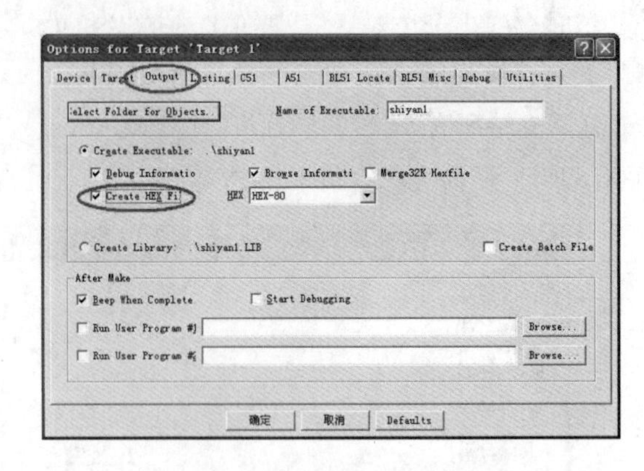

图 5-13　“Output”标签栏

2. 建立一个新的 ASM 汇编语言程序并编译

下面开始编写源程序。

(1) 在菜单栏中，单击【File】→【New】选项，或直接单击工具栏中的快捷图标来建立一个新的编辑窗口。此时光标在编辑窗口里闪烁，这时可以输入用户的应用程序。建议首先保存该空白文件，单击菜单栏上的【File】→【Save As】选项，在弹出的对话框的“文件名”编辑框中，输入欲使用的文件名及正确的扩展名，如“Text1.asm”，然后单击“保存”按钮，如图 5-14 所示。

注意：

如果用 C 语言编写程序，则扩展名为“.c”；如果用汇编语言编写程序，则扩展名为“.asm”，且必须添加扩展文件名。

(2) 回到编辑界面后，单击“Target 1”前面的“＋”号，然后在“Source Group 1”上单击鼠标右键，弹出如图 5-15 所示的快捷菜单。

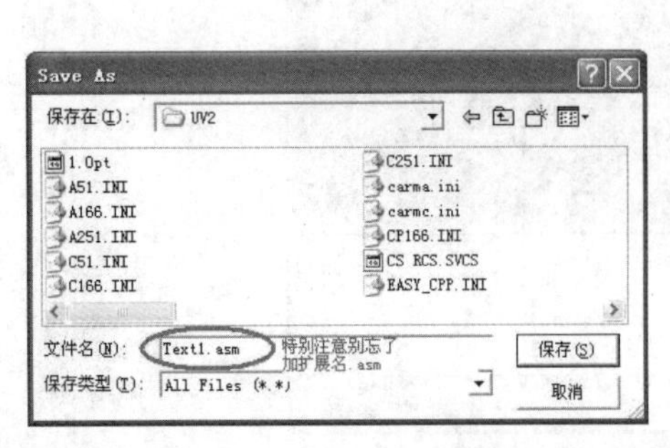

图 5-14　保存源程序

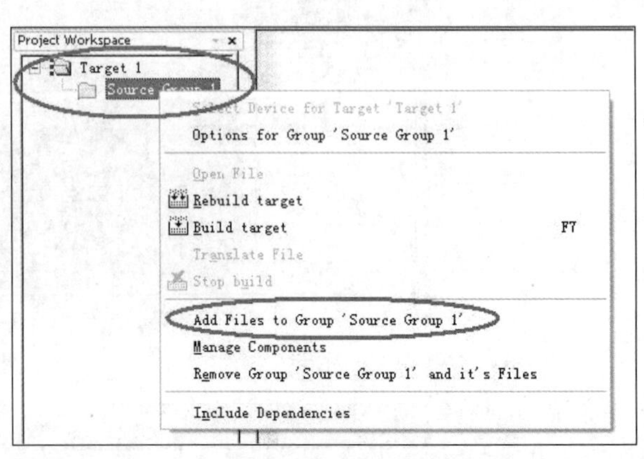

图 5-15　弹出的快捷菜单

(3) 单击“Add Files to Group 'Source Group 1'”，打开如图 5-16 所示对话框，在“文件类型”处默认为“C Source file(*.c)”。因为前面我们保存的是汇编语言的文件，故此处需要选择“Asm Source file(*.s*;*.src;*.a*)”，这样在上面就可以看到刚才保存的汇编语言文件“Text1.asm”；双击该文件则其自动添加至项目，单击“Close”按钮关闭对话框。

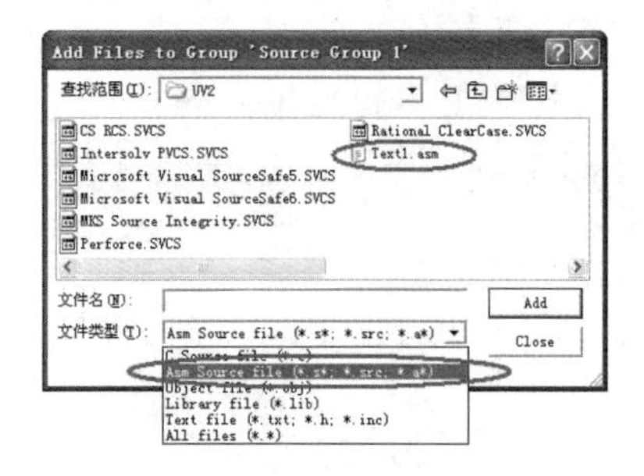

图 5-16　添加文件对话框

对比图 5-17 和图 5-15，可以看出二者的不同点：添加了汇编语言文件后，在“Source Group 1”文件夹前面出现了一个“+”号，单击“+”号将文件夹展开，就看到了刚才添加的“Text1.asm”文件。

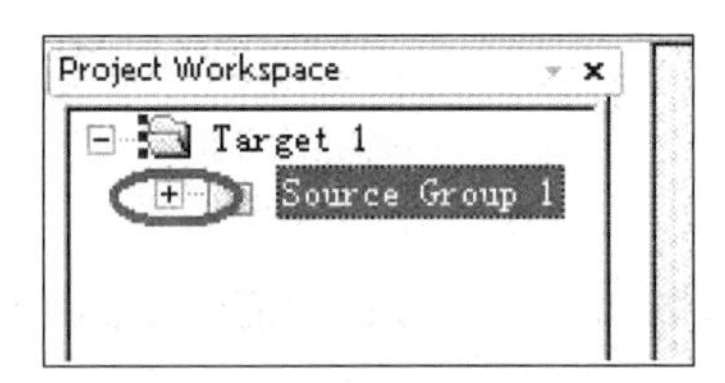

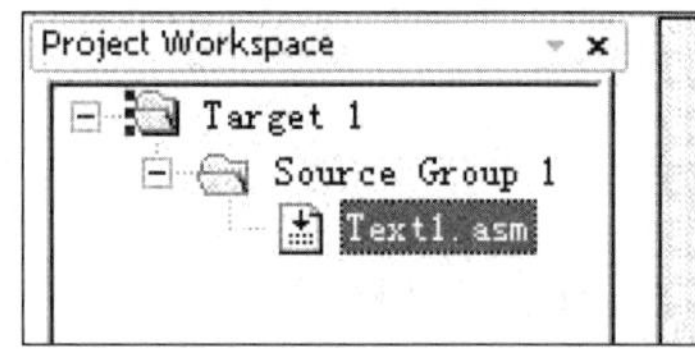

图 5-17　添加文件后菜单栏的变化

(4) 这时就可以在右侧的编辑区输入汇编源程序了。在输入指令时，读者可以看到事先保存待编辑文件的好处：Keil 会自动识别关键字，并以不同的颜色提示用户加以注意，这样会使用户少犯错误，有利于提高编程效率。程序输入完毕后别忘了再次保存，如图 5-18 所示。

(5) 程序文件编辑完毕后，单击【Project】→【Build target】选项(或使用快捷键“Ctrl+F7”)，或者单击工具栏中的快捷图标来进行编译，如图 5-19 所示。

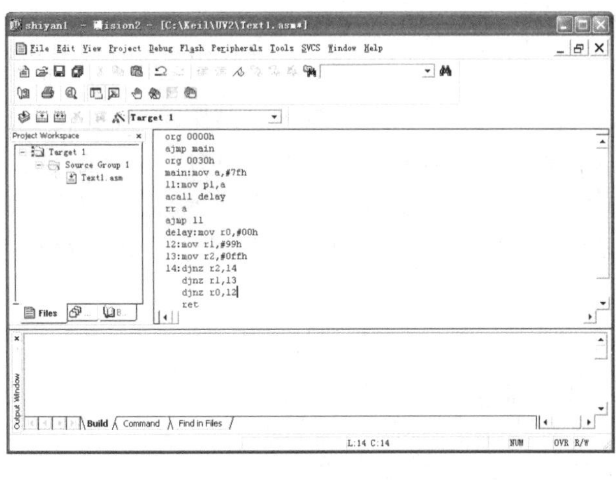

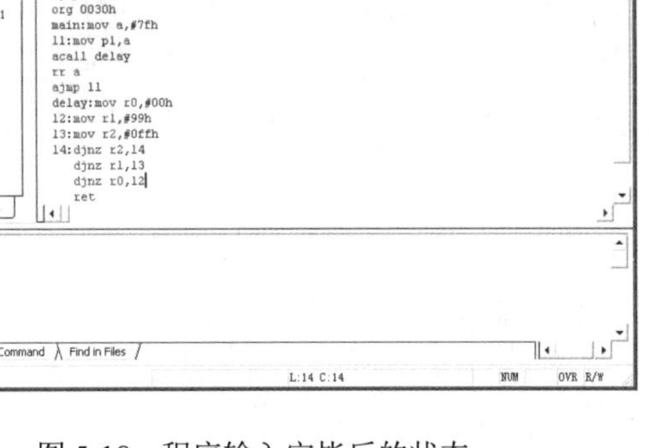

图 5-18　程序输入完毕后的状态

图 5-19　编译菜单

(6) 如果有错误，则在最后的输出窗口中会出现所有错误所在的位置和错误原因，并有“Target not created”的提示。双击该处的错误提示，在编辑区对应错误指令处的左面出现蓝色箭头提示，可对当前的错误指令进行修改，如图 5-20 所示。

(7) 将所有提示过的错误进行修改，然后再次重复步骤(5)的操作进行编译，直至出现“"shiyan1" - 0 Error(s), 0 Warning(s)”字样，说明编译完全通过，如图 5-21 所示。

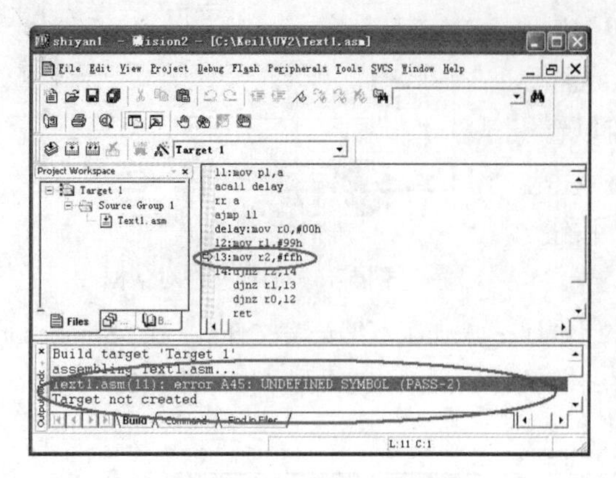

图 5-20　错误提示界面

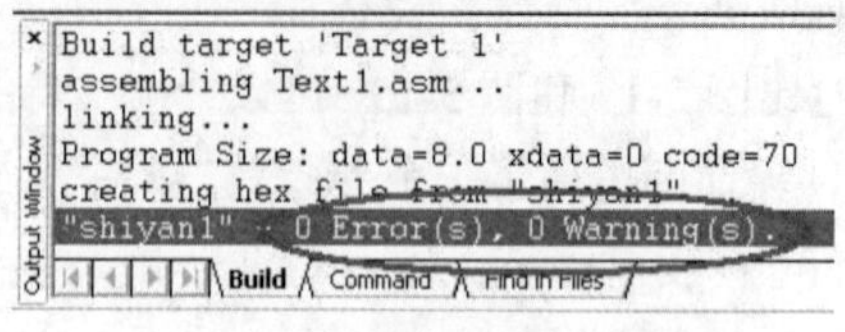

图 5-21　编译通过提示界面

3. 调试并仿真

编译成功后，就可以进行调试并仿真了。单击【Project】→【Start/Stop Debug Session】菜单项(或者使用快捷键“Ctrl+F5”)，或者单击工具栏中的快捷图标就可以进入调试界面，如图 5-22 所示。

左面的工程项目窗口给出了常用的寄存器 r0～r7，以及 a、b、sp、dptr、pc 和 psw 等特殊功能寄存器的值。在执行程序的过程中可以看到，这些值会随着程序的执行发生相应的变化。

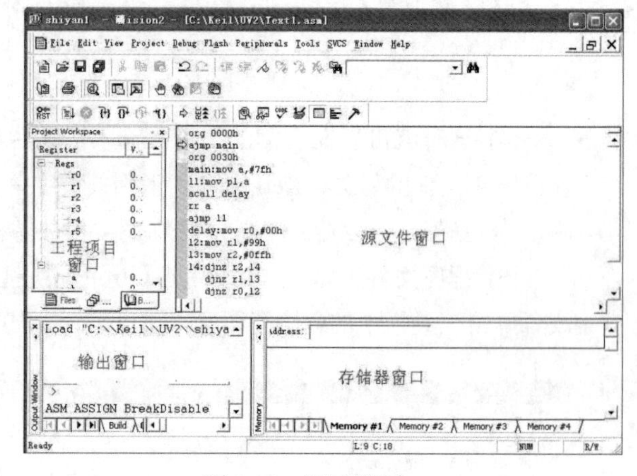

图 5-22　调试界面

在存储器窗口的地址栏处输入“C：0000h”后回车，则可以观看所有单片机片内程序存储器的内容，如图 5-23 所示，下面用横线画出来的部分，就是已经编辑的源程序转化成的机器语言的十六进制数(或者说是对应的机器码)。如果在存储器窗口的地址栏处输入“D：00H”后回车，则可以观看所有单片机片内数据存储器的内容。

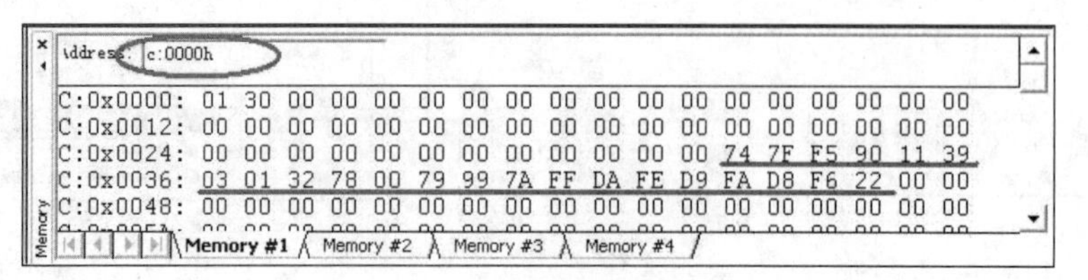

图 5-23　程序存储器窗口

在联机调试状态下可以启动程序全速运行、单步运行及设置断点等，单击【Debug】→【Go】选项，启动用户程序全速运行。

下面介绍几种常用的调试命令及方法。

(1) 复位 CPU

用“Debug”菜单或工具栏的“Reset CPU”命令可以复位 CPU。在不改变程序的情况下，若想使程序重新开始运行，执行此命令即可。执行此命令后程序指针返回到 000H 地址单元。另外，一些内部特殊功能寄存器在复位期间也将重新赋值。例如，A 将变为 00H，DPTR 变为 0000H，SP 变为 07H，I/O 口变为 0FFH。

(2) 全速运行(Ctrl+F5)

用“Debug”工具栏的“Go”命令或“Run”命令按钮，即可实现全速运行程序。当然若程序中已经设置断点，程序将执行到断点处，并等待调试指令。

(3) 单步跟踪(Ctrl+F11)

用“Debug”工具栏的“Step”命令或“StepInto”命令按钮，可以单步跟踪程序。每执行一次此命令，程序将运行一条指令(以指令为基本执行单元)。当前的指令用黄色箭头标出，每执行一步箭头都会移动，已执行过的语言呈绿色。在汇编语言调试下，可以跟踪到每一个汇编指令的执行。Keil μVision2 处于全速运行期间，Keil μVision2 不允许对任何资源的查看，也不接受其他命令。

(4) 单步运行(Ctrl+F10)

用“Debug”工具栏的“Step Over”或 “Step Over”快捷命令按钮，即可实现单步运行程序，此时单步运行命令将把函数和函数调用当作一个实体来看待，因此单步运行是以语句(该语句不管是单一命令行还是函数调用)为基本执行单元。

(5) 执行返回(Ctrl+F11)

在用单步跟踪命令跟踪到子函数或子程序内部时，使用菜单栏中的【Debug】→【Step Out of Current Function】命令或“Step Out”快捷命令按钮，即可将程序中的 PC 指针返回到调用此子程序或函数的下一条语句。

(6) 停止调试(Ctrl+F5)

由于“Led_Light”程序使用了系统资源 P1 口，为了更好地观察这些资源的变化，用户可以打开它们的观察窗口。选择【Peripherals】→【I/O-Ports】→【Port1】命令，即可打开并行 I/O 口 P1 的观察窗口。

5.2 Proteus 与单片机电路的交互式仿真与调试

5.2.1 加载目标代码

在 Proteus ISIS 界面中编辑电路原理图实例，如图 5-24 所示。

双击单片机 AT89C51，打开其属性编辑框，在“Program File”栏中，单击打开按钮，选取目标代码文件，这里是“MYDESIGN.HEX”。在“Clock Frequency”栏中设置时钟频率为 12MHz，如图 5-25 所示。因为仿真运行时的时钟频率是以单片机属性中设置的频率值为准，所以在 Proteus ISIS 界面中设计电路原理图时，可以略去单片机的时钟电路。另外，复位电路也可略去。对于 MCS-51 系列单片机而言，在不进行电路电气检测时，EA 引脚也可悬空。

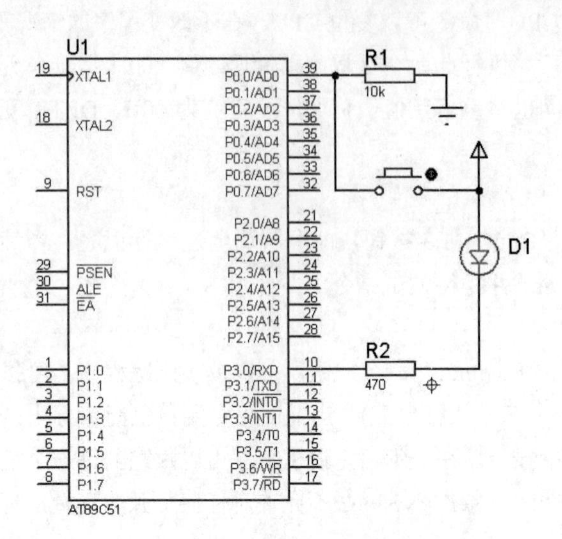

图 5-24　实例电路原理图

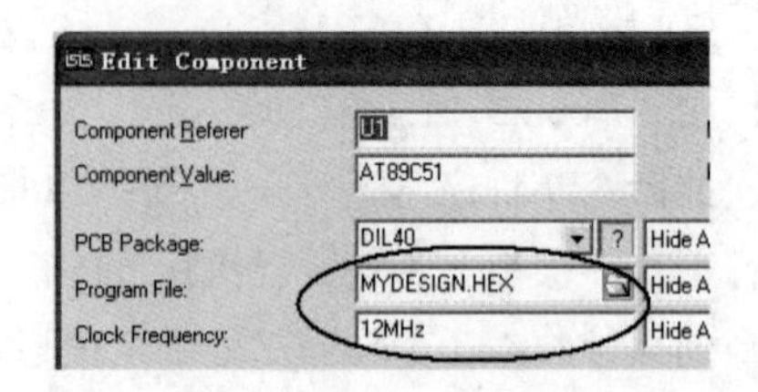

图 5-25　加载目标代码文件和时钟设置

5.2.2　单片机系统的 Proteus 交互仿真

在 Proteus 仿真界面中单击 ▶ 按钮，启动仿真，此时电路中的 LED 不亮。用鼠标单击电路图中的按钮，进行交互仿真。单击一次按钮，LED 灯亮，再单击一次，LED 灯灭，如此循环交替。本实例的仿真片段如图 5-26 所示。单击仿真按钮 ■ ，可停止仿真。

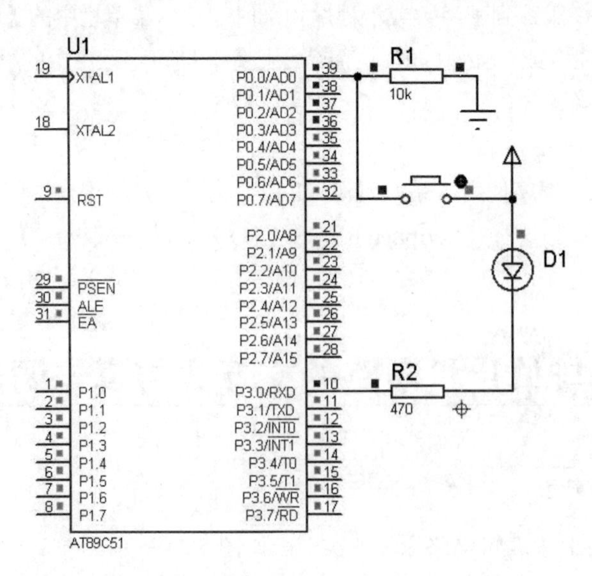

图 5-26　实例仿真片段

5.2.3　调试菜单与调试窗口

系统在仿真运行时不显示调试窗口，可单击暂停按钮▐▐，然后单击 Proteus ISIS 界面的“Debug”菜单，弹出如图 5-27 所示的下拉菜单。从图中可以看出，调试菜单中包含 3 个存储器窗口，在调试过程中可分别打开这 3 个存储器窗口进行观察。

图 5-27　“Debug”下拉菜单

1. 单片机寄存器窗口

通过选择【Debug】→【8051 CPU Registers-U1】菜单项打开单片机寄存器窗口，如图 5-28 所示。里面有常用的 SFR，如 SP、PC、PSW、R0～R7、ACC 及将要执行的指令等。在本窗口内右击，可以设置窗口的字体和颜色。

2. 单片机 SFR 窗口

通过选择【Debug】→【8051 CPU SFR Memory-U1】菜单项打开单片机的 SFR 窗口，如图 5-29 所示。

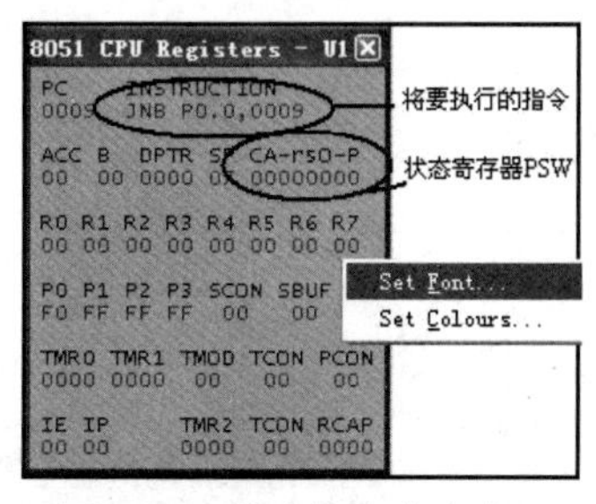

图 5-28　单片机寄存器窗口

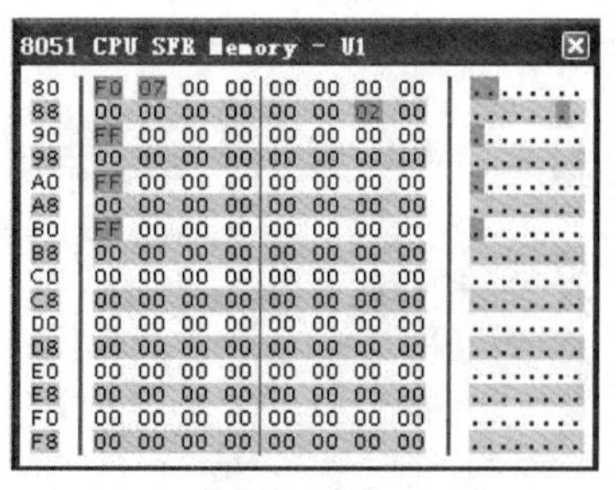

图 5-29　单片机 SFR 窗口

3. 单片机 IDATA 窗口

通过选择【Debug】→【8051 CPU Internal(IDATA)Memory-U1】菜单项打开单片机的 IDATA 窗口，如图 5-30 所示。

对于单片机的 SFR 寄存器，既可以从单片机的寄存器窗口中查看，也可以在 SFR 寄存器窗口中查看。

在 SFR 或 IDATA 窗口中右击，可弹出窗口的快捷菜单，如图 5-31 所示为单片机 IDATA 窗口的快捷菜单。可使用“Goto...”命令快速运动到指定的显示单元，还可复制数据或改变显示方式等。

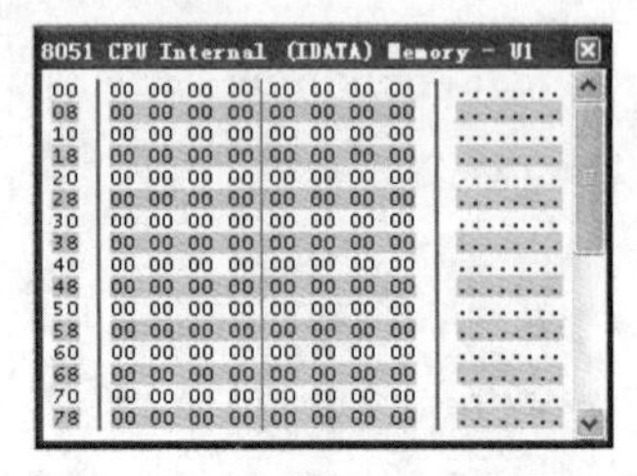

图 5-30　单片机 IDATA 窗口

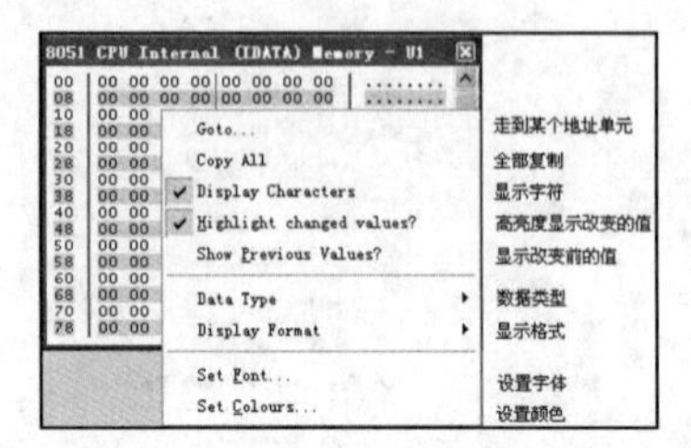

图 5-31　单片机 IDATA 窗口的快捷菜单

5.2.4　观察窗口

虽然通过以上方法可以观察单片机各个存储器的内容，但因显示内容比较分散，观察起来不方便。对此，Proteus 又同时提供了一个观察窗口“Watch Window”，它可以将所关心的各项寄存器的内容集中于一个窗口中，观察起来十分方便，克服了上述缺点。

1. 添加观察项

通过选择【Debug】→【Watch Window】菜单项打开空白的观察窗口，在观察窗口内右击，弹出快捷菜单，如图 5-32 所示。通过该菜单可添加及删除观察项，设置观察项的数据类型、显示格式，以及设置窗口的字体和颜色等。

若单击“Add Items(By Name)...”项，便会弹出如图 5-33 所示的对话框，双击相应的 SFR 寄存器名称，即可以观察项名称的方式将观察项添加到观察窗口中；也可选择以观察项的地址来添加观察项的方式。添加了观察项的观察窗口如图 5-34 所示。

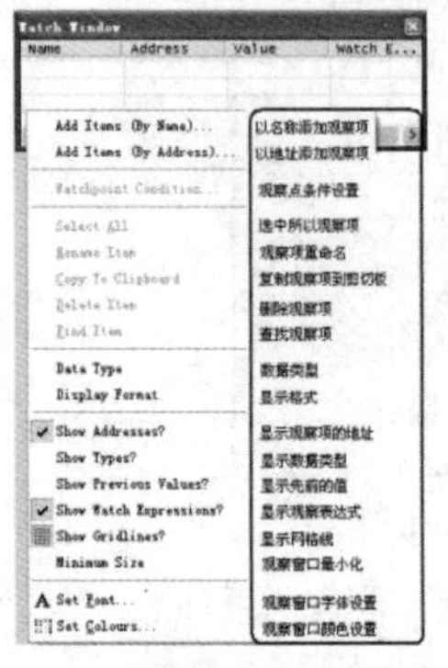

图 5-32　观察窗口及快捷菜单

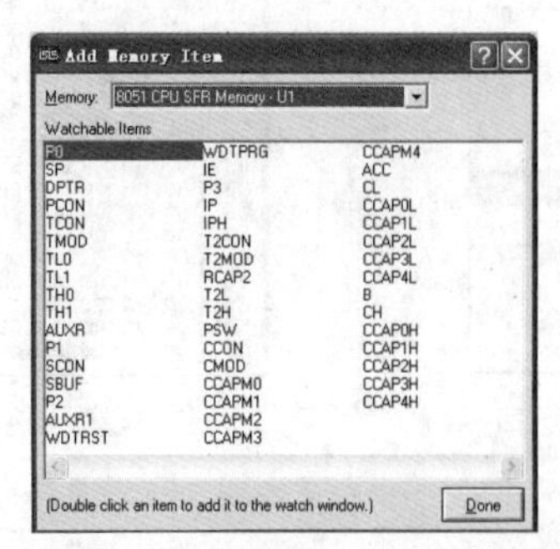

图 5-33　“Add Memory Item”对话框

Name	Address	Value	Watch E...
P0	0x0000	0xF0	
P3	0x0030	0xFE	
0x52	0x52	0x00	

图 5-34　添加了观察项的观察窗口

2. 删除观察项

要删除已添加的观察项，有以下两种方法：

(1) 在观察窗口单击选中要删除的观察项，按键盘上的“Delete”键即可。

(2) 在观察窗口右击要删除的观察项，并在弹出的快捷菜单中单击“Delete Item”选项。

3. 设置观察点的条件

在仿真运行的过程中，还可以通过设置“观察点条件”的手段来触发中断，以满足某些特殊条件断点的要求。具体方法是在观察窗口内右击，在弹出的快捷菜单中单击“Watchpoint Condition...”项，弹出观察点条件设置框，如图 5-35 所示。观察点条件设置分为两级，包括“全局断点条件设置(Global Break Condition)”，如图 5-35 中的上半部分所示，和“观察项的断点表达式(Item Break Expression)”，如图 5-35 的下半部分所示。下半部分中“Item”项的内容为观察窗口中添加的观察项，可单击▼按钮，在下拉列表中选择要设置断点的观察项。其中，“Condition”项为观察项的条件，“Mask”项为观察项的约束条件，它们具体包含的内容如图 5-35 右边所示。

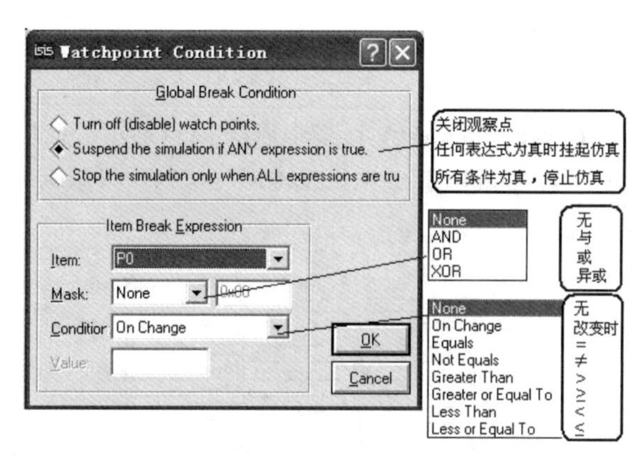

图 5-35　观察点条件设置框

5.3 应用 I/O 口输入/输出

内容

利用单片机 AT89C51 制作一个 0～99 的手动计数器，用其 P2.0～P2.7 接一个共阴极数码管，输出显示 0～99 计数值的个位；用 P0.0～P0.7 接数码管，输出显示计数值的十位；P3.3 引脚外接一轻触开关，要求每按下一次按键，计数值加 1，当计数值超出 99 后自动返回 0 重新开始循环计数。

训练目的

- 掌握 AT89C51 单片机 I/O 口输入/输出的应用方法。
- 掌握单片机驱动 7 段数码管显示数字的编程方法。

5.3.1 Proteus 电路设计

1. 元件清单列表

打开 Proteus ISIS 编辑环境，按表 5-1 所列的清单添加元件。

表 5-1 元 件 清 单

元件名称	所属类	所属子类
AT89C51	Microprocessor ICs	8051 Family
CAP	Capacitors	Generic
CAP-ELEC	Capacitors	Generic
CRYSTAL	Miscellaneous	—
RES	Resistors	Generic
7SEG-COM-CAT-GRN	Optoelectronics	7-Segment Displays
BUTTON	Switches & Relays	Switches

2. 电路原理图

元件全部添加后，在 Proteus ISIS 的编辑区域中按图 5-36 所示的原理图(晶振和复位电路若只为仿真，可省去)连接硬件电路。其中，8 个上拉电阻也可使用排阻 RESPACK-8，设为 1KΩ。

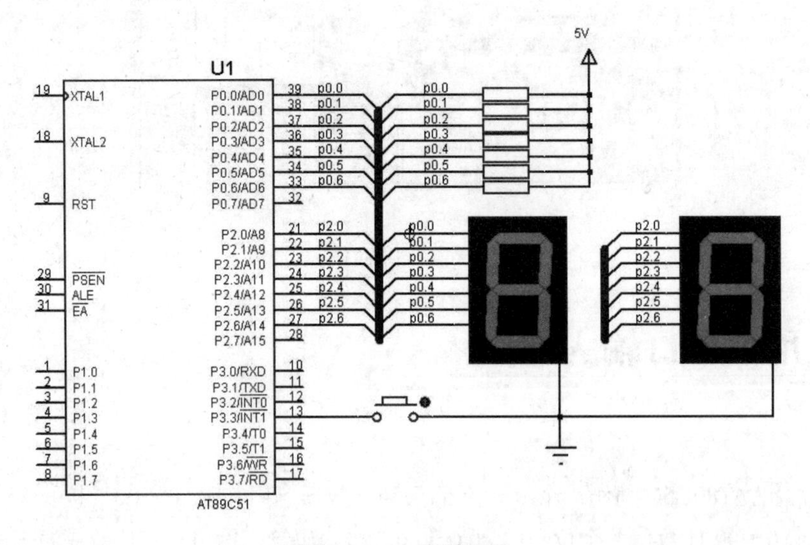

图 5-36 电路原理图

5.3.2 源程序设计

源程序清单：

```
ORG    00H
LJMP   START
```

```
        ORG     30H
START:  MOV     DPTR,#TABLE            ;设置段码表首地址
        MOV     R0,#00H                ;计数初值存 R0
        MOV     P0,#3FH
        MOV     P2,#3FH                ;复位时数码管显示 0
S1:     INC     R0
        CJNE    R0,#100,S2
        MOV     R0,#00H
S2:     JB      P3.3,$                 ;等待按键
        LCALL   DELAY                  ;消抖动延时
        JB      P3.3,S2
S3:     MOV     A,R0
        MOV     B,#10
        DIV     AB                     ;分离计数值的个位和十位
        MOVC    A,@A+DPTR              ;差表求数字的七段码值
        MOV     P0,A
        MOV     A,B
        MOVC    A,@A+DPTR
        MOV     P2,A
        JB      P3.3,S1                ;等待按键抬起
        LJMP    S3
DELAY:  MOV     R5,#20                 ;延时 10ms
D1:     MOV     R6,#250
        DJNZ    R6,$
        DJNZ    R5,D1
        RET
TABLE:  DB      3FH,06H,5BH,4FH,66H    ;0～9 七段码值
        DB      6DH,7DH,07H,7FH,6FH
        END
```

5.3.3　Proteus 调试与仿真

1. 建立程序文件

(1) 打开 Keil μVision3，新建 Keil 项目，选择 AT89C51 单片机作为 CPU。

(2) 新建汇编源文件，编写程序并将其导入到“Source Group 1”中。

(3) 在“Options for Target”对话框中，选中“Output”选项卡中的“Create HEX File”选项和“Debug”选项卡中的“Use：Proteus VSM Simulator”选项。

(4) 编译源程序，修改程序中的错误直至通过。

2. 加载目标代码文件

(1) 在 Proteus ISIS 中，左键双击 AT89C51 元件打开“Edit Component”对话框，设置单片机的频率为 12MHz。

(2) 在该窗口的“Program File”栏中，选择先前在 Keil 中编译产生的“.HEX”文件。

(3) 在 Proteus ISIS 的菜单栏中选择【File】→【Save Design】选项，保存设计。

(4) 在 Proteus ISIS 的菜单栏中，选择【Debug】→【Use Remote Debug Monitor】选项，以支持与 Keil 的联调。

3. 进行调试与仿真

(1) 在 Keil 的菜单栏中选择【Debug】→【Start/Stop Debug Session】选项，或者在工具栏中直接单击图标，进入调试环境。

(2) 按“F5”键或单击图标，顺序执行程序。

(3) 在 Proteus ISIS 界面中，按动开关，可看到数码管的显示值随之加 1，如图 5-37 所示。

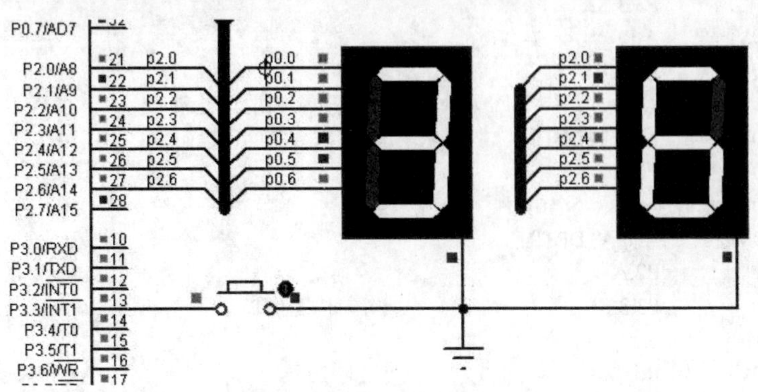

图 5-37　程序运行结果

5.3.4　总结与提示

- AT89C51 单片机的 P0 口在作为普通 I/O 使用时必须加上拉电阻，否则不能准确输入或输出高低电平。仿真时可通过观察 P0 口的电平状态来体会这一点。
- 在 Proteus 与 Keil 的联调过程中，可以综合运用 Keil 中的多种调试功能来详细观察电路的工作情况。

5.4　4×4 矩阵式键盘识别技术

内容

键盘是一组按键的集合，它是最常用的单片机输入设备。操作人员可以通过键盘输入数据或命令，实现简单的人—机通信。键盘分编码键盘和非编码键盘，靠软件识别的为非编码键盘。从结构上来分又可以分为独立连接式和行列式(矩阵式)两类。为了减少键盘占用单片机的 I/O 线数目，通常都将键盘排列成矩阵式。

训练目的

- 掌握键盘软件去抖的方法。
- 掌握键盘识别的编程方法。

5.4.1　Proteus 电路设计

1. 元件清单列表

打开 Proteus ISIS 编辑环境，按表 5-2 所列的清单添加元件。

表 5-2　元 件 清 单

元 件 名 称	所 属 类	所 属 子 类
AT89C51	Microprocessor ICs	8051 Family
CAP	Capacitors	Generic
CAP-ELEC	Capacitors	Generic
CRYSTAL	Miscellaneous	—
RES	Resistors	Generic
7SEG-COM-CAT-GRN	Optoelectronics	7-Segment Displays
BUTTON	Switches & Relays	Switches

2. 电路原理图

元件全部添加后，在 Proteus ISIS 的编辑区域中按图 5-38 所示的电路原理图(晶振和复位电路略)连接硬件电路。

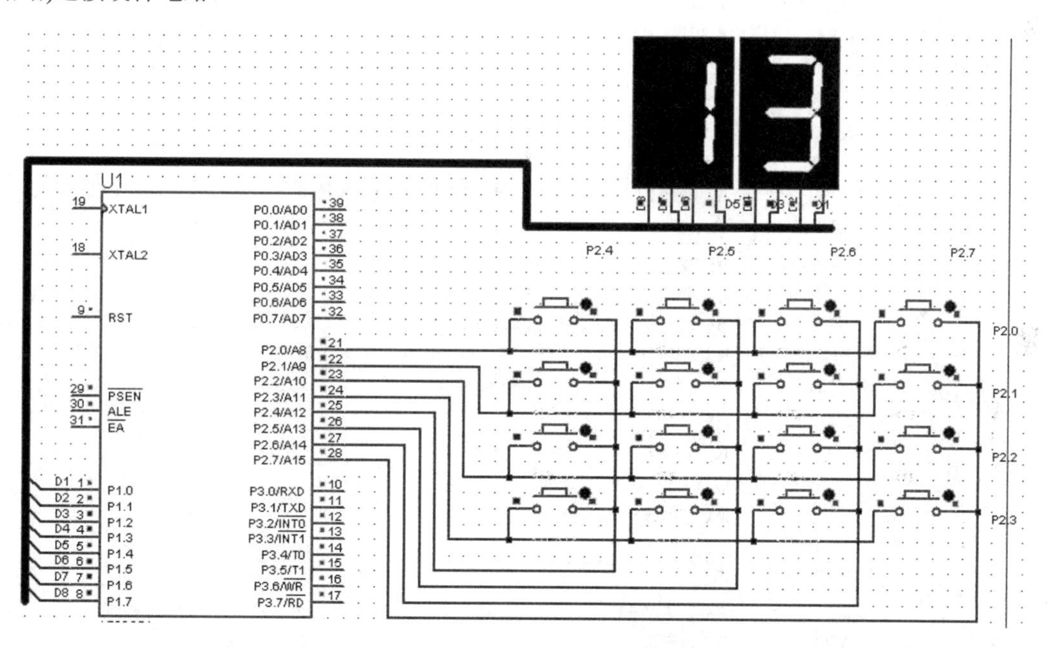

图 5-38　电路原理图

5.4.2　源程序设计

系统程序流程如图 5-39 所示。

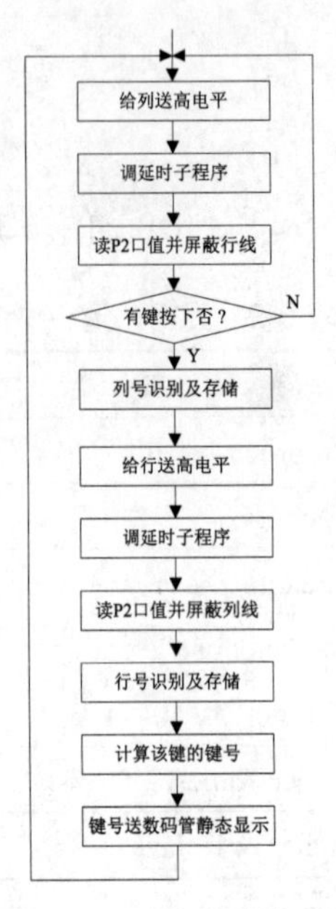

图 5-39　系统程序流程图

源程序清单：

```
            ORG     0000H
            AJMP    MAIN
            ORG     0030H
MAIN:       MOV     P2,#0F0H        ;给列送高电平
            LCALL   Delay           ;延时，使电路稳定
            MOV     A,P2            ;取 P2 口的值
            ANL     A,#0F0H         ;屏蔽行线的影响
            CJNE    A,#0F0H,l       ;如果有键按下，就跳转到 l
            AJMP    MAIN
l:          LCALL   Delay           ;延时去抖
            MOV     A,P2            ;取 P2 口的值
            JB      ACC.4,l1        ;P2.4 这一列有键按下?没有则跳转至 l1
            MOV     R3,#00H         ;如果有则将值 0 存入 R3
            AJMP    Q1              ;跳到行判断程序
l1:         JB      ACC.5,l2
            MOV     R3,#01H
            AJMP    Q1
l2:         JB      ACC.6,l3
            MOV     R3,#02H
            AJMP    Q1
l3:         JB      ACC.7,MAIN
            MOV     R3,#03H
            AJMP    Q1
Q1:         MOV     P2,#0FH         ;给行送高电平
            LCALL   Delay           ;延时，稳定电路
            MOV     A,P2            ;取值
            ANL     A,#0FH          ;屏蔽高四位
            JB      ACC.0,Q2        ;判断是不是第 0 行，不是则转
```

```
            MOV     R4,#00H         ;如果是，则将 0 送给 R4
            AJMP    JIA             ;调用加法程序，取得键盘的值
Q2:         JB      ACC.1,Q3
            MOV     R4,#04H
            AJMP    JIA
Q3:         JB      ACC.2,Q4
            MOV     R4,#08H
            AJMP    JIA
Q4:         JB      ACC.3, MAIN
            MOV     R4,#0CH
            AJMP    JIA
JIA:        MOV     A,R3            ;行号加上列号就是该键的值
            ADD     A,R4
            DA      A               ;十六进制调整为十进制
            MOV     P1,A            ;调整后送给数码管显示(静态显示)
            AJMP    MAIN
Delay:      MOV     R6,#20H
Q6:         MOV     R5,#0BBH
Q5:         DJNZ    R5,Q5
            DJNZ    R6,Q6
            RET
END
```

5.4.3 Proteus 调试与仿真

参照 5.3.3 节建立程序文件，加载目标代码文件，进入调试环境并执行程序。在 Proteus ISIS 界面中，按下各个按键，观察数码管上的显示和所标的键号是否对应。

5.4.4 总结与提示

- 在 Proteus 与 Keil 的联调过程中，可以综合运用 Keil 中的多种调试功能来详细观察电路的工作情况。
- 在 Proteus 中进行仿真时可以降低单片机的工作频率，观察电路中各接点的电平变化情况，看是否和所编程序符合，以增强对程序的理解。

5.5 动态扫描显示

内容

单片机应用系统中使用的显示器件主要有发光二极管(Light Emitting Diode，LED)和液晶显示(Liquid Crystal Display，LCD)。LED 有静态显示和动态显示两种方式。在多位 LED 显示时，为了简化电路和降低成本，将所有位的段线并联在一起，由一个 8 位 I/O 控制；而共阴极(或共阳极)公共端分别由相应的 I/O 线控制，实现各位的分时选通。

训练目的

- 掌握 LED 动态扫描的显示方法。

- 掌握单片机驱动7段数码管显示数字的编程方法。
- 掌握串入并出集成芯片74LS595的使用方法。

5.5.1 Proteus电路设计

1. 元件清单列表

打开Proteus ISIS编辑环境，按表5-3所列的清单添加元件。

表5-3 元 件 清 单

元 件 名 称	所 属 类	所 属 子 类
AT89C51	Microprocessor ICs	8051 Family
CAP	Capacitors	Generic
CAP-ELEC	Capacitors	Generic
CRYSTAL	Miscellaneous	—
RES	Resistors	Generic
7SEG-MPX8-CA-BLUE	Optoelectronics	7-Segment Displays
74LS595	74LS Serial	Registers

2. 电路原理图

元件全部添加后，在Proteus ISIS的编辑区域中按图5-40所示的电路原理图(晶振和复位电路略)连接硬件电路。

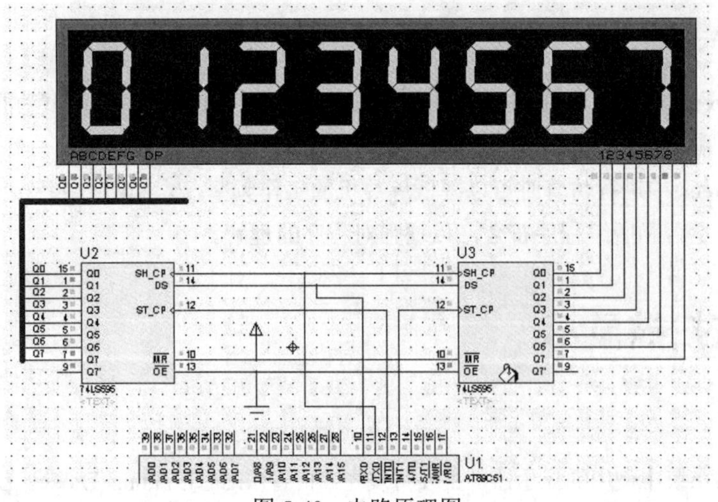

图5-40 电路原理图

5.5.2 源程序设计

源程序清单：

```
CLK_0 EQU P3.2          ;伪指令
CLK_1 EQU P3.3
```

```
            ORG 0
            LJMP MAIN
            ORG 30H
MAIN:       LCALL INIT          ;调用 INIT
MAIN_1:     MOV R0,#30H
            MOV R1,#7FH         ;设置位选，从第一位开始显示
            MOV R2,#8           ;8 位 LED 需要 8 次循环
MAIN_2:     MOV A,R1
            LCALL LED           ;调用位控制子程序
            NOP
            MOV A,@R0
            LCALL DAT           ;调用数字显示程序
            NOP
            LCALL DELAY
            INC R0              ;自加 1，为下一位的显示做准备
            MOV A,R1
            RR A                ;段选右移，控制下一位的显示
            MOV R1,A
            DJNZ R2,MAIN_2
            SJMP MAIN_1
DAT:        CLR CLK_0
            MOV SBUF, A
            JNB TI,$
            CLR TI
            SETB CLK_0
            RET
LED:        CLR CLK_1           ;清零时钟端
            MOV SBUF, A         ;发送位选信号
            JNB TI,$            ;等待，如果 TI 为 1 则转
            CLR TI              ;清除 TI，为下一次发送做准备
            SETB CLK_1          ;置位时钟信号                RET
INIT:       MOV R0,#0
            MOV R1,#30H
            MOV R2,#8
            MOV DPTR,#TAB       ;取表格首地址
INIT_1:     MOV A,R0
            MOVC A,@A+DPTR      ;从表格里取数
            MOV @R1,A           ;保存所取的数
            INC R0              ;自加，为下次取数做准备
            INC R1
            DJNZ R2,INIT_1      ;循环 8 次，将所要在 8 个 LED 上显示的数取出来
            RET
DELAY:      MOV R6,#50
L1:         MOV R7,#50
L2:         DJNZ R7,L2
            DJNZ R6,L1
            RET
TAB:        DB 11111100B        ;0
            DB 01100000B        ;1
            DB 11011010B        ;2
```

```
        DB 11110010B        ;3
        DB 01100110B        ;4
        DB 10110110B        ;5
        DB 10111110B        ;6
        DB 11100000B        ;7
END
```

5.5.3 Proteus 调试与仿真

参照 5.3.3 节建立程序文件并加载目标代码文件，进入调试环境后执行程序，降低单片机的工作频率，观察动态显示的过程。

5.5.4 总结与提示

- AT89C51 单片机的 P0 口在作为普通 I/O 使用时必须加上拉电阻，否则不能准确输入或输出高低电平。仿真时可通过观察 P0 口的电平状态来体会这一点。
- 在 Proteus 与 Keil 的联调过程中，可以综合运用 Keil 中的多种调试功能来详细观察电路的工作情况。

5.6 8×8 点阵 LED 显示

内容

用单片机 AT89C51 驱动 8×8 点阵 LED 显示屏，轮流显示 0～9 的数字。显示方式采用自右向左拉幕式显示。

训练目的

- 掌握 8×8 点阵 LED 显示屏的使用方法。
- 掌握单片机进行拉幕式显示的编程方法。

5.6.1 Proteus 电路设计

1. 元件清单列表

打开 Proteus ISIS 编辑环境，按表 5-4 所列的清单添加元件。其中，74LS245 为双向总线发送/接收器(三态)，作用类似寄存器。

表 5-4 元件清单

元件名称	所属类	所属子类
AT89C51	Microprocessor ICs	8051 Family
CAP	Capacitors	Generic
CAP-ELEC	Capacitors	Generic
CRYSTAL	Miscellaneous	—

(续表)

元件名称	所属类	所属子类
RES	Resistors	Generic
74LS245	TTL 74LS Series	Transceivers
MATRIX-8×8-RED	Optoelectronics	Dot Matrix Displays
RESPACK-8	Resistors	Resistors Packs

2. 8×8 点阵 LED 元件介绍

Proteus ISIS 中的 8×8 点阵 LED 元件原理图如图 5-41(a)所示。由于该元件引脚没有任何标注，因此在使用之前必须进行引脚测试，以确定行线和列线的顺序及极性。图 5-41(b)给出了一种进行引脚测试的方法，根据测试结果很容易确定该元件的电路接法。图中接高电平的 8 个端为行线，应接单片机输出的显示数据；接低电平的 8 个端为列线，应接译码器输出的扫描信号。

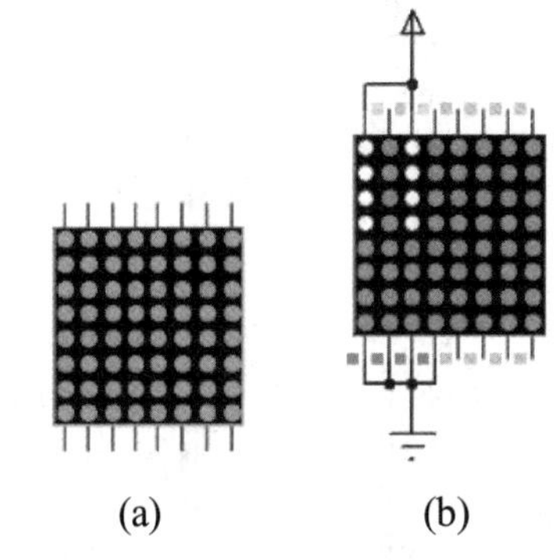

(a)　　(b)

图 5-41　8×8 点阵 LED 元件原理图及引脚测试

3. 电路原理图

元件全部添加后，在 Proteus ISIS 的编辑区域中按图 5-42 所示的原理图连接硬件电路。

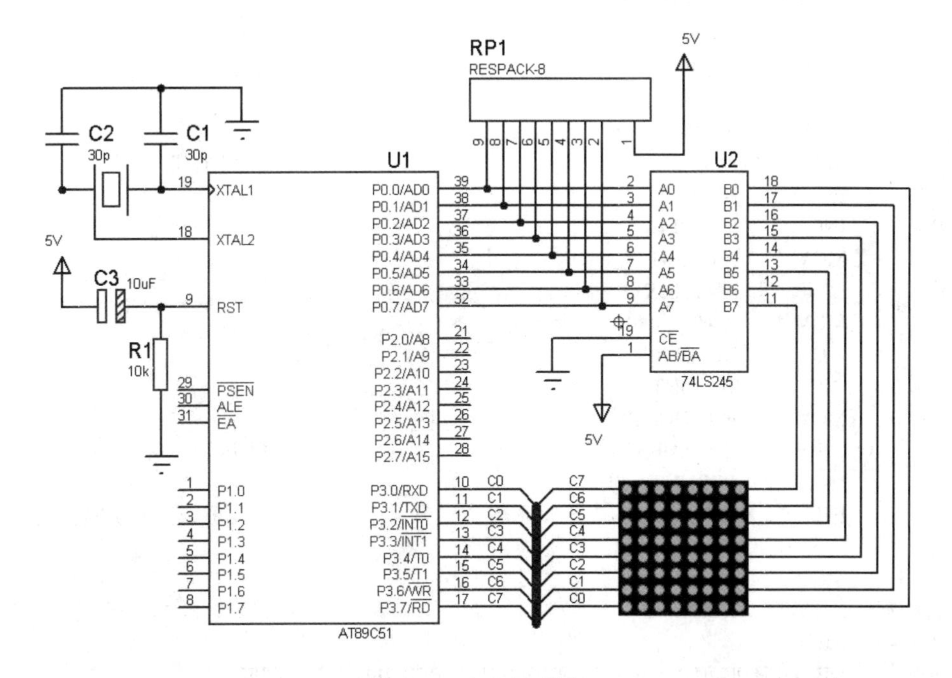

图 5-42　电路原理图

5.6.2 源程序设计

源程序清单：

```
R_CNT   EQU     31H
NUMB    EQU     32H
TCOUNT  EQU     33H
        ORG     00H
        LJMP    START
        ORG     0BH
        LJMP    INT_T0
        ORG     30H
START:  MOV     R0,#00H                  ;显示的幕次(即每一幕显示的; 行码起始序号)置 0
        MOV     R_CNT,#00H               ;列码序号置 0
        MOV     NUMB,#00H                ;行码序号置 0
        MOV     TCOUNT,#00H
        MOV     TMOD,#01H
        MOV     TH0,#(65536-5000)/256    ;定时 5ms
        MOV     TL0,#(65536-5000)MOD 256
        SETB    TR0
        MOV     IE,#82H
        SJMP    $
INT_T0: MOV     TH0,#(65536-5000)/256
        MOV     TL0,#(65536-5000)MOD 256
        MOV     DPTR,#TAB                ;取列码表首地址
        M0OV    A,R_CNT
        MOVC    A,@A+DPTR
        MOV     P3,A
        MOV     DPTR,#NUB                ;取行码表首地址
        MOV     A,NUMB
        MOVC    A,@A+DPTR
        MOV     P0,A                     ;输出行码
        INC     NUMB
NEXT1:  INC     R_CNT
        MOV     A,R_CNT
        CJNE    A,#8,NEXT2
        MOV     R_CNT,#00H
        MOV     NUMB,R0
NEXT2:  INC     TCOUNT
        MOV     A,TCOUNT
        CJNE    A,#40,NEXT4              ;每个数字显示 200ms
        MOV     TCOUNT,#00H
        INC     R0                       ;上一幕显示行码的起始序号+1
        CJNE    R0,#88,NEXT3
        MOV     R0,#00H
NEXT3:  MOV     NUMB,R0                  ;送新一幕显示行码的起始序号
NEXT4:  RETI
TAB:    DB 0FEH,0FDH,0FBH,0F7H,0EFH,0DFH,0BFH,7FH   ;列值
NUB:    DB 00H,00H,00H,00H,00H,00H,00H,00H          ;空
        DB 00H,00H,3EH,41H,41H,41H,3EH,00H          ;0
        DB 00H,00H,00H,00H,21H,7FH,01H,00H          ;1
```

```
        DB  00H,00H,27H,45H,45H,45H,39H,00H          ;2
        DB  00H,00H,22H,49H,49H,49H,36H,00H          ;3
        DB  00H,00H,0CH,14H,24H,7FH,04H,00H          ;4
        DB  00H,00H,72H,51H,51H,51H,4EH,00H          ;5
        DB  00H,00H,3EH,49H,49H,49H,26H,00H          ;6
        DB  00H,00H,40H,40H,40H,4FH,70H,00H          ;7
        DB  00H,00H,36H,49H,49H,49H,36H,00H          ;8
        DB  00H,00H,32H,49H,49H,49H,3EH,00H          ;9
        DB  00H,00H,00H,00H,00H,00H,00H,00H          ;空
        END
```

5.6.3　Proteus 调试与仿真

参照 5.3.3 节建立程序文件并加载目标代码文件，进入调试环境后执行程序，在 Proteus ISIS 界面中的仿真片段如图 5-43 所示。

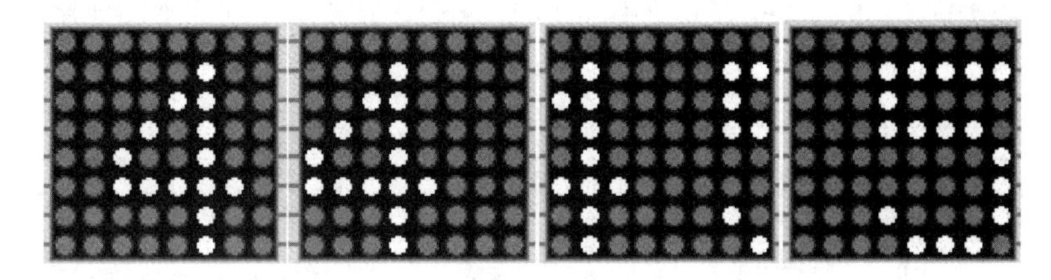

图 5-43　仿真片段

5.6.4　总结与提示

程序编写中，必须在 TCOUNT 数值是 8 的整数倍时再进行移位操作，否则拉幕显示会乱。

5.7　I/O 口的扩展

内容

8255A 是微机并行可编程 I/O 口扩展芯片。对 8255A 输入不同的指令可改变 I/O 口的工作方式。通过单片机指令控制 8255A，使所连接的 LED 灯流水点亮。

背景知识

- 已掌握 Keil 开发软件的使用方法。
- 已掌握常用外部 RAM 的基本操作。

训练目的

掌握单片机与 8255A 的接口原理，熟悉 8255A 初始化编程，以及输入输出的设计方法。

5.7.1　Proteus 电路设计

1. 元件清单列表

打开 Proteus ISIS 编辑环境，按表 5-5 所列的清单添加元件。

表 5-5 元 件 清 单

元 件 名 称	所 属 类	所 属 子 类
AT89C51	Microprocessor ICs	8051 Family
74LS373	74LS	Generic
LED-BLUE	Active	Generic
8255A	Micro	—
RES	Resistors	Generic
RESPACK-8	Switches & Relays	Switches
74LS04	Device	—

2. 电路原理图

元件全部添加后，在 Proteus ISIS 的编辑区域中按图 5-44 所示的原理图连接硬件电路。

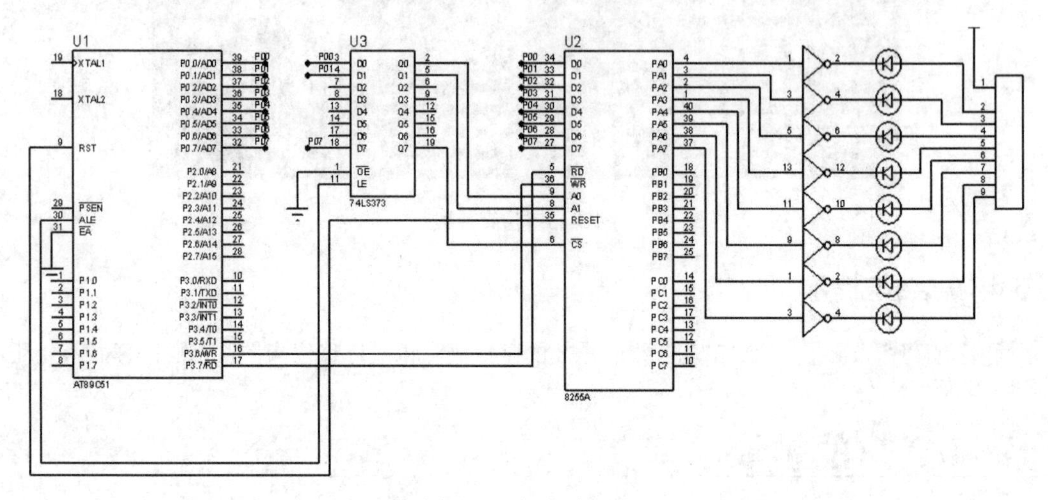

图 5-44 电路原理图

5.7.2 源程序设计

1. 流程图

图 5-45 为源程序流程图。

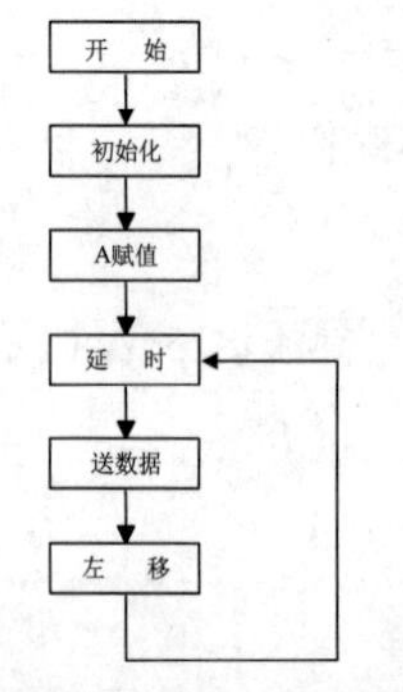

图 5-45 源程序流程图

2. 源程序清单

```
        ORG     0000H
        AJMP    MAIN
        ORG     0100H
MAIN:   MOV     SP,#030H
        MOV     P0,#00H
        MOV     R0,#07BH        ;控制字地址
        MOV     A,#083H         ;8255A 初始设置
        MOVX    @R0,A
        MOV     R0,#07CH        ;A 端口地址
        MOV     A,#0FFH
        MOVX    @R0,A
        MOV     A,#01H          ;流水灯赋初值
RETURN: LCALL   DELAY
        MOVX    @R0,A
        RL      A
        AJMP    RETURN          ;延时子程序
        ORG     0200H
DELAY:  MOV     R5,#0FFH
LP4:    MOV     R4,#0FFH
LP5:    DJNZ    R4,LP5
        DJNZ    R5,LP4
        RET
        END
```

5.7.3 Proteus 调试与仿真

参照 5.3.3 节建立程序文件并加载目标代码文件，进入调试环境，单击 Proteus ISIS 下面的仿真运行按钮，即可看到如图 5-46 所示的运行结果。

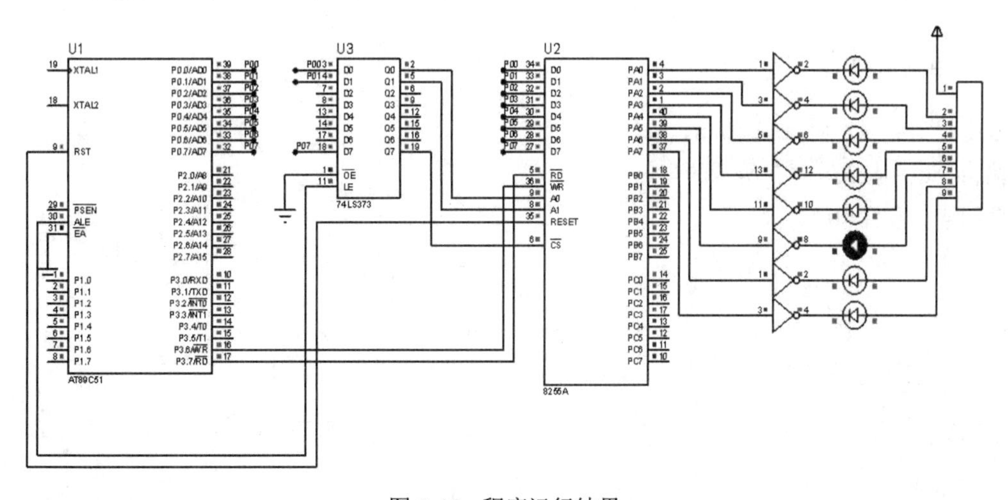

图 5-46 程序运行结果

5.7.4 总结与提示

采用 8255A 并口扩展芯片的 PA0 口，设计一个 4×4 键的矩阵键盘扫描程序。

5.8 定时器/计数器实验

内容

利用单片机 AT89C51，控制一发光二极管，亮一秒，灭一秒，循环进行；要求使用定时器/计数器控制。

训练目的

掌握 AT89C51 单片机定时器/计数器混合编程的使用方法。

5.8.1 Proteus 电路设计

1. 元件清单列表

打开 Proteus ISIS 编辑环境，按表 5-6 所列的清单添加元件。

表 5-6 元 件 清 单

元 件 名 称	所 属 类	所 属 子 类
AT89C51	Microprocessor ICs	8051 Family
CAP	Capacitors	Generic
CAP-ELEC	Capacitors	Generic
CRYSTAL	Miscellaneous	—
RES	Resistors	Generic
LED-BLUE	Active	—
SWITCH	Active	—

2. 电路原理图

元件全部添加后，在 Proteus ISIS 的编辑区域中按图 5-47 所示的电路原理图连接硬件电路。

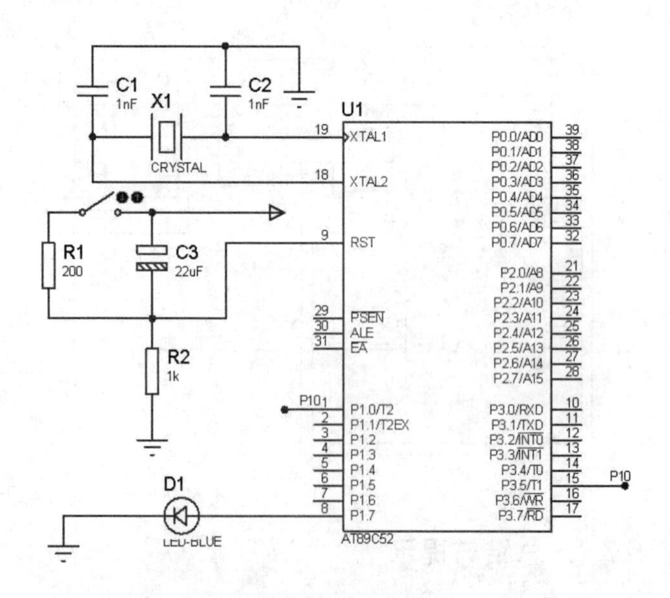

图 5-47 电路原理图

5.8.2　源程序设计

源程序清单：

```
P1_0     EQU P1^0
P1_7     EQU P1^7
ORG      0000H
JMP      Main
ORG      000BH
JMP      Time0                       ;定时器 0 入口地址
ORG      001BH
JMP      Cout1                       ;计数器 1 入口地址
Main:    CLR       P1_7
         CLR       P1_0              ;计数器下降沿有效；保证在第二次反相开始计数
         MOV       SP,#60H
         MOV       TMOD,#61H
         MOV       TH0,#3CH
         MOV       TL0,#0B0H         ;在 12M 晶振下，50ms
         MOV       TH1,#0F6H         ;需要计数 20 次，因为是下降沿有效，设定 10 次反相
         MOV       TL1,#0F6H
         MOV       IP,#08H
         SETB      ET0               ;开 T/C0 中断
         SETB      ET1               ;开 T/C1 中断
         SETB      EA                ;全部中断允许
         SETB      TR0               ;启动 T/C0
         SETB      TR1               ;启动 T/C1
DELAY:   SJMP      DELAY
Time0:   CPL       P1_0
         MOV       TH0,#3CH
         MOV       TL0,#0B0H
         RETI
Cout1:   CPL       P1_7
         RETI
END
```

5.8.3　Proteus 调试与仿真

参照 5.3.3 节建立程序文件并加载目标代码文件，进入调试环境执行程序，在 Proteus ISIS 界面中可以看到，LED 灯亮一秒，灭一秒，循环进行，如图 5-48 所示。

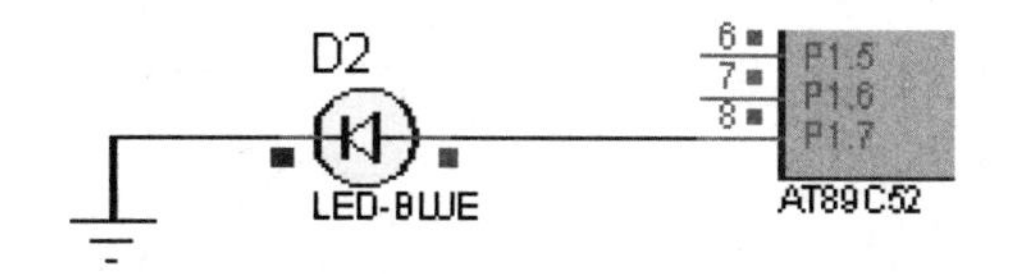

图 5-48　运行结果

5.8.4　总结与提示

尝试改变计数器的值，使延时的时间更长。

5.9 外部数据存储器扩展

内容

用 SRAM6264 扩展单片机 AT89C51 的外部数据存储器，通过仿真窗口观察向 6264 写入数据的过程。

训练目的

- 掌握 AT89C51 扩展外部数据存储器时的接口电路设计方法。
- 加深单片机对外部数据存储器进行读写过程的理解。

5.9.1 Proteus 电路设计

1. 元件清单列表

打开 Proteus ISIS 编辑环境，按表 5-7 所列的清单添加元件。

表 5-7 元 件 清 单

元 件 名 称	所 属 类	所 属 子 类
AT89C51	Microprocessor ICs	8051 Family
CAP	Capacitors	Generic
CAP-ELEC	Capacitors	Generic
CRYSTAL	Miscellaneous	—
RES	Resistors	Generic
74LS373	TTL 74HC Series	Flip Flops & Latches
6264	Memory Ics	Static RAM

2. 电路原理图

元件全部添加后，在 Proteus ISIS 的编辑区域中按图 5-49 所示的原理图(复位和振荡电路略)连接硬件电路。

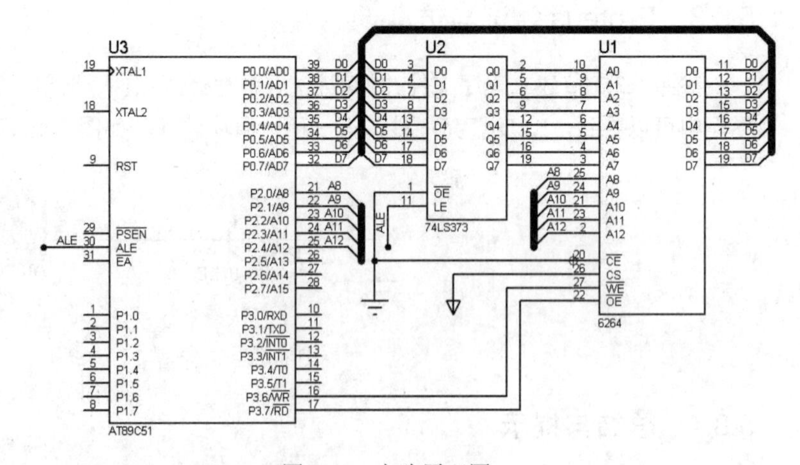

图 5-49 电路原理图

5.9.2　源程序设计

源程序清单：

```
ORG         00H
MAIN:       MOV A,#01H
LOOP11:     MOV DPTR,#100H

MOV R1,#0FH
LOOP12:     MOVX@DPTR,A
            CALL  DELAY
            INC   ACC
            INC   DPL
            DJNZR1,LOOP12
            CALL  DELAY
            AJMP  LOOP11
DELAY:      MOV R2,#1H
LOOP21:     MOV R3,#0FFH
LOOP22:     MOV R4,#0FFH
            DJNZR4,$
            DJNZR3,LOOP22
            DJNZR2,LOOP21
            RET
END
```

5.9.3　Proteus 调试与仿真

参照 5.3.3 节建立程序文件及加载目标代码文件，进入调试环境，然后执行下述操作：

(1) 在 Proteus ISIS 界面中，单击▶按钮启动仿真。

(2) 通过选择【Debug】→【Memory Contents→U1】菜单项，打开 6264 存储器窗口。

(3) 通过选择【Debug】→【Debug→Watch Window】菜单项，在弹出的观察窗口右击，选择“以观察项的名称添加观察项”，在弹出的对话框中添加累加器 ACC 和数据指针 DPTR。

(4) 单击⏸按钮暂停仿真，可观察程序运行的中间结果，如图 5-50 所示。

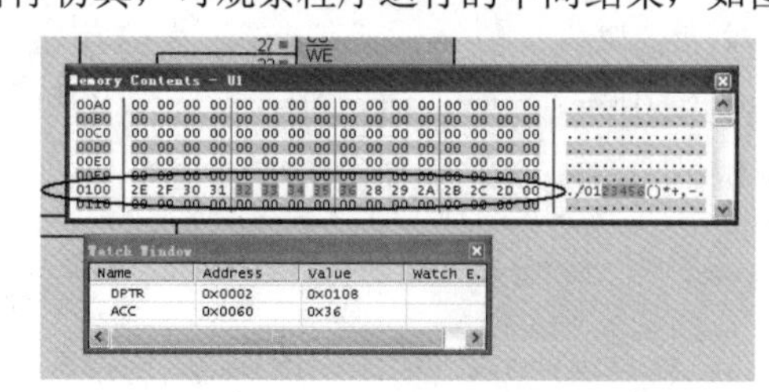

图 5-50　程序运行的中间结果

5.9.4　总结与提示

受计算机性能及 Proteus 软件运行仿真时需要处理大量数据的影响，会出现仿真结果的画面刷新率跟不上程序运行的速度，致使看不到存储器内容随程序运行的动态变化，故仿真时可用手工刷新来观察画面。

5.10 外部中断实验

内容

MCS-51是一个多中断源的单片机，以8051为例，有三类共五个中断源，分别是两个外部中断，两个定时器中断和一个串行中断。外部中断是由外部原因引起的，又有两个中断源，即外部中断0和外部中断1。它们的中断请求信号分别由引脚$\overline{\text{INT0}}$(P3.2)和$\overline{\text{INT1}}$(P3.3)引入；外部中断请求信号有两种，即低电平有效方式和脉冲后沿负跳有效方式。

中断控制是提供给用户使用的一种控制手段，实际上就是控制一些寄存器。51系列用于此目的的控制寄存器有4个，分别为：TCON、IE、SCON及IP。

1. 中断开放和屏蔽——IE寄存器

其作用是对各中断源进行开放或屏蔽的控制，IE寄存器中各位定义如表5-8所示。

表5-8 IE寄存器

位地址	AF	AE	AD	AC	AB	AA	A9	A8
位符号	EA	—	—	ES	ET1	EX1	ET0	EX0

各位含义如下。

EA：中断允许总控制位。

EA=0：中断总禁止，禁止所有中断。

EA=1：中断总允许。

EX0(EX1)：外部中断允许控制位。

EX0(EX1)=0：禁止外中断。

EX0(EX1)=1：允许外中断。

ET0(ET1)：定时/计数中断允许控制位。

ET0(ET1)=0：禁止定时/计数中断。

ET0(ET1)=1：允许定时/计数中断。

ES：串行中断允许控制位。

ES=0：禁止串行中断。

ES=1：允许串行中断。

2. 中断优先级控制寄存器(IP)

地址为B8H，位地址为BFH-B8H，IP寄存器中各位定义如表5-9所示。

表5-9 IP寄存器

位地址	BF	BE	BD	BC	BB	BA	B9	B8
位符号	/	/	/	PS	PT1	PX1	PT0	PX0

各位含义如下。

PX0：外部中断 0 优先级设定位。

PT0：定时中断 0 优先级设定位。

PX1：外部中断 1 优先级设定位。

PT1：定时中断 1 优先级设定位。

PS：串行中断优先级设定位。

为 0 的位优先级为低；为 1 的位优先级为高。

中断优先级是为中断嵌套服务的，MCS-51 中断优先级的控制原则如下。

(1) 低优先级中断请求不能打断高优先级的中断服务；但高优先级中断请求可以打断低优先级的中断服务，从而实现中断嵌套。

(2) 如果一个中断请求已被响应，则同级的其他中断请求将被禁止。

(3) 如果同级的多个中断请求同时出现，则按 CPU 查询次序确定哪个中断请求被响应，其查询次序为：外部中断 0→定时中断 0→外部中断 1→定时中断 1→串行中断。

训练目的

- 熟悉理解 MCS-51 的中断系统组成。
- 掌握单片机系统中断的原理及其使用方法。

5.10.1　Proteus 电路设计

1. 元件清单列表

打开 Proteus ISIS 编辑环境，按表 5-10 所列的清单添加元件。

表 5-10　元 件 清 单

元 件 名 称	所 属 类	所 属 子 类
AT89C51	Microprocessor ICs	8051 Family
CAP	Capacitors	Generic
CAP-ELEC	Capacitors	Generic
CRYSTAL	Miscellaneous	—
RES	Resistors	Generic
LED-BIBY	Optoelectronics	LEDs
BUTTON	Switches & Relays	Switches

2. 电路原理图

元件全部添加后，在 Proteus ISIS 的编辑区域中按图 5-51 所示的原理图(晶振和复位电路略)连接硬件电路。

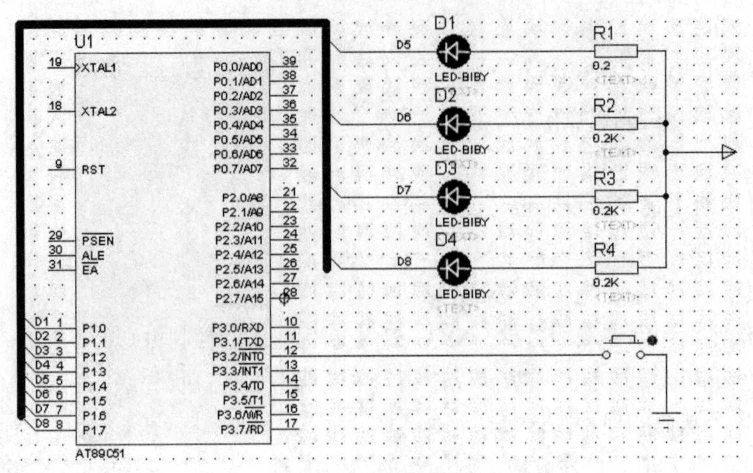

图 5-51　电路原理图

5.10.2　源程序设计

源程序清单：

```
ORG          0000h
AJMP         MAIN
ORG          0003H
AJMP         INTERRUPT
ORG          00
ORG          30H
MAIN:        SETB    IT0           ;设置边沿触发方式
             SETB    EX0           ;外部中断 0 允许
             SETB    EA            ;开中断
             AJMP    $             ;等待中断
INTERRUPT:   MOV     P1,0FFH       ;灯全灭
             LCALL   DELAY         ;延时
             MOV     A,#55H        ;低电平的灯发光
             MOV     R3,#10        ;右移次数
LOOP:        MOV     P1,A
             LCALL   DELAY
             RR      A
             DJNZ    R3, LOOP      ;没有十次，继续循环
             RETI
DELAY:       MOV     R1,#0FFH      ;延时程序
D1:          MOV     R2,#0FFH
             DJNZ    R2,$
             DJNZ    R1,D1
             RET
             END
```

5.10.3　Proteus 调试与仿真

参照 5.3.3 节建立程序文件及加载目标代码文件，进入调试环境执行程序，在 Proteus ISIS 界面中，按动开关，产生中断响应，可看到数码管显示的变化，如图 5-52 所示。

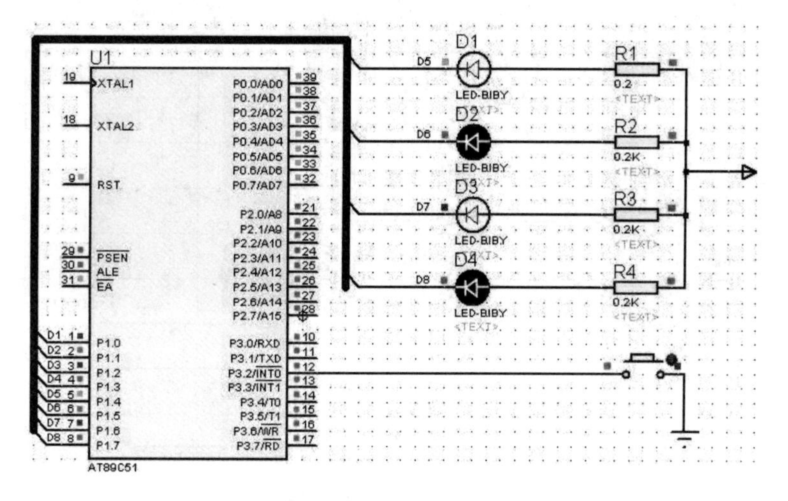

图 5-52　程序运行结果

5.10.4　总结与提示

- 当有多个中断同时存在时，注意中断优先级的设置及中断中的触发方式。
- 在 Proteus 与 Keil 的联调过程中，可以综合运用 Keil 中的多种调试功能来详细观察电路的工作情况。
- 在某些情况下中断子程序时，需要对各寄存器进行保护。

5.11　单片机与 PC 机间的串行通信

内容

利用虚拟终端仿真单片机与 PC 机间的串行通信。PC 机先发送从键盘输入的数据，单片机接收后回发给 PC 机；单片机同时将收到的 30～39H 间的数据转换成 0～9 的数字显示，其他字符的数据直接显示为其 ASCII 码。

背景知识

- 已掌握 Keil 开发软件的使用方法。
- 了解 RS-232 总线技术。

训练目的

- 掌握电平转换器件 MAX-232 的使用方法。
- 掌握 Proteus VSM 虚拟终端(VITUAL TERMINAL)的使用。
- 掌握单片机与 PC 机间的串行通信软硬件设计方法。

5.11.1　Proteus 电路设计

1. 元件清单列表

打开 Proteus ISIS 编辑环境，按表 5-11 所列的清单添加元件。

表 5-11 元件清单

元件名称	所属类	所属子类
AT89C51	Microprocessor ICs	8051 Family
CAP	Capacitors	Generic
CAP-POL	Capacitors	Generic
CRYSTAL	Miscellaneous	—
RES	Resistors	Generic
7SEG-BCD-GRN	Optoelectronics	7-Segment Displays
MAX232	Microprocessor ICs	Peripherals
COMPIM	Miscellaneous	—

2. 串口模型介绍

串口模型 COMPIM 及其引脚功能如图 5-53(a)所示。需要注意的是，在 Proteus ISIS 元件库的“Connectors”类的“D-Type”子类中，也有一个串口模型器件 CONN-D9F，如图 5-53(b)所示，因该器件在使用时没有仿真模型，将导致仿真失败，所以要避免选用。

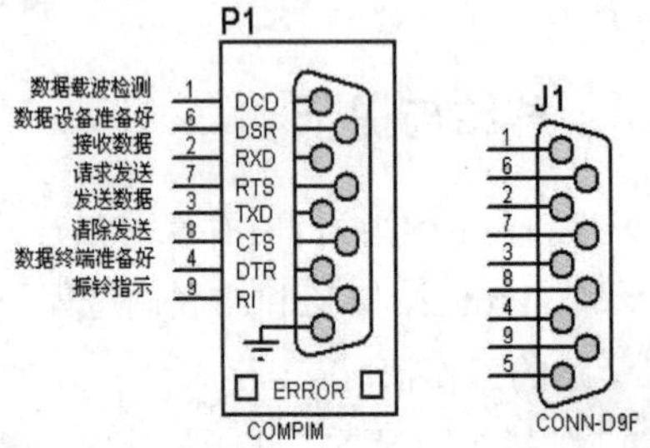

(a) (b)

图 5-53 Proteus 串口模型及其引脚功能图

3. 电路原理图

元件全部添加后，在 Proteus ISIS 的编辑区域中按图 5-54 所示的原理图(晶振和复位电路略)连接硬件电路。其中，SCMR 等是从虚拟仪器工具栏中添加的 4 个虚拟终端。

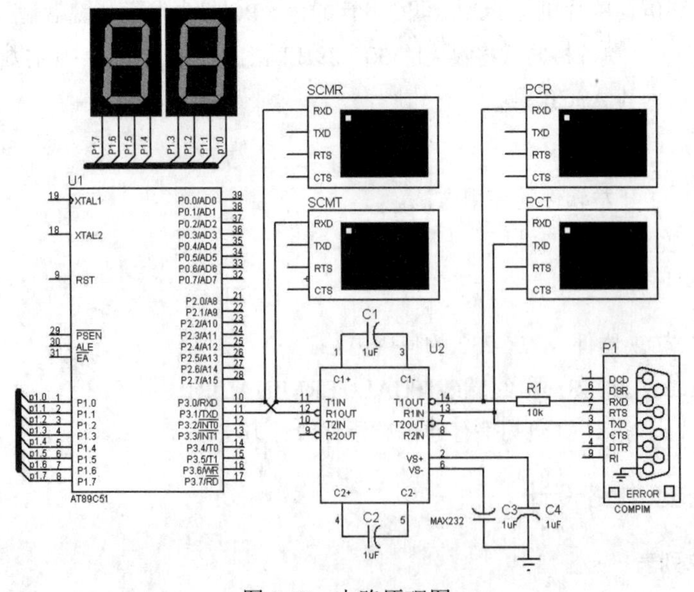

图 5-54 电路原理图

4. 串口模型属性设置

串口模型属性设置为：波特率—4800；数据位—8；奇偶校验—无；停止位—1，如图 5-55 所示。

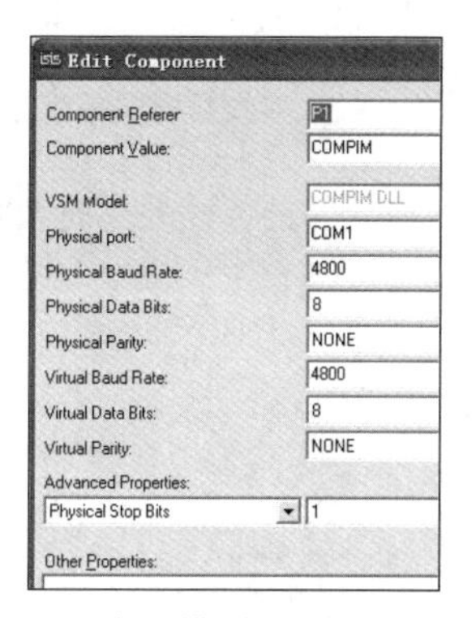

图 5-55　串口模型属性设置对话框

5. 虚拟终端属性设置

PCT 代表计算机发送数据，PCR 用来监视 PC 接收到的数据，它们的属性设置完全一样，如图 5-56 所示。SCMT 和 SCMR 分别是单片机的数据发送和接收终端，用来监视单片机发送和接收的数据，它们的属性设置也完全一样，如图 5-57 所示。单片机和 PC 机双方的波特率、数据位、停止位和检验位等要确保和串口模型的设置一样，并且同单片机程序中串口的设置一致。

需要注意的是，PC 机虚拟终端与单片机虚拟终端在 RX/TX Polarity 属性的设置上是相反的，因为信号在经过器件 MAX232 时要反相。

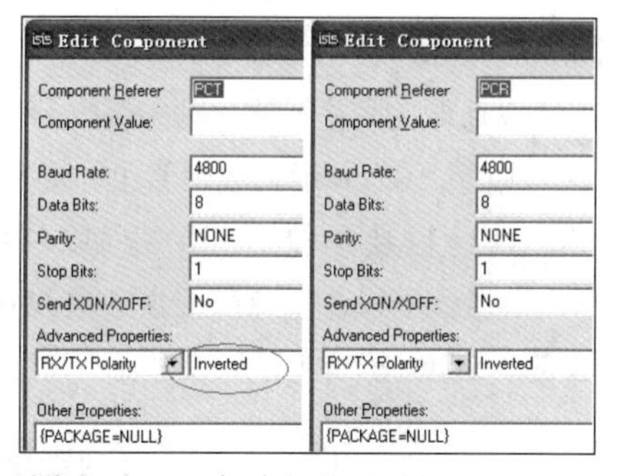

图 5-56　PC 机虚拟终端属性设置对话框

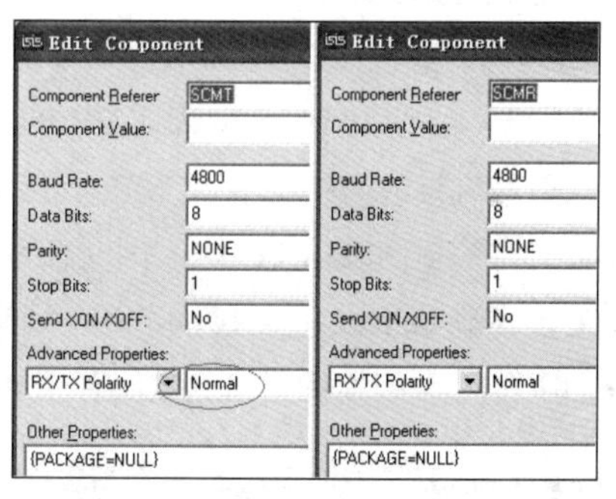

图 5-57　单片机虚拟终端属性设置对话框

5.11.2　源程序设计

源程序清单：

```
        ORG     00H
START:  MOV     SP,#60H
        MOV     SCON,#01010000B        ;设定串行方式 8 位异步，允许接收
        MOV     P1,00H
        MOV     TMOD,#20H              ;设定计数器 1 为模式 2
```

```
        ORL     PCON,#10000000B        ;波特率加倍
        MOV     TH1,#0F3H              ;设定波特率为 4800
        MOV     TL1,#0F3H
        SETB    TR1                    ;计数器开始计数
AGAIN:  JNB     RI,$                   ;等待接收完成
        CLR     RI
        MOV     A,SBUF                 ;接收数据送缓存
        PUSH    ACC
        CJNE    A,#30H,SET1            ;将数据 0～9 的 ASCII 码转换为
        SJMP    SET3                   ;数字 0～9，其余字符不变
SET1:   JC      SET3
        CJNE    A,#39H,SET2
        SJMP    SET3
SET2:   JNC     SET4
        CLR     C
SET3:   SUBB    A,#30H
SET4:   MOV     P1,A
        POP     ACC
        MOV     SBUF,A                 ;发送接收到的数据
        JNB     TI,$                   ;等待发送完成
        CLR     TI
        SJMP    AGAIN
        END
```

5.11.3 Proteus 调试与仿真

参照 5.3.3 节建立程序文件，加载目标代码文件，进入调试环境执行程序，进行以下操作：

(1) 在 Proteus ISIS 界面的 PCT 虚拟终端上单击鼠标右键，在弹出的快捷菜单中选择“Echo Typed Characters”项。

(2) 鼠标指针在 PCT 终端窗口单击，该窗口出现闪烁的光标，使用键盘输入数字“8”，在 PCS 终端窗口中就出现“8”，表明 PC 机发送数据“8”，按照设计好的程序，单片机将接收到“8”，所以在单片机接收虚拟终端 SCMR 上会显示“8”，同时又将数字“8”显示到数码管上。接下来，单片机又将该数回发给 PC 机，因此在单片机发送终端 SCMT 上也显示“8”，PC 机接收到数据后在接收终端 PCR 上同样显示“8”，结果如图 5-58 所示。根据程序设计，当在键盘上输入 0～9 以外的字符时，单片机输出到数码管上显示的则是该字符的 ASCII 码，如图 5-59 所示。

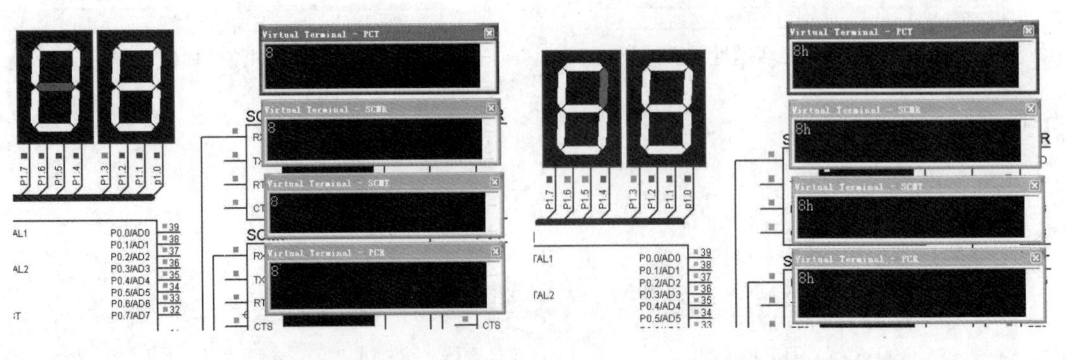

图 5-58　程序运行结果 1　　　　图 5-59　程序运行结果 2

5.11.4 总结与提示

- 在原理图中的电阻 R1 不能少，否则虚拟终端 PCR 将收不到信息。
- 在 Proteus 与 Keil 的联调过程中，可以综合运用 Keil 中的多种调试功能来详细观察系统的工作过程。
- 若只是为了仿真，单片机和 COMPIM 之间也可以不用加 MAX232 器件。

5.12 单片机与步进电机的接口技术

内容

利用 AT89C51 单片机控制步进电机的启/停、正转与反转。

背景知识

- 已掌握 Keil 开发软件的使用方法。
- 了解步进电机的工作原理与控制方法。

训练目的

- 强化对步进电机工作原理的理解。
- 掌握用单片机控制步进电机时的接口电路设计方法。
- 掌握对步进电机进行控制的编程方法。

5.12.1 Proteus 电路设计

1. 元件清单列表

打开 Proteus ISIS 编辑环境，按表 5-12 所列的清单添加元件。

表 5-12 元 件 清 单

元 件 名 称	所 属 类	所 属 子 类
AT89C51	Microprocessor ICs	8051 Family
CAP	Capacitors	Generic
CAP-ELEC	Capacitors	Generic
CRYSTAL	Miscellaneous	—
RES	Resistors	Generic
BUTTON	Switches & Relays	Switches
MOTOR-STEPPER	Electromechanical	—
ULN2003A	Analog ICs	Miscellaneous

2. 步进电机元件介绍

Proteus 软件中的单极性步进电机元件为 6 线制，其原理图及属性编辑对话框如图 5-60 所示，各属性值可根据需要修改。本例中所设置的属性值均如图 5-60 所示。

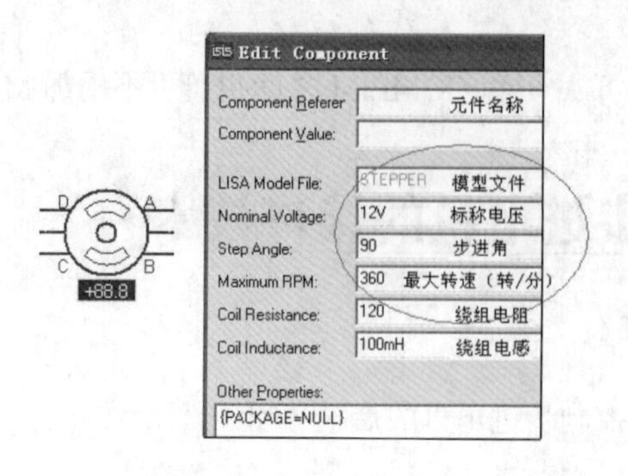

图 5-60　单极性步进电机原理图及其属性

3. 电路原理图

元件全部添加后，在 Proteus ISIS 的编辑区域中按图 5-61 所示的原理图连接硬件电路。

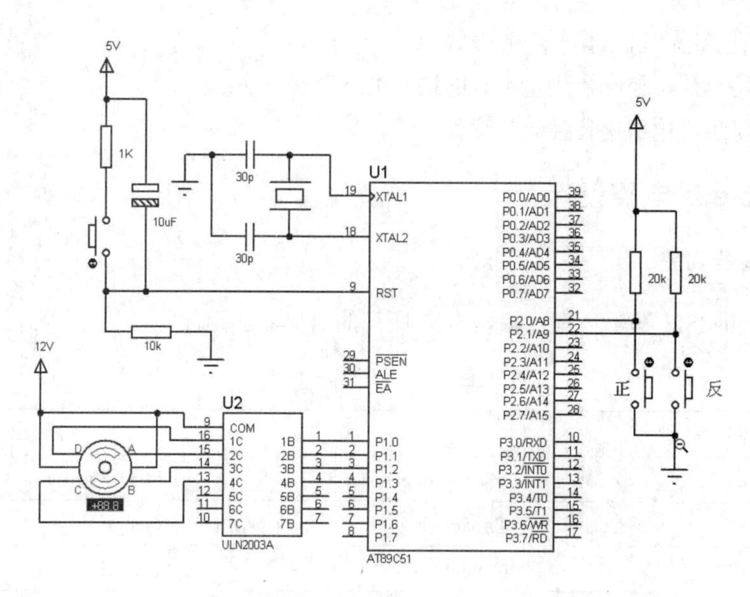

图 5-61　电路原理图

5.12.2 源程序设计

源程序清单：

```
        ORG     100H
START:
        MOV     DPTR,#TAB1
        MOV     R4,#7                   ;初始角指向最后一个数据 03H 即 AD 相为高
        AJMP    LOOP
KEY:
```

```
        MOV     P2,#3H              ;给 P2 口低两位送高电平，准备进行读 P2 口
        JB      P2.0,FZ1            ;如果不是正转，则转反转程序
        CJNE    R4,#7,LOOPZ         ;R4 是 7，改为 0FFH，下次加 1 变为 00H
        MOV     R4,#0FFH
LOOPZ:
        INC     R4                  ;R4 加 1
        AJMP    LOOP                ;转按键判断程序
FZ1:
        JB      P2.1,KEY            ;如果不是反转则转到等待按键程序
        CJNE    R4,#0H,LOOPF        ;如果是反转，则判断 R4 为 0 否，不为 0 转反转程序
        MOV     R4,#08H             ;R4 为 0 则改为 08，下次减 1 变为 7
LOOPF:
        DEC     R4                  ;R4 先减 1，再查表输出
LOOP:
        MOV     A,R4
        MOVC    A,@A+DPTR
        MOV     P1,A
        ACALL   DELAY
        AJMP    KEY
DELAY:
        MOV     R6,#5
DD1:    MOV     R5,#80H
DD2:    MOV     R7,#0
DD:     DJNZ    R7,DD
        DJNZ    R5,DD2
        DJNZ    R6,DD1
        RET
TAB1:
DB 02H,06H,04H,0CH,08H,09H,01H,03H
     END
```

5.12.3　Proteus 调试与仿真

参照 5.3.3 节建立程序文件，加载目标代码文件，进入调试环境执行程序，进行如下操作：

(1) 在 Proteus ISIS 界面中，单击“正转”“反转”按钮，观察步进电机的状态，如图 5-62 所示。

(2) 观察步进电机的单拍转动角度，体会 4 相 8 拍的含义。

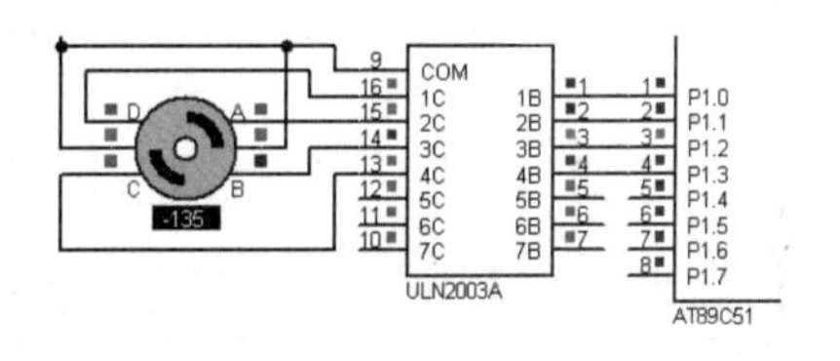

图 5-62　步进电机运转状态

5.12.4　总结与提示

- 在进行仿真时，可以在单片机的 P1.0～P1.3 口上接入逻辑分析仪来监测控制信号的工作状态(本例略)。
- 可修改步进电机属性中的步进角，以观察不同的仿真结果。
- 在 Proteus 与 Keil 的联调过程中，可以综合运用 Keil 中的多种调试功能来详细观察电路的工作情况。

5.13 单片机与直流电动机的接口技术

内容

PWM 是单片机常用的模拟量控制方式，本例通过外接的 A/D 转换电路，对应外部不同的电压值；利用 AT89C51 单片机产生占空比不同的控制脉冲，驱动直流电动机以不同的转速转动；并通过外接的单刀双掷开关，控制电动机的正转与反转。

背景知识

- 已掌握 Keil 开发软件的使用方法。
- 了解光电耦合器、A/D 转换器件 ADC0808 的使用方法。

训练目的

- 掌握用单片机控制直流电机时的接口电路设计方法。
- 掌握直流电动机的桥式驱动电路接法。

5.13.1 Proteus 电路设计

1. 元件清单列表

打开 Proteus ISIS 编辑环境，按表 5-13 所列的清单添加元件。

表 5-13 元 件 清 单

元 件 名 称	所 属 类	所 属 子 类
AT89C51	Microprocessor ICs	8051 Family
CAP	Capacitors	Generic
CAP-ELEC	Capacitors	Generic
CRYSTAL	Miscellaneous	—
RES	Resistors	Generic
SW-SPDT	Switches & Relays	Switches
MOTOR	Electromechanical	—
ADC0808	Data Converters	A/D Converters
POT-HG	Resistors	Variable
2N5550	Transistors	Bipolar
PNP	Transistors	Generic
OPTOCOUPLERS-NPN	Optoelectronics	optocouplers

2. 电路原理图

元件全部添加后，在 Proteus ISIS 的编辑区域中按图 5-63 所示的原理图连接硬件电路。

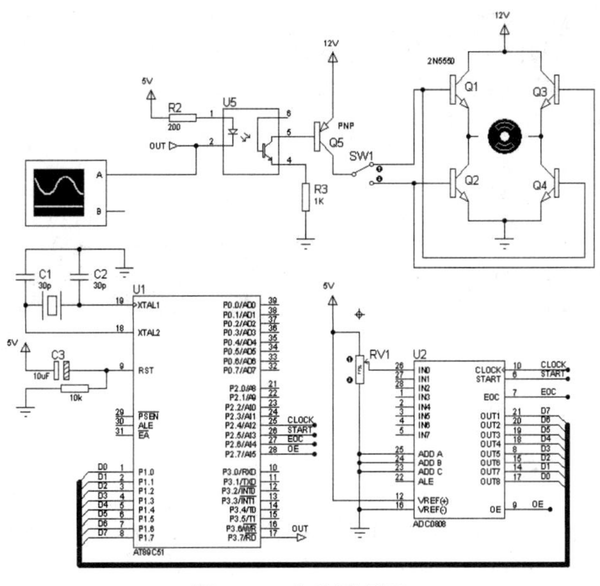

图 5-63　电路原理图

5.13.2　源程序设计

源程序清单：

```
ADC     EQU     35H
CLOCK BIT       P2.4
ST      BIT     P2.5
EOC     BIT     P2.6
OE      BIT     P2.7
PWM     BIT     P3.7
        ORG     00H
        AJMP    START
        ORG     0BH
        LJMP    INT_T0
        ORG     100H
START:  SETB    PWM
        MOV     TMOD,#02H
        MOV     TH0,#20
        MOV     TL0,#00H
        MOV     IE,#82H
        SETB    TR0
        CLR     ST
WAIT:   SETB    ST
        CLR     ST
        JNB EOC,$
        SETB    OE
        MOV     ADC,P1
        CLR     OE
        CLR     PWM
        MOV     A,ADC
        LCALL   DELAY
```

```
        SETB    PWM
        MOV     A,#0FFH
        SUBB    A,ADC
        LCALL   DELAY
        SJMP    WAIT
INT_T0: CPLCLOCK
        RETI
DELAY:  MOV     R5,A
D1:     MOV     R6,#30
        DJNZ    R6,$
        DJNZ    R5,D1
        RET
        END
```

5.13.3 Proteus 调试与仿真

参照 5.3.3 节建立程序文件，加载目标代码文件，进入调试环境执行程序。在 Proteus ISIS 界面中，调节电位器 RV1，可以看到电机转速随着电位器的调节发生相应变化，如图 5-64 所示。同时通过示波器观察单片机输出的 PWM 控制脉冲信号，如图 5-65 所示。切换开关 SW1 的状态可切换电机的正、反转。

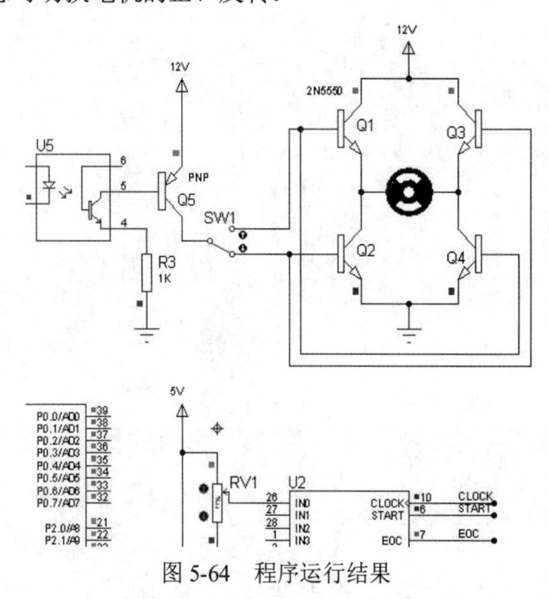

图 5-64 程序运行结果

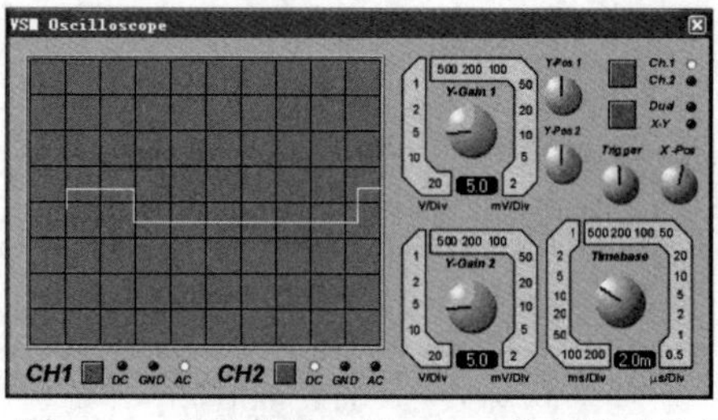

图 5-65 单片机输出的 PWM 控制脉冲信号

5.13.4 总结与提示

- 尝试直接给电动机加相同幅值的直流电压，并观察其转速大小，如图 5-66 所示。与单片机控制下直流电动机的最大转动速度做比较，观察差别并思考其中的原因。

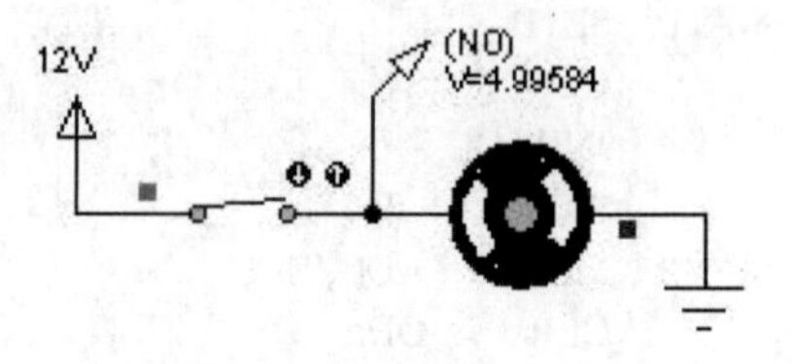

图 5-66 直接加工作电压的直流电机

- 在 Proteus ISIS 界面中双击直流电机，可打开其属性编辑对话框，并根据需要修改其属性值，包括标称电压及转速等。

5.14 基于 DAC0832 数模转换器的数控电源

内容

利用单片机 AT89C51 与 D/A 转换器件 DAC0832 设计一个数控电源，按照预设的程序自动调节三端稳压器件 LM317 的输出电压。

背景知识

- 已掌握 Keil 开发软件的使用方法。
- 了解 DAC0832 的工作原理与使用方法。
- 了解 LM317 可调三端稳压器件的使用方法。

训练目的

- 掌握 AT89C51 与 D/A 转换器件 DAC0832 接口电路的设计方法。
- 掌握单片机控制 DAC0832 器件的编程方法。
- 掌握数控电压源设计的基本原理和方法。

5.14.1 Proteus 电路设计

1. 元件清单列表

打开 Proteus ISIS 编辑环境，按表 5-14 所列的清单添加元件。

表 5-14　元 件 清 单

元件名称	所属类	所属子类
AT89C51	Microprocessor ICs	8051 Family
CAP	Capacitors	Generic
CAP-ELEC	Capacitors	Generic
CRYSTAL	Miscellaneous	—
RES	Resistors	Generic
LM317L	Analog Ics	Regulators
DAC0832	Data Converters	D/A Converters
LM358	Operational Amplifiers	Dual

2. 电路原理图

元件全部添加后，在 Proteus ISIS 的编辑区域中按图 5-67 所示的原理图(复位与振荡电路略)连接硬件电路。

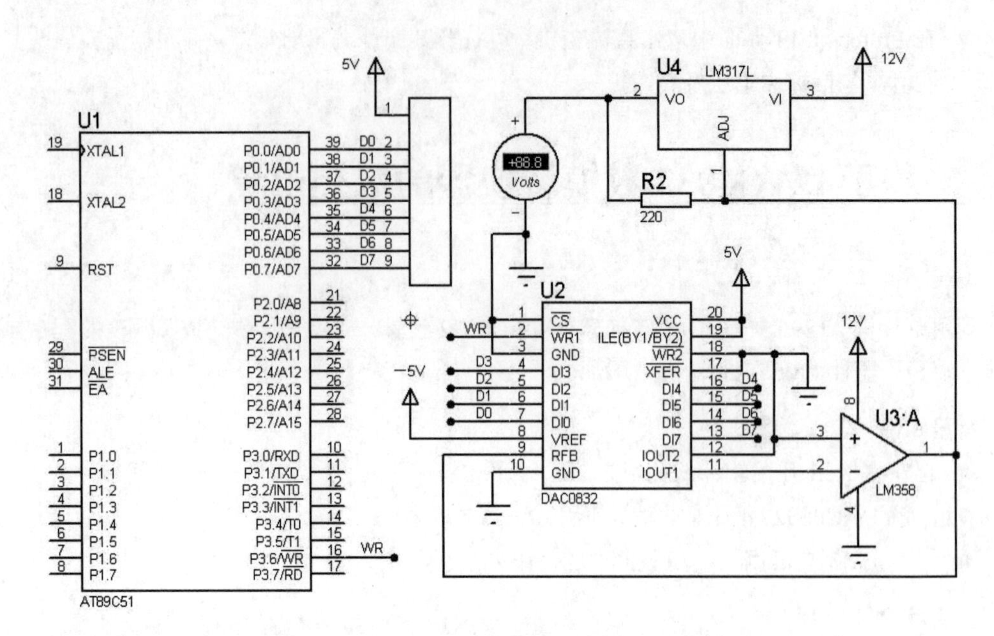

图 5-67　电路原理图

5.14.2　源程序设计

DAC0832 的工作方式分为直通、单缓冲和双缓冲三种，这里采用单缓冲方式。单片机每隔 1 秒钟分别向 DAC0832 送出 00H、3FH、7FH 和 F0H 四个数据，控制 LM317L 的输出电压循环变化。

源程序清单：

```
        ORG     00H
        AJMP    MAIN
        ORG     30H
MAIN:   MOV     A,#3FH
        MOV     P0,A
        SETB    P3.6
        CALL    DELAY
        CLR     P3.6
        CALL    DELAY
        MOV     A,#7FH
        MOV     P0,A
        SETB    P3.6
        CALL    DELAY
        CLR     P3.6
        CALL    DELAY
        MOV     A,#0F0H
        MOV     P0,A
        SETB    P3.6
        CALL    DELAY
```

```
        CLR     P3.6
        CALL    DELAY
        MOV     A,#00H
        MOV     P0,A
        SETB    P3.6
        CALL    DELAY
        CLR     P3.6
        CALL    DELAY
        AJMP    MAIN
DELAY:  MOV     R4,#5
L3:     MOV     R5,#100
L2:     MOV     R6,#250
L1:     DJNZ    R6,L1
        NOP
        NOP
        DJNZ    R5,L2
        DJNZ    R4,L3
        RET
        END
```

5.14.3 Proteus 调试与仿真

参照 5.3.3 节建立程序文件，加载目标代码文件，进入调试环境执行程序，在 Proteus ISIS 界面中，观察 LM317L 输出端的数字电压表示值发生的变化，仿真片段如图 5-68 所示。

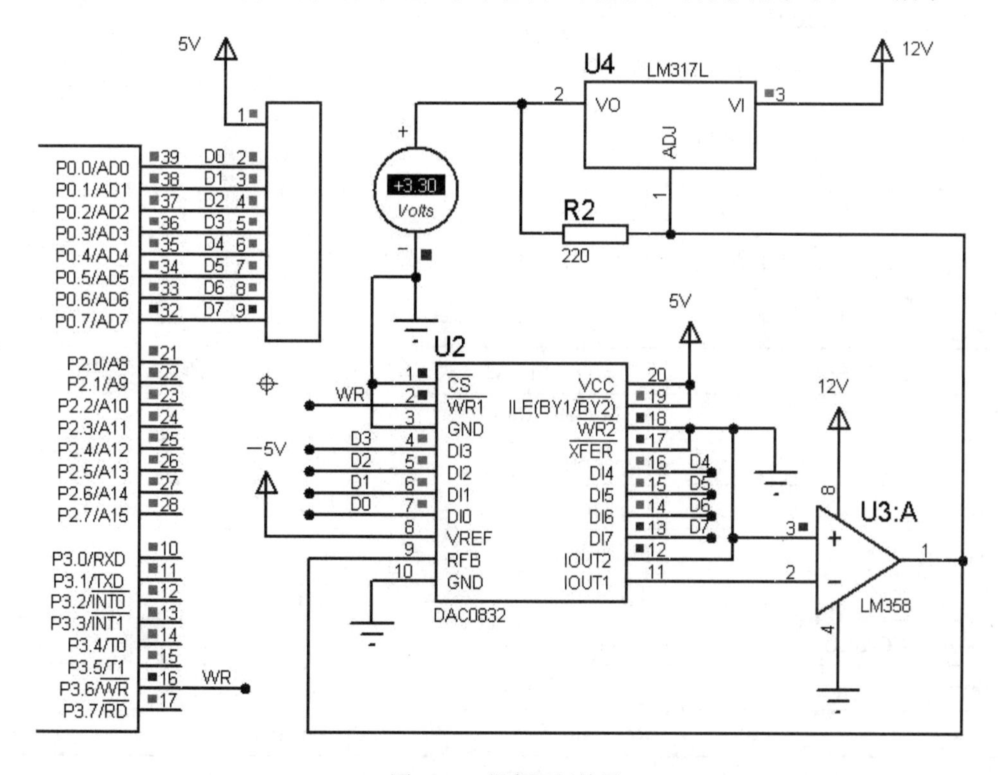

图 5-68　程序运行结果

5.14.4 总结与提示

- 对本例程序进行修改，可产生不同波形连续变化的输出电压。
- LM317L 可调输出电压的最低值为 1.25V，通过本例也能观察到这一点。
- 由于 LM358 输出没有调零电路，不能校准，因此数模转换输出结果存在一定的误差，导致可调电压源的输出也存在误差，在本例中亦有所体现。

5.15 基于 ADC0808 模数转换器的数字电压表

内容

利用单片机 AT89C51 与 A/D 转换器件 ADC0808 设计一个数字电压表，能够测量 0～5V 之间的直流电压值，并用 4 位数码管实时显示该电压值。

背景知识

- 已掌握 Keil 开发软件的使用方法。
- 了解 ADC0808 的工作原理与使用方法。

训练目的

- 掌握 AT89C51 与 A/D 转换器件 ADC0808 接口电路的设计方法。
- 掌握对测量数据处理过程中数值的量程转换方法。
- 体会 A/D 转换器的位数对测量精度的影响。

5.15.1 Proteus 电路设计

1. 元件清单列表

打开 Proteus ISIS 编辑环境，按表 5-15 所列的清单添加元件。

表 5-15 元 件 清 单

元 件 名 称	所 属 类	所 属 子 类
AT89C51	Microprocessor ICs	8051 Family
CAP	Capacitors	Generic
CAP-ELEC	Capacitors	Generic
CRYSTAL	Miscellaneous	—
RES	Resistors	Generic
7SEG-MPX4-CC-BLUE	Optoelectronics	7-Segment Displays
ADC0808	Data Converters	A/D Converters
POT-LIN	Resistors	Variable

2. 电路原理图

元件全部添加后，在 Proteus ISIS 的编辑区域中按图 5-69 所示的原理图连接硬件电路。

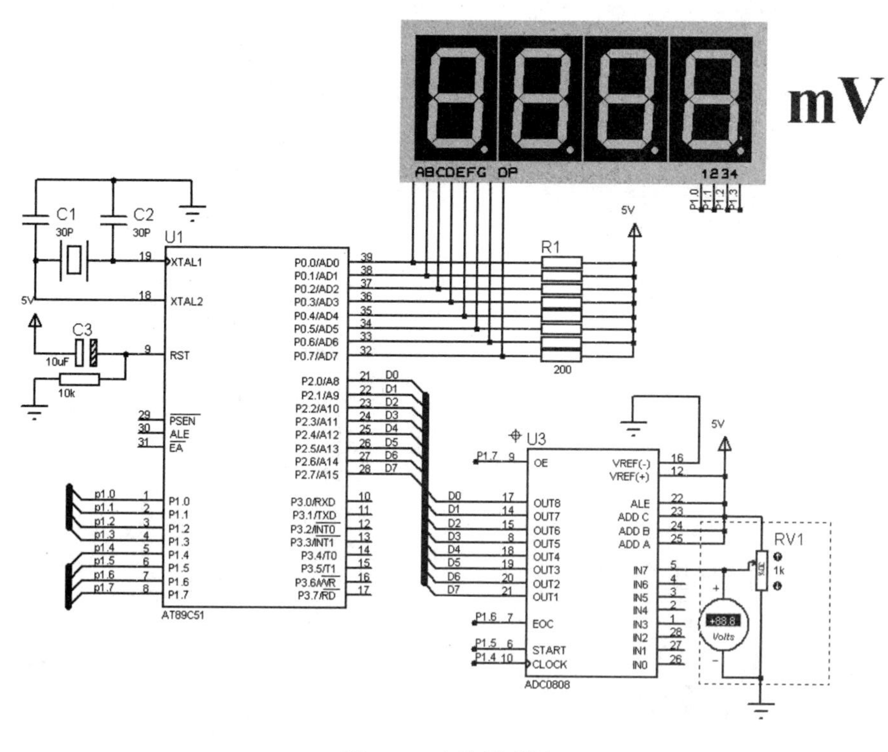

图 5-69　电路原理图

5.15.2　源程序设计

ADC0808 在进行 A/D 转换时需要有 CLOCK 信号，我们在硬件电路设计中将 ADC0808 的 CLOCK 信号接在了 AT89C51 单片机的 P1.4 端口上，即通过 P1.4 端口为 ADC0808 提供 CLOCK 信号，因此在程序编写时要由软件产生该时钟信号。

系统程序流程分别如图 5-70～图 5-74 所示。

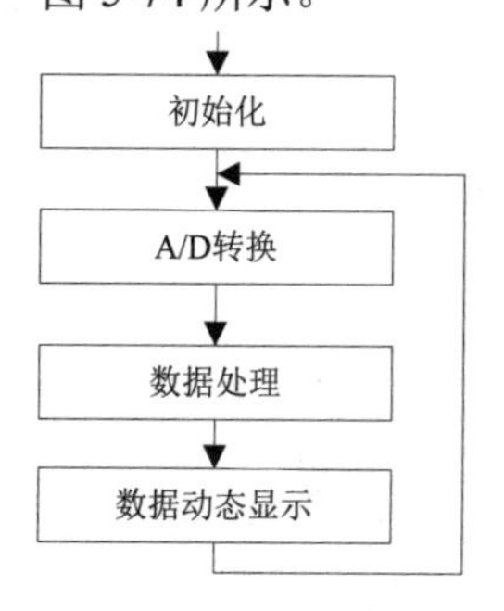

图 5-70　主程序流程图

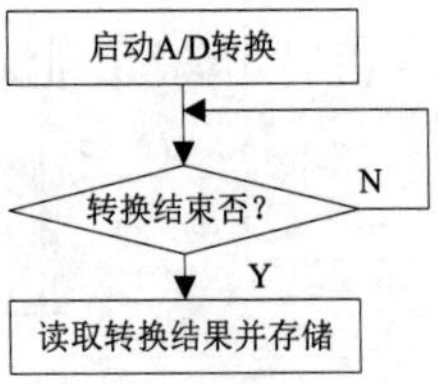

启动A/D转换

转换结束否？

N

Y

读取转换结果并存储

图 5-71　A/D 转换流程图

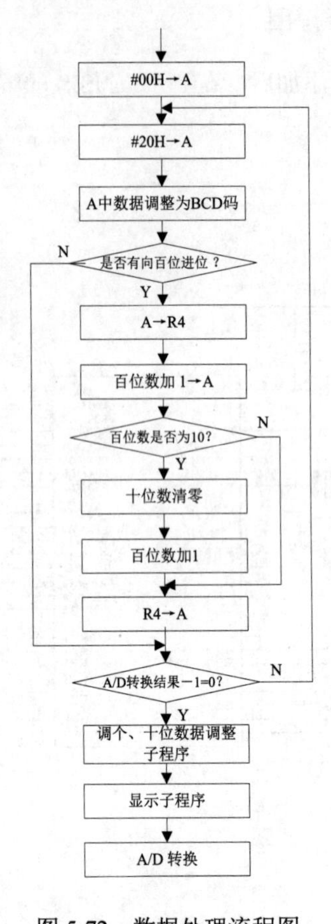

图 5-72　数据处理流程图

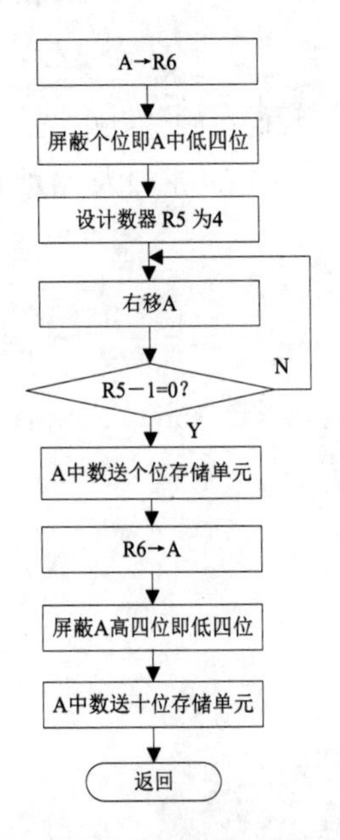

图 5-73　个位及十位数据调整子程序流程图

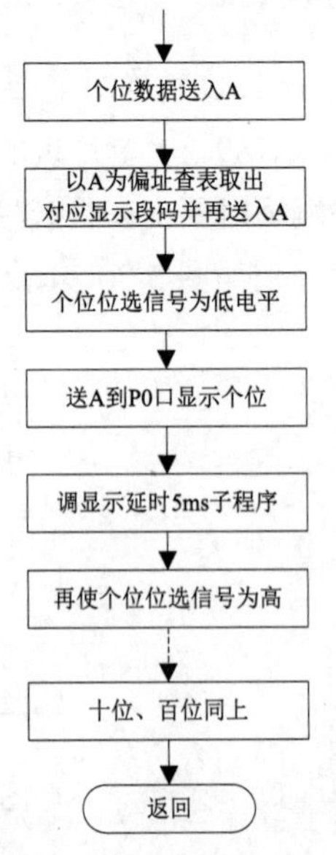

图 5-74　显示子程序流程图

源程序清单：

```
LED_0   EQU     30H                 ;个位
LED_1   EQU     31H                 ;十位
LED_2   EQU     32H                 ;百位
LED_3   EQU     33H                 ;存放千位段码
ADC     EQU     35H
CLOCK   BIT     P1.4                ;定义 0808 时钟位
ST      BIT     P1.5
EOC     BIT     P1.6
OE      BIT     P1.7
        ORG     00H
        SJMP    START
        ORG     0BH
        LJMP    INT_T0
        ORG     30H
START:  MOV     LED_0, #00H
        MOV     LED_1,#00H
        MOV     LED_2,#00H
        MOV     DPTR,#TABLE         ;段码表首地址
        MOV     TMOD,#02H
        MOV     TH0,#245
        MOV     TL0,#00H
        MOV     IE,#82H
        SETB    TR0
WAIT:   CLR     ST
        SETB    ST
        CLR     ST                  ;启动 AD 转换
        JNB     EOC,$               ;等待转换结果
        SETB    OE
        MOV     ADC,P2              ;读取 AD 转换结果
        CLR     OE
        MOV     A,ADC               ;AD 转换结果转换成 BCD 码
        MOV     R7,A
        MOV     LED_3,#00H
        MOV     LED_2,#00H
        MOV     A,#00H
LOOP1:  ADD     A,#20H              ;一位二进制码对应 20mV 电压值
        DA      A
        JNC     LOOP2
        MOV     R4,A
        INC     LED_2
        MOV     A,LED_2
        CJNE    A,#0AH,LOOP4
        MOV     LED_2,#00H
        INC     LED_3
LOOP4:  MOV     A,R4
LOOP2:  DJNZ    R7,LOOP1
        ACALL   BTOD1
        LCALL   DISP
        SJMP    WAIT
```

```
        ORG     200H
BTOD1:  MOV     R6,A
        ANL     A,#0F0H
        MOV     R5,#4
LOOP3:  RR      A
        DJNZ    R5,LOOP3
        MOV     LED_1,A
        MOV     A,R6
        ANL     A,#0FH
        MOV     LED_0,A
        RET
INT_T0: CPL     CLOCK                       ;提供 0808 时钟信号
        RETI
DISP:   MOV     A,LED_0                     ;显示子程序
        MOVC    A,@A+DPTR
        CLR     P1.3
        MOV     P0,A
        LCALL   DELAY
        SETB    P1.3
        MOV     A,LED_1
        MOVC    A,@A+DPTR
        CLR     P1.2
        MOV     P0,A
        LCALL   DELAY
        SETB    P1.2
        MOV     A,LED_2
        MOVC    A,@A+DPTR
        CLR     P1.1
        MOV     P0,A
        LCALL   DELAY
        SETB    P1.1
        MOV     A,LED_3
        MOVC    A,@A+DPTR
        CLR     P1.0
        MOV     P0,A
        LCALL   DELAY
        SETB    P1.0
        RET
DELAY:  MOV     R6,#10                      ;延时 5ms
D1:     MOV     R7,#250
        DJNZ    R7,$
        DJNZ    R6,D1
        RET
TABLE:  DB      3FH,06H,5BH,4FH,66H         ;共阴数码管 7 段值
        DB      6DH,7DH,07H,7FH,6FH
        END
```

5.15.3 Proteus 调试与仿真

参照 5.3.3 节建立程序文件，加载目标代码文件，进入调试环境执行程序。在 Proteus ISIS 界面中，调节电位器 POT-LIN，可以看到数码管显示的电压值随着电位器的调节实时发生变化，如图 5-75 所示。

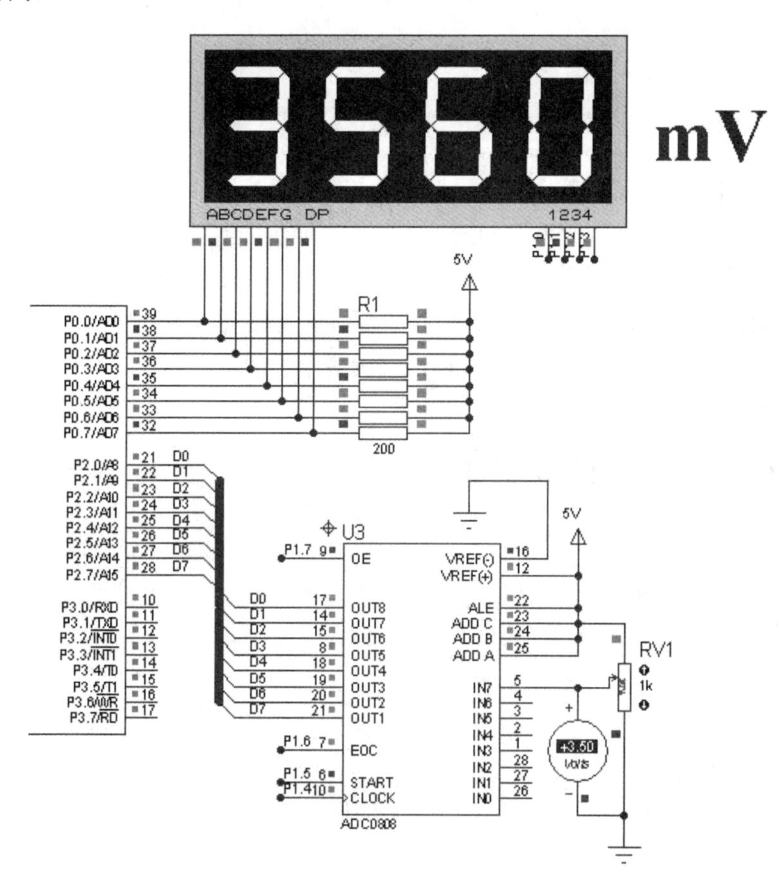

图 5-75 程序运行结果

比较数码管显示的电压值同数字电压表数值间的误差，分析误差产生的原因，并从中体会 A/D 转换器的转换位数同转换精度之间的关系。

5.15.4 总结与提示

- ADC0809 与 ADC0808 的工作原理基本一样，但是在 Proteus 中，没有 ADC0809 的仿真模型，所以熟悉 ADC0809 的读者也可用 ADC0808 器件作替代来进行 A/D 转换实验。
- 在 Proteus 与 Keil 的联调过程中，可以综合运用 Keil 中的多种调试功能来详细观察电路的工作情况。

第6章

AT89C51 单片机综合设计

Proteus 是目前最好的模拟单片机外围器件的工具，与其他单片机仿真软件不同的是，它不仅能仿真单片机 CPU 的工作情况，也能仿真单片机外围电路或没有单片机参与的其他电路的工作情况。因此在仿真和调试程序时，关心的不再是某些语句执行时单片机寄存器和存储器内容的改变，而是从工程的角度直接看程序运行和电路工作的过程和结果。从某种意义上讲，这样的仿真实验，解决了实验和工程应用间脱节的矛盾。

6.1 单片机间的多机通信

内容

三个 AT89C51 单片机间进行“1 主 2 从”多机通信，主机可以将其数码管显示的内容发送给每个从机，也可以采集每个从机数码管显示的数值并求和后显示出来，每个单片机的数码管显示值可以通过外接的按键进行设置。

训练目的

掌握 MCS-51 单片机间进行多机通信的实现方法。

6.1.1 Proteus 电路设计

1. 元件清单列表

打开 Proteus ISIS 编辑环境，按表 6-1 所列的清单添加元件。

表6-1 元 件 清 单

元 件 名 称	所 属 类	所 属 子 类
AT89C51	Microprocessor ICs	8051 Family
CAP	Capacitors	Generic
CAP-ELEC	Capacitors	Generic
CRYSTAL	Miscellaneous	—
RES	Resistors	Generic
7SEG-BCD-GRN	Optoelectronics	7-Segment Displays
BUTTON	Switches & Relays	Switches

2. 电路原理图

元件全部添加后，在 Proteus ISIS 的编辑区域中按图 6-1 和图 6-2 所示的主、从机电路原理图(晶振和复位电路略)连接硬件电路。

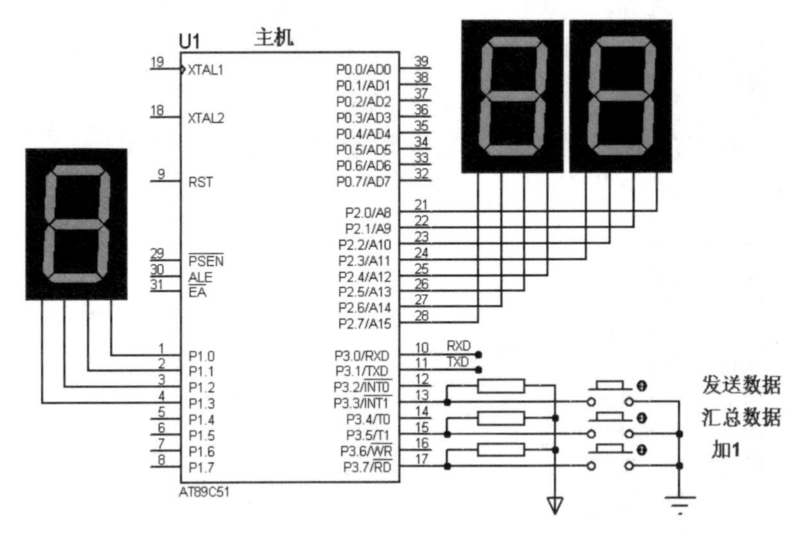

图 6-1　主机部分的电路原理图

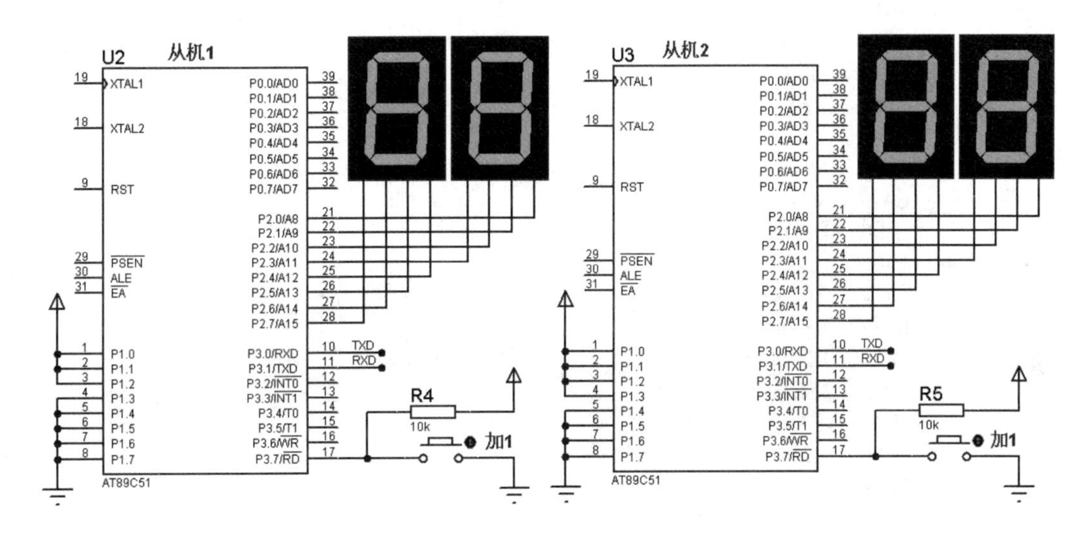

图 6-2　从机部分的电路原理图

6.1.2　源程序设计

本例中，主机和从机的串口工作方式都采用查询方式，波特率定为 9600Hz；两个从机的地址均由其 P1 口的输入状态确定。源程序清单如下。

1. 主机部分

```
        ORG     00H
        AJMP    MAIN
        ORG     30H
MAIN:   MOV     SP,#60H
        MOV     TMOD,#20H           ;定时器方式 2
        MOV     TH1,#0FDH           ;9600 波特率
        MOV     TL1,#0FDH
        MOV     SCON,#0D8H          ;串行口为方式 3，允许接收，TB8=1
        MOV     PCON,#0             ;SMOD=0
        SETB    TR1
        MOV     R5,#00H             ;显示寄存器清 0
        MOV     P1,#00H
LOOP:   MOV     P2,R5
        MOV     A,#0FFH
        MOV     P3,A
        JNB     P3.3,PRESTX          ;“发送数据”按键
        JNB     P3.5,PRESRX          ;“汇总数据”按键
        JNB     P3.7,JIAYI           ;“加”1 按键
        AJMP    LOOP
PRESTX: JNB     P3.3,$
        MOV     P1,#03H              ;按键指示数码管显示数字“3”
        MOV     R3,#00H              ;接收命令送 R3
        MOV     R2,#07H              ;从机 1 的地址送 R2
        CALL    MSIO1
        NOP
        NOP
        MOV     R2,#0FH              ;从机 2 的地址送 R2
        CALL    MSIO1
        AJMP    LOOP
PRESRX: JNB     P3.5,$
        MOV     P1,#5H               ;按键指示数码管显示数字“5”
        MOV     R3,#01H              ;发送命令送 R3
        MOV     R2,#07H              ;从机 1 的地址送 R2
        CALL    MSIO1
        NOP
        NOP
        MOV     A,R5
        MOV     R4,A
        MOV     R2,#0FH              ;从机 2 的地址送 R2
        CALL    MSIO1
        MOV     A,R4
        ADD     A,R5
        DA      A
        MOV     R5,A
        AJMP    LOOP
JIAYI:  JNB     P3.7,$
        MOV     P1,#7H               ;按键指示数码管显示数字“7”
        INC     R5
        CLR     A
```

```
        ADD     A,R5
        DA      A
        MOV     R5,A
        AJMP    LOOP
MSIO1:  SETB    TB8
        MOV     A,R2
        MOV     SBUF,A
        JNB     TI,$
        CLR     TI
        CLR     TB8
        MOV     A,R3
        MOV     SBUF,A
        JNB     TI,$
        CLR     TI
        CJNE    A,#00H,SRX
STX:    CLR     TB8                     ;发送数据
        MOV     A,R5
        MOV     SBUF,A
        JNB     TI,$
        CLR     TI
        RET
SRX:    JNB     RI,$                    ;接收数据
        CLR     RI
        MOV     A,SBUF
        MOV     R5,A
        RET
        END
```

2. 从机部分

```
SLAVE     EQU   30H                     ;存放从机地址寄存器
          ORG   00H
          AJMP  MAIN
          ORG   30H
MAIN:     MOV   SP,#60H
          MOV   TMOD,#20H               ;定时器方式 2
          MOV   TH1,#0FDH               ;9600 波特率
          MOV   TL1,#0FDH
          MOV   SCON,#0D8H              ;串行口为方式 3，允许接收，TB8=1
          MOV   PCON,#0                 ;SMOD=0
          SETB  TR1
          SETB  SM2
          MOV   A,#0FFH
          MOV   P1,A
          MOV   A,P1                    ;从 P1 口读从机地址
          MOV   SLAVE,A
          MOV   R5,#00H                 ;显示寄存器清 0
          SETB  P3.7
DISPLAY:  MOV   P2,R5
CHACKRI:  JB    RI,SSIO
          JB    P3.7,CHACKRI
```

```
          JNB     P3.7,$
          INC     R5
          MOV     A,#0
          ADD     A,R5
          DA      A
          MOV     R5,A
          AJMP    DISPLAY
SSIO:     CLR     RI                     ;串行口子程序
          SETB    RS1
          CLR     RS0
          MOV     A,SBUF
          XRL     A,SLAVE
          JZ      SSIO1
RETURN:   SETB    SM2
          AJMP    DISPLAY
SSIO1:    CLR     SM2
          JNB     RI,$
          CLR     RI
SSIO2:    MOV     A,SBUF
          CJNE    A,#00H,STX             ;命令字=0：接收命令，命令字=1：发送命令
SRX:      JNB     RI,$
          CLR     RI
          MOV     A,SBUF                 ;接收数据
          MOV     R5,A
          AJMP    RETURN
STX:      MOV     A,R5                   ;发送数据
          MOV     SBUF,A
          JNB     TI,$
          CLR     TI
          AJMP    RETURN
          END
```

6.1.3 Proteus 调试与仿真

参照 5.3.3 节建立程序文件，加载目标代码文件，在 Proteus ISIS 界面中，单击▶按钮启动仿真。

主机操作如下：

(1) 每按下“加 1”键，数码管显示值加 1，对应左边的数码管显示“7”。

(2) 每按下“汇总数据”键，主机数码管显示值变为从机 1 的显示值+从机 2 的显示值之和，对应左边的数码管显示“5”。

(3) 每按下“发送数据”键，各从机的数码管显示值均变为主机数码管所显示的数值，对应左边的数码管显示“3”。

从机操作如下：

(1) 每按下“加 1”键，数码管显示值加 1。

(2) 运行中的数码管显示值随主机的操作而发生改变。

仿真运行片段如图 6-3 和图 6-4 所示。仿真过程中可单击 按钮暂停仿真，从“Debug”菜单中调出各个单片机的“8051 CPU Registers”窗口来观察各单片机运行中相关寄存器的工作状态，如图 6-4 所示。

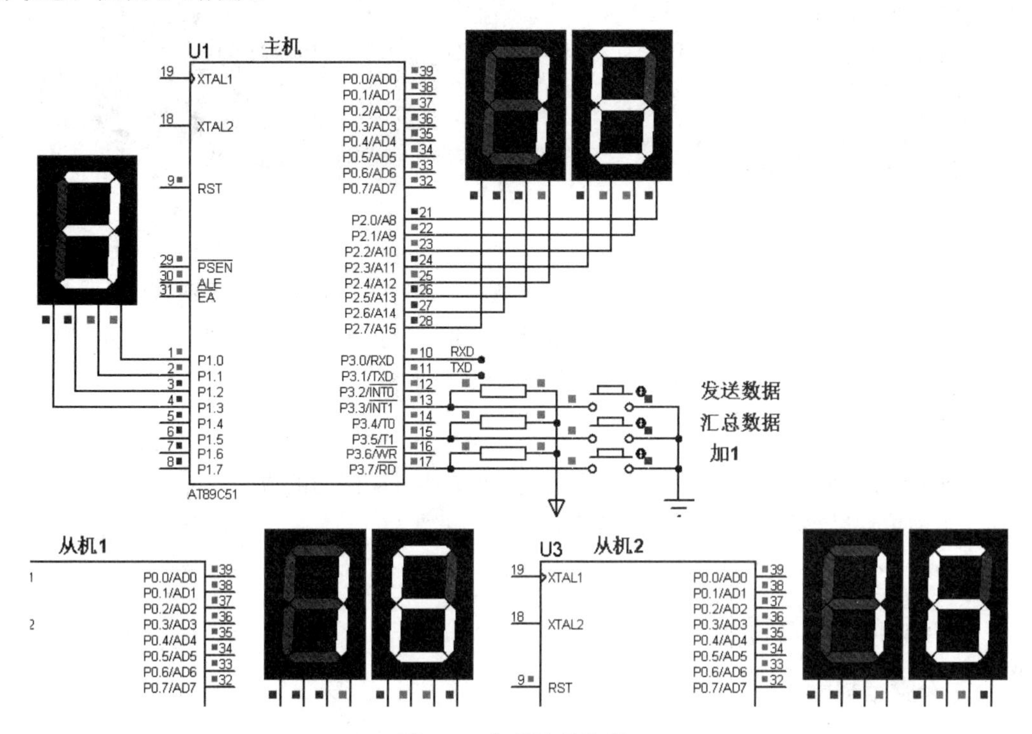

图 6-3　仿真运行片段 1

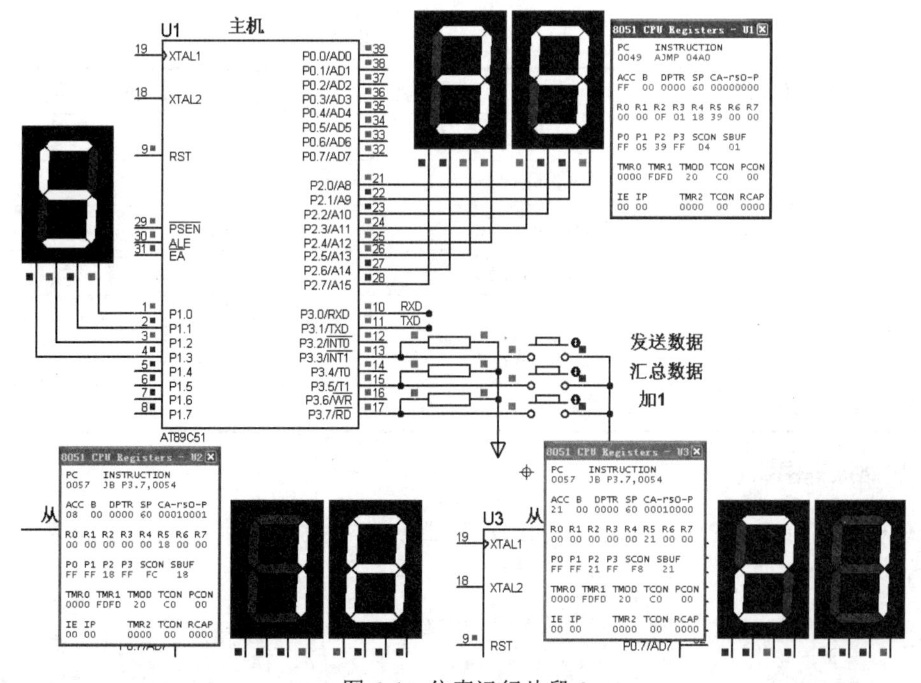

图 6-4　仿真运行片段 2

6.1.4 总结与提示

- 在仿真刚开始的几秒钟，仿真系统还未完全就位，仿真结果可能会不正常，稍停一会儿便可正常运行。
- 可将从机的串口工作方式改为采用中断方式进行编程和仿真实验。

6.2 I^2C 总线应用技术

内容

I^2C 总线是一种用于 IC 器件之间的二线制总线。它通过 SDA(串行数据线)及 SCL(串行时钟线)两根线在连到总线上的器件之间传送消息，并根据地址识别每个器件。本例使用串口通信 I^2C 存储器 24C01 扩展 AT89C51 单片机的数据存储器，完成读写操作。

训练目的

- 学习使用 Proteus 设计并仿真 I^2C 器件扩展单片机存储器的方法。
- 掌握单片机进行 I^2C 通信的编程方法。
- 学会使用 Proteus VSM 虚拟 I^2C 调试器。

6.2.1 Proteus 电路设计

1. 元件清单列表

打开 Proteus ISIS 编辑环境，按表 6-2 所示的清单添加元件。

表 6-2 元 件 清 单

元 件 名 称	所 属 类	所 属 子 类
AT89C51	Microprocessor ICs	8051 Family
CAP	Capacitors	Generic
CAP-ELEC	Capacitors	Generic
CRYSTAL	Miscellaneous	—
RES	Resistors	Generic
24C01	Memory ICs	I^2C Memories
7SEG-BCD-GRN	Optoelectronics	7-Segment Displays

2. 电路原理图

元件全部添加后，在 Proteus ISIS 的编辑区域中按图 6-5 所示的电路原理图(晶振和复位电路略)连接硬件电路。

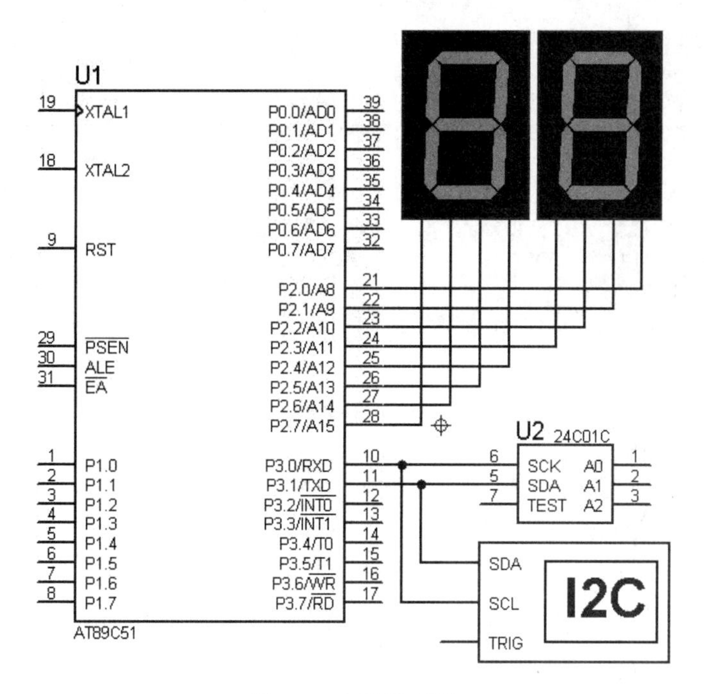

图 6-5　电路原理图

6.2.2　源程序设计

程序编写时，先对 24C01 执行写操作，将 AT89C51 内部数据存储器中 30H～3FH 的数据写入 24C01 中的 30H～3FH 存储单元中；再执行读操作，读取 24C01 中 30H～3FH 存储单元中的数据，将数据存储到 AT89C51 单片机内部数据存储器的 40H～4FH 单元中，并在每读取一个单元数据的同时，将该数据在 P2 口显示一段时间。

源程序清单：

```
ACK         BIT     10H             ;应答标志位
SLA         DATA    50H             ;器件地址字
SUBA        DATA    51H             ;器件子地址
NUMBYTE     DATA    52H             ;读写字节数
SDA         BIT     P3.1            ;定义总线
SCL         BIT     P3.0
MTD         EQU     30H             ;发送数据缓冲区首地址
MRD         EQU     40H             ;接收数据缓冲区首地址
            ORG     00H
            AJMP    MAIN
            ORG     80H
IWRNBYTE:   MOV     R3,NUMBYTE      ;向器件指定子地址写 N 字节数据
            LCALL   START           ;启动总线
            MOV     A,SLA
            LCALL   WRBYTE          ;发送器件地址字
            LCALL   CACK
            JNB     ACK,RETWRN      ;无应答则退出
            MOV     A,SUBA          ;指定子地址
            LCALL   WRBYTE
```

```
            LCALL   CACK
            MOV     R1,#MTD
WRDA:       MOV     A,@R1
            LCALL   WRBYTE          ;开始写入数据
            LCALL   CACK
            INC     R1
            DJNZ    R3,WRDA         ;判断是否写完
RETWRN:     LCALL   STOP
            RET
IRDNBYTE:   MOV     R3,NUMBYTE
            LCALL   START
            MOV     A,SLA
            LCALL   WRBYTE          ;发送器件地址字
            LCALL   CACK
            MOV     A,SUBA          ;指定子地址
            LCALL   WRBYTE
            LCALL   CACK
            LCALL   START           ;重新启动总线
            MOV     A,SLA
            INC     A               ;准备进行读操作
            LCALL   WRBYTE
            LCALL   CACK
            MOV     R1,#MRD
RON1:       LCALL   RDBYTE          ;开始读操作
            MOV     @R1,A
            MOV     P2,A
            LCALL   DELAY
            DJNZ    R3,SACK
            LCALL   MNACK           ;最后一字节发送非应答位
RETRDN:     LCALL   STOP
            RET
SACK:       LCALL   MACK
            INC     R1
            SJMP    RON1
START:      SETB    SDA             ;启动总线子程序
            NOP
            SETB    SCL
            NOP
            NOP
            NOP
            NOP
            NOP
            CLR     SDA
            NOP
            NOP
            NOP
            NOP
            CLR     SCL
            NOP
            RET
STOP:       CLR     SDA             ;停止总线子程序
```

```
        NOP
        NOP
        SETB    SCL
        NOP
        NOP
        NOP
        NOP
        NOP
        SETB    SDA
        NOP
        NOP
        NOP
        NOP
        NOP
        RET
MACK:   CLR     SDA             ;发送应答信号子程序
        NOP
        NOP
        SETB    SCL
        NOP
        NOP
        NOP
        NOP
        NOP
        CLR     SCL
        NOP
        NOP
        RET
MNACK:  SETB    SDA             ;发送非应答信号子程序
        NOP
        NOP
        SETB    SCL
        NOP
        NOP
        NOP
        NOP
        NOP
        CLR     SCL
        NOP
        NOP
        RET
CACK:   CLR     SDA             ;检查应答位子程序
        NOP
        NOP
        SETB    SCL
        NOP
        NOP
        NOP
        CLR     SCL
        NOP
        NOP
```

```
                NOP
                RET
WRBYTE:         MOV     R0,#08H         ;发送字节子程序，字节数据放入 ACC
WLP:            RLC     A               ;读取数据位
                JC      WRI
                SJMP    WRO             ;判断数据位
WLP1:           DJNZ    R0,WLP
                NOP
                RET
WRI:            SETB    SDA             ;发送 1
                NOP
                SETB    SCL
                NOP
                NOP
                NOP
                NOP
                NOP
                CLR     SCL
                SJMP    WLP1
WRO:            CLR     SDA             ;发送 0
                NOP
                SETB    SCL
                NOP
                NOP
                NOP
                NOP
                CLR     SCL
                SJMP    WLP1
RDBYTE:         MOV     R0,#08H         ;读取字节子程序，读出的数据存入 ACC
RLP:            SETB    SDA
                NOP
                NOP
                SETB    SCL             ;时钟线为高，接收数据位
                NOP
                NOP
                NOP
                MOV     C,SDA           ;读取数据位
                MOV     A,R2
                CLR     SCL
                RLC     A
                MOV     R2,A
                NOP
                NOP
                NOP
                DJNZ    R0,RLP          ;不够 8 位，继续读入
                RET
MAIN:           MOV     R4,#0F0H        ;主程序入口，先延时一段时间
                DJNZ    R4,$
                MOV     A,#00H          ;发送数据缓冲区初始化，将 00H 到 0FH 分别
                MOV     R0,#30H         ;赋值给 16 个连续字节单元
S1:             MOV     @R0,A
```

```
            INC     R0
            INC     A
            CJNE    R0,#40H,S1
            MOV     SLA,#0A0H          ;向 24C01 写入数据，数据存入 30H 到 3FH
            MOV     SUBA,#30H
            MOV     NUMBYTE,#16
            LCALL   IWRNBYTE           ;调写数据子程序
            NOP
            MOV     SLA,#0A0H          ;从 24C01 中读数据，数据存入 AT89C51 的
            MOV     SUBA,#30H          ;40H 到 4FH 单元中
            MOV     NUMBYTE,#16
            LCALL   IRDNBYTE           ;调读数据子程序
            AJMP    MAIN               ;重新执行程序
DELAY:      MOV     R5,#10             ;延时子程序
D1:         MOV     R6,#200
D2:         MOV     R7,#200
            DJNZ    R7,$
            DJNZ    R6,D2
            DJNZ    R5,D1
            RET
            END
```

6.2.3　Proteus 调试与仿真

参照 5.3.3 节建立程序文件，加载目标代码文件，执行以下操作：

(1) 在 Proteus ISIS 界面中，单击按钮启动仿真。

(2) 仿真过程中单击按钮暂停仿真，从“Debug”菜单中调出“8051 CPU Internal (IDATA) Memory”窗口和“I2C Memory Internal Memory-U2”窗口，观察单片机内部数据存储器和 24C01 存储器中相关单元的状态变化，如图 6-6 所示。

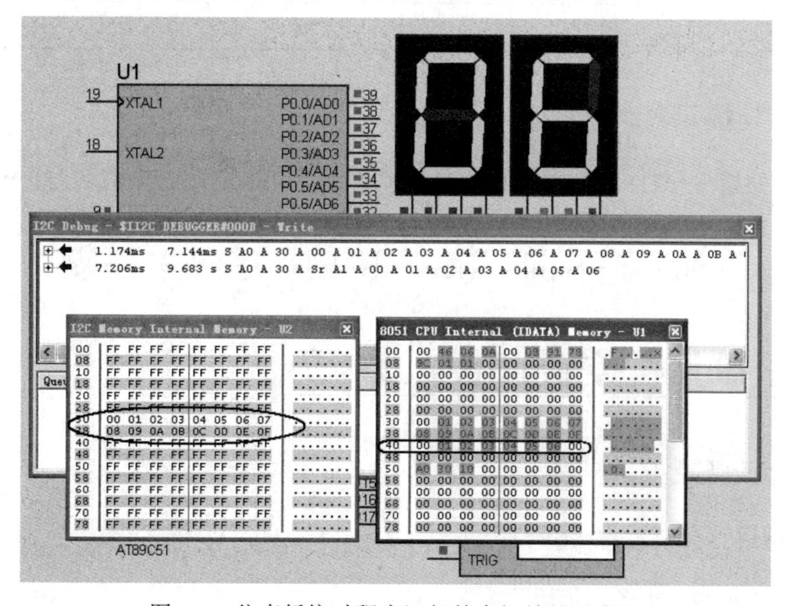

图 6-6　仿真暂停时程序运行的中间结果示意图

6.2.4 用 I^2C 调试器监视 I^2C 总线

1. 在电路中添加 I^2C 调试器

在工具栏中单击按钮，再在对象选择器中选择“I^2C DEBUGGER”。将其中两引脚与单片机连接，其中 SCL 接 P3.0，SDA 接 P3.1。

2. 仿真监视

从图 6-6 所示的 I^2C 调试器窗口中可以看到 I^2C 总线在循环读/写，窗口的左上角区域记录了总线上的所有活动，其中向左的蓝箭头表示 I^2C 调试器作为从器件监视总线上的活动。单击“+”，可显示详细的数据。以字节，甚至以位的形式显示。其中：

- 第一行内容是单片机向 24C01 存储器写数据的过程，其时序为 S、A0、A、地址(30H)、A、数据 1、A、数据 2、A、…、数据 16、A、P。
- 第二行内容是单片机从 24C01 存储器读数据的过程，其时序为 S、A0、A、地址(30H)、A、Sr、A1、A、数据 1、A、…、数据 16、N、P。

3. I^2C 通信读/写操作序列中的专用字符

I^2C 通信读/写操作序列中的专用字符，如表 6-3 所示。

表 6-3 I^2C 读/写操作序列中的专用字符含义

符　号	含　义	符　号	含　义
S	开始	*	收到部分数据
P	停止	L	仲裁丢失，返回主控模式
Sr	重新开始	?	检测到非法逻辑电平
A	应答	N	非应答

6.2.5 总结与提示

本例中，如果将 AT89C51 单片机的时钟频率设置为 12MHz，则应将 24C01 属性中的{TD_WRITE=1m}项改为{TD_WRITE=0.5m}。具体步骤为：双击 24C01 元件，打开其属性编辑对话框，选中“Edit all properties as text”项，然后进行修改。

6.3 基于单片机控制的电子万年历

6.3.1 设计任务及要求

1. 设计题目

基于单片机控制的电子万年历。

2. 设计要求与目的

- 利用单片机、时钟芯片、温度传感器、数码管等实现日期、时间、温度的显示，即一个简单的万年历。
- 万年历的设计是几个简单模块的组合，硬件上是这样，软件上也是这样，要熟悉这种模块化的设计思路。
- 通过万年历的设计要掌握好对 Proteus 仿真设计的熟练使用。
- 通过万年历的设计要熟练掌握单片机的各个功能，并且能对单片机有一个总体的把握，在设计的过程中能够凭借对单片机各功能的了解，达到理想的设计效果。
- 本例使用了时钟芯片 DS1302、温度传感器 DS18B20 和 74HC164，希望通过对单片机的学习能够对它们触类旁通。

3. 设计任务

- 设计系统硬件。
- 设计系统软件。
- 编写设计说明书。

6.3.2　设计背景

在生活中，我们经常能看到各种各样的制作精美的万年历，万年历大有取代常规钟表的趋势。随着人们生活水平的提高，智能产品越来越受到人们的欢迎，而单片机、传感器及各种集成电路起到了关键的作用。希望通过本设计能够对未来的趋势有所把握，从而适应社会发展的需要。

6.3.3　电路设计

万年历大体可以分为三大模块，74HC164 与数码管的显示模块、DS1302 时钟芯片与单片机的时钟模块和 DS18B20 与单片机的温度模块。

单片机在 5V 电压下，各个模块正常工作。单片机从 DS1302 芯片中读出一组时间日期数据，同时单片机通过 DS18B20 温度传感器获得当前温度。单片机接收到各个数据时，利用串行通信把数据按照一定的顺序发送给 74HC164。74HC164 移位到最后一个数后，把各个数据显示出来。

1. 74HC164 芯片相关知识

(1) 74HC164 简介

74HC164 是一种 8 位串行输入并行输出的移位寄存器。它是高速硅门 CMOS 器件，与低功耗肖特基型 TTL(TTL LS)器件的引脚兼容。74HC164、74HCT164 是 8 位边沿触发式移位寄存器，串行输入数据，然后并行输出。数据通过两个输入端之一(DSA 或 DSB)串行输入；任何一个输入端都可以用作高电平使能端，控制另一个输入端的数据输入。两个输入端或者连接在一起，或者把不用的输入端接高电平，一定不要悬空。时钟(CP)每次由低变高时，数据右移一位，输入到Q0。Q0是两个数据输入端(DSA和DSB)的逻辑与，它在上升时钟沿之前保持一个建立时间的长度。主复位(MR)输入端上的一个低电平将使其他所有输入端都无效，同时非同步地清除寄存器，强制所有的输出为低电平。

(2) 74HC164的引脚功能

74HC164的引脚功能如图6-7、图6-8和表6-4所示。

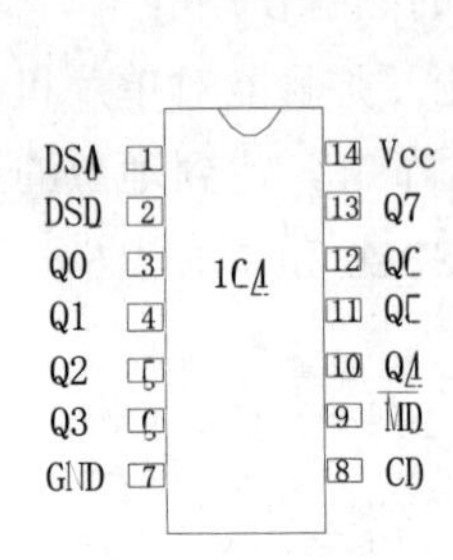

图6-7　74HC164的引脚图

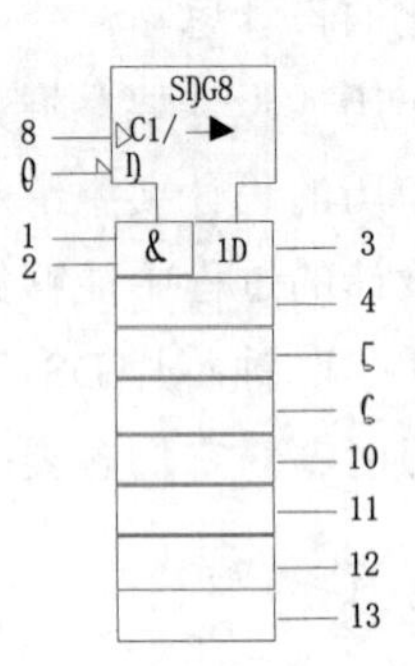

图6-8　74HC164的IEC逻辑符号

表6-4　74HC164的引脚说明

符　　号	引　　脚	功能说明
DSA	1	数据输入
DSB	2	数据输出
Q0~Q3	3～6	输出
GND	7	地
CP	8	时钟输入(低电平到高电平边沿触发)
$\overline{MP}$	9	中央复位(低电平有效)
Q4~Q7	10～13	输出
V_{CC}	14	正电源

2. DS1302芯片相关知识

(1) DS1302简介

DS1302是DALLAS公司推出的一种高性能、低功耗、带RAM的实时时钟芯片，它可以对年、月、日、星期、时、分、秒进行计时，且具有闰年补偿功能，工作电压为2.5~5.5V。DS1302采用三线接口，与CPU进行同步通信，并可采用突发方式一次传送多个字节的时间数据或RAM数据。DS1302内部有一个31×8的用于临时性存放数据的RAM存储器。

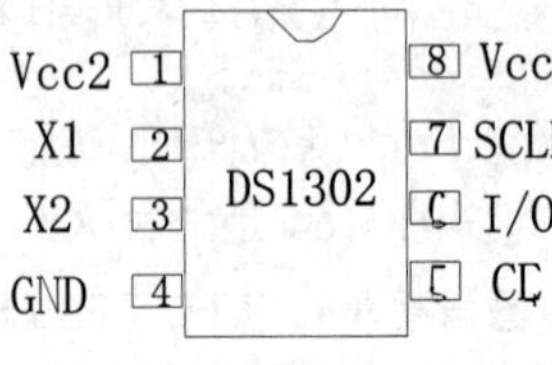

(2) DS1302的引脚及功能

DS1302的引脚及功能如图6-9及表6-5所示。

图6-9　DS1302的DIP封装图

表 6-5　DS1302 的引脚功能

管　脚　号	管 脚 名 称	功　　能
1	Vcc2	主电源
2、3	X1、X2	外接 32.768KHz 晶振电路
4	GND	地
5	RST	复位/片选端
6	I/O	串行数据输入/输出
7	SCLK	串行时钟输入端
8	Vcc1	后备电源

(3) 控制字格式

DS1302 控制字格式如表 6-6 所示。控制字最高位必须是 1，如果它为 0，则不能把数据写入到 DS1302 中；位 6 如果为 0 表示存取日历时钟数据，为 1 则表示存取 RAM 数据；位 1～位 5 指示操作单元的地址；最低位为 0 表示要进行写操作，为 1 则表示进行读操作，控制字节总是从最低位开始输出。

表 6-6　控制字格式

7	6	5	4	3	2	1	0
1	RAM $\overline{CK}$	A4	A3	A2	A1	A0	RD $\overline{WR}$

(4) 复位和时钟控制

DS1302 通过把 RST 输入驱动置高电平来启动所有的数据传送。RST 输入有两种功能。首先，RST 接通控制逻辑，允许地址/命令序列送入移位寄存器；其次，RST 提供了终止单字节或多字节数据的传送手段。当 RST 为高电平时，所有数据传送被初始化，允许对 DS1302 进行操作。如果在传送过程中置 RST 为低电平，则会终止此数据传送，并且 I/O 引脚变为高阻状态。上电运行时，在 V_{CC}>>2.5V 之前，RST 必须保持低电平。只有在 SCLK 为低电平时，才能将 RST 置为高电平。

(5) DS1302 寄存器

7 个寄存器与日历、时钟相关，存放的数据位为 BCD 码形式，其日历、时间寄存器及其控制字如表 6-7 所示。

表 6-7　DS1302 寄存器日历、时间寄存器及其控制字

读	写	BIT7	BIT6	BIT5	BIT4	BIT3	BIT2	BIT1	BIT0	范围
81h	80h	CH	10Seconds			Seconds				00-59
83h	82h		10Minutes			Minutes				00-59
85h	84h	12/$\overline{24}$	0	10 AM/PM	Hour	Hour				1-20/0-23

(续表)

读	写	BIT7	BIT6	BIT5	BIT4	BIT3	BIT2	BIT1	BIT0	范围
87h	86h	0	0	10Date		Date				1-31
89h	88h	0	0	0	10 Month	Month				1-12
8Bh	8Ah	0	0	0	0	0	Day			1-7
8Dh	8Ch	10Year				Year				00-99
8Fh	8Eh	WP	0	0	0	0	0	0	0	-
91h	90h	TCS	TCS	TCS	TCS	DS	DS	DS	DS	-
C1h	C0h									00-FFh
C3h	C2h									00-FFh
C5h	C4h									00-FFh
⋮	⋮									⋮
FDh	FCh									00-FFh

● 时钟与日历暂停

时钟与日历包含在 7 个写/读寄存器中，采用 BCD 码形式。秒寄存器的 BIT 7(CH)为时钟暂停位，为 1 时，时钟振荡停止，DS1302 为低功率的备份方式；为 0 时，时钟将启动。

● AM-PM/12-24 方式

小时寄存器的 BIT 7 定义为 12/24 小时方式选择位。为高电平，选择 12 小时方式。在 12 小时方式下，BIT 5 是 AM/PM 位，此位为高电平时表示 PM。在 24 小时方式下，BIT 5 是第二个 10 小时位(20～23 时)。

● 写保护寄存器

写保护寄存器的 BIT 7 是写保护位。开始 7 位(BIT 0～6)置为 0，在读操作时总是读出 0。在对时钟或 RAM 进行写操作之前，BIT 7 必须为 0。当为高电平时，写保护防止对任何其他寄存器进行写操作。

● 慢速充电寄存器

这个寄存器控制 DS1302 的慢速充电特征。慢速充电选择位(TCS)控制慢速充电器的选择。为了防止偶然的因素使之工作，只有 1010 模式才能使慢速充电器工作，所有其他模式将禁止慢速充电器。DS1302 上电时，慢速充电器被禁止。二极管选择位(DS)选择一个还是两个二极管连接在 $V_{CC}1$ 与 $V_{CC}2$ 之间。如果 DS 为 01 选择一个，如果 DS 为 10 选择两个。如果 DS 为 00 或 11，那么充电器被禁止，与 TCS 无关。RS 选择连接在 $V_{CC}1$ 与 $V_{CC}2$ 之间的电阻。RS 为 00 无电阻，为 01 用 2kΩ，为 10 用 4kΩ，为 11 用 8kΩ。

● 时钟/日历多字节方式

时钟/日历命令字节可规定多字节方式，在此方式下，最先 8 个时钟/日历寄存器可以从地址 0 位开始连续地读写。当指定写时钟/日历为多字节方式时，如果写保护位被设置为高电平，那么没有数据会传送到 8 个时钟/日历寄存器的任一个。在多字节方式下，慢速充电器是不可访问的。

DS1302 还有充电寄存器、时钟突发寄存器及与 RAM 相关的寄存器等。时钟突发寄存器可一次性顺序读写除充电寄存器外的所有寄存器内容。DS1302 与 RAM 相关的寄存器分为两类：一类是单个 RAM 单元，共有 31 个，每个单元组态为一个 8 位的字节，其命令控制字为 C0H-FDH，其中奇数为读操作，偶数为写操作；另一类为突发方式下的控制寄存器，此方式下可一次性读写所有 RAM 的 31 个字节，命令控制字为 FEH(写)、FFH(读)。

3. DS18B20 芯片相关知识

(1) DS18B20 简介

DS18B20 是由美国 DALLAS 公司生产的单总线数字温度传感器芯片。与传统的热敏电阻有所不同，DS18B20 可直接将被测温度转化为串行数字信号，以供单片机处理，它还具有微型化、低功率、高性能、抗干扰能力强等优点。通过编程，DS18B20 可以实现 9～12 位的温度读数。信息经过单线接口送入 DS18B20 或从 DS18B20 送出，因此从微处理器到 DS18B20 仅需连接一条信号线和地线。读、写和执行温度变换所需的电源可以由数据线本身提供，而不需要外部电源。

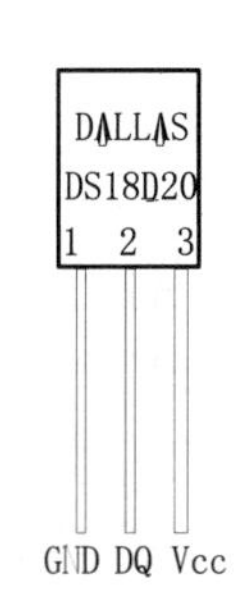

图 6-10　DS18B20 的引脚

(2) DS18B20 的引脚功能

DS18B20 的引脚(图 6-10)，其功能如表 6-8 所示。

表 6-8　DS18B20 的引脚说明

引脚 PR35	符　号	说　明
1	GND	地
2	DQ	输入/输出
3	Vcc	可选 Vcc 引脚

(3) DS18B20 的主要特点

- 采用单总线技术，与单片机通信只需一个引脚；
- 通过识别芯片各自唯一的产品序列号从而实现单线多挂接，简化了分布式温度检测的应用；
- 实际应用中不需要外部任何器件即可实现测温；
- 可通过数据线供电，电压的范围在 3～5.5V；
- 不需要备份电源；
- 测量范围为 - 55～+125℃，在 - 10～+85℃范围内误差为 0.5℃；
- 数字温度计的分辨率可以在 9～12 位之间选择，可配置实现 9～12 位的温度读数；
- 将 12 位的温度值转换为数字量所需时间不超过 750ms；
- 可以自行设定报警的上下限温度。

(4) 单总线技术

单总线协议保证了数据的可靠传输，任一时刻总线上只能有一个控制信号或数据。一次数据传输可分为以下四个操作过程：

初始化，传送ROM命令，传送RAM命令，数据交换。

单总线上所有的处理都从初始化开始。初始化时序是由一个复位脉冲(总线命令者发出)和一个或多个从者发出的应答信号(总线从者发出)组成的。应答脉冲的作用是：从器件让总线命令者知道该器件是在总线上的，并准备好开始工作。当总线命令者检测到某器件存在时，首先发送以下7个ROM功能中的一个命令：

- 读ROM(总线上只有1个器件时，即读出其序列号)；
- 匹配ROM(总线上有多个器件时，寻址某一个器件)；
- 查找ROM(系统首次启动后，须识别总线上的各器件)；
- 跳过ROM(总线上只有1个器件时，可跳过读ROM命令直接向器件发送命令，以节省时间)；
- 超速匹配ROM(超速模式下寻址某个器件)；
- 超速跳过ROM(超速模式下跳过读ROM命令)；
- 条件查找ROM(只查找输入电压超过设置的报警门限值的器件)。

当成功执行上述命令之一后，总线命令者可发送任何一个可使用命令来访问存储器和控制功能，进行数据交换。所有数据的读写都是从最低位开始的。单总线传送的数据或命令是由一个系统的时序信号组成的，单总线上共有4种时序信号：初始化信号、写0信号、写1信号和读信号。

(5) DS18B20的ROM及控制指令

DS18B20的64位ROM的结构如表6-9所示。开始8位是DS18B20的产品类型编号10H；接着是每一个器件的唯一的序号，共有48位；最后8位是前56位的CRC校验码，这也是多个DS18B20可以用一根线进行通信的原因。

表6-9 DS18B20的64位ROM结构表

8位检验CRC	48位序列号	8位工厂代码(10H)

主机操作ROM的命令有五种，如表6-10所示。

表6-10 DS18B20控制指令

指 令	说 明
读ROM(33H)	读DS18B20的序列号
匹配ROM(55H)	继续读完64位序列号的命令，用于多个DS18B20时的定位
跳过ROM(CCH)	此命令执行后的存储器操作将针对在线的所有DS18B20
搜ROM(F0H)	识别总线上各器件的编码，为操作各器件作好准备
报警搜索(ECH)	仅温度越限的器件对此命令作出响应

DS18B20 的高速暂存器由便笺式 RAM 和非易失性电擦写 EERAM 组成，后者用于存储 TH、TL 值。数据先写入便笺式 RAM，经校验后再传给 EERAM。便笺式 RAM 占 9 个字节，包括温度信息(0、1 字节)、TH 和 TL 值(2、3 字节)、配置寄存器数据(4 字节)、CRC(8 字节)等，5、6、7 字节不用。暂存器的 4 字节是配置寄存器，可以通过相应的写命令进行配置，其内容如表 6-11 所示。

表 6-11　暂存器的配置方式

0	R1	R0	1	1	1	1	1

MSB　　　　　　　　　　　　　　　　　　　　LSB

其中，R0 与 R1 是温度值分辨率位，配置方式如表 6-12 所示。

表 6-12　DS18B20 温度值分辨率位的配置方式

R1	R0	分　辨　率	最大转换时间
0	0	9 位	93.75ms(Tconv/8)
0	1	10 位	187.5ms(Tconv/4)
1	0	11 位	375ms(Tconv/2)
1	1	12 位	750ms(Tconv)

DS18B20 的核心功能部件是它的数字温度传感器，如上所述，它的分辨率可配置为 9 位、10 位、11 位或者 12 位(出厂默认设置是 12 位分辨率)，对应的温度分辨率分别是 0.5℃、0.25℃、0.125℃、0.0625℃。温度信息的低位、高位字节内容中还包括了符号位 S(是正温度还是负温度)和二进制小数部分，具体形式如表 6-13 所示。

表 6-13　温度信息的低位、高位字节内容形式

低位字节：

8	4	2	1	1/2	1/4	1/8	1/16

高位字节：

S	S	S	S	S	64	32	16

MSB　　　　　　　　　　　　　　　　　　　　LSB

这是 12 位分辨率的情况，如果配置为其他低分辨率，则其中无意义位为 0；实测温度和数字输出的对应关系如表 6-14 所示。

表 6-14　DS18B20 实测温度和数字输出的对应关系

温度/℃	数字输出/(二进制)	数字输出/(十六进制)
125	00000000　11111010	00FAh
25	00000000　00110010	0032h
1/2	00000000　00000001	0001h
0	00000000　00000000	0000h
−1/2	11111111　11111111	FFFFh
−25	11111111　11001110	FFCEh
−55	11111111　10010010	FF92h

DS18B20 的存储控制命令如表 6-15 所示。

表 6-15　DS18B20 存储控制命令

指　　令	说　　明
温度转换(44H)	启动在线 DS18B20 进行温度 A/D 转换
读数据(BEH)	从高速暂存器读 9 位温度值和 CRC 值
写数据(4EH)	将数据写入高速暂存器的第 3 和第 4 字节中
复制(48H)	将高速暂存器中第 3 和第 4 字节复制到 EERAM
读 EERAM(88H)	将 EERAM 内容写入高速暂存器中第 3 和第 4 字节
读电源供电方式(B4H)	读出 DS18B20 的供电方式

6.3.4　系统硬件实现

1. DS18B20 温度测量电路

根据 DS18B20 的引脚功能说明，我们可以很快地把 V_{CC} 接一个 5V 的电源，而 GND 接地。由于 DS18B20 采用了单总线技术，只要把 DQ 与单片机的一个 I/O 口相连接就可以了，如图 6-11 所示。

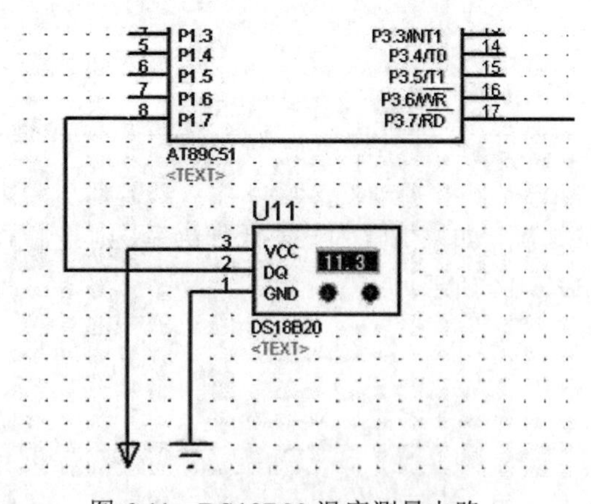

图 6-11　DS18B20 温度测量电路

2. 时钟电路

DS1302 有两个电源，一个是主电源 Vcc2，另一个是备份电源 Vcc1。主电源 Vcc2 同单片机一样接 5V 电源，而备份电源 Vcc1 使用的是两节 1.5V 干电池。在系统电源被切断的情况下，DS1302 也能正常工作，保证日期、时间的准确性。X1、X2 用来外接晶振，晶振的频率为 32.768kHz，如图 6-12 所示。

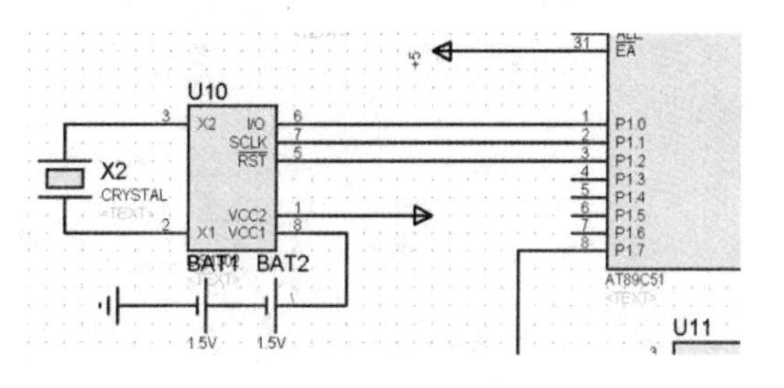

图 6-12　时钟电路

3. 显示电路

数码管采用共阳极器件，一个数码管由一个 74HC164 来驱动，并且采用级联的方式进行连接。利用单片机的串口发送或者模拟串口发送，把数据发送给 74HC164 来驱动数码管显示数据。这种设计的好处是节约单片机的 I/O 口，同时也不会降低 CPU 的运行速度，如图 6-13 所示。

无论仿真还是实物，如果把数码管的阳极直接接到电源上，往往会产生闪烁现象。为了解决这一问题，本设计把数码管的阳极接到单片机的一个 I/O 口上。在程序里，发送数据的过程中，这个端口置为低电平，数据发送完毕置为高电平，此时显示所有数据。由于串口发送及 74HC164 移位的速度相当快，人的眼睛根本分辨不出来，所以就不会产生闪烁，如图 6-14 所示。

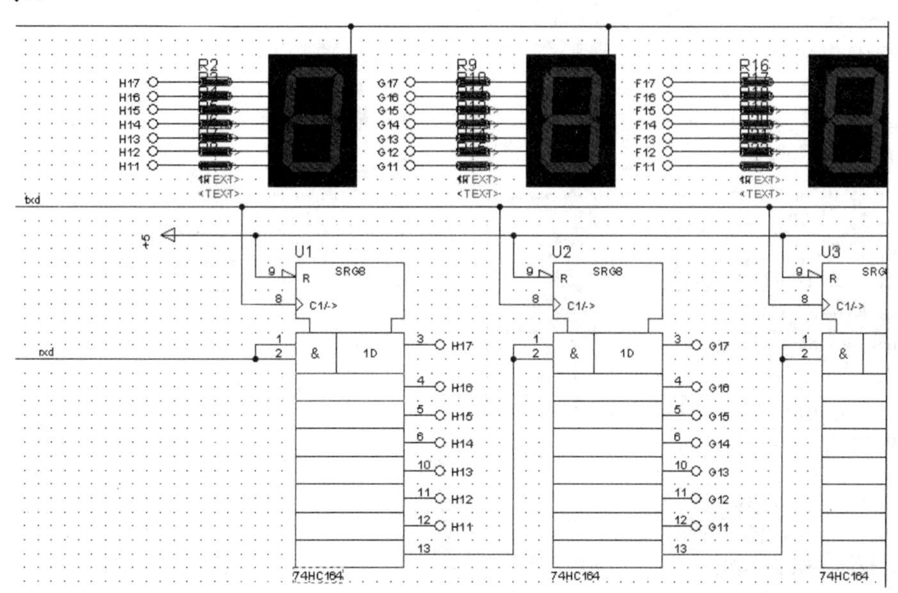

图 6-13　显示电路

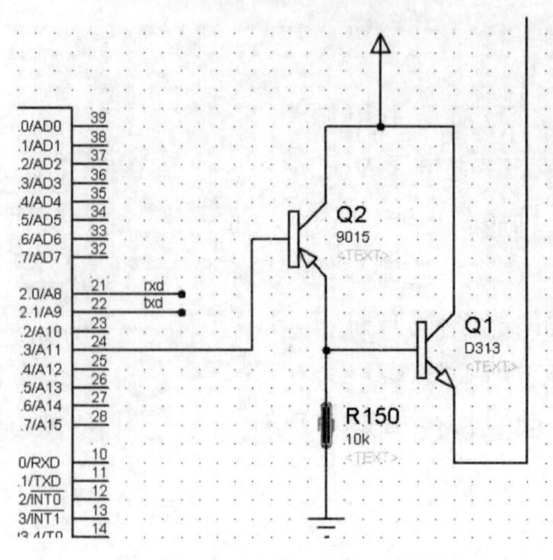

图 6-14　去显示闪烁电路

6.3.5　系统软件实现

```
MAIN.C
/**************************************/
/*    题目：  电子万年历                */
/*    功能描述：可显示年、月、日、      */
/*              时、分、秒及当前温度  */
/*    完成日期：2022.02.26    */
/**************************************/
#include <config.h>
/******将时间内容载入显示缓冲区******/
void GetTime(uchar *dat)
{
  unsigned char temp;
  temp= Read1302(Year);
  *dat=temp>>4;
  *(dat+1)=temp&0x0f;
  *(dat+2)=key_h;
  temp= Read1302(Month);
  *(dat+3)=temp>>4;
  *(dat+4)=temp&0x0f;
  *(dat+5)=key_h;
  temp= Read1302(Day);
  *(dat+6)=temp>>4;
  *(dat+7)=temp&0x0f;
  temp= Read1302(Hour);
  *(dat+8)=(temp&0x70)>>4;
  *(dat+9)=temp&0x0f;
  *(dat+10)=key_h;
  temp= Read1302(Minute);
  *(dat+11)=(temp&0x70)>>4;
  *(dat+12)=temp&0x0f;
  *(dat+13)=key_h;
  temp= Read1302(Second);
```

```
  *(dat+14)=(temp&0x70)>>4;
  *(dat+15)=temp&0x0f;
  temp= Read1302(Week);
  *(dat+20)=~(1<<temp);
}
/******将温度数据载入显示缓冲区******/
void GetTemperature(uchar *dat)
{
   uint t;
   TempTurn();
   if(ReadTemp(&t)){*(dat+16)=key_h;P1_0=0;}
   else *(dat+16)=key_space;
   *(dat+19)=t%10;
   t=t/10;
   *(dat+18)=t%10;
   *(dat+17)=t/10;
}
/******主函数******/
void main()
{
   uchar dat[21];
   uint t;
   TempTurn();
   Initial_DS1302();
   for(t=0;t<40000;t++);
   while(1)
   {
    GetTime(dat);
    GetTemperature(dat);
    Display(dat);
    for(t=0;t<30000;t++);
   }
}
```

CONFIG.H

```
#ifndef __CONFIG_H__
#define __CONFIG_H__
#include <at89x52.h>
#define uchar unsigned char
#define uint unsigned int
/******硬件端口配置******/
sbit    DISPLAY_DAT=P2^0;              //显示数据端口
sbit    DISPLAY_CLK=P2^1;              //显示时钟端口
sbit    DISPLAY_POWER=P2^2;            //显示电源控制端口
sbit    BEEP=P2^3;                     //蜂鸣器控制端口
sbit    DS18B20_DQ=P2^4;               //温度传感器 IO 端口
sbit    DS1302_CLK   = P2^6;           //实时时钟的时钟端口
sbit    DS1302_IO    = P2^5;           //实时时钟的数据端口
sbit    DS1302_RST   = P2^7;           //实时时钟的复位端口
sbit    KEY_DA=P1^0;
sbit    KEY_DB=P1^1;
```

```
/******特殊字符显示******/
#define key_h        28                          //显示"-"(时间分格符)
#define key_space 16                             //显示" "(空格)
#include <display.h>
#include <ds18b20.h>
#include <ds1302.h>
#endif
DISPLAY.H
/******显示字符编码******/
uchar code
Ncode[31]={64,121,36,48,25,18,2,88,0,16,8,3,70,33,6,14,127,72,64,
18,121,65,99,16,12,127,7,9,63,71,24}; //0、1、2、3、4、5、6、7、8、9、
A、b、C、d、E、F、Space,N,O,S,I,U,V,g,P,dip,T,H,-,q
/******万年历显示******/
void Display(uchar *dat)
{
 uchar i,j,k;
 DISPLAY_POWER=1;                    //在显示屏内容发生变化前应先关闭数码管电源
 DISPLAY_DAT=0;
 for(i=0;i<72;i++)                   //清屏
  {
   DISPLAY_CLK=0;
   DISPLAY_DAT=0;
   DISPLAY_CLK=1;
  }
 for(i=21;i>0;i--)                   //送显示数据
  {
   j=Ncode[*(dat+i-1)]|0x80;
   if(i==19 ) j=j&0x7f;
   if(i==21) j=*(dat+i-1);
   for(k=0;k<8;k++)
    {
      DISPLAY_CLK=0;
   j<<=1;
   DISPLAY_DAT=CY;
   DISPLAY_CLK=1;
     }
  }
   DISPLAY_CLK=0;
   DISPLAY_POWER=0;
}
DS18B20.H
#ifndef _DS18B20_H_
#define _DS18B20_H_

/******延时子程序******/
//这个延时程序的具体延时时间是 time="i"*8+10,适用于小于 2ms 的延时
void delay(unsigned char i)
{
 for(i;i>0;i--);
```

```
}
/******初始化 DS18B20******/
bit Init(void)
{
 bit x=0;
 DS18B20_DQ=1;                  //DS18B20_DQ 先置高
 delay(8);                      //稍延时
 DS18B20_DQ=0;                  //发送复位脉冲
 delay(80);                     //延时(>480μs)
 DS18B20_DQ=1;                  //拉高数据线
 delay(5);                      //等待(15~60μs)
 x=DS18B20_DQ;                  //用 X 的值来判断初始化有没有成功，18B20 存在的话
 //X= "0"， 否则 X= "1"
 delay(20);
 return(x);
}
/******读一个字节******/
unsigned char ReadOneChar(void)
{
unsigned char i=0;
unsigned char dat=0;
for (i=8;i>0;i--)               //一个字节有 8 位
{
DS18B20_DQ=1;                   //主机数据线先从高拉至低电平 1μs 以上，再使数据线升
                                //为高，从而产生读信号
delay(1);
 DS18B20_DQ=0;
 dat>>=1;
 DS18B20_DQ=1;
 if(DS18B20_DQ)                 //每个读周期最短的持续时间为 60μs，各个读周期之间必须
                                //有 1μs 以上的高电平恢复期
 dat|=0x80;
 delay(4);
}
return(dat);
}
/******写一个字节******/
WriteOneChar(unsigned char dat)
{
  unsigned char i=0;            //数据线从高电平拉至低电平，产生写起始信号。15μs 之内
                                //将所需写的位送到数据线上
  for(i=8;i>0;i--)              //在 15~60μs 之间对数据线进行采样，如果是高电平就写 1
                                //低写 0 发生
  {
   DS18B20_DQ=0;                //在开始另一个写周期前必须有 1μs 以上的高电平恢复期
   DS18B20_DQ=dat & 0x01;
   delay(5);
   DS18B20_DQ=1;
   dat>>=1;
  }
```

```
  delay(4);
}
/******读取温度数据******/
bit ReadTemp(uint *t)
{
 uchar tempH,tempL;
 uint temp;
 bit fg;                    //温度正负标志
 if(!Init())                //初始化
 {
  WriteOneChar(0xcc);       //跳过读序列号的操作
  WriteOneChar(0xbe);
  tempL=ReadOneChar();
  tempH=ReadOneChar();
  fg=0;
  temp=tempH*256+tempL;
  if(tempH >0x7f)           //数据处理
   {
    fg=1;
    temp--;
    temp=~temp;
   }
  tempH=temp>>4;
  tempL=temp%16;
  temp=tempH*10+(5*tempL+4)/8;
  *t=temp;
  }
  return(fg);
}
/******温度转换******/
void TempTurn(void)
{
 if(!Init())                                    //初始化
  {
   WriteOneChar(0xcc);                          //跳过读序列号的操作
   WriteOneChar(0x44);                          //启动温度转换
  }
}
#endif
DS1302.h
#ifndef _REAL_TIMER_DS1302_2003_7_21_
#define _REAL_TIMER_DS1302_2003_7_21_
sbit   ACC0 = ACC^0;
sbit   ACC7 = ACC^7;
/******DS1302 地址配置******/
#define Second 0x80                             //秒
#define Minute 0x82                             //分
#define Hour  0x84                              //时
#define Week 0x8A                               //周
#define Day   0x86                              //日
```

```
#define Month  0x88                                  //月
#define Year 0x8C                                    //年
#define Elec 0x90                                    //充电功能设定
/******实时时钟写入一字节(内部函数)******/
void InputByte(uchar d)
{
    unsigned char i;
    ACC = d;
    for(i=8; i>0; i--)
    {
        DS1302_IO = ACC0;                            //相当于汇编中的 RRC
        DS1302_CLK = 1;
        DS1302_CLK = 0;
        ACC = ACC >> 1;
    }
}
/******实时时钟读取一字节******/
uchar OutputByte(void)
{
    unsigned char i;
    for(i=8; i>0; i--)
    {
        ACC = ACC >>1;                               //相当于汇编中的 RRC
        ACC7 = DS1302_IO;
        DS1302_CLK = 1;
        DS1302_CLK = 0;
    }
    return(ACC);
}
/******实时时钟写入一字节******/
void Write1302(uchar ucAddr, uchar ucDa)             //ucAddr: DS1302 地址,
ucData: 要写的数据
{
    DS1302_RST = 0;
    DS1302_CLK = 0;
    DS1302_RST = 1;
    InputByte(ucAddr);                               // 地址，命令
    InputByte(ucDa);                                 // 写字节数据
    DS1302_CLK = 1;
    DS1302_RST = 0;
}
/******读取 DS1302 某地址的数据******/
unsigned char Read1302(unsigned char ucAddr)
{
    unsigned char ucData;
    DS1302_RST = 0;
    DS1302_CLK = 0;
    DS1302_RST = 1;
    InputByte(ucAddr|0x01);                          // 地址，命令
    ucData =OutputByte();                            // 读字节数据
```

```
        DS1302_CLK = 1;
        DS1302_RST = 0;
        return(ucData);
    }
    /******是否写保护******/
    void SetProtect(bit flag)
    {
     if(flag)
       Write1302(0x8E,0x10);
     else
       Write1302(0x8E,0x00);
    }
    void SetTime(uchar Address, uchar Value)                // 设置时间函数
    {
     SetProtect(0);
     Write1302(Address, ((Value/10)<<4 | (Value%10)));
    }
    /******初始化 DS1302******/
    void Initial_DS1302(void)
    {
     uchar temp=Read1302(Second);
     if(temp&0x80)                                          //检测振荡器是否工作，若不工作则激活
     SetTime(Second,0);
     Write1302(Elec,0xa5);                                  //使涓流充电功能有效
     temp=Read1302(Hour)&0x7f;                              //改为 24 小时制
     Write1302(Hour,temp);
    }
    #endif
```

6.3.6 Proteus 调试与仿真

把 Keil 中的程序编译后，导入 Proteus 单片机中，运行仿真。首先弹出日历窗口，观察时间是否合适，与数码管显示数据是否一致，可通过程序修改；其次，可改变 DS18B20 的设置温度，观察显示变化。

6.4 基于 DS18B20 的水温控制系统

内容

利用单片机 AT89C51 控制 DS18B20 温度传感器对水温的控制，当水温低于预设温度值时系统开始加热(点亮红色发光二极管表示加热状态)，当温度达到预设温度值时自动停止加热。预设温度值和实测温度值分别由两个 3 位数码管显示，范围为 0～99℃。

背景知识

- 已掌握 Keil 开发软件的使用方法。
- 掌握 DS18B20 的工作原理与使用方法。

训练目的

掌握单片机控制系统综合开发设计方法。

6.4.1　Proteus 电路设计

1. 元件清单列表

打开 Proteus ISIS 编辑环境，按表 6-16 所示的清单添加元件。

表 6-16　元 件 清 单

元 件 名 称	所　属　类	所 属 子 类
AT89C51	Microprocessor ICs	8051 Family
CAP	Capacitors	Generic
CAP-ELEC	Capacitors	Generic
CRYSTAL	Miscellaneous	—
RES	Resistors	Generic
7SEG-MPX4-CA-BLUE	Optoelectronics	7-Segment Displays
DS18B20	Data Converters	A/D Converters
BUTTON	Switches & Relays	Switches
74HC245	TTL 74HC Series	Transceivers
OPTOCOUPLERS-NAND	Optoelectronics	Optocouplers
LED-RED	Optoelectronics	Leds
NOT	Simulator Primitives	Gates

2. 电路原理图

元件全部添加后，在 Proteus ISIS 的编辑区域中按图 6-15 所示的电路原理图(复位和振荡电路略)连接硬件电路。

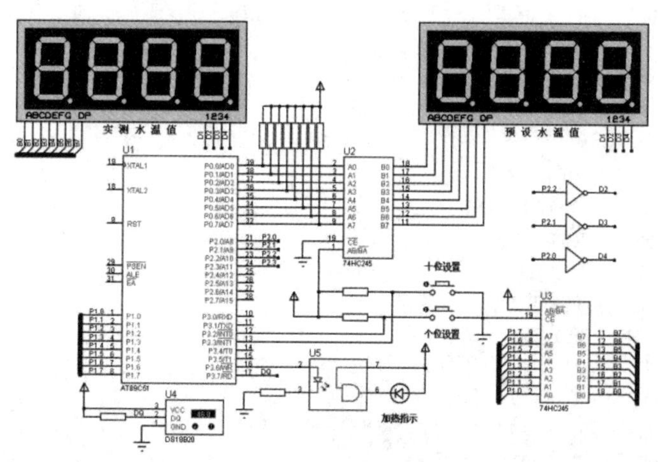

图 6-15　电路原理图

6.4.2 源程序清单

```
TMPL        EQU     29H
TMPH        EQU     28H
FLAG1       EQU     38H
DATAIN      BIT     P3.7
            ORG     00H
            LJMP    MAIN1
            ORG     03H
LJMP        ZINT0
            ORG     13H
            LJMP    ZINT1
            ORG     30H
MAIN1:      SETB    IT0
            SETB    EA
            SETB    EX0
            SETB    IT1
            SETB    EX1
            SETB    P3.6
            SETB    P3.2
            MOV     74H,#0
            MOV     75H,#0
            MOV     76H,#9
            MOV     77H,#0
MAIN:       LCALL   GET_TEMPER
            LCALL   CVTTMP
            LCALL   DISP1
            AJMP    MAIN
INIT_1820:  SETB    DATAIN
            NOP
            CLR     DATAIN
            MOV     R1,#3
TSR1:       MOV     R0,#107
            DJNZ    R0,$
            DJNZ    R1,TSR1
            SETB    DATAIN
            NOP
            NOP
            NOP
            MOV     R0,#25H
TSR2:       JNB     DATAIN,TSR3
            DJNZ    R0,TSR2
            CLR     FLAG1
            SJMP    TSR7
TSR3:       SETB    FLAG1
            CLR     P1.7
            MOV     R0,#117
TSR6:       DJNZ    R0,$
TSR7:       SETB    DATAIN
            RET
```

```
GET_TEMPER: SETB    DATAIN
            LCALL   INIT_1820
            JB      FLAG1,TSS2
            NOP
            RET
TSS2:       MOV     A,#0CCH
            LCALL   WRITE_1820
            MOV     A,#44H
            LCALL   WRITE_1820
            ACALL   DISP1
            LCALL   INIT_1820
            MOV     A,#0CCH
            LCALL   WRITE_1820
            MOV     A,#0BEH
            LCALL   WRITE_1820
            LCALL   READ_1820
            RET
WRITE_1820: MOV     R2,#8
            CLR     C
WR1:        CLR     DATAIN
            MOV     R3,#6
            DJNZ    R3,$
            RRC     A
            MOV     DATAIN,C
            MOV     R3,#23
            DJNZ    R3,$
            SETB    DATAIN
            NOP
            DJNZ    R2,WR1
            SETB    DATAIN
            RET
READ_1820:  MOV     R4,#2
            MOV     R1,#29H
RE00:       MOV     R2,#8
RE01:       CLR     C
            SETB    DATAIN
            NOP
            NOP
            CLR     DATAIN
            NOP
            NOP
            NOP
            SETB    DATAIN
            MOV     R3,#9
RE10:       DJNZ    R3,RE10
            MOV     C,DATAIN
            MOV     R3,#23
RE20:       DJNZ    R3,RE20
            RRC     A
            DJNZ    R2,RE01
```

```
         MOV    @R1,A
         DEC    R1
         DJNZ   R4,RE00
         RET
CVTTMP:  MOV    A,TMPH
         ANL    A,#80H
         JZ     TMPC1
         CLR    C
         MOV    A,TMPL
         CPL    A
         ADD    A,#1
         MOV    TMPL,A
         MOV    A,TMPH
         CPL    A
         ADDC   A,#0
         MOV    TMPH,A
         MOV    73H,#0BH
         SJMP   TMPC11
TMPC1:   MOV    73H,#0AH
TMPC11:  MOV    A,TMPL
         ANL    A,#0FH
         MOV    DPTR,#TMPTAB
         MOVC   A,@A+DPTR
         MOV    70H,A
         MOV    A,TMPL
         ANL    A,#0F0H
         SWAP   A
         MOV    TMPL,A
         MOV    A,TMPH
         ANL    A,#0FH
         SWAP   A
         ORL    A,TMPL
H2BCD:   MOV    B,#100
         DIV    AB
         JZ     B2BCD1
         MOV    73H,A
B2BCD1:  MOV    A,#10
         XCH    A,B
         DIV    AB
         MOV    72H,A
         MOV    71H,B
TMPC12:  NOP
DISBCD:  MOV    A,73H
         ANL    A,#0FH
         CJNE   A,#1,DISBCD0
         SJMP   DISBCD1
DISBCD0: MOV    A,72H
         ANL    A,#0FH
         JNZ    DISBCD1
         MOV    A,73H
```

```
            MOV    72H,A
            MOV    73H,#0AH
DISBCD1:    RET
TMPTAB:     DB     0,1,1,2,3,3,4,4,5,6,6,7,8,8,9,9
DISP1:      MOV    R1,#70H
            MOV    R0,#74H
            MOV    R5,#0FEH
PLAY:       MOV    P1,#0FFH
            MOV    A,R5
            MOV    P2,A
            MOV    A,@R1
            MOV    DPTR,#TAB
            MOVC   A,@A+DPTR
            MOV    P1,A
            MOV    A,@R0
            MOVC   A,@A+DPTR
            MOV    P0,A
            MOV    A,R5
            JB     ACC.1,LOOP1
            CLR    P1.7
            CLR    P0.7
LOOP1:      LCALL  DL1MS
            INC    R1
            INC    R0
            MOV    A,R5
            JNB    ACC.3,ENDOUT
            RL     A
            MOV    R5,A
            MOV    A,73H
            CJNE   A,#1,DD2
            SJMP   LEDH
DD2:        MOV    A,72H
            CJNE   A,#0AH,DD3
            MOV    72H,#0
DD3:        MOV    A,76H
            CJNE   A,72H,DDH
            SJMP   DDL
DDH:        JNC    PLAY1
            SJMP   LEDH
DDL:        MOV    A,75H
            CJNE   A,71H,DDL1
            SJMP   LEDH
DDL1:       JNC    PLAY1
LEDH:       CLR    P3.6
            SJMP   PLAY
PLAY1:      SETB   P3.6
            SJMP   PLAY
ENDOUT:     MOV    P1,#0FFH
            MOV    P2,#0FFH
            RET
```

```
TAB:     DB    0C0H,0F9H,0A4H,0B0H,99H
         DB    92H,82H,0F8H,80H,90H,0FFH,0BFH
DL1MS:   MOV   R6,#50
DL1:     MOV   R7,#100
         DJNZ  R7,$
         DJNZ  R6,DL1
         RET
ZINT0:   PUSH  ACC
         INC   75H
         MOV   A,75H
         CJNE  A,#10,ZINT01
         MOV   75H,#0
ZINT01:  POP   ACC
         RETI
ZINT1:   PUSH  ACC
         INC   76H
         MOV   A,76H
         CJNE  A,#10,ZINT11
         MOV   76H,#0
ZINT11:  POP   ACC
         RETI
ZZZ1:    MOV   DPTR,#TAB
         MOVC  A,@A+DPTR
         MOV   P0,A
         RETI
         END
```

6.4.3 Proteus 调试与仿真

参照 5.3.3 节建立程序文件，加载目标代码文件，进入调试环境，执行程序。在 Proteus ISIS 界面中，分别调节十位设置按键和个位设置按键来预设水温，当 DS18B20 的温度低于预设温度值时，红色发光二极管点亮表示进入加热状态；调节 DS18B20 元件上的按钮可人工模拟实际水温的升高和下降。可以看到，当实测温度达到预设温度后，红色发光二极管便自动熄灭，表示停止加热。仿真片段如图 6-16 所示。

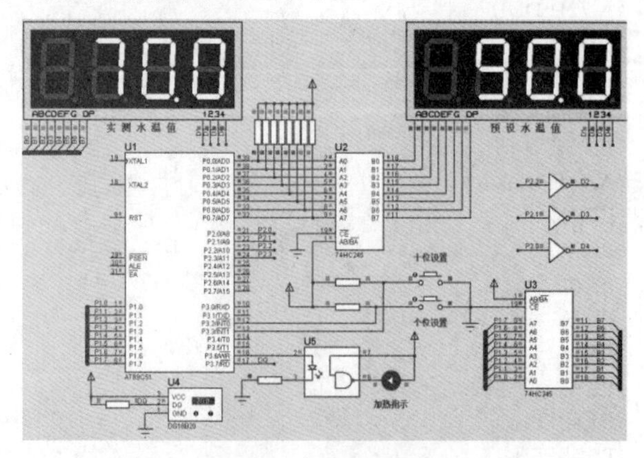

图 6-16　程序运行结果

6.5 基于单片机的 24×24 点阵 LED 汉字显示

6.5.1 设计任务及要求

1. 设计题目

基于单片机的 24×24 点阵 LED 汉字显示。

2. 设计要求与目的

- 实现 LED 点阵屏核心功能即汉字、数字、字母的多样化显示。
- 通过本次设计加深对单片机课程和仿真软件的认识和掌握，并对仿真软件 Proteus 的应用做进一步的了解。
- 掌握 SPI 串口进行数据传输的应用，并学会使用外部芯片辅助项目设计。
- 通过此次设计将单片机软硬件结合起来对程序进行编辑、校验，提高实践能力和理论联系实际的能力。

3. 设计任务

- 设计系统硬件。
- 设计系统软件。
- 编写设计说明书。

6.5.2 设计背景简介

LED 点阵块具有亮度高、发光均匀、可靠性好、拼装方便等优点，能构成各种尺寸的显示屏。目前，LED 显示屏已被广泛应用于商场、车站等公共场所的文字图形显示，并取得了很好的效果。

LED 显示屏的种类较多，大致有以下四种分类法：一是按室内室外分类，二是按工作方式分类，三是按颜色的数量分类，四是按 LED 管的单位密度大小分类。不同类型的显示屏用途不同，且各有优缺点，室内 LED 显示屏与户外 LED 显示屏差别很大，可根据需要侧重选择。首先是亮度不同，室内屏的发光亮度要比户外屏低好多，因此，户外屏必须采用超高亮度 LED，而且为了进一步提高亮度和增加可视距离，在一个像素内往往要封装多只超高亮度 LED；其次，户外屏须防雨水、防阳光直射、防尘、防高温、防风及防雷击等，而室内屏则无须考虑这些问题。

6.5.3 电路设计

在电路设计中要考虑硬件的选型，硬件的选型应根据设计要求和应用场合的限制进行选用。在此，选用行列控制器件是很关键的，如果选用的器件达不到要求就可能会出现驱动能力不足造成亮度不够、传送数据出错等一系列问题。本节的 LED 显示系统主要由 AT89C51

作为主控单元，列控制选用 74HC138 芯片，行数据传输选用串入并出器件，74HC164 和 74HC595 功能相仿，都是 8 位串行输入转并行输出移位寄存器。74HC164 的驱动电流(25mA)比 74HC595 的驱动电流(35mA)要小，而且 74HC595 的主要优点是具有数据存储寄存器，在移位的过程中，输出端的数据可以保持不变，数码管没有闪烁感。与 74HC164 只有数据清零端相比，74HC595 还有输出端使能/禁止控制端，可以使输出为高阻态，故这里选用 74HC595 芯片及 9 块 8×8 点阵显示模块组成 24×24 点阵显示屏。图 6-17 所示为单基色 8×8 的点阵屏内部结构图，从结构上可知，它的每一列共用一根列线，每一行共用一根行线。当相应的行接高电平，列接低电平时，对应的发光二极管被点亮。通常情况下，一块 8×8 像素的 LED 显示屏是不能用来显示一个汉字的，因此，本设计按照其原理结构扩展为 24×24，显示一个汉字。在显示过程中，多采用扫描方式，利用人的视觉暂停效应，只要刷新速率不小于 25 帧/秒，就不会有闪烁的感觉。控制系统的结构图如图 6-18 所示。

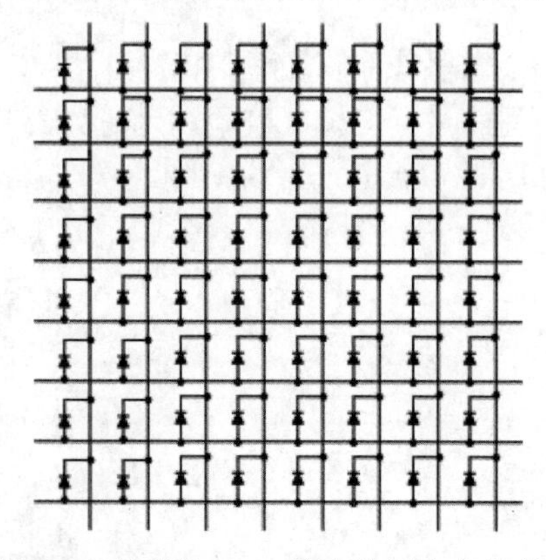

图 6-17　单基色 8×8 的点阵屏内部结构图

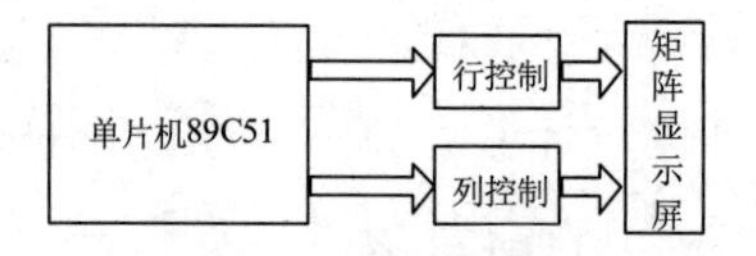

图 6-18　控制系统的结构图

6.5.4　系统硬件实现

1. 时钟电路

AT89C51 单片机芯片的内部设有一个由反向放大器构成的振荡器，XTAL1 和 XTAL2 分别为振荡电路的输入端和输出端，时钟可由内部或外部生成，在 XTAL1 和 XTAL2 引脚上外接定时元件，内部振荡电路就会产生自激振荡。系统采用的定时元件为石英晶体和电容组成的并联谐振回路。晶振频率选择 $12MH_Z$，C1、C2 的电容值取 30pF，电容的大小起频率微调的作用。时钟电路图如图 6-19 所示。

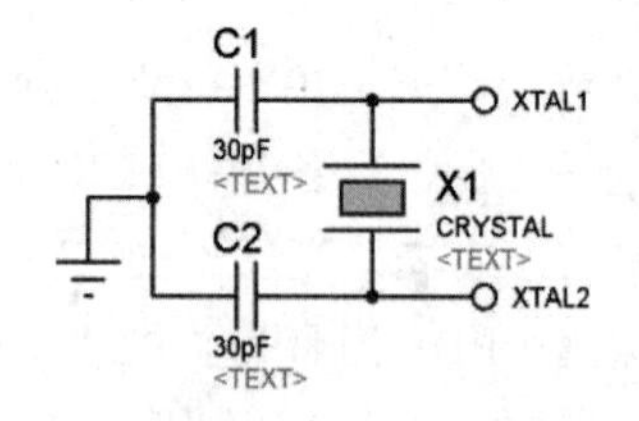

图 6-19　时钟电路图

2. 复位电路

单片机有多种复位电路，本系统采用电平式开关复位与上电复位方式，电路如图 6-20 所示。当上电时，C1 相当于短路，使单片机复位，在正常工作时，按下复位键则单片机复位。有时碰到干扰也会造成错误复位，但在大多数条件下，不会出现单片机错误复位，而可能会引起内部某些寄存器错误复位，如果在复位端加一个去耦电容，则会得到很好的效果。

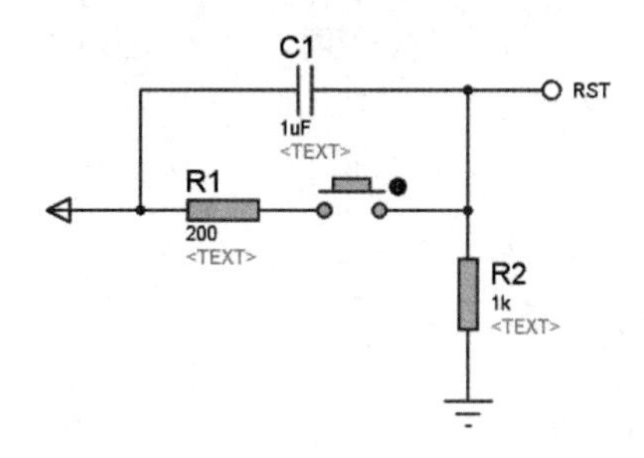

图 6-20　复位电路图

3. 行数据传输电路

根据如图 6-21 所示的 74HC595 管脚图，对控制端进行如下说明：$\overline{MR}$(10 脚)为低电平时将移位寄存器数据清零；SH_CP(11 脚)指上升沿时数据寄存器的数据移位；ST_CP(12 脚)为上升沿时移位寄存器的数据进入数据存储寄存器，下降沿时存储寄存器数据不变。通常将 RCK 置为低电平，当移位结束后，在 RCK 端产生一个正脉冲(5V 时，大于几十纳秒就行了，通常都选微秒级)，更新显示数据；$\overline{OE}$(13 脚)指高电平时禁止输出(高阻态)。如果单片机的引脚不紧张，用一个引脚控制它，可以很方便地产生闪烁和熄灭效果，这比通过数据端移位控制要省时省力。本例用三片 74HC595 串联起来组成 LED 点阵显示屏行数据传输端，如图 6-22 所示，通过数据端和时钟端把数据传送到移位寄存器。

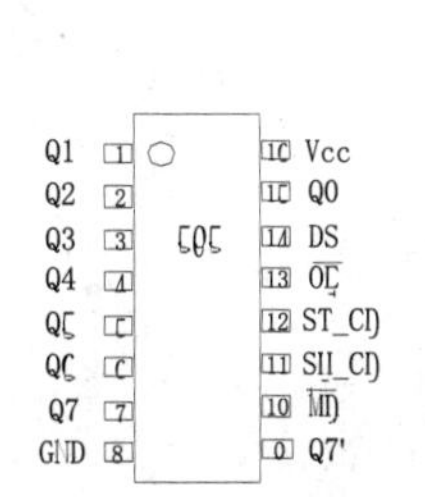

图 6-21　74HC595 管脚图

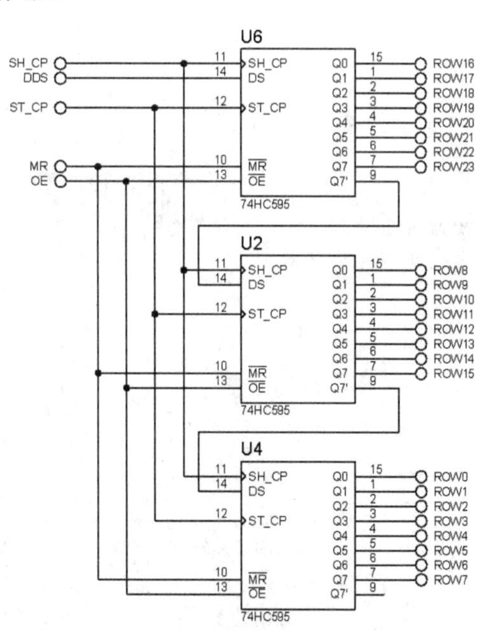

图 6-22　74HC595 管脚分配连接图

4. 列扫描控制电路

列控制器件采用 74LS138 译码器，它具有三个使能端和三个译码数据输入端，只有当使能端 E1 为高电平、而 E2 与 E3 之和为低电平时，才能正常工作，输出端低电平有效。此设计采用三片 74LS138 和每个输出端串接一个 470Ω 的电阻起一定的限流作用，然后与 P1 口相连接作为显示屏的列选择线。第一片译码器使能可控制(COL0～COL7)列，以此类推选择列。电路连接如图 6-23 所示。一次只能有一列被译码成低电平。

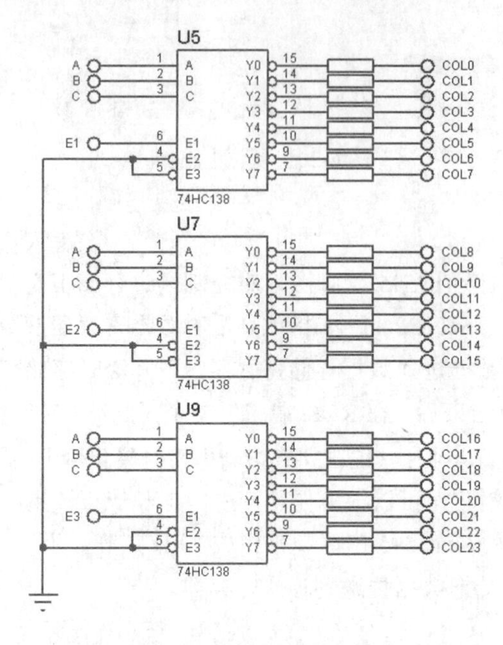

图 6-23　74HC138 管脚分配连接图

5. 点阵组合电路

此点阵是按共阴式组合的，控制列选端低电平有效。ROW0～ROW23 为行数据端，COL0～COL16 为列控制端，然后合并起来就组成了 24×24 点阵。管脚分配方式如图 6-24 所示。

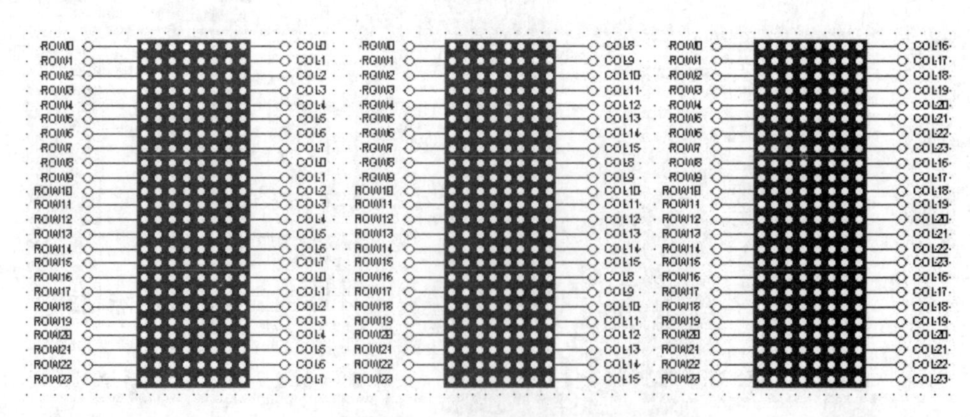

图 6-24　点阵管脚分配连接图

6. 单片机和按键连接电路

图 6-25 所示是单片机的 I/O 口连接电路，P1 口作为连接 74HC138 的片选使能和译码数据端，P0 作为连接 74HC595 的时钟端、数据端、清零端、使能端的分配，按键用 P2 口的 P2.0、P2.1、P2.2 分别控制点阵屏停止/移动、开/关显示、速度的加/减功能。

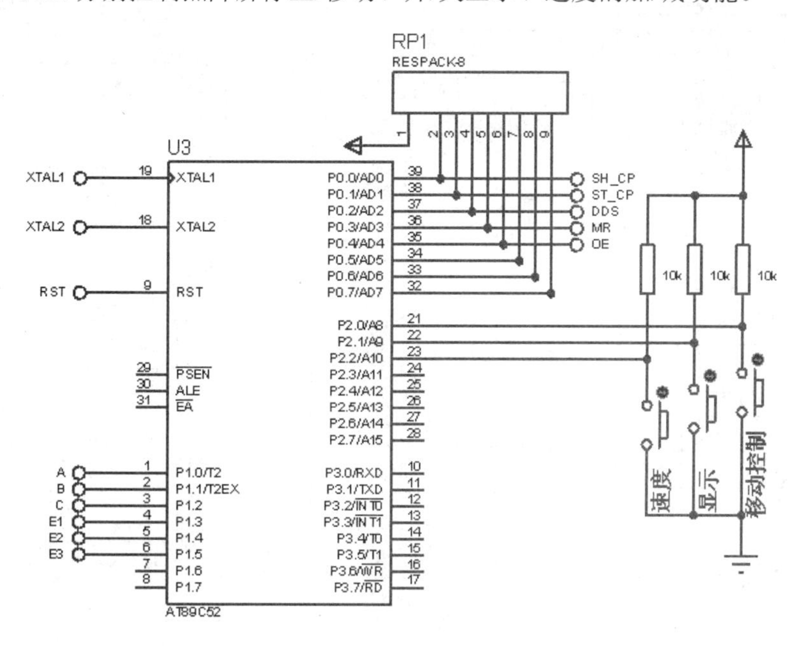

图 6-25　单片机和按键连接电路图

6.5.5　系统软件实现

1. 系统的软件设计

本程序主要由主程序与清屏、查表、送数、循环扫描和延时几个部分组成。主程序及帧扫描子程序流程图如图 6-26 所示。主程序中，使用 DPTR 地址寄存器作为地址取码指针，通过查表将数据送至行线作控制信号，通过 74HC138 连接的列线作扫描控制开关。DPTR 置数据表地址的基值，R2 作地址指针，以两者之和查找相应的数据。R2 的初值为 0，当 DPTR 为表首地址时，在子程序的循环中 R2 从 0 加到 3，取出显示一列字符的全部字节并与列扫描配合逐列显示，完成一帧扫描的全部操作。为保证第一屏能移动显示，该设计将数据表的最前一屏用了 0 数据，开始以黑屏显示完成全部的扫描显示。对同一帧的反复扫描次数 R5 的设定，决定了显示移动的速度。另外，延时程序至关重要，这就涉及前文所说的刷新速率问题，如设置不当，就会有闪烁感。

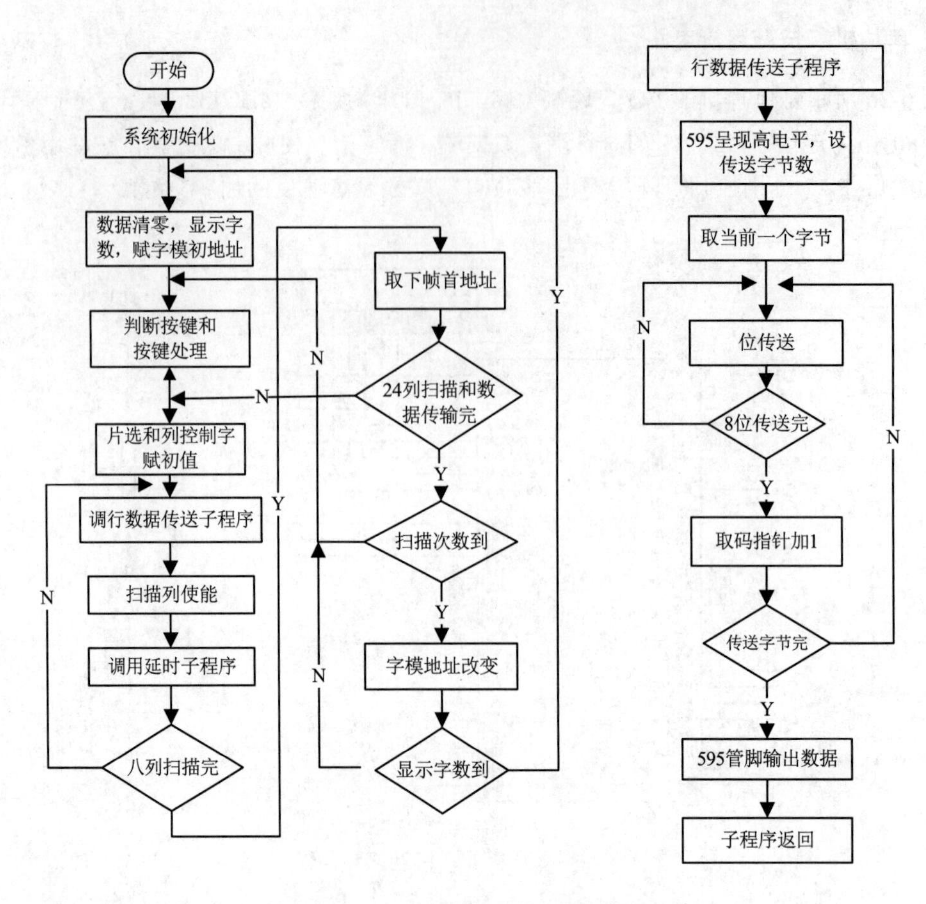

图 6-26　主程序及帧扫描子程序流程图

2. 系统源程序

采用汇编编程的系统源程序如下：

```
/*****************************************************
标题：基于单片机的 24×24 点阵 LED 汉字显示
作者：AA
硬件：51 系列单片机，74HC138，74HC595，24*24 点阵屏，按键
*****************************************************/
/*********74HC595 管脚定义***************/
SH_CP        bit P0.0       ;移位寄存器时钟输入
ST_CP        bit P0.1       ;存储寄存器时钟输入
DDS          bit P0.2       ;串行数据输入
MR           bit P0.3       ;主复位(低电平)
OE           bit P0.4       ;使能
/************74HC138**************/
E1           bit P1.3       ;1~8 列控制使能
E2           bit P1.4       ;9~16 列控制使能
E3           bit P1.5       ;17~24 列控制使能
/************按键***********/
KEY1         bit P2.0       ;控制移动和停止
```

```
KEY2     bit P2.1   ;控制显示的开和关
KEY3     bit P2.2   ;移动速度加/减
         ORG        0000H
         AJMP       MAIN
         ORG        0030H
MAIN:    MOV        55H,#06
         MOV        SP,#64H
MAIN3:   MOV        DPTR,#TAB
         CLR        MR              ;主复位(低电平)
         CLR        ST_CP           ;存储寄存器时钟输入
         NOP
         SETB       ST_CP
         SETB       MR
         CLR        OE
         MOV        R4,#216         ;显示 9 字，每字左移 24 列，共 216 列
MAIN1:   CLR        E1
         CLR        E2
         CLR        E3
         MOV        R5,55H          ;反复显示 可改变移动速度
MAIN2:   JB         KEY2,S_STOP
         JNB        KEY2,$          ;等待按键释放
         CPL        0EH             ;显示开/关控制标志位
S_STOP:  JB         0EH,MAIN1
         JB         KEY1,JIAN
         JNB        KEY1,$
         CPL        0FH             ;移动控制的标志位
JIAN:    JB         KEY3,Q_OUT
         JNB        KEY3,$
         DEC        55H
         MOV        R5,55H
         CJNE       R5,#0,Q_OUT
         MOV        55H,#06

Q_OUT:   MOV        R2,#0           ;取码指针
         MOV        R1,#0           ;列控制码
PANT:    MOV        54H,#03
         MOV        53H,#08
GG:      MOV        50H,#08
FF:      MOV        A,R1
         ANL        A,#07H          ;屏蔽 R1 高 5 位
         MOV        P1,A
         INC        R1
         ACALL      GC
         MOV        A,53H           ;控制 74LS138 片选
         ORL        P1,A            ;74LS138 使能
         ACALL      MS
         DJNZ       50H,FF          ;8 列未扫描完返回
         MOV        A,53H
         RL         A
         MOV        53H,A
```

```
        DJNZ    54H,GG          ;24 列未扫描完返回
        DJNZ    R5,MAIN2        ;反复 6 次未完，继续显示
        JB      0FH,M_STOP
        INC     DPTR
        INC     DPTR
        INC     DPTR            ;改变 TAB 地址实现文字移动现象
        DJNZ    R4,MAIN1
        AJMP    MAIN3
M_STOP:AJMP     MAIN1
GC:     SETB    MR
        SETB    OE              ;管脚呈现高阻态
        MOV     51H,#03         ;传送三位字节
AAA:    MOV     A,R2
        MOVC    A,@A+DPTR       ;取当前列第 1 个字节
        MOV     R3,#8           ;位传送到 74HC595
AA:     RLC     A
        MOV     DDS,C
        CLR     SH_CP
        NOP
        SETB    SH_CP
        DJNZ    R3,AA           ;8 位未传送完，继续
        CLR     ST_CP
        NOP
        SETB    ST_CP
        INC     R2              ;取码指针加 1
        DJNZ    51H,AAA
        CLR     OE              ;把数据传送到管脚
        RET
MS:     MOV     R6,#5           ;ms 延时子程序
DELAY:  MOV     R7,#190
        DJNZ    R7,$
        DJNZ    R6,DELAY
        RET
TAB: (在实际程序中，不能按 Enter 进行换行，否则会报错)
DB  00H,00H,00H,00H,00H,00H,00H,00H,00H,00H,00H,00H,00H,00H,00H,00H,
    00H,00H,00H,00H,00H,00H,00H,00H;
DB  00H,00H,00H,00H,00H,00H,00H,00H,00H,00H,00H,00H;" ",0
DB  00H,00H,00H,00H,00H,00H,00H,00H,00H,00H,00H,00H,00H,00H,00H,00H,
    00H,00H,00H,00H,00H,00H,00H,00H;
DB  00H,00H,00H,00H,00H,00H,00H,00H,00H,00H,00H,00H;" ",0
DB  00H,00H,00H,80H,03H,1CH,0C0H,03H,1EH,60H,03H,1BH,20H,80H,19H,
    20H,0C0H,18H,20H,60H,18H,60H,38H,18H;
DB  0E0H,3FH,18H,0C0H,1FH,1FH,80H,07H,1FH,00H,00H,00H;"2",1
DB  00H,00H,00H,00H,0C0H,00H,00H,0F0H,00H,00H,0B8H,00H,00H,8EH,
    00H,00H,87H,10H,0C0H,81H,10H,0E0H,0FFH,1FH;
DB  0F0H,0FFH,1FH,0F0H,0FFH,1FH,00H,80H,10H,00H,80H,10H;"4",1
DB  00H,00H,00H,00H,42H,00H,00H,66H,00H,00H,66H,00H,00H,7EH,00H,
    00H,3CH,00H,0C0H,0FFH,03H,0C0H,0FFH,03H;
DB  00H,3CH,00H,00H,7EH,00H,00H,66H,00H,00H,66H,00H;"*",2
DB  00H,00H,00H,80H,03H,1CH,0C0H,03H,1EH,60H,03H,1BH,20H,80H,19H,
```

```
        20H,0C0H,18H,20H,60H,18H,60H,38H,18H;
DB  0E0H,3FH,18H,0C0H,1FH,1FH,80H,07H,1FH,00H,00H,00H;"2",2
DB  00H,00H,00H,00H,0C0H,00H,00H,0F0H,00H,00H,0B8H,00H,00H,8EH,
    00H,00H,87H,10H,0C0H,81H,10H,0E0H,0FFH,1FH;
DB  0F0H,0FFH,1FH,0F0H,0FFH,1FH,00H,80H,10H,00H,80H,10H;"4",3
DB  00H,00H,00H,00H,00H,00H,00H,00H,40H,00H,00H,60H,00H,00H,78H,
    00H,00H,38H,00H,0FEH,01H,00H,0FEH,01H;
DB  00H,84H,04H,00H,84H,1CH,00H,84H,38H,0FCH,87H,30H,0FCH,87H,00H,
    24H,84H,04H,20H,84H,1CH,20H,84H,38H;
DB  20H,84H,30H,20H,0FEH,01H,20H,0FEH,05H,30H,0FEH,0DH,30H,00H,
    38H,20H,00H,38H,00H,00H,20H,00H,00H,00H;"点",4
DB  00H,00H,00H,00H,00H,00H,00H,00H,00H,0F8H,0FFH,7FH,0F8H,0FFH,
    7FH,08H,02H,01H,88H,07H,03H,0F8H,8DH,03H;
DB  78H,0F8H,01H,38H,0F0H,03H,20H,10H,02H,20H,1EH,02H,0E0H,1FH,
    02H,0F8H,13H,02H,7CH,10H,02H,2CH,0FFH,7FH;
DB  24H,0FFH,7FH,20H,11H,7EH,20H,10H,02H,20H,10H,02H,30H,18H,03H,
    30H,08H,01H,20H,00H,01H,00H,00H,00H;"阵",5
DB  00H,00H,00H,00H,02H,00H,00H,02H,00H,00H,02H,00H,04H,02H,00H,
    3CH,0FEH,1FH,38H,0FEH,1FH,30H,0EH,5CH;
DB  00H,0CH,46H,00H,06H,43H,00H,0FH,61H,0FCH,1BH,20H,0FCH,79H,30H,
    18H,0E8H,19H,08H,88H,0FH,08H,08H,0EH;
DB  08H,88H,0FH,0FCH,0E9H,1BH,0FCH,0F9H,30H,00H,39H,30H,00H,09H,
    70H,00H,01H,60H,00H,01H,20H,00H,00H,20H;"设",6
DB  00H,00H,00H,00H,04H,00H,00H,04H,00H,00H,04H,00H,04H,04H,00H,
    1CH,0FCH,3FH,38H,0FCH,3FH,38H,04H,1CH;
DB  30H,00H,0EH,00H,04H,07H,00H,84H,01H,00H,84H,00H,00H,04H,00H,
    00H,04H,00H,0FCH,0FFH,7FH,0FCH,0FFH,7FH;
DB  0FCH,0FFH,7FH,00H,04H,00H,00H,04H,00H,00H,04H,00H,00H,06H,00H,
    00H,02H,00H,00H,02H,00H,00H,00H,00H;"计",7
DB  00H,00H,00H,00H,00H,00H,00H,00H,00H,00H,00H,00H,00H,00H,00H,
    00H,00H,00H,00H,00H,00H,00H,00H,00H;
DB  00H,00H,00H,00H,00H,00H,00H,00H,00H,00H,00H,00H;" ",8
DB  00H,00H,00H,00H,00H,00H,00H,00H,00H,00H,00H,00H,00H,00H,00H,
    00H,00H,00H,00H,00H,00H,00H,00H,00H;
DB  00H,00H,00H,00H,00H,00H,00H,00H,00H,00H,00H,00H;" ",8
END
```

6.5.6 系统仿真

将上述程序进行编译后，打开 AT89C51 单片机的元件属性编辑对话框，如图 6-27 所示。在“Program File”文本框中，单击文件夹图标，选择“程序 1.HEX”文件后，即可对系统进行仿真。整个系统的仿真结果如图 6-28 所示。

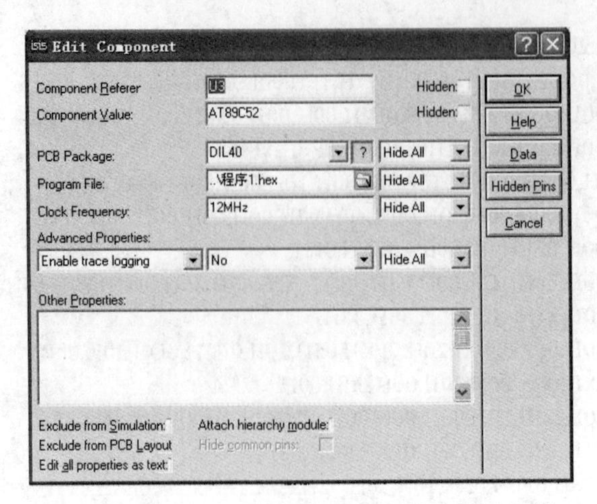

图 6-27　AT89C51 单片机元件属性编辑对话框

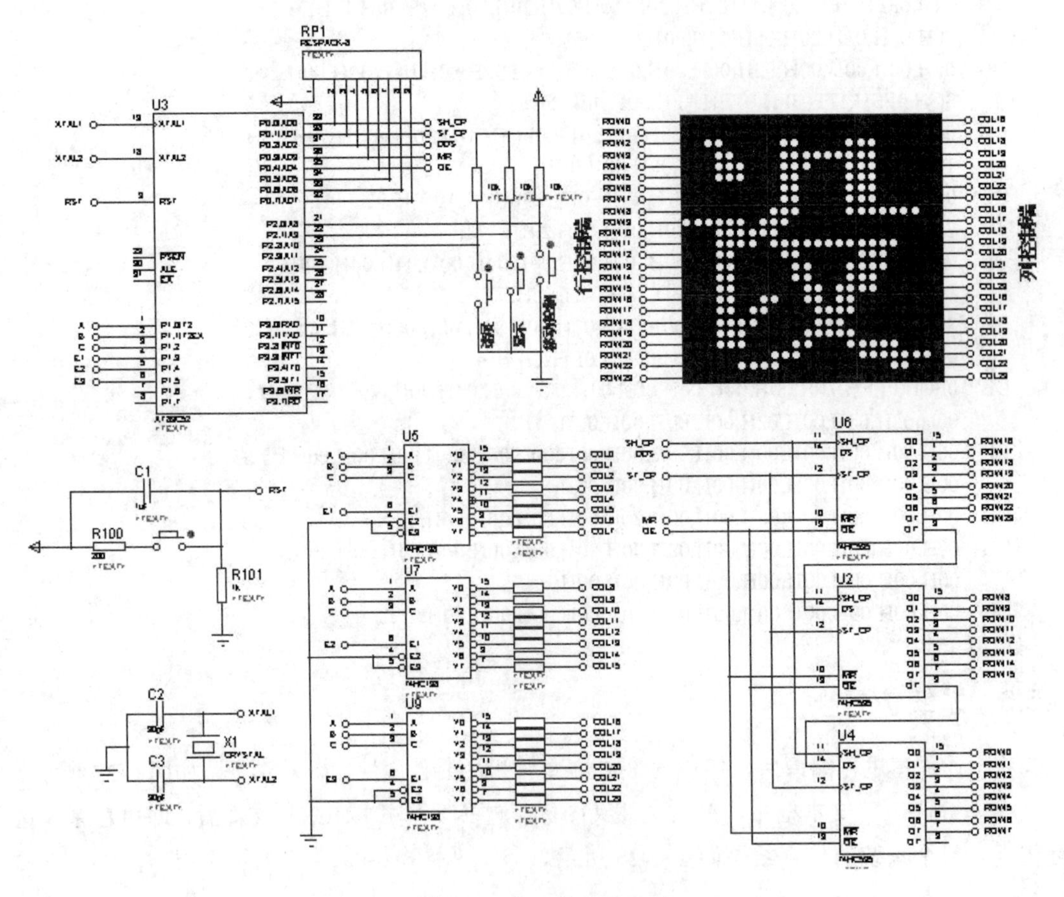

图 6-28　系统仿真结果图

第7章

其他类型单片机系统的 Proteus 设计与仿真

7.1 PIC 单片机与字符液晶显示器的接口

内容

● 利用 PIC 单片机 16F877 驱动字符液晶显示器 LM016L，显示以下两行字符。

“Proteus STUDY”

“PIC16F877 SYSTEM”

● 每隔 4s 刷新一次显示。

背景知识

● 已掌握 MPLAB IDE 开发软件的使用方法。

● 了解字符液晶显示器的工作原理与使用方法。

训练目的

● 掌握 PIC16F877 单片机接口电路的设计方法。

● 掌握单片机驱动字符液晶显示器的编程方法。

7.1.1 Proteus 电路设计

1. 元件清单列表

打开 Proteus ISIS 编辑环境，按表 7-1 所示的清单添加元件。

表 7-1 元 件 清 单

元 件 名 称	所 属 类	所 属 子 类
PIC16F877	Microprocessor ICs	PIC 16 Family
CAP	Capacitors	Generic
CAP-ELEC	Capacitors	Generic

(续表)

元 件 名 称	所 属 类	所 属 子 类
CRYSTAL	Miscellaneous	—
RES	Resistors	Generic
LM016L	Optoelectronics	Alphanumeric LCDs
BUTTON	Switches & Relays	Switches

2. LM016L 液晶模块介绍

LM016L 是字符型液晶显示器，分两行显示，每行显示 16 个字符。其原理图符号、引脚和属性如图 7-1 所示。第一行字符的地址为 80H～8FH，第二行字符的地址为 C0H～CFH。工作频率为 250kHz。

元件引脚功能说明如下：

(1) 数据端 D0～D7；

(2) RS=0 为选择指令寄存器，RS=1 为选择数据寄存器；

(3) RW=0 为进行写操作，RW＝1 为进行读操作。

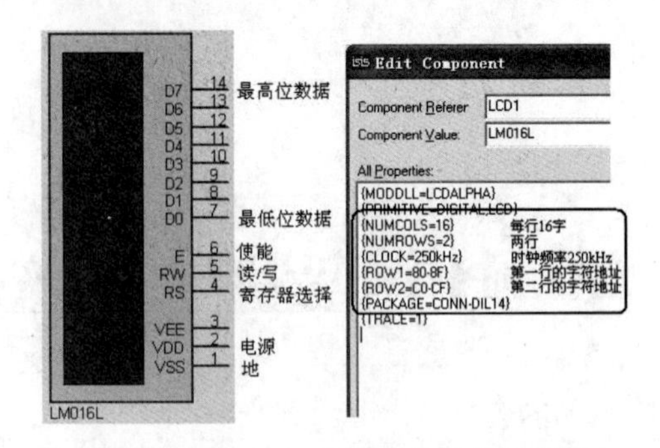

图 7-1 LM016L 字符液晶模块原理图符号、引脚和属性

3. 电路原理图

元件全部添加后，在 Proteus ISIS 的编辑区域中按图 7-2 所示的电路原理图连接硬件电路。

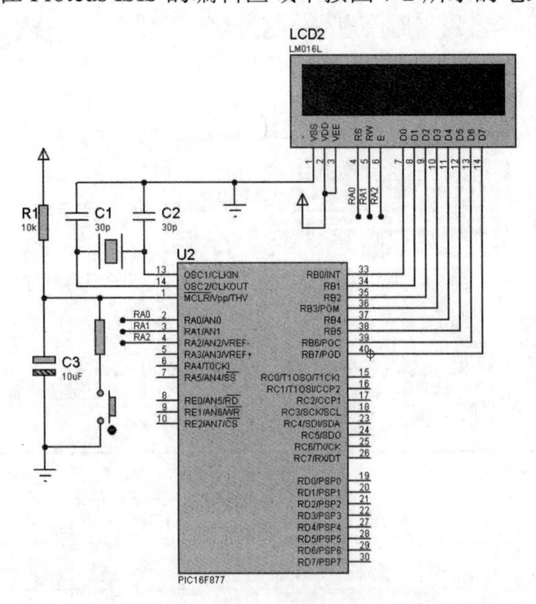

图 7-2 电路原理图

7.1.2 源程序清单

源程序清单：

```
PCL       EQU     2H
STATUS    EQU     3H
PORTA     EQU     5H
PORTB     EQU     6H
TRISA     EQU     85H
TRISB     EQU     86H
ADCON1    EQU     9FH
Z         EQU     2
RP0       EQU     5
RP1       EQU     6
RS        EQU     0
RW        EQU     1
E         EQU     2
COUNT     EQU     24H
TMP1      EQU     25H
          ORG     0000H
          NOP
          GOTO    MAIN
          ORG     0008H
TABLE：   ADDWF   PCL,1          ;取第一行的显示码
          DT      20H,50H,52H,4FH,54H,45H
          DT      55H,53H,20H,20H,53H,54H,55H,44H
          DT      59H,00H
TABLE1：  ADDWF   PCL,1          ;取第二行的显示码
          DT      50H,49H,43H,31H,36H,46H,38H,37H
          DT      37H,20H,53H,59H,53H,54H,45H,4DH,00H
MAIN:     BSF     STATUS,RP0
          MOVLW   00H
          MOVWF   TRISA
          MOVWF   TRISB          ;定义 RA、RB 口为输出
          BCF     STATUS,RP0
          CALL    DELAY1
          MOVLW   01H
          MOVWF   PORTB          ;清屏
          CALL    ENABLE
          MOVLW   38H
          MOVWF   PORTB          ;8 位 2 行 5×7 点阵
          CALL    ENABLE
          MOVLW   0FH
          MOVWF   PORTB          ;显示器开，光标开，闪烁开
          CALL    ENABLE
          MOVLW   06H            ;文字不动，光标自动右移
          MOVWF   PORTB
          CALL    ENABLE
          MOVLW   80H
          MOVWF   PORTB          ;第一行的位置
          CALL    ENABLE
```

```
            CALL      WRITE1      ;调用送第一行数据子程序
            MOVLW     0C0H
            MOVWF     PORTB       ;第二行的位置
            CALL      ENABLE
            CALL      WRITE2      ;调用送第二行数据子程序
            CALL      DELAY2      ;调用延时 2
            GOTO      MAIN        ;循环执行上述程序
WRITE1:     CLRF      COUNT       ;送第一行数据子程序入口
WRITE_A:    MOVWF     COUNT
            CALL      TABLE
            MOVWF     TMP1
            CALL      WRITE3
            INCF      COUNT,1
            MOVFW     TMP1
            XORLW     00H
            BTFSS     STATUS,Z
            GOTO      WRITE_A
            RETLW     0
WRITE2:     CLRF      COUNT       ;送第二行数据子程序入口
WRITE2_A:   MOVWF     COUNT
            CALL      TABLE1
            MOVWF     TMP1
            CALL      WRITE3
            INCF      COUNT,1
            MOVFW     TMP1
            XORLW     00H
            BTFSS     STATUS,Z
            GOTO      WRITE2_A
            RETLW     0
WRITE3:     MOVWF     PORTB       ;送数据到 LCD 子程序
            BSF       PORTA,RS
            BCF       PORTA,RW
            BCF       PORTA,E
            CALL      DELAY1
            BSF       PORTA,E
            RETLW     0
ENABLE:     BCF       PORTA,RS    ;写入控制命令子程序
            BCF       PORTA,RW
            BCF       PORTA,E
            CALL      DELAY1
            BSF       PORTA,E
            RETLW     0
DELAY1:     MOVLW     40H         ;延时 1
            MOVWF     20H
LP0:        MOVLW     0FFH
            MOVWF     21H
LP1:        DECFSZ    21H,1
            GOTO      LP1
            DECFSZ    20H,1
            GOTO      LP0
```

```
            RETURN
DELAY2:     MOVLW       28H             ;延时 2
            MOVWF       20H
LP20:       MOVLW       7FH
            MOVWF       21H
LP21:       MOVLW       0FFH
            MOVWF       22H
LP22:       DECFSZ      22H,1
            GOTO        LP22
            DECFSZ      21H,1
            GOTO        LP21
            DECFSZ      20H,1
            GOTO        LP20
            RETURN
            END
```

7.1.3　Proteus 调试与仿真

1. 建立程序文件

在 MPLAB IDE 中进行源程序的编辑及编译，产生“.HEX”代码文件。

2. 加载目标代码文件

(1) 在 Proteus ISIS 中，左键双击 PIC16F877 元件，打开“Edit Component”对话框，设置单片机的频率为 4MHz。

(2) 在该对话框的“Program File”栏中，选择先前在 MPLAB 中编译产生的“.HEX”文件。

(3) 在 Proteus ISIS 的菜单栏中选择【File】→【Save Design】选项，保存设计。

3. 进行调试与仿真

在 Proteus ISIS 界面中，单击按钮启动仿真，仿真片段如图 7-3 所示。

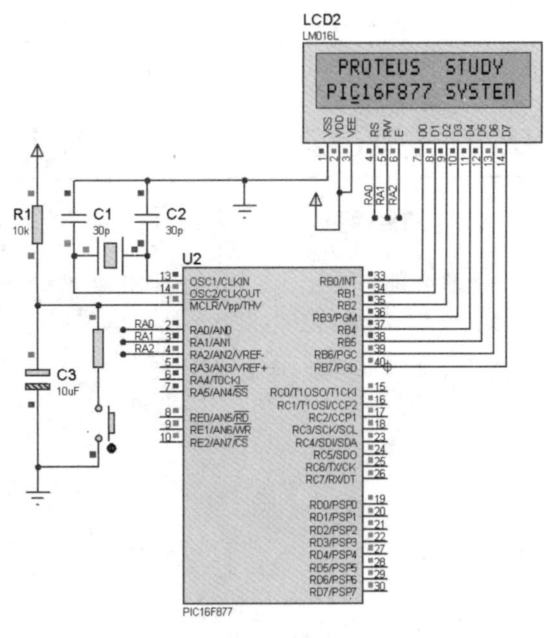

图 7-3　仿真片段

7.2 PIC 单片机间的串口通信

内容

在两个 PIC 单片机 16F877 之间进行串行通信，单片机 1 向单片机 2 发送 0～FF 的数据，单片机 2 在收到数据后，以 8 位二进制码的形式用发光二极管将其显示于 RD 端口。

背景知识

已掌握 MPLAB IDE 开发软件的使用方法。

训练目的

掌握 PIC 单片机异步串行通信端口的使用方法。

7.2.1 Proteus 电路设计

1. 元件清单列表

打开 Proteus ISIS 编辑环境，按表 7-2 所示的清单添加元件。

表 7-2 元 件 清 单

元 件 名 称	所 属 类	所 属 子 类
PIC16F877	Microprocessor ICs	PIC 16 Family
CAP	Capacitors	Generic
CAP-ELEC	Capacitors	Generic
CRYSTAL	Miscellaneous	—
RES	Resistors	Generic
LED-RED	Optoelectronics	LEDs

2. 电路原理图

元件全部添加后，在 Proteus ISIS 的编辑区域中按图 7-4 所示的电路原理图(复位、振荡电路略)连接硬件电路。

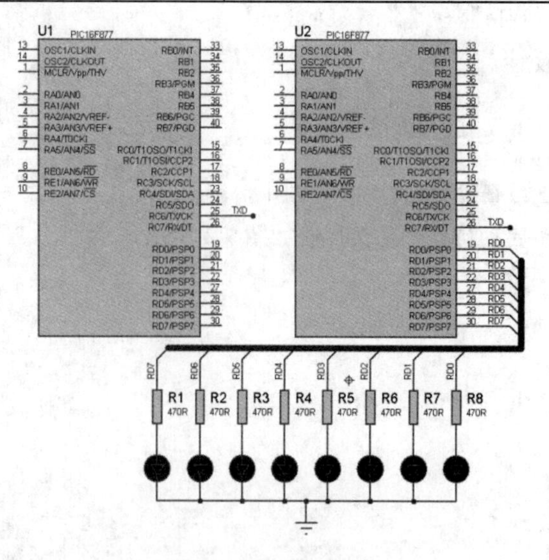

图 7-4 电路原理图

7.2.2　源程序清单

1. 发送端单片机程序(COMOUT.ASM)

```
STATUS    EQU     03H           ;定义状态寄存器地址
PORTC     EQU     07H           ;定义端口 C 的数据寄存器地址
PORTD     EQU     08H           ;定义端口 D 的数据寄存器地址
TRISC     EQU     87H           ;定义端口 C 的方向寄存器
TRISD     EQU     88H           ;定义端口 D 的方向寄存器
INTCON    EQU     0BH           ;定义 INTCON 控制寄存器
SPBRG     EQU     99H           ;定义 SPBRG 寄存器
RCSTA     EQU     18H           ;定义 RCSTA 寄存器
TXREG     EQU     19H           ;定义 TXREG 寄存器
TXSTA     EQU     98H           ;定义 TXSTA 寄存器
RCREG     EQU     1AH           ;定义 RCREG 寄存器
PIR1      EQU     0CH           ;定义第一外设中断标志寄存器
PIE1      EQU     8CH           ;定义第一外设中断控制寄存器
SPEN      EQU     07H           ;定义 SPEN 标志位
TXEN      EQU     05H           ;定义 TXEN 标志位
BRGH      EQU     02H           ;定义 BRGH 标志位
PIR1      EQU     0CH           ;定义 PIR1 标志位
TXIF      EQU     04H           ;定义 TXIF 标志位
CREN      EQU     04H           ;定义 CREN 标志位
RCIF      EQU     05H           ;定义 RCIF 标志位
RP1       EQU     06H           ;定义状态寄存器中的页选位 RP1
RP0       EQU     05H           ;定义状态寄存器中的页选位 RP0
DATA1     EQU     25H           ;定义外循环变量
DATA2     EQU     26H           ;定义内循环变量
TEMP      EQU     28H           ;定义 TEMP 输出变量
COUNT1    EQU     0FFH          ;定义存储外循环次数的变量
COUNT2    EQU     0FFH          ;定义存储内循环次数的变量
          ORG     00H
          NOP
          GOTO    MAIN
INITIAL:  BSF     STATUS,RP0    ;初始化子程序
          BCF     STATUS,RP1    ;转到体 1
          MOVLW   19H
          MOVWF   SPBRG         ;设置波特率发生器
          MOVLW   80H
          MOVWF   TRISC         ;设置端口 C
          MOVLW   00H
          MOVWF   TRISD         ;设置端口 D
          BCF     STATUS,RP0    ;转到体 0
          BCF     STATUS,RP1
          CLRF    PIR1
          CLRF    PIE1          ;清中断使能
          BSF     STATUS,RP0
          BCF     STATUS,RP1    ;转到体 1
          CLRF    TXSTA         ;设置发送状态兼控制寄存器，异步接收
          BSF     TXSTA,BRGH
```

```
            MOVLW   00H
            MOVWF   TEMP            ;TEMP 置为 0
            RETURN
DELAY:      MOVLW   COUNT1          ;延时子程序
            MOVWF   DATA1           ;设置外部循环的次数
LOOP1:      MOVLW   COUNT2          ;设置内部循环的次数
            MOVWF   DATA2
LOOP2:      DECFSZ  DATA2,1         ;内部循环变量自减 1，为 0 则跳转
            GOTO    LOOP2
            DECFSZ  DATA1,1         ;外部循环变量自减 1，为 0 则跳转
            GOTO    LOOP1
            RETURN                  ;返回主程序
MAIN:       CALL    INITIAL         ;调初始化子程序
LOOP:       BCF     STATUS,RP0      ;转到体 0
            BCF     STATUS,RP1
            INCF    TEMP
            MOVF    TEMP,0
            MOVWF   TXREG           ;装入 TXREG 以发送
            BSF     STATUS,RP0
            BCF     STATUS,RP1      ;转到体 1
            BSF     TXSTA,TXEN      ;发送使能
            CALL    DELAY           ;延时 1s
            CALL    DELAY           ;调用 DELAY 一次延时 0.26s
            CALL    DELAY
            CALL    DELAY
            GOTO    LOOP            ;继续进行下一次传输
            END
```

2. 接收端单片机程序“COMIN.ASM”

```
STATUS      EQU     03H             ;定义状态寄存器地址
PORTC       EQU     07H             ;定义端口 C 的数据寄存器地址
PORTD       EQU     08H             ;定义端口 D 的数据寄存器地址
TRISC       EQU     87H             ;定义端口 C 的方向寄存器
TRISD       EQU     88H             ;定义端口 D 的方向寄存器
INTCON      EQU     0BH             ;定义 INTCON 控制寄存器
SPBRG       EQU     99H             ;定义 SPBRG 寄存器
RCSTA       EQU     18H             ;定义 RCSTA 寄存器
TXREG       EQU     19H             ;定义 TXREG 寄存器
TXSTA       EQU     98H             ;定义 TXSTA 寄存器
RCREG       EQU     1AH             ;定义 RCREG 寄存器
PIR1        EQU     0CH             ;定义第一外设中断标志寄存器
PIE1        EQU     8CH             ;定义第一外设中断控制寄存器
SPEN        EQU     07H             ;定义 SPEN 标志位
TXEN        EQU     05H             ;定义 TXEN 标志位
BRGH        EQU     02H             ;定义 BRGH 标志位
PIR1        EQU     0CH             ;定义 PIR1 标志位
TXIF        EQU     04H             ;定义 TXIF 标志位
CREN        EQU     04H             ;定义 CREN 标志位
RCIF        EQU     05H             ;定义 RCIF 标志位
```

```
RP1        EQU     06H          ;定义状态寄存器中的页选位 RP1
RP0        EQU     05H          ;定义状态寄存器中的页选位 RP0
TEMP       EQU     28H          ;定义 TEMP 输出变量
           ORG     00H
           NOP
           GOTO    MAIN
INITIAL:   BSF     STATUS,RP0   ;初始化子程序开始
           BCF     STATUS,RP1   ;转到体 1
           MOVLW   19H          ;设置波特率发生器
           MOVWF   SPBRG
           MOVLW   80H
           MOVWF   TRISC        ;设置端口 C
           MOVLW   00H
           MOVWF   TRISD
           BCF     STATUS,RP0
           BCF     STATUS,RP1   ;转到体 1
           CLRF    RCSTA        ;设置接收状态兼控制寄存器异步接收
           CLRF    PIR1
           CLRF    PIE1         ;清中断使能
           MOVLW   00H          ;TEMP 置为 0
           MOVWF   TEMP
           MOVWF   PORTD
           BSF     STATUS,RP0
           BCF     STATUS,RP1   ;转到体 1
           CLRF    TXSTA        ;设置发送状态兼控制寄存器异步接收
           BSF     TXSTA,BRGH
           BCF     STATUS,RP0   ;转到体 0
           BCF     STATUS,RP1
           RETURN
MAIN:      CALL    INITIAL      ;调初始化子程序
LOOP:      BCF     STATUS,RP0
           BCF     STATUS,RP1   ;转到体 1
           BSF     RCSTA,CREN   ;接收使能
WAIT:      BTFSS   PIR1,RCIF    ;是否有接收
           GOTO    WAIT         ;否，继续监视
           MOVF    RCREG,0      ;在端口 D 显示输入的值
           MOVWF   PORTD
           GOTO    LOOP         ;继续进行下一次接收
           END
```

7.2.3　Proteus 调试与仿真

1. 建立程序文件

在 MPLAB IDE 中进行源程序的编辑及编译，产生“.HEX”代码文件。

2. 加载目标代码文件

(1) 在 Proteus ISIS 中，左键双击 PIC16F877 元件，打开“Edit Component”对话框，设置单片机的频率为 4MHz。

(2) 在该对话框的“Program File”栏中，选择先前在 MPLAB 中编译产生的“.HEX”文件。其中元件 U1 是发送端，调用“COMOUT.HEX”文件；元件 U2 是接收端，调用“COMIN.HEX”文件。

(3) 在 Proteus ISIS 的菜单栏中选择【File】→【Save Design】选项，保存设计。

3. 进行调试与仿真

在 Proteus ISIS 界面中，单击 ▶ 按钮启动仿真，仿真片段如图 7-5 所示。

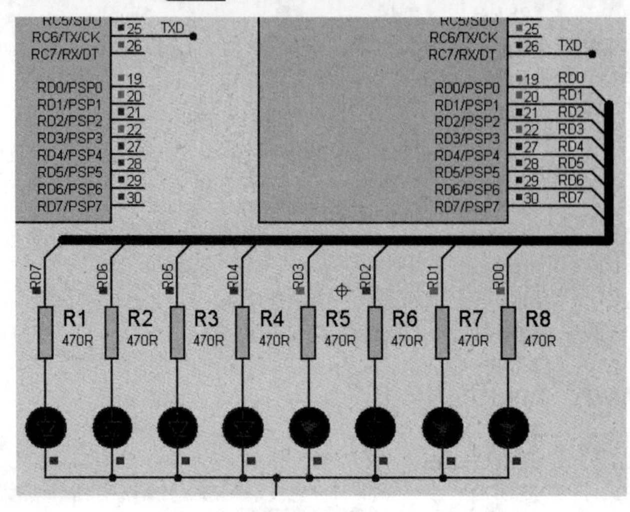

图 7-5 仿真片段

7.3 AVR 单片机 AD 转换

内容

利用 AVR 单片机 ATTINY15 进行 AD 转换，用七段数码管动态显示转换后的数值。

背景知识

- 掌握 AVR 单片机的基本工作原理。
- 掌握 AVR 单片机的开发工具 WinAVR。
- 了解数码管动态显示的工作原理。

训练目的

- 掌握 AVR 单片机接口电路的设计方法。
- 掌握单片机驱动七段数码管动态显示的编程方法。

7.3.1 Proteus 电路设计

1. 元件清单列表

打开 Proteus ISIS 编辑环境，按表 7-3 所示的清单添加元件。

表 7-3　元 件 清 单

元 件 名 称	所　属　类	所 属 子 类
ATTINY15	Microprocessor ICs	AVR Family
7447	TTL 74 series	Decoders
74ls174	74LS	—
POT-LIN	Resistors	ACITVE
RES	Resistors	Generic

2. 四位七段数码管动态显示介绍

数码管动态显示接口是单片机中应用最为广泛的一种显示方式，动态驱动是将所有数码管的 8 个显示笔画"a,b,c,d,e,f,g,dp"的同名端连在一起，另外为每个数码管的公共极 COM 增加位选通控制电路；位选通由各自独立的 I/O 线控制，当单片机输出字形码时，所有数码管都接收到相同的字形码，但究竟是哪个数码管会显示出字形，则取决于单片机对位选通 COM 端电路的控制，所以只要给需要显示的数码管的选通控制加以合适电平，该位就显示出字形，没有选通的数码管则不会亮；通过分时轮流控制各个数码管的 COM 端，使各个数码管轮流受控显示，这就是动态驱动。在轮流显示过程中，每位数码管的点亮时间为 1～2ms，由于人的视觉暂留现象及发光二极管的余辉效应，尽管实际上各位数码管并非同时点亮，但只要扫描的速度足够快，给人的印象就是一组稳定的显示数据，不会有闪烁感，和静态显示效果是一样的，却能够节省大量的 I/O 端口，而且功耗更低。

3. 电路原理图

元件全部添加后，在 Proteus ISIS 的编辑区域中按图 7-6 所示的电路原理图连接硬件电路。

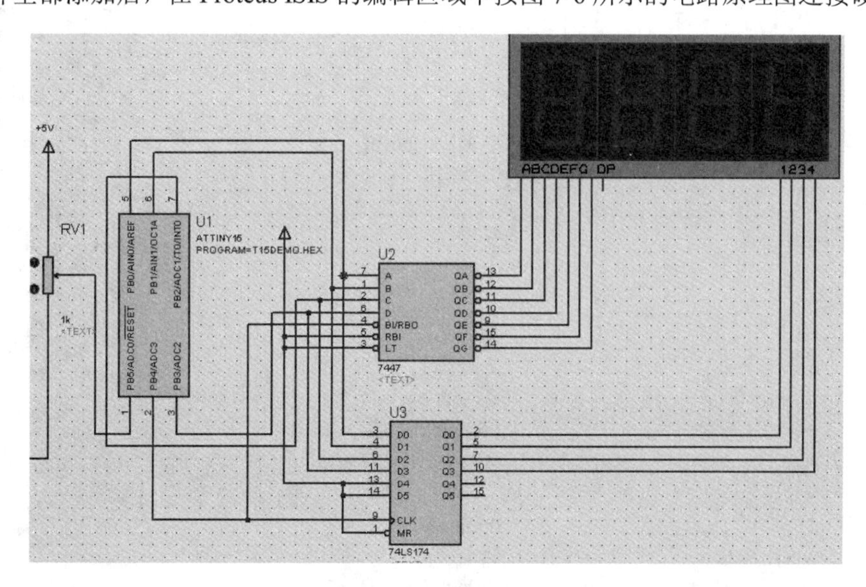

图 7-6　电路原理图

7.3.2 源程序清单

源程序清单：

```
.equ    SREG      =$3F
.equ    GIMSK     =$3B
.equ    GIFR      =$3A
.equ    TIMSK     =$39
.equ    TIFR      =$38
.equ    MCUCR     =$35
.equ    TCCR0     =$33
.equ    TCNT0     =$32
.equ    TCCR1     =$30
.equ    TCNT1     =$2F
.equ    OCR1A     =$2E
.equ    OCR1B     =$2D
.equ    PORTB     =$18
.equ    DDRB      =$17
.equ    ACSR      =$08
.equ    ADMUX     =$07
.equ    ADCSR     =$06
.equ    ADCH      =$05
.equ    ADCL      =$04

                                        ;Variable Declarations
.def    temp      = r16
.def    isrsreg   = r18
.def    isrtemp1  = r19
.def    isrtemp2  = r20
.def    cseg      = r21
.def    seg0      = r22
.def    seg1      = r23
.def    seg2      = r24
.def    seg3      = r25
.cseg                                   ;CODE segment.
                                        ;中断向量
.org 0
        rjmp init                       ;复位
        reti
        reti
        reti                            ;输出比较
        reti                            ;定时器 1
        rjmp tov0                       ;定时器 0
        reti                            ;EEPROM 准备
        reti
        reti
                                        ;Initialization
init:   ldi r16,$1F                     ;输出 5 位
        out       DDRB,r16              ;设置位 0 输出显示
        ldi       r16,3                 ;定时器 0 工作在 1.6MHz/256/64 = 97Hz
        out       TCCR0,r16
```

```
         ldi     r16,$02
         out     TIMSK,r16
         ldi     cseg,$01            ;从段开始
         sei                         ;使能定时器
         ldi     r16,$8E
         out     ADCSR,r16
         ldi     r16,0               ;选择 ADC0 作为输入，VCC 作为 VREF
loop:    ldi     r16,$20             ;睡眠使能，空闲方式
         out     MCUCR,r16
         sleep                       ;等待定时器 0 中断
         cpi     cseg,8              ;等待往 MS 段写
         breq    loop
                                     ;转换和显示值
         clr     r4                  ;计数结果
dc1a:    mov     r2,r0               ;减去 1000′s
         mov     r3,r1
         ldi     r16,$e8
         sub     r2,r16
         ldi     r16,$3
         sbc     r3,r16
         brcs    dc1b
         inc     r4
         mov     r0,r2
         mov     r1,r3
         rjmp    dc1a                ;回到开始
dc1b:    mov     seg0,r4             ;存结果

         clr     r4
dc2a:    mov     r2,r0               ;减去 100′s
         mov     r3,r1
         ldi     r16,100
         sub     r2,r16
         clr     r16
         sbc     r3,r16
         brcs    dc2b
         inc     r4
         mov     r0,r2
         mov     r1,r3
         rjmp    dc2a                ;回到开始
dc2b:    mov     seg1,r4             ;存结果

         clr     r4
dc3a:    mov     r2,r0               ;减去 10′s
         ldi     r16,10
         sub     r2,r16
         brcs    dc3b
         inc     r4
         mov     r0,r2
```

```
         rjmp    dc3a            ;回到开始
dc3b:    mov     seg2,r4         ;存结果

         mov     seg3,r0
         rjmp    loop            ;回到开始
                                 ;定时器 0 中断—显示驱动
tov0:    in      isrsreg,SREG
         clr     isrtemp1        ;清显示
         out     PORTB,isrtemp1
         lsr     cseg            ;段选地址
         ldi     cseg,0x08
tov0_1:  out     PORTB,cseg      ;驱动锁存
         sbrc    cseg,3          ;位选输出
         mov     isrtemp1,seg3
         sbrc    cseg,2
         mov     isrtemp1,seg2
         sbrc    cseg,1
         mov     isrtemp1,seg1
         sbrc    cseg,0
         mov     isrtemp1,seg0
         ldi     isrtemp2,$10
         or      isrtemp1,isrtemp2

         sbi     PORTB,4
         out     PORTB,isrtemp1  ;驱动段选到数码管

         out     SREG,isrsreg
         reti
```

7.3.3 Proteus 调试与仿真

1. 建立程序文件

在 WinAVR 中进行源程序的编辑及编译，产生“.HEX”代码文件。

2. 加载目标代码文件

(1) 在 Proteus ISIS 中，左键双击 ATTINY15 元件，打开“Edit Component”对话框，设置单片机的频率为 1.6MHz。

(2) 在该对话框的“Program File”栏中，选择先前在 WinAVR 中编译产生的“.HEX”文件。

(3) 在 Proteus ISIS 的菜单栏中选择【File】→【Save Design】选项，保存设计。

3. 进行调试与仿真

在 Proteus ISIS 界面中，单击▶按钮启动仿真，仿真片段如图 7-7 所示。

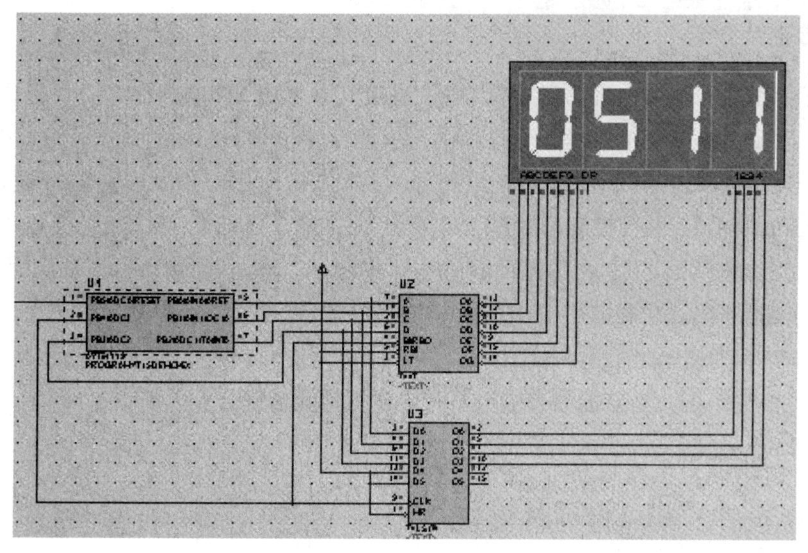

图 7-7　仿真片段

7.4 基于 AVR 单片机的直流电机控制电路

内容

利用 AVR 单片机实现对步进电机的 PWM 控制电路。

背景知识

- 掌握 AVR 单片机的基本工作原理。
- 掌握 AVR 单片机的开发工具 WinAVR。
- 了解 L298 的工作原理。

训练目的

掌握 AVR 单片机接口电路的设计方法。

7.4.1 Proteus 电路设计

1. 元件清单列表

打开 Proteus ISIS 编辑环境，按表 7-4 所示的清单添加元件。

表 7-4　元 件 清 单

元 件 名 称	所 属 类	所 属 子 类
ATMEGA32	Microprocessor ICs	AVR Family
L298	ANALOG	Dual Full-Bridge Driver
IN4148	DIODE	DIODE
DCMOTOR	MOTORS	DC Motor

2. L298 芯片介绍

L298 是双 H 高电压大电流功率集成电路，直接采用 TTL 逻辑电平控制，可以驱动继电器、直流电动机、步进电动机等电感性负载。其内部有两个完全相同的功率放大回路。VCC 接逻辑控制的+5V 电源；VS 为电机驱动电源，最高可达 50V；IN1，IN2 输入标准 TTL 逻辑电平对 A 桥的输出 OUT1、OUT2 进行控制，IN3，IN4 对 B 桥的输出 OUT3、OUT4 进行控制；SENSA、SENSB 接电流检测电阻，以引出电流反馈信号，不用反馈时，该引脚可以直接接地。当使能端 ENA(ENB)为高电平时，若输入端 IN1(IN3)为 PWM 信号、IN2(IN4)为低电平信号，电机正转；若输入端 IN1(IN3)为低电平信号、IN2(IN4)为 PWM 信号时，电机反转；若 IN1(IN3)与 IN2(IN4)相同时，电机快速停止。当使能端为低电平时，电机停止转动。

3. 电路原理图

元件全部添加后，在 Proteus ISIS 的编辑区域中按图 7-8 所示的电路原理图连接硬件电路。

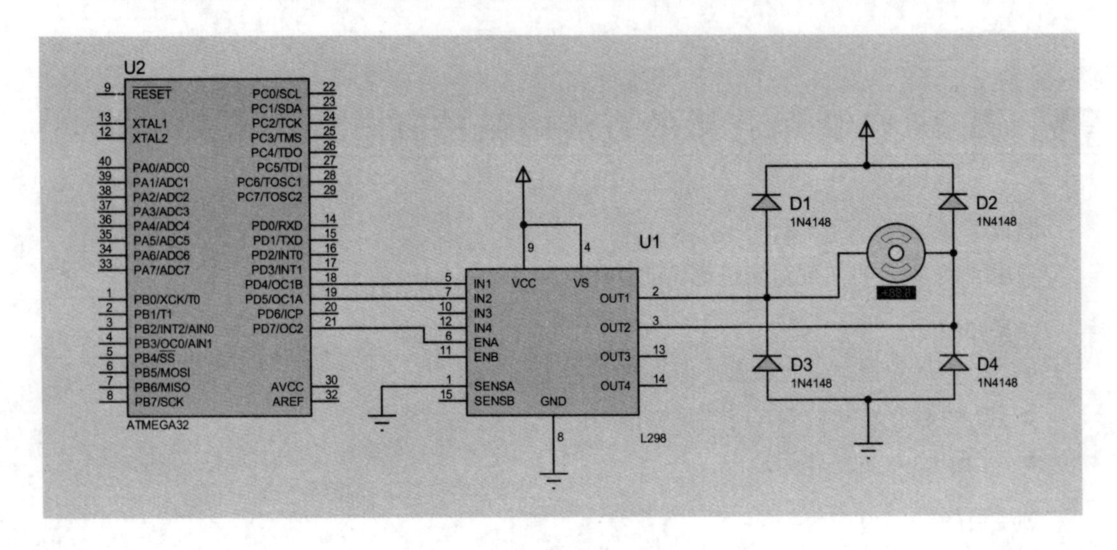

图 7-8　电路原理图

7.4.2　源程序清单

源程序清单：

```
//文件名 main.c 工程主文件
#include "config.h"
void main(void)
{
/*******************************************/
//初始工作
/*******************************************/
   init_devices();

   while(1)
```

```
  {
    for_ward(0);              //默认速度运转 正
    Delay1s(5);               //延时 5s
    motor_stop();             //停止
    Delay1s(5);               //延时 5s
    back_ward(0);             //默认速度运转 反
    Delay1s(5);               //延时 5s
    speed_add(20);            //加速
    Delay1s(5);               //延时 5s
    speed_subtract(20);       //减速
    Delay1s(5);               //延时 5s
  }

}

/*******************************************/
//T2 控制 PWM 输出
//timer2_comp_isr 不需要用，但是必须允许中断，在中断时有信号输出变化
/*******************************************/

#pragma interrupt_handler timer2_comp_isr:5
void timer2_comp_isr(void)
{
    //compare occurred TCNT0=OCR0
}
#pragma interrupt_handler timer2_ovf_isr:6
void timer2_ovf_isr(void)
{
  TCNT2 = 0x01;//reload counter value
}
//文件名 Config.h
#ifndef __config_H__
#define __config_H__ 1
/*********************************************/
#define M8      1
#define M16     2
#define M32     3
#define M64     4
#define M128    5
/*********************************************/
#define CPU_TYPE   M32
//定义 MCU 时钟频率
//#define F_CPU 14745600
#define F_CPU 7372800
//**************************************************
//包含系统头文件，请根据实际需要进行裁减
//**************************************************
//#pragma REGPARMS
#if CPU_TYPE == M128
```

```
#include <iom128v.h>
#endif
#if CPU_TYPE == M64
#include <iom64v.h>
#endif
#if CPU_TYPE == M32
#include <iom32v.h>
#endif
#if CPU_TYPE == M16
#include <iom16v.h>
#endif
#if CPU_TYPE == M8
#include <iom8v.h>
#endif
//#include <intrins.h>
//#include <absacc.h>
//#include <string.h>
//#include <FLOAT.H>
//#include <math.h>
//#include <stdlib.h>
#include <macros.h>
//#include <eeprom.h>
//#define const code
//************************************************
//系统数据类型定义
//************************************************
#ifndef   TRUE
#define   TRUE   1
#endif
#ifndef   FALSE
#define   FALSE 0
#endif
#ifndef   NULL
#define   NULL 0
#endif
#define   MIN(a,b)    ((a<b)?(a):(b))
#define   MAX(a,b)    ((a>b)?(a):(b))
#define   ABS(x)      ((x>0)?(x):(-x))
typedef   unsigned    char   uint8;    /* 定义可移植的无符号 8 位整数关键字 */
typedef   signed      char   int8;     /* 定义可移植的有符号 8 位整数关键字 */
typedef   unsigned    int    uint16;   /* 定义可移植的无符号 16 位整数关键字 */
typedef   signed      int    int16;    /* 定义可移植的有符号 16 位整数关键字 */
typedef   unsigned    long   uint32;   /* 定义可移植的无符号 32 位整数关键字 */
typedef   signed      long   int32;    /* 定义可移植的有符号 32 位整数关键字 */

//************************************************
//包含工程头文件，请根据需要进行裁减
//************************************************
#include   "delay.h"
#include   "device_init.h"
```

```
#include    "motor.h"
//#include  "lcddrive.h"
//#include  "main.h"
//#include  "queue.h"
//#include  "TWI.h"
//#include  "sio.h"
//***********************************************
//以下为工程变量、端口定义
//***********************************************
#endif

//文件名 delay.h

#ifndef _UNIT_H__
#define _UNIT_H__ 1
//100us
extern void Delay100us(uint8 n);
//1s
extern void Delay1s(uint16 n); //n<= 6 ,when n==7, it is 1.
//1ms
extern void Delay1ms(uint16 n);
#endif
//文件名 device_init.h
//ICC-AVR application builder : 2006-11-1 0:27:10
// Target : M32
// Crystal: 7.3728Mhz
//文件名：device_init.c 各种参数初始化
#include "config.h"

void port_init(void)
{
 PORTA= 0x00;
 DDRA= 0x00;
 PORTB= 0x00;
 DDRB= 0x00;
 PORTC= 0x00;
 DDRC= 0x00;
 PORTD= 0x00;
 DDRD= 0xB0; // D7 PWM     //参考芯片手册
}

/************************采用 timer2 产生波形*********************/
// PWM 频率 = 系统时钟频率/(分频系数*2*计数器上限值))
void timer2_init(void)
{
 TCCR2= 0x00;  //stop
 TCNT2= 0x01;  //set count
 OCR2= 0x66;  //set compare
 TCCR2= (1<<WGM20)|(1<<WGM21)|(1<<COM21)|0x06;
//start timer 快速 pwm 模式，匹配清零，溢出置位 256 分频
```

```
}

//call this routine to initialize all peripherals
void init_devices(void)
{
 //stop errant interrupts until set up
 CLI(); //disable all interrupts
 port_init();
 timer2_init();
 TIMSK = 0x00; //timer interrupt sources
 SEI(); //re-enable interrupts
 //all peripherals are now initialized
}

//文件名 motor.h
#ifndef __motor_H__
#define __motor_H__ 1
//PD4,PD5 电机方向控制
#define moto_en1 PORTD |= 0x10
#define moto_en2 PORTD |= 0x20
#define moto_uen1 PORTD &=~ 0x10
#define moto_uen2 PORTD &=~ 0x20
//启动 TC2 定时比较和溢出
#define TC2_EN TIMSK |= (1<<OCIE2)|(1<<TOIE2)
//禁止 TC2 再定时比较和溢出
#define TC2_DIS TIMSK &=~ (1<<OCIE2)|(1<<TOIE2)
//电机正转
extern void for_ward(uint8 speed);
//电机反转
extern void back_ward(uint8 speed);
//电机急停
extern void motor_stop(void);
//加速
extern void speed_add(uint8 add);
//减速
extern void speed_subtract(uint8 subtract);
#endif

// 文件名 delay.c 延时
#include "config.h"
void Delay100us(uint8 x)
{
  uint8 i;                //4clock
  for(i=147;x!=0;x--)
  while(--i);             //5 * i clock
}
void Delay1ms(uint16 n)
{
  for (;n!=0;n--){
    Delay100us(10);
```

```
  }
}
void Delay1s(uint16 m)              //   m <= 6 ,when m==7, it is 1.
{
  m=m*40;
  for (;m!=0;m--){
    Delay100us(250);
  }
}

//文件名：device_init.c

//ICC-AVR application builder : 2022-11-1 0:27:10
// Target : M32
// Crystal: 7.3728Mhz
//文件名：device_init.c  各种参数初始化
#include "config.h"

void port_init(void)
{
  PORTA = 0x00;
  DDRA = 0x00;
  PORTB = 0x00;
  DDRB = 0x00;
  PORTC = 0x00;
  DDRC = 0x00;
  PORTD = 0x00;
  DDRD = 0xB0; // D7 PWM      //参考芯片手册
}

/************************采用 timer2 产生波形*********************/
// PWM 频率 = 系统时钟频率/(分频系数*2*计数器上限值))
void timer2_init(void)
{
  TCCR2 = 0x00;   //stop
  TCNT2= 0x01;   //set count
  OCR2 = 0x66;   //set compare
  TCCR2 = (1<<WGM20)|(1<<WGM21)|(1<<COM21)|0x06;
}

//call this routine to initialize all peripherals
void init_devices(void)
{
  //stop errant interrupts until set up
  CLI(); //disable all interrupts
  port_init();
  timer2_init();
  TIMSK = 0x00; //timer interrupt sources
  SEI(); //re-enable interrupts
  //all peripherals are now initialized
```

```
}


//文件名：motor.c
//正转，速度
void for_ward(uint8 speed)
{
   if(speed!=0)
    {
       OCR2 = speed;
       while(ASSR&(1<<TCR2UB)==1) ;
//启动 TC2 pwm 输出，异步操作需要等待 OCR2 写入完毕
      }
   TC2_EN;    //pwm_start
   moto_en1;
   moto_uen2;
}
/******************************************/
//反转，速度
void back_ward(uint8 speed)
{
   if(speed!=0)
   {
         OCR2 = speed;
       while(ASSR&(1<<TCR2UB)==1) ;    //启动 TC2 pwm 输出，
                                        //异步操作需要等待 OCR2 写入完毕
     }
    TC2_EN;    //pwm start
    moto_uen1;
    moto_en2;
}
/******************************************/
//停止
void motor_stop(void)
{
  moto_en1;    //同时置 1 停止
  moto_en2;
  TC2_DIS;      //pwm stop
}
/******************************************/

//加速
void speed_add(uint8 add)
{
  if(OCR2 + add < 240)                   //防止出现极大情况时候跳跃到很小
  {

    OCR2 = OCR2 + add;
  }
}
```

```
/*********************************************/


//加速
void speed_subtract(uint8 subtract)
{
 if(OCR2 - subtract > 10) //防止到很小之后跳跃到很大
 {
  OCR2 = OCR2 - subtract;
 }
}
/**********************************************************/
```

7.4.3　Proteus 调试与仿真

1. 建立程序文件

在 WinAVR 中进行源程序的编辑及编译，产生“.HEX”代码文件。

2. 加载目标代码文件

(1) 在 Proteus ISIS 中，左键双击 ATMEGA32 元件，打开“Edit Component”对话框，设置单片机的频率为 7.3728MHz。

(2) 在该对话框的“Program File”栏中，选择先前在 WinAVR 中编译产生的“.HEX”文件。

(3) 在 Proteus ISIS 的菜单栏中选择【File】→【Save Design】选项，保存设计。

3. 进行调试与仿真

在 Proteus ISIS 界面中，单击[▶]按钮启动仿真，仿真片段如图 7-9 和图 7-10 所示。

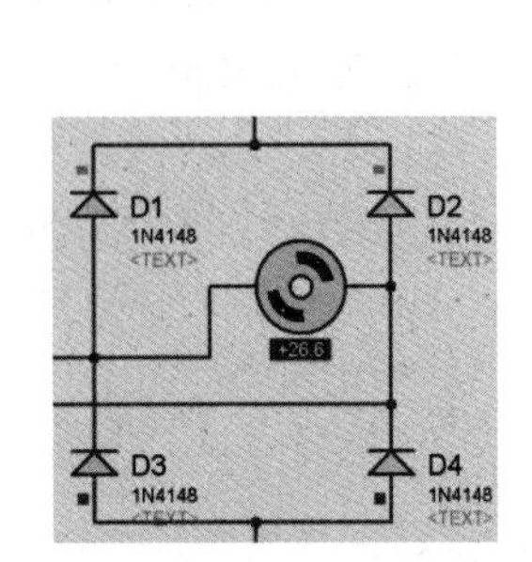

图 7-9　仿真片段 1

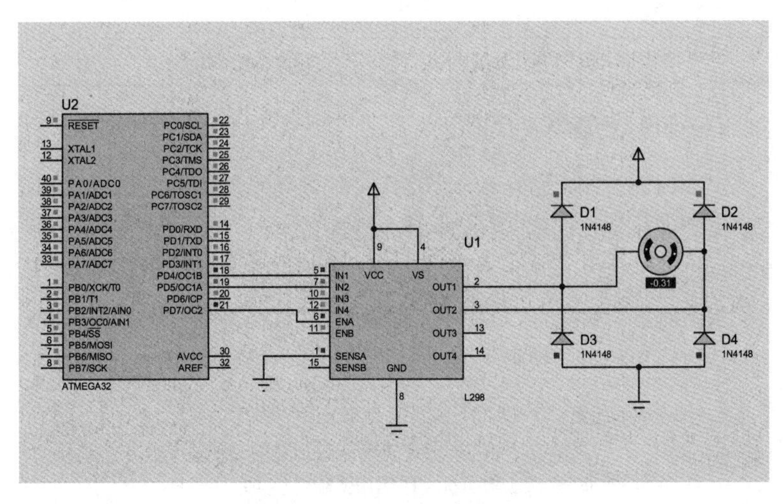

图 7-10　仿真片段 2

7.5 ARM入门

内容

利用 ARM 芯片 LPC2104 和 LED 组成流水灯，实现 ARM 的 I/O 口控制。具体要求为：首先让所有 LED 同时点亮，闪烁 3 次；然后正向轮流点亮，再反向轮流点亮，实现多种顺序变换。

背景知识

- 掌握 ARM 的基本工作原理。
- 掌握 ARM I/O 口的控制方法。

训练目的

掌握 ARM LPC2104 接口电路的设计方法。

7.5.1 Proteus 电路设计

1. 元件清单列表

打开 Proteus ISIS 编辑环境，按表 7-5 所示的清单添加元件。

表 7-5 元 件 清 单

元 件 名 称	所 属 类	所 属 子 类
LPC2104	Microprocessor ICs	ARM Family
CAP	Capacitors	Generic
RES	Resistors	Generic
LM016L	Optoelectronics	Alphanumeric LCDs
LED-GREEN	Optoelectronics	LEDS

2. ARM LPC2104 介绍

ARM LPC2104 是基于一个支持实时仿真和跟踪的 ARM7TDMI-S CPU，并带有 128KB 嵌入的高速 Flash 存储器，16KB 片内静态 RAM 多个串行接口。包括双 UART(16C550)、高速 I^2C(400kb/s)和 SPI；两个 32 位定时器(7 路捕获/比较通道)、PWM 单元(6 路输出)、实时时钟和看门狗定时器；小型的 LQFP 封装(7mm×7mm)有多达 32 个可承受 5V 的通用 I/O 口；通过可编程的片内锁相环可实现最大为 60MHz 的 CPU 操作频率。

3. 电路原理图

元件全部添加后，在 Proteus ISIS 的编辑区域中按图 7-11 所示的电路原理图连接硬件电路。

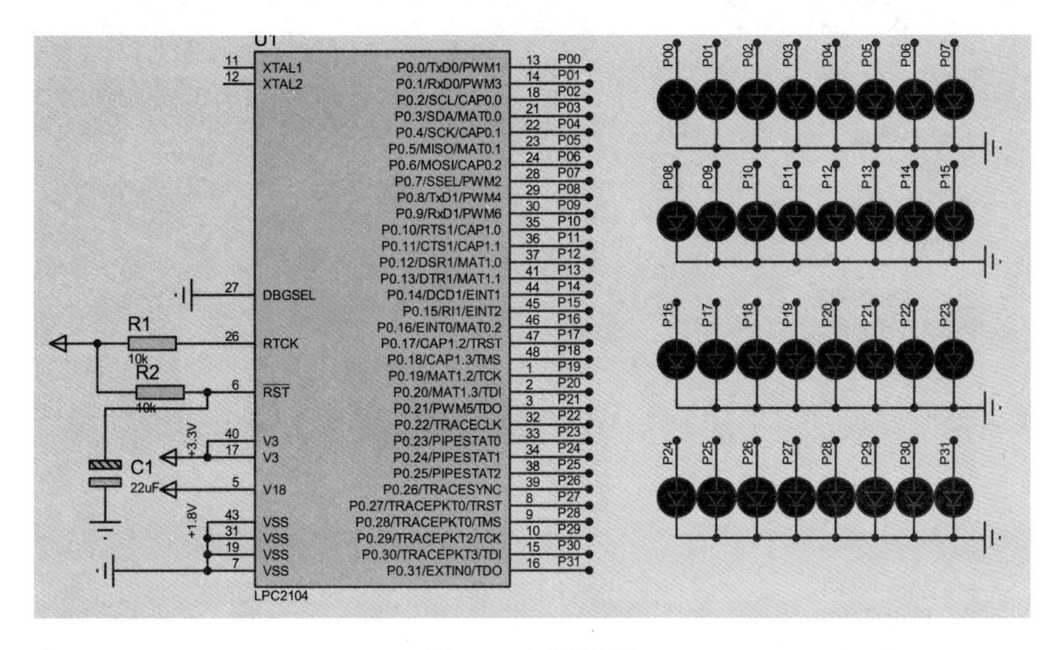

图 7-11　电路原理图

7.5.2　源程序清单

源程序清单：

```
#include   <lpc210x.h>
/******延时******/
void   delay(unsigned short t)
{
   unsigned short   i;
   for(;t>0;t--) for(i=0; i<1000; i++);
}

/******主函数******/
int main(void)
{
  unsigned short i;
  unsigned int   temp;
  IODIR=0xffffffff;              //32 个 IO 端口全部设置为输出方式
  IOCLR=0xffffffff;              //32 个 IO 端口全部清零
  while(1)
    {
    for(i=0;i<3;i++)             //32 个 LED 同步闪烁 3 次
    {
      delay(800);                //延时
      IOSET=0xffffffff;          //全亮
      delay(800);
      IOCLR=0xffffffff;          //全灭
    }
    temp=0x00000001;
```

```
IOCLR=0xffffffff;
for(i=0;i<32;i++)           //32 个 LED 正向轮流点亮
{
 IOSET=temp;
 delay(400);
 IOCLR=temp;
 temp<<=1;
}
temp=0x80000000;
IOCLR=0xffffffff;
for(i=0;i<32;i++)           //32 个 LED 倒向轮流点亮
{
 IOSET=temp;
 delay(400);
 IOCLR=temp;
 temp>>=1;
}
temp=0x00000001;
IOCLR=0xffffffff;
for(i=0;i<32;i++)           //32 个 LED 正向依次点亮
 {
 IOSET=temp;
 delay(300);
 temp<<=1;
 }
temp=0x80000000;
for(i=0;i<32;i++)           //32 个 LED 倒向依次熄灭
 {
 IOCLR=temp;
 delay(300);
 temp>>=1;
 }
temp=0x00000003;
IOCLR=0xffffffff;
for(i=0;i<16;i++)           //32 个 LED 成对正向轮流点亮
 {
 IOSET=temp;
 delay(400);
 IOCLR=temp;
 temp<<=2;
 }
temp=0x00000007;
IOCLR=0xffffffff;
for(i=0;i<11;i++)           //32 个 LED 每次 3 个正向轮流点亮
 {
 IOSET=temp;
 delay(800);
 IOCLR=temp;
 temp<<=3;
 }
```

```
      temp=0x0000000f;
      IOCLR=0xffffffff;
      for(i=0;i<8;i++)            //32 个 LED 每次 4 个正向轮流点亮
        {
        IOSET=temp;
        delay(1000);
        IOCLR=temp;
        temp<<=4;
        }
      temp=0x11111111;
      IOCLR=0xffffffff;
      for(i=0;i<4;i++)            //32 个 LED 每隔 4 个轮流点亮
        {
        IOSET=temp;
        delay(2000);
        IOCLR=temp;
        temp<<=1;
        }
      temp=0x01010101;
      IOCLR=0xffffffff;
      for(i=0;i<8;i++)            //32 个 LED 每隔 8 个轮流点亮
        {
        IOSET=temp;
        delay(1000);
        IOCLR=temp;
        temp<<=1;
        }
      }
  }
```

7.5.3　Proteus 调试与仿真

1. 建立程序文件

在 Keil(ARM)中进行源程序的编辑及编译，产生“.HEX”代码文件。

2. 加载目标代码文件

(1) 在 Proteus ISIS 中，左键双击 LPC12104 元件，打开“Edit Component”对话框，设置单片机的频率为 12MHz。

(2) 在“Program File”栏中，选择先前在 Keil 中编译产生的“.HEX”文件。

(3) 在 Proteus ISIS 的菜单栏中选择【File】→【Save Design】选项，保存设计。

3. 进行调试与仿真

在 Proteus ISIS 界面中，单击按钮启动仿真，仿真片段如图 7-12 所示。

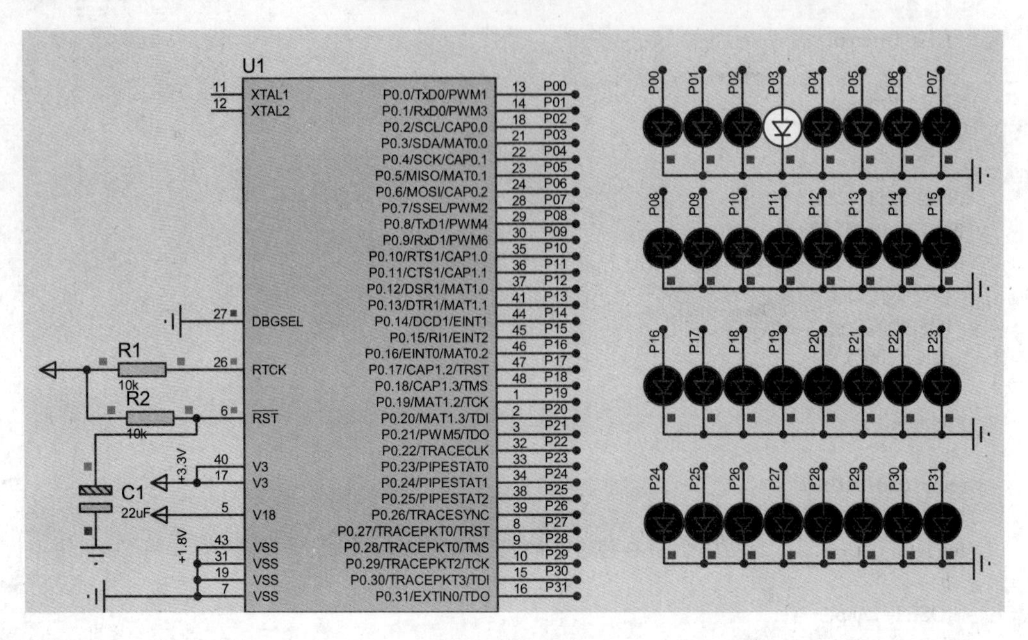

图 7-12 仿真片段

第8章 Proteus ARES的PCB设计

Proteus 不仅可以实现高级原理图设计、混合模式 SPICE 仿真，还可以进行 PCB(Printed Circuit Board)系统特性设计，以及手动和自动布线，以此来实现一个完整的电子系统设计。本章将举例(以\SAMPLES\Schematic & PCB Layout\Cpu.DSN 为例)来进一步讲述怎样针对一个完成了的原理图进行 PCB 设计。内容基本按照 PCB 的设计顺序来进行讲解。

基于高性能网表的 ARES PCB(Advanced Routing and Editing Software，ARES)设计软件完全补足了 ISIS。ARES PCB 设计系统是一个具有 32 位数据库，包含元件自动布局、撤销和重试功能，具有自动布线功能的超强性能的 PCB 设计系统，其自动布局和自动布线工具使 PCB 的设计尽可能地简便，复杂的工作尽量都由计算机来完成。同时，ARES 也支持手动布线，系统限制相对较少。

ARES PCB 设计系统的主要特性表现在以下几个方面：

- 有 16 个铜箔层，2 个丝印层和 4 个机械层。
- 能够将元件进行任意角的布置。
- 在放置元件时能够自动生成飞线(Ratsnest)和力向量。
- 具有理想的基于网表的手工布线系统。
- 物理设计规则检测功能可以保证设计的完整性。
- 具有超过 1000 种标准封装的元件库。
- 具有完整的 CADCAM 输出及嵌板工具。
- 当用户修改了原理图并重新加载网表后，ARES 将会自动更新相关联的元件和连线。同理，ARES 中的变化也将自动反馈到原理图中。

8.1 Proteus ARES 编辑环境

运行“开始”→“程序”→“Proteus 7 Professional”→“ARES 7 Professional”，出现如图 8-1 所示的 Proteus ARES 编辑环境。

点状的栅格区域为编辑窗口；左上方为预览窗口；左下方为元器件列表区，即对象选择器。其中，编辑窗口用于放置元器件，进行连线等操作；预览窗口可显示选中的元件以及编辑区。同 Proteus ISIS 编辑环境相似，在预览窗口中有蓝、绿两个框，蓝框表示当前页的边界，绿框表示当前编辑窗口显示的区域。在预览窗口上单击，并移动鼠标指针，可以在当前页任意选择当前编辑窗口。

下面分类对编辑环境作进一步的介绍。

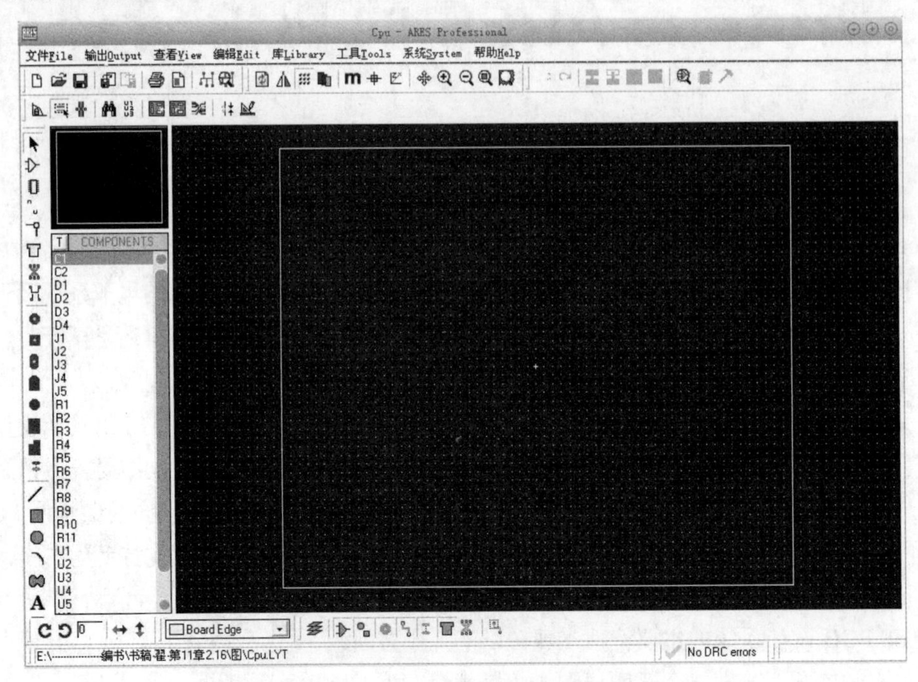

图 8-1 Proteus ARES 编辑环境

8.1.1 Proteus ARES 工具箱图标按钮

Proteus ARES 编辑环境中提供了很多可使用的工具，如图 8-1 左侧所示，选择不同的工具箱图标按钮，系统会提供相应的操作工具。

(1) 放置和布线工具按钮。

- Selection 按钮：光标模式，可选择或编辑对象。
- Component 按钮：放置和编辑元件。
- Package 按钮：放置和编辑元件封装。
- Track 按钮：放置和编辑导线。
- Via 按钮：放置和编辑过孔。
- Zone 按钮：放置和编辑敷铜。
- Ratsnest 按钮：输入或修改连线。
- Connectivity Highlight 按钮：以高亮度显示连接关系。

(2) 焊盘类型图标按钮。

- Round Through-hole Pad 按钮：放置圆形通孔焊盘。
- Square Through-hole Pad 按钮：放置方形通孔焊盘。
- DIL Pad 按钮：放置椭圆形通孔焊盘。

- Edge Connector Pad 按钮：放置板插头(金手指)。
- Circular SMT Pad 按钮：放置圆形单面焊盘。
- Rectangular SMT Pad 按钮：放置方形单面焊盘，具体尺寸可在对象选择器中进行选择。
- Polygonal SMT Pad 按钮：放置多边形单面焊盘。
- Padstack 按钮：放置测试点。

(3) 二维图形(2D graphics)模式图标按钮。

- 2D Graphics Line 按钮：直线按钮，用于绘制直线。
- 2D Graphics Box 按钮：方框按钮，用于绘制方框。
- 2D Graphics Circle 按钮：圆形按钮，用于绘制圆。
- 2D Graphics Arc 按钮：弧线按钮，用于绘制弧线。
- 2D Graphics Closed Path 按钮：任意闭合形状按钮，用于绘制任意闭合图形。
- 2D Graphics Text 按钮A：文本编辑按钮，用于插入各种文字说明。
- 2D Graphics Symbols 按钮：符号按钮，用于选择各种二维符号元件。
- 2D Graphics Markers 按钮：标记按钮，用于产生各种二维标记图标。
- Dimension 按钮：测距按钮，用于放置测距标识。

另外，编辑区的下方系统还提供了各种旋转图标按钮，当按下 Component 按钮，并在对象选择器中选择一个元件，就可以通过单击 90 选项区中的按钮，对元件分别进行顺时针旋转、逆时针旋转、水平镜像和垂直镜像的操作。

8.1.2 Proteus ARES 主菜单栏

Proteus ARES 的主菜单栏如图 8-2 所示。

文件File　输出Output　查看View　编辑Edit　库Library　工具Tools　系统System　帮助Help

图 8-2　Proteus ARES 主菜单栏

各菜单说明如下：

- “文件”菜单用于新建、保存和导入文件等。
- “输出”菜单用于将设计好的 PCB 文件输出到图纸或保存为其他格式的文件。
- “查看”菜单用于查看界面元素及缩放视图等。
- “编辑”菜单用于撤销或重复操作、复制粘贴元件、新建及编辑元件。
- “库”菜单用于从库中选择元件/图形，或将元件/图形保存到库。
- “工具”菜单提供了多个用于对元件/图形元素进行调整和编辑的命令，如自动轨迹选择、自动元件名管理、自动布线及断线检查等。
- “系统”菜单提供了多个属性设置命令，如设置层颜色、环境设置、板层设置、模板设置和绘图设置等。
- “帮助”菜单提供了众多帮助内容和条目，读者在学习过程中遇到问题时，可从中查找相应的解决方法。

8.2 印制电路板(PCB)设计流程

印制电路板设计的一般步骤如下。

1. 绘制原理图

这是电路板设计的前期工作，主要是完成原理图的绘制，包括生成网络表。当然，有时也可以不进行原理图的绘制，而直接进入 PCB 设计系统。原来用于仿真的原理图需将信号源及测量仪表的接口连上适当的连接器。另外，要确保每一个元器件都带有封装信息。

2. 规划电路板

在绘制印制电路板之前，用户要对电路板有一个初步的规划，比如说电路板采用多大的物理尺寸、采用几层电路板(单面板、双面板或多层板)、各元件采用何种封装形式及其安装位置等。这是一项极其重要的工作，是确定电路板设计的框架。

3. 设置参数

参数的设置是电路板设计中非常重要的步骤。设置参数主要是设置元件的布置参数、层参数、布线参数等。一般来说，有些参数采用其默认值即可。

4. 装入网络表及元件封装

网络表是电路板自动布线的灵魂，也是原理图设计系统与印制电路板设计系统的接口，因此这一步也是非常重要的环节。只有将网络表装入之后，才可能完成对电路板的自动布线。元件的封装就是元件的外形，对于每个装入的元件必须有相应的外形封装，才能保证电路板设计的顺利进行。

5. 元件的布局

元件的布局可以让软件自动布局。规划好电路板并装入网络表后，用户可以让程序自动装入元件，并自动将元件布置在电路板边框内。当然，也可以进行手工布局。元件的布局合理后，才能进行下一步的布线工作。

6. 自动布线

如果相关的参数设置得当，元件的布局合理，自动布线的成功率几乎是 100%。

7. 手工调整

自动布线结束后，如不满意，可手工调整。

8. 文件保存及输出

完成电路板的布线后，保存完成的电路线路图文件，然后利用各种图形输出设备，如打印机或绘图仪，输出电路板的布线图。

8.3 为元件指定封装

为正确完成 PCB 设计，原理图的每一个元件都必须带有封装信息。在 ISIS 软件中添加元器件时，多数已自动为元件配置了一个封装，但这个封装并不一定很适合你的设计。另外，有部分元件可能没有封装信息，因此就需要重新为元件添加合适的封装。

下面以“\SAMPLES\Schematic & PCB Layout\Cpu.DSN”(如图 8-3 所示)中的元件 C1 为例来说明。

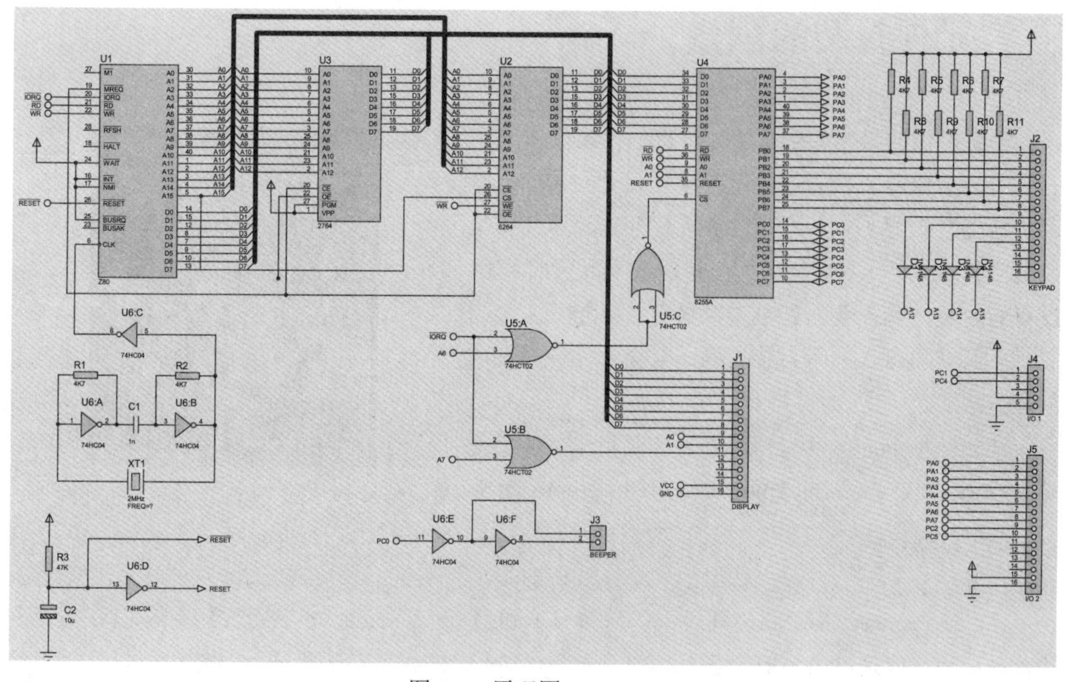

图 8-3　原理图 Cpu.DSN

(1) 打开 C1 的属性对话框，如图 8-4 所示。单击“PCB Package”后面的 ? 按钮，打开封装选择对话框(前提是已经安装了 ARES)，如图 8-5 所示。把“Keywords”中的内容删掉，在右边封装列表中选择一个合适的内容，单击“OK”按钮完成。

(2) 采用同样的方法，对原理图中所有元件进行定义或修改封装信息。调整好元件的封装后，选择【Tools】→【Netlist Compiler】菜单项，打开“Netlist Compiler”设置对话框，上面的设置保持默认，然后单击“OK”按钮生成网表文件。

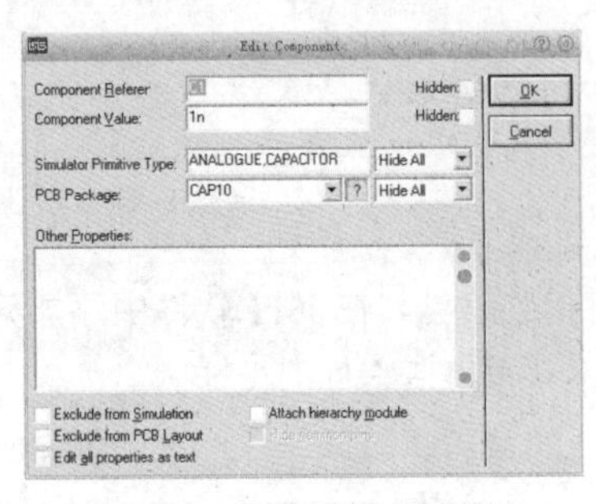

图 8-4　元件属性对话框

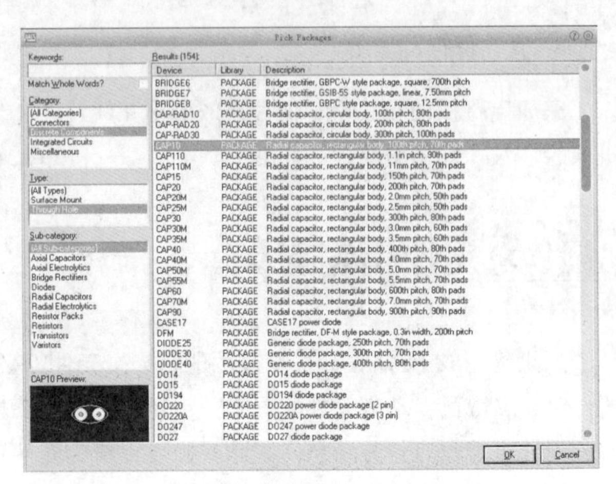

图 8-5　封装选择对话框

8.4　元件封装的创建

系统提供的封装库包含了较丰富的内容，有通用的 IC、三极管和二极管等大量的穿孔元件封装库，有连接器类型的封装库，还有包含所有分立元器件和集成电路的 SMT 类型封装库。但是对于系统元件库中没有的封装，则需要自行创建新的元件封装。

下面以图 8-6 所示封装为例，来介绍元件封装的创建方法。

注：th 为 thou 的简写，thou 是英制单位，叫做毫英寸，1th=0.0254mm，即 1mm=39.3701th，1thou=1mil。

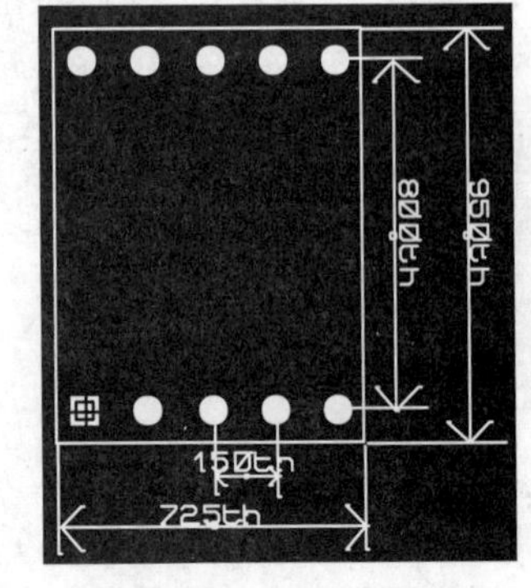

图 8-6　八段 LED 数码显示器封装及安装尺寸(单位：th)

8.4.1　放置焊盘

(1) 在 Proteus ISIS 编辑环境下，选择【Tools】→【Netlist to ARES】菜单项(快捷键为“Alt+A”)，或是单击 ARES 图标，进入 PCB 设计软件的 ARES 界面。当然也可以直接运行 Proteus ARES，进入其编辑界面。

(2) 在 ARES 窗口左侧的工具箱中选择“Square Through-hole Pad”图标，这时对象选择器中列出了所有正方形焊盘的内径和外径尺寸，这里选择 S-70-30(其中 S 表示正方形焊盘、70 为其外径尺寸、30 为其内径尺寸)，将其摆放于原点处，作为引脚 1 的焊盘。单击列表框上面的 C 按钮，弹出如图 8-7 所示的对话框，设置完成后单击“OK”按钮，可建立新的焊盘；选中列表中其中一个焊盘尺寸，单击 E 按钮，弹出如图 8-8 所示的对话框，在此可对选中的焊盘进行修改。

图 8-7　创建新焊盘对话框

图 8-8　修改正方形焊盘对话框

(3) 在 ARES 窗口左侧的工具箱中选择“Round Through-hole Pad”图标，在坐标(150，0)处单击摆放焊盘 C-70-30。

(4) 单击工具箱中的按钮，切换为光标操作，再单击放置的圆形焊盘使其处于选中状态，选择【Edit】→【Replicate】菜单项，弹出复制对话框，具体设置如图 8-9 所示。

在图 8-9 中，“X-Step”为 X 方向步进尺寸，这里设置为 150th；“Y-Step”为 Y 方向步进尺寸，这里设置为 0；“No. of Copies”为复制的数目，这里选为 3 个；“Re-Annotation”为重新标注设置，当复制元器件时使用此项，如果设为 1，可使复制的元件标注增 1。

单击“OK”按钮后系统自动复制出两个圆形焊盘，如图 8-10 所示。

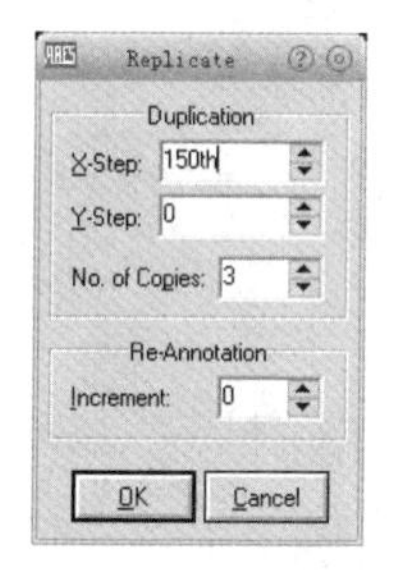

图 8-9　复制对话框

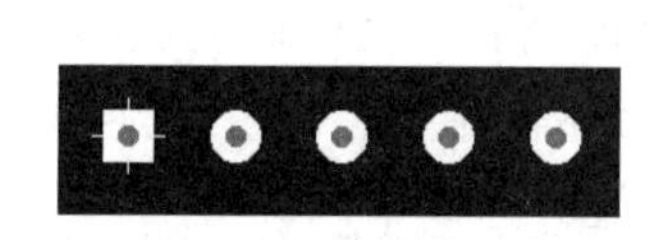

图 8-10　复制焊盘

图 8-11　复制出右上角焊盘

(5) 单击最右侧的圆形焊盘，使其被选中，选择【Edit】→【Replicate】菜单项，弹出“Replicate”对话框，“X-Step”设为 0，“Y-Step”设为 800th，“No. of Copies”设为 1，单击“OK”按钮，复制出的焊盘摆放在右上角，如图 8-11 所示。

(6) 按照同样的方法选中图 8-11 中右上角的焊盘，选择【Edit】→【Replicate】菜单项，按照图 8-12(a)所示设置“Replicate”对话框，即可复制出上面左边的四个焊盘，如图 8-12(b)所示。

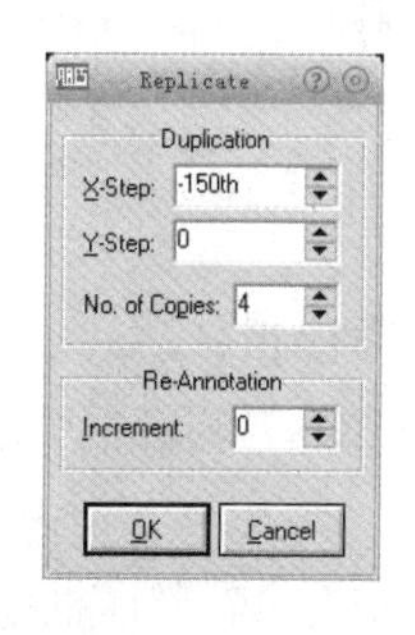

(a) Replicate 对话框

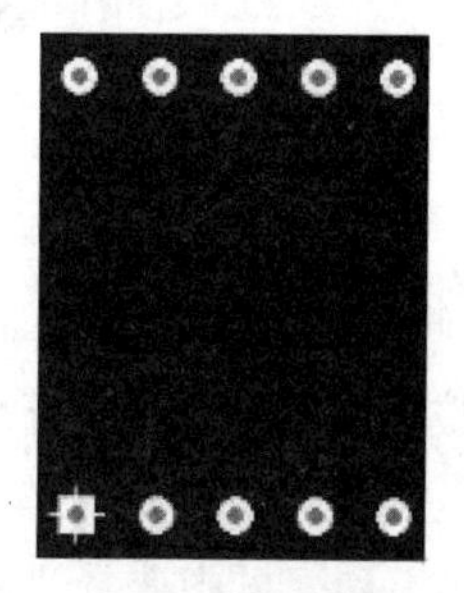

(b) 复制出左上方的四个焊盘

图 8-12　放置上面左边的焊盘

8.4.2 分配引脚编号

如图 8-12 所示，放置焊盘之后，各个引脚没有编号，下面为各引脚分配编号。

(1) 右键单击方形焊盘，选择快捷菜单中的“Edit Properties”选项，弹出“Edit Single Pin”对话框，如图 8-13 所示进行设置。

其中，“Layers”表示所在的层，“Style”表示焊盘类型，“Relief”为热风焊盘尺寸，“Net”为网络标号，“Number”为引脚标号，“Lock Position”为锁定位置。

(2) 单击“OK”按钮，完成第一个引脚的编号分配。

(3) 按照同样方法，为其他引脚分配编号。分配好编号的焊盘如图 8-14 所示。

图 8-13 编辑引脚编号对话框

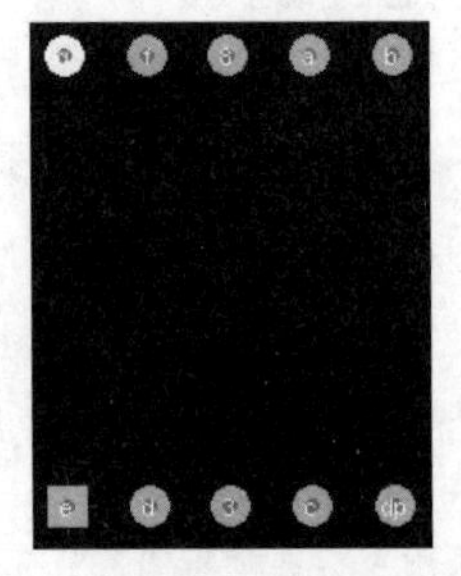

图 8-14 分配好编号的焊盘

8.4.3 添加元件边框

完成了焊盘的放置，接着需要为元件添加边框。

(1) 在 ARES 工具箱中选中按钮，并将左下角当前层设为丝印层，在编辑区内按照图 8-6 所示尺寸画一个元件边框，如图 8-15 所示。

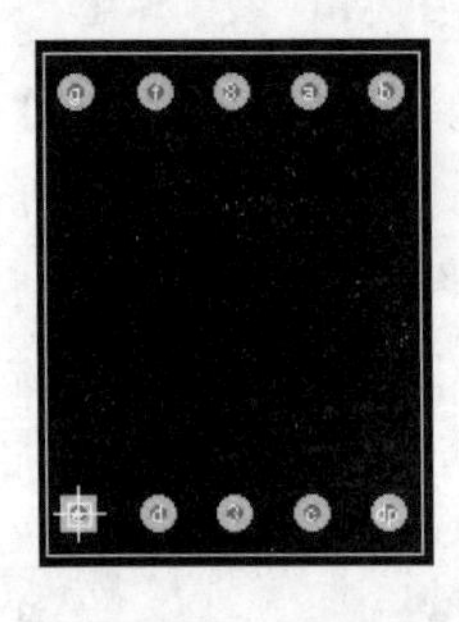

图 8-15 添加丝印层边框

注意：

编辑区的下方，中间是 X 方向坐标，靠右边是 Y 方向坐标。

(2) 单击上方工具栏中的按钮，在左侧“MARKERS”列表框中选择“ORIGIN”，单击方形焊盘(或元件的第一个引脚)，确定封装原点。

(3) 在“MARKERS”列表框中选择“REFERENCE”，在丝印框中单击添加“REF”。

(4) 在“MARKERS”列表框中选择“VALUE”，在丝印框中单击添加“VAL”。

8.4.4　元件封装保存

完成一个元器件的封装设计之后，需要将其保存起来以便今后调用。

(1) 单击鼠标右键并拖动鼠标指针，选中设计完成的封装，选择【Library】→【Make Package】菜单项，弹出“Make Package”对话框，按图 8-16 所示进行相应设置。

其中，“New Package Name”为新封装名称，“Package Category”为封装类别，“Package Type”为封装类型，“Package Sub-category”为封装子类别，“Package Description”为封装描述，“Advanced Mode(Edit Manually)”为高级模式(手工编辑)，“Save Package To Library”为保存封装到指定库中。

(2) 单击“OK”按钮，将该封装保存于“USERPKG”库中。

(3) 在拾取封装的窗口中即可找到此元件，如图 8-17 所示。这时此元件封装就可以正常使用了。

(4) 退出 ARES 编辑界面。

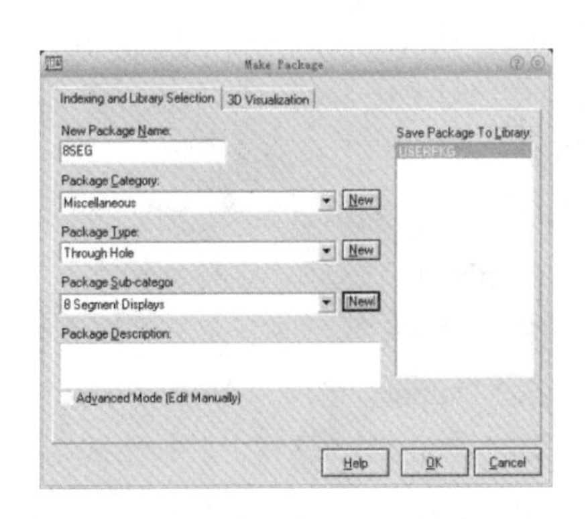

图 8-16　保存封装对话框

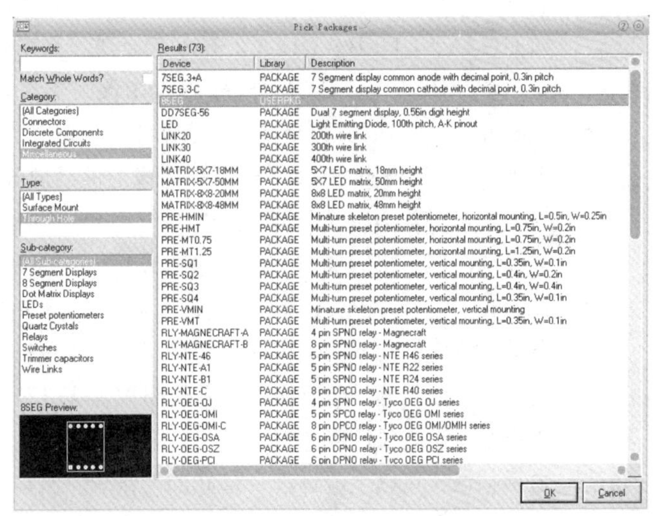

图 8-17　拾取封装对话框

8.5　网络表的生成

选择【Tools】→【Netlist Compiler】菜单项可以弹出一个对话框，如图 8-18 所示。在该对话框中可设置要生成的网络表的输出形式、模式、范围、深度及格式，大多数情况下使用默认设置即可。单击“OK”按钮，就会为设计中的所有页生成一个平面的物理连接的网络表，如图 8-19 所示。

图 8-19 中各种控制功能介绍如下。

- Output：此项为网络表输出形式选择项。在图 8-18 中选中“Viewer”选项时，输出网络表如图 8-19 所示，可以进一步单击“Save As”按钮，将其保存为“.TXT”文本文件；如果选中“File(s)”项，并且在“Format”项选中“SDF”时，则可以输出一个“.SDF”格式文件。

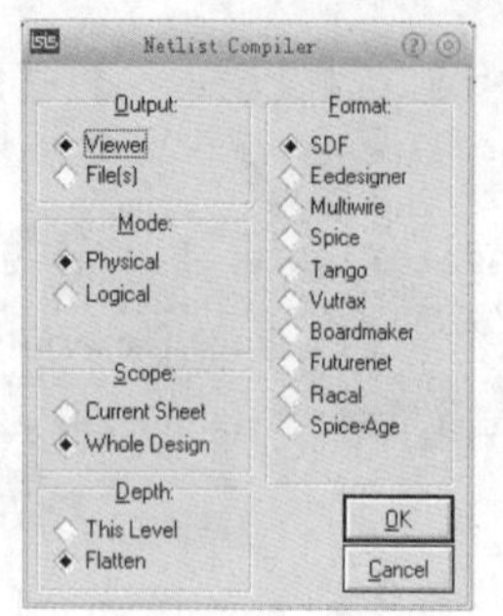

图 8-18 “Netlist Compiler”对话框

图 8-19 Netlist 网络表

- Mode：此项为网络表输出模式选择项，包括物理网络和逻辑网络两种模式。逻辑网络包括引脚名，而物理网络包括引脚号。有用的主要是物理网络，像复合元件(如 7400)的各个子件在外观上被组合到一起(例如作为 U1)，而在逻辑网络表中它们仍分离体现，如 U1：A、U1：B、U1：C、U1：D。逻辑网络表主要用于仿真，而物理网络表则主要用于 PCB 设计。传输模式在 ISIS 中仅用于专业应用，有专门的文档说明。
- Scope：此项为范围选择项，生成网络表的默认范围是整个设计，即“Whole Design”选项。而“Current Sheet”选项仅生成当前已加载页面的网络表，通常用于想要从子页中提取网络表的情况，例如要做一个“子卡”，在 ARES 中进行布线时这个子卡要单独设计，但它仍然是整个设计的一部分，依然需要仿真。
- Depth：此项为网络表输出深度选择项。Depth 的默认模式是“Flatten”，这时，带子页的对象将被它们的实现电路所替代。如果没有选中“Flatten”选项，这种替代就不会发生，而且这种带子页的对象会出现在元件列表和网络表中。
- Format：此选项是和“Output”选项配合使用的，当在“Output”选项中选中“File(s)”之后，ISIS 可以生成许多种格式的网络表。SDF 是“Labcenter”的格式，其他格式则用于和第三方软件的接口，所以该选项一般选为“SDF”。

生成网络表时，可能会发生各种错误，最常见的就是两个元件重名。不论发生什么样的错误，都会弹出一个文本框来显示它，用户可以根据提示进行修改。

8.6 网络表的导入

生成网络表文件之后的工作就是将网络表文件导入到 ARES。具体有以下两种方法。

- 方法一：选择【Tools】→【Netlist to ARES】菜单项，这样系统会自动启动 ARES(也可以利用工具栏中的相应按钮来完成这一操作)，同时将网络表导入。图 8-20 是导入由图 8-3 生成的网络表后的 ARES 界面，可以看到在左侧元件窗口中的元件都导入进来了。

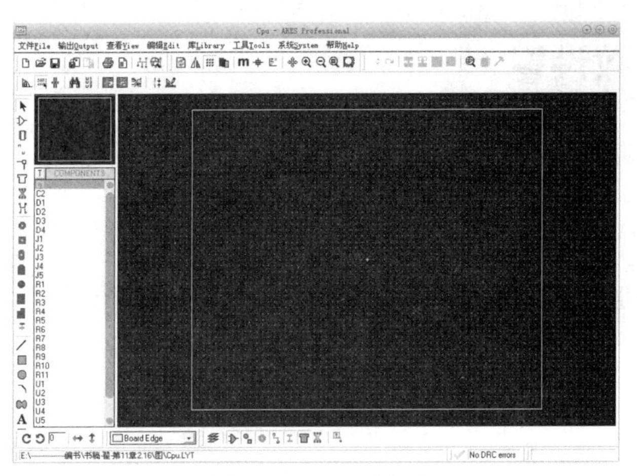

图 8-20　ARES 界面

如果在 ISIS 中存在未指定封装类型的元件，在导入 ARES 时会出现一个“Package Selector”对话框，允许为未指定封装的元件选择封装。例如，将前面例子中电容 C1 的封装属性删除，则在导入网络表时会出现如图 8-21 所示的元件封装选择对话框。该对话框中，“Package”为封装类型，“Libraries”为封装所在的库，“Component”为元器件的参数，“Abort”为不指定封装类型，“Skip”为忽略指定某个元器件的封装。用户可以在“Libraries”中选择一个合适的库，再在“Package”的封装类型列表中选择一个封装类型，然后单击“OK”按钮，即可为该元件指定一个封装。

- 方法二：在为原理图生成网络表文件时，如果已将网络表保存为“*.TXT”文件或是“*.SDF”文件，则导入网络表的方法也可以按照下面步骤操作。

选择“开始→程序→Proteus 7 Professional→ARES 7 Professional”，打开 ARES 系统，然后选择【File】→【Load Netlist】菜单项，出现一个“Load Netlist”对话框，如图 8-22 所示。

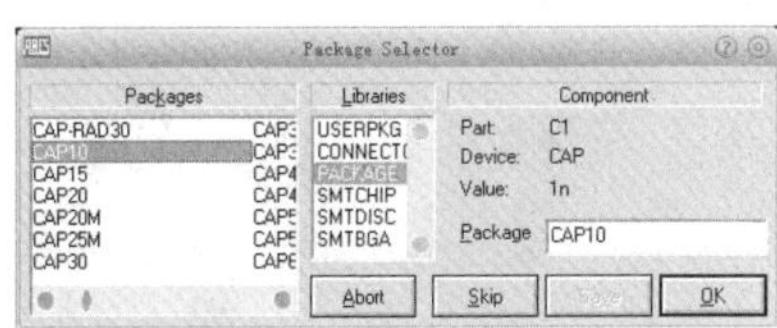

图 8-21　元件封装选择对话框

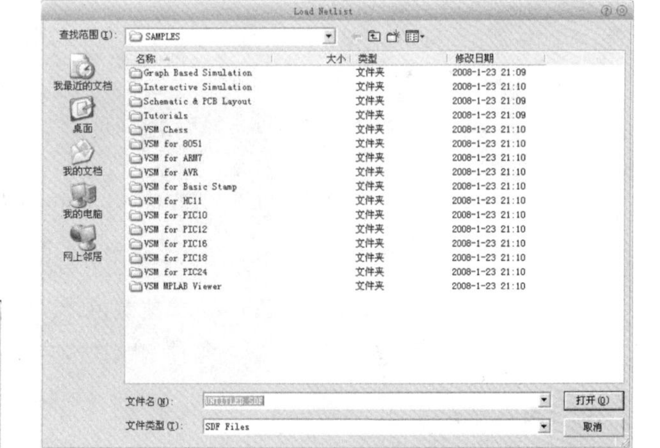

图 8-22　“Load Netlist”对话框

在图 8-22 所示对话框中找到所保存的网络表文件(“*.TXT”文件或“*.SDF”文件)，单击“打开”按钮，即可导入网络表，同样可以得到如图 8-20 所示的界面。

8.7 系统参数设置

8.7.1 设置电路板的工作层

进入 ARES 并导入网络表之后，需要对 PCB 的工作层面进行设定。

1. 设置电路板层数

(1) 选择【System】→【Set Layer Usage】菜单项，弹出“Set Layer Usage”对话框，如图 8-23 所示。

这里显示了电路板的 14 个内部层(不包括电路板的顶层(Top Copper)和底层(Bottom Copper))和 4 个机械层，可根据需要进行勾选。比如我们需要设计一个双层板，则内部层都不用选择，机械层可以选择一个，如图 8-23 所示。

(2) 单击“OK”按钮确定，并关闭对话框。

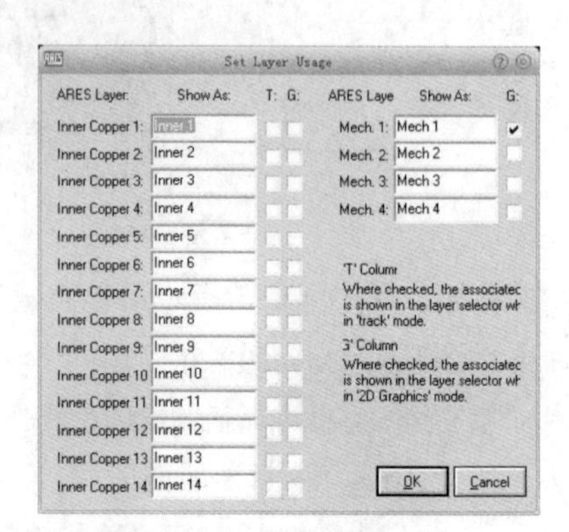

图 8-23　设置板层对话框

2. 设置层的颜色

选择【System】→【Set Colours】菜单项，弹出“Set Colours”对话框，如图 8-24 所示。

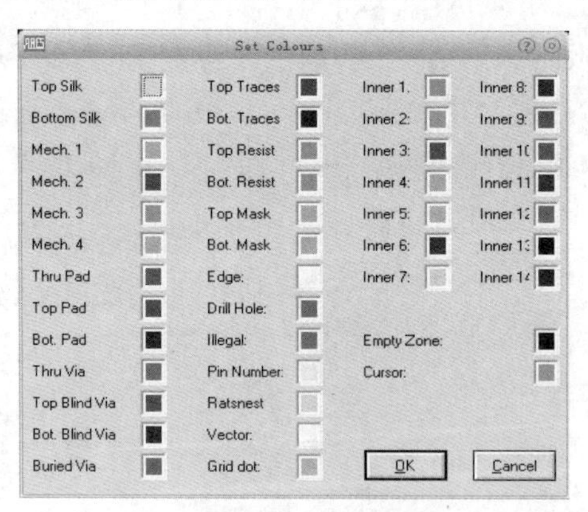

图 8-24　板层颜色设置

这里给出了所有工作层的默认颜色。单击颜色块，可出现一个选择颜色的显示框，用于改选其他颜色。不过这里建议用户一般还是使用默认颜色比较好，这样可增加图的易读性。

3. 定义板层对

ARES 系统可以将两个板层定义为一对，例如顶层(Top Copper)和底层(Bottom Copper)，这样在设计 Top Copper 时，可以用空格键将系统切换到 Bottom Copper，反之亦然。具体步骤如下：

(1) 选择【System】→【Set Layer Pairs】菜单项，弹出“Edit Layer Pairs”对话框，如图 8-25 所示。

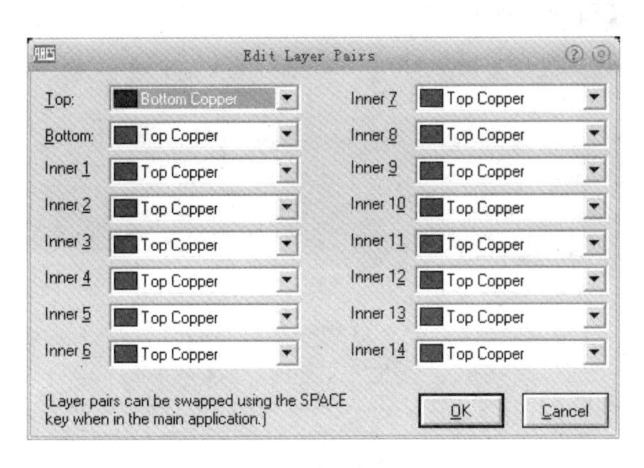

图 8-25　“Edit Layer Pairs”对话框

(2) 在“Top”后面的下拉列表框内可选择与“Top”成对的工作层，默认为“Bottom Copper”；在“Bottom”后面的下拉列表框内可选择与“Bottom”成对的工作层，默认为“Top Copper”。其他选择方法一样。

8.7.2　环境设置

选择【System】→【Set Environment】菜单项，弹出“Environment Configuration”对话框，如图 8-26 所示。

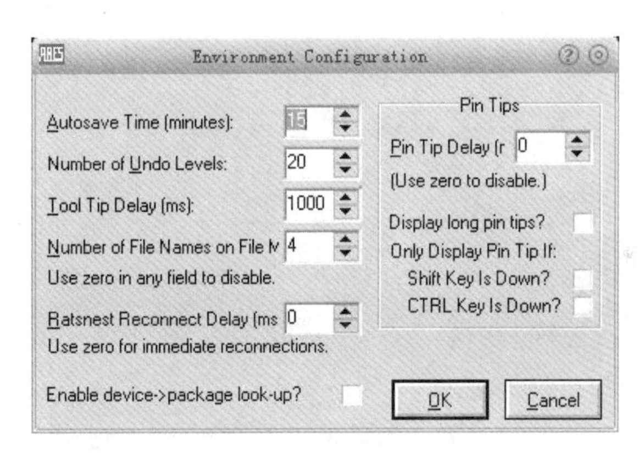

图 8-26　环境设置对话框

主要可对以下内容进行设置。

- 自动保存的时间间隔；
- 可撤销操作的次数；
- 对选择工具延时时间；
- File 栏显示文件个数；
- 飞线(Ratsnest)的再连接延时。

8.7.3 栅格设置

选择【System】→【Set Grids】菜单项，弹出“Grid Configuration”对话框，如图 8-27 所示。在此可分别对英制和公制的栅格尺寸进行设置。

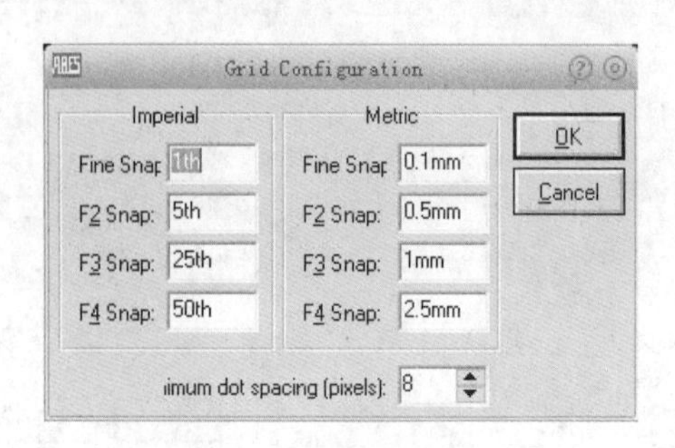

图 8-27 栅格设置对话框

无论是公制还是英制，系统都提供了三种快捷键方式对其尺寸进行实时调整，三种快捷键分别是 F2、F3 和 F4 键。

8.7.4 路径设置

选择【System】→【Set Paths】菜单项，弹出“Path Configuration”对话框，如图 8-28 所示。

此对话框可用于设置初始文件夹及库文件夹的默认路径。另外，在使用第三方软件时，需在此分别增加“model”和“library”。

此外，选择【System】→【Set Template】菜单项，还可进行模板设置，这里不再详细说明。

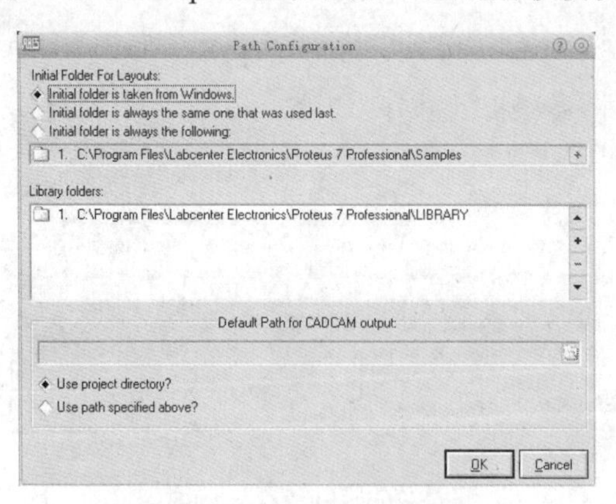

图 8-28 默认路径设置对话框

8.8 编辑界面设置

1. 编辑器界面的缩放

编辑界面的大小可以通过选择【View】→【Zoom】菜单项或者是下述的功能键进行控制。

- 按“F6”键，可以放大电路图，连续按会不断放大，直到最大。
- 按“F7”键，可以缩小电路图，连续按会不断缩小，直到最小。

(以上两种情况无论哪种都以当前鼠标位置为中心重新显示。)

- 按“F8”键，可以把一整张图缩放到完整显示出来。无论在任何时候，都可以使用此功能键控制缩放，即便是在滚动和拖放对象时也可以。
- 按住“Shift”键，同时在一个特定的区域用鼠标左键拖出一个框，则框内的部分就会被放大，这个框可以是在编辑窗口内拖，也可以是在预览窗口内拖。

2. 编辑器界面的其他设置

- 选择【View】→【Redraw】菜单项，或者使用快捷键“R”，也可以使用工具栏中的按钮，能够对电路进行刷新显示。
- 选择【View】→【Flip】菜单项，或者使用快捷键“F”，也可以使用工具栏中的按钮，能够使整个电路镜像翻转。
- 选择【View】→【Grid】菜单项，或者使用快捷键“G”，也可以使用工具栏中的按钮，能够使编辑区显示栅格或取消栅格。
- 选择【View】→【Layers】菜单项，或者使用快捷键“Ctrl+L”，也可以使用工具栏中的按钮，打开一个如图 8-29 所示层的显示设置框，可以选择哪些层被显示、哪些不需显示。其中右下角“Ratsnest”和“Vectors”不选中时，不显示飞线和向量。

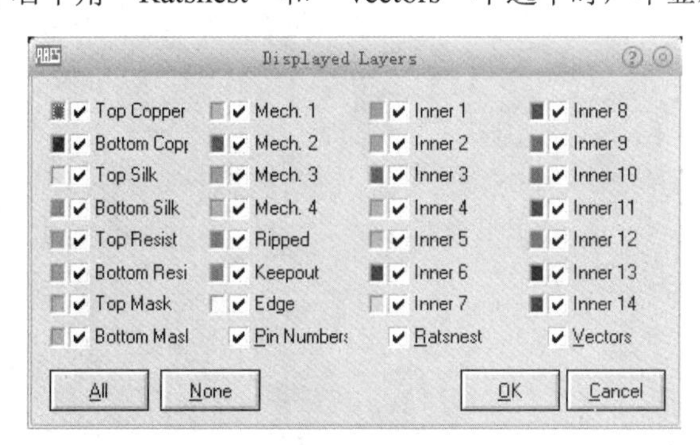

图 8-29　层的显示设置对话框

- 选择【View】→【Metric】菜单项，或者使用快捷键“M”，也可以使用工具栏中的按钮，能够使编辑区内的坐标单位在公制和英制之间进行转换。
- 选择【View】→【Origin】菜单项，或者使用快捷键“O”，也可以使用工具栏中的按钮，然后在编辑区内某处单击鼠标，将该点设为原点。
- 选择【View】→【X Cursor】菜单项，或者使用快捷键“X”，可以使光标的显示形式在三种形式之间转换。
- 选择【View】→【Goto XY】、【View】→【Goto Component】或【View】→【Goto Pin】菜单项，可以将光标快速移动到一个坐标点、某一个元件，或某个元件的某个引脚(例如 C1 的第一个引脚，注意输入格式为 C1-1)。

8.9 布局与调整

Proteus 软件提供了自动布局和手工布局两种方式。在进行布局时，推荐使用自动布局和手工布局相结合的方式，即先使用自动布局，然后进行手工调整。

8.9.1 自动布局

我们首先针对图 8-20 所示的已导入网络表之后的 ARES 界面进行层的设置和相关系统设置，然后进行如下具体操作。

(1) 在自动布局之前需要先画一个板框。在 ARES 左侧的工具箱中选择工具按钮，从主窗口底部左下角下拉列表框中选择“Board Edge”(黄色)，在适当的位置画一个矩形，作为板框。如果以后想修改这个板框的大小，需要再次单击“2D Graphics Box”中的矩形符号，在板框的边框上单击右键，这时会出现控制点，拖动控制点就可以调整板框的大小了。

(2) 选择【Tools】→【Auto Placer】菜单项，或单击工具按钮，弹出“Auto Placer”对话框，如图 8-30 所示。

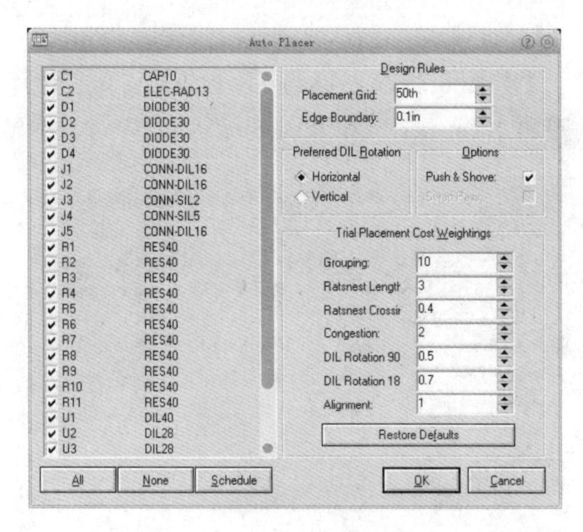

图 8-30 自动布局对话框

在图 8-30 所示对话框中，左侧列出了网络表中的所有元器件，一般是选择所有的器件。右侧主要包括以下内容。

- Design Rules：设计规则。
  - Placement Grid：布局的格点。
  - Edge Boundary：元器件距板框的距离。
- Preferred DIL Rotation：元器件的方向。
  - Horizontal：水平。
  - Vertical：垂直。
- Options：选项。

  - Push & Shove：推挤元器件。
  - Swap Parts：交换元器件。
- Trial Placement Cost Weightings：尝试摆放的权值。
  - Grouping：群组。
  - Ratsnest Length：飞线长度。
  - Ratsnest Crossing：飞线交叉。
  - Congestion：密集度。
  - DIL Rotation 90：元器件旋转 90°。
  - DIL Rotation 180：元器件旋转 180°。
  - Alignment：排列。
- Restore Defaults：恢复默认值。

(3) 单击“OK”按钮，元器件就会被逐个摆放到板框当中，如图 8-31 所示。

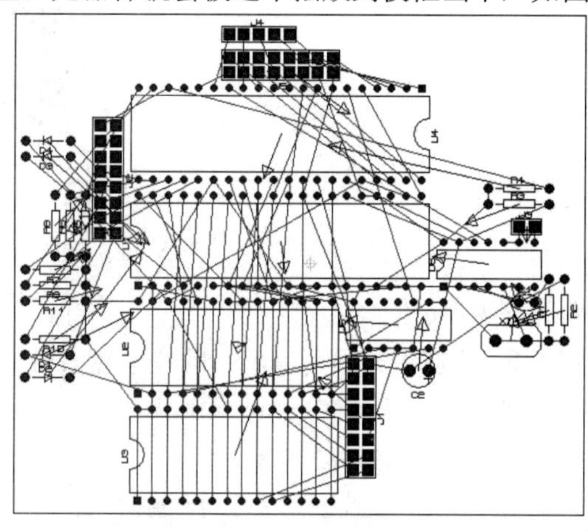

图 8-31 自动布局结果示意图

8.9.2 手工布局

手工布局时，一般先摆放连接器，然后放置集成电路(先放核心部件，如处理器)，最后放置分立元件。具体步骤如下。

(1) 在左侧工具箱中单击▷按钮，在元件列表框中分别选择 J1～J5，将它们各自摆放在板框内靠近板框的位置，这样便于通过连接器和其他电路板相连。

(2) 对需要进行旋转的元器件，将鼠标指针放在元件上，单击右键，弹出如图 8-32 所示的快捷菜单，选择相应旋转方式进行旋转，或者用“+”“－”等快捷方式进行旋转。

另外，也可选中 “3D Visualization”选项，查看元件的三维效果，如图 8-33 所示。

(3) 按照同样方法放置 U1～U6，然后是其他分立元器件。

摆放元器件时可以进行层的切换，以方便把元件放在适当的层。注意，“Component Side”为顶层，也叫元件面；“Solder Side”为底层，也叫焊接面。常用的进行层切换的快捷方式有下面几种：

- “Space”键用于在层对之间切换。
- “PgDn”键用于选择当前层的下一层。
- “PgUp”键用于选择当前层的上一层。
- “Ctrl+PgDn”键用于选择当前层的最后一层。
- “Ctrl+PgUp”键用于选择当前层的第一层。

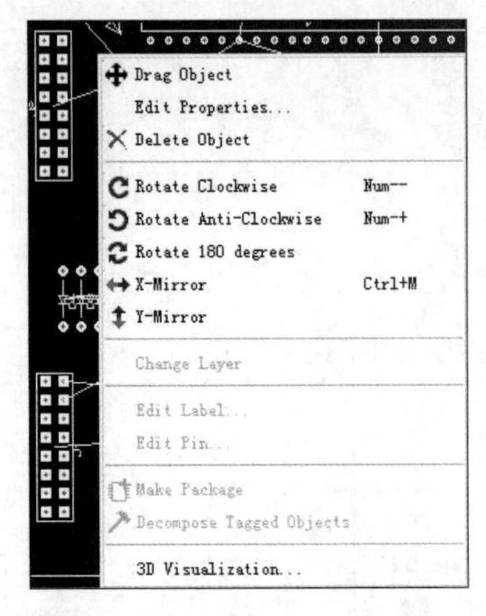

图 8-32　编辑元件的快捷菜单

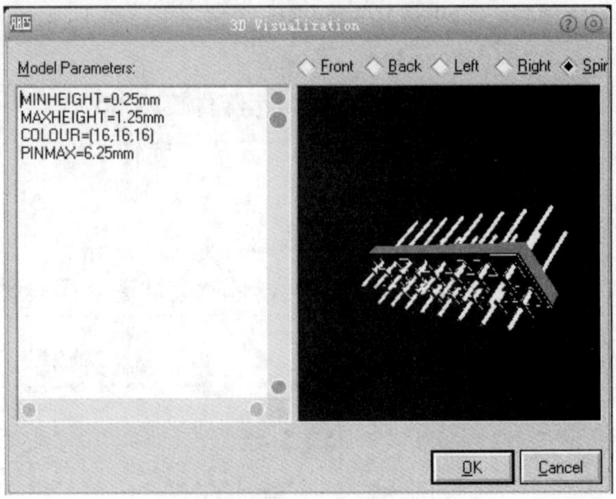

图 8-33　J2 的三维显示效果

另外，有以下几点需要补充说明:

- 光标放在任意元件的任一引脚时，显示屏底部的状态栏中将显示该引脚的相关信息。如光标放在 J1 的第 9 引脚处，状态栏显示为Component Pin: Ref - J1, Pin - 9, Net - A0, Style - S60.。
- 按下按钮后，可直接单击元件编辑其属性。
- 选中元件属性中的“Lock Position”选项时为锁定其位置。
- 使用工具可对已选中元件进行复制、移动、旋转和删除。

(4) 手工布局的最终效果如图 8-34 所示。

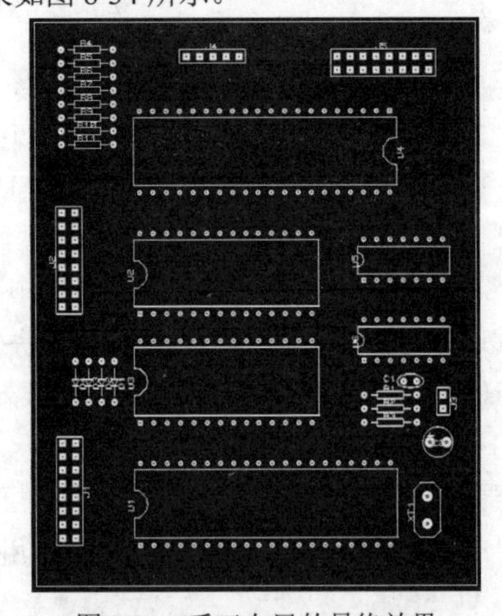

图 8-34　手工布局的最终效果

8.9.3　调整元件标注

如果元件的标注不合适，虽然大多不会影响电路的正确性，但是对于一个有经验的电路设计人员来说，电路板具有美观的版面也是很重要的。因此，用户有必要按如下步骤对元件标注加以调整。

(1) 右键单击元件 U2，单击元器件序号，则弹出“Edit Part Id”对话框，如图 8-35 所示。可修改内容如下。

- String：元器件序号；
- Layer：所在的层；
- Rotation：旋转角度；
- Height：标注的高度；
- Width：标注的宽度。

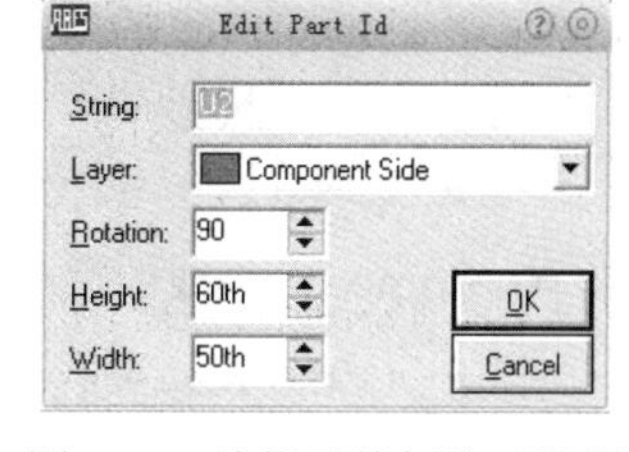

图 8-35　编辑元件标注对话框

(2) 按照以上内容修改后，单击“OK”按钮确定，并关闭对话框。

(3) 需要移动元器件标注时，单击并按住鼠标不放，拖动标注到适当的位置即可。

8.10　设计规则的设置

8.10.1　设置设计规则

完成了印制电路板的布局，便进入电路板的布线过程。一般来说，用户先是对电路板布线提出某些要求，然后按照这些要求来设置布线设计规则，设置完布线规则后，程序将依据这些规则进行自动布线。因此，自动布线前，首先要进行设计规则的参数设置，预置布线规则的合理与否将直接影响布线的质量和成功率。

具体步骤如下。

(1) 选择【System】→【Set Strategies】菜单项，弹出“Edit Strategies”对话框，如图 8-36 所示。

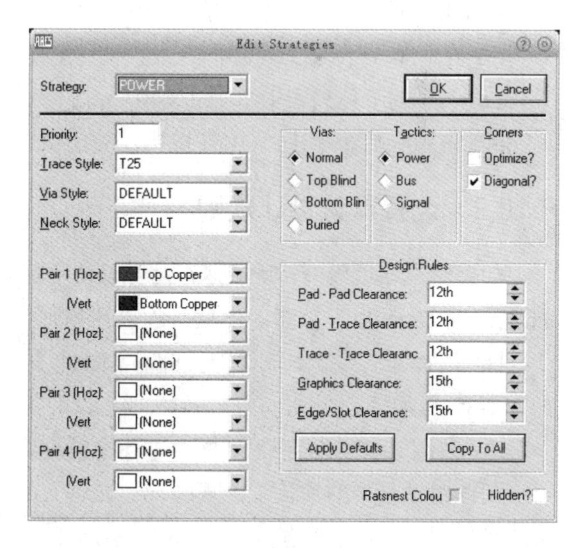

图 8-36　设置设计规则对话框

其主要包括以下内容。

- Strategy：可以选择 POWER 层、SIGNAL 层或 BUS。
- Priority：优先级。
- Trace Style：导线类型。
- Via Style：过孔类型。
- Neck Style：颈形导线的类型。
- Pair1(Hoz)：层对 1 的水平布线。
    - (Vert)：层对 1 的垂直布线。

- Vias：过孔。
  - Normal：一般过孔。
  - Top Blind：顶层盲孔。
  - Bottom Blind：底层盲孔。
  - Buried：埋孔。
- Tactics：策略。
  - Power：电源属性的层。
  - Bus：总线。
  - Signal：信号层。
- Corners：导线的拐角。
  - Optimize：最优化。
  - Diagonal：斜线。
- Design Rules：设计规则。
  - Pad-Pad Clearance：焊盘与焊盘的间距。
  - Pad-Trace Clearance：焊盘与导线的间距。
  - Trace-Trace Clearance：导线与导线的间距。
  - Graphics Clearance：图形间距。
  - Edge/Slot Clearance：板边沿/槽间距。
  - Apply Defaults：使用默认设置。
  - Copy To All：复制到所有层。
- Ratsnest Colour：飞线的颜色。
- Hidden：是否隐藏飞线。

(2) 在“Strategy”的下拉列表中选择“POWER”，“Trace Style”的下拉列表中选择“T25”，“Via Style”的下拉列表中选择“V50”。

(3) 在“Strategy”的下拉列表中选择“SIGNAL”，“Trace Style”的下拉列表中选择“T10”，“Via Style”的下拉列表中选择“V40”。

(4) 设置好后，单击“OK”按钮，关闭“Edit Strategies”对话框。

8.10.2 设置默认设计规则

如果对电路板没有特殊要求，就可以使用默认设置，具体方法是单击图8-36所示对话框中的“Apply Defaults”按钮。但默认的设计规则也可以由用户进行设定，具体方法如下：

(1) 选择【System】→【Set Default Rules】菜单项，弹出“Default Design Rules”对话框，如图8-37所示。

(2) 在图8-37所示的对话框中进行参数设置，然后单击“Apply to All Strategies”按钮，即可应用该对话框中的默认设计规则。

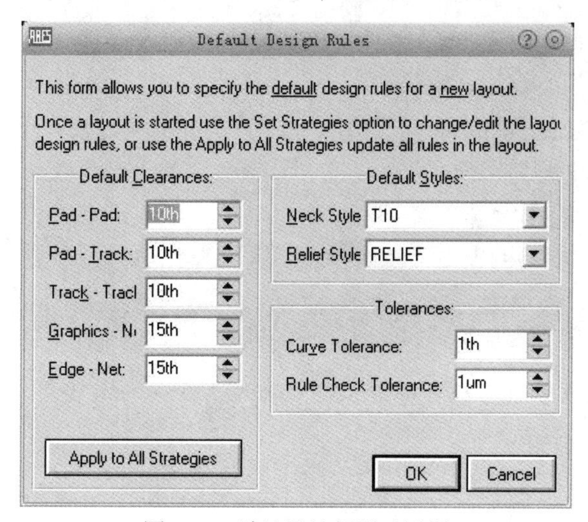

图 8-37 默认设计规则对话框

8.11 布 线

布线就是在电路板上放置导线和过孔，并将元件连接起来。前面讲述了设计规则的设置，当设置好布线的规则后，就可以进行布线操作了。Proteus ARES 提供了交互手动布线和自动布线两种方式，这两种布线方式不是孤立使用的，通常可以结合在一起使用，以提高布线效率，并使 PCB 具有更好的电气特性，也更加美观。

8.11.1 手工布线

Proteus ARES 提供了许多有用的手工布线工具，使得布线工作非常容易。另外，尽管自动布线器提供了一个简单而强大的布线方式，然而自动布线的结果仍有不尽如人意之处，所以很多专业的电路板布线人员还是非常青睐手工去控制导线的放置。下面仍以图 8-34 所示电路为例来讲述如何进行手工布线。

(1) 选择【View】→【Layers】菜单项，弹出“Displayed Layers”对话框，选择“Ratsnest”和“Vectors”，显示飞线和向量。

(2) 在 ARES 窗口左侧工具箱中单击按钮，在列表框中选择合适的导线类型(如 T10)，再从主窗口底部左下角的下拉列表框中选择当前编辑层，然后单击一个焊盘，作为布线的起点，沿着飞线的提示开始布线。与该焊盘连接的飞线以高亮显示，到达目标引脚后使用鼠标左键单击完成布线。

(3) 需要删除导线时，在 ARES 窗口左侧工具箱中单击按钮，然后选中需要删除的导线，按“Delete”键删除。或使用右键快捷菜单，选择“Delete Route(s)”命令删除导线。

(4) 单击已布好的线，该 Trace 以高亮显示，单击鼠标右键弹出如图 8-38 所示的连线属性选项菜单。

- Drag Routes(s)：拖动连线。

- Modify Route：修改连线。
- Delete Route(s)：删除导线。
- Edit Via Properties...：编辑过孔属性。
- Delete Via：删除过孔。
- Copy Route：复制连线。
- Move Route：移动连线。
- Change Layer：改变层。
- Change Trace Style：改变连线类型。
- Change Via Style：改变过孔类型。
- Mitre：转折带倒角。
- Unmitre：转折不带倒角。
- Set Mitre Depth...：设定倒角的宽度。
- Trim to vias：截取到过孔。
- Trim to current layer：截取到当前层。
- Trim to single segment：截取一段。
- Trim manually：手动截取。

(5) 当同一层中出现交叉线时，需要添加过孔。添加过孔的方法一般有两种，一种是在手工放置导线的过程中，走到需要添加过孔的位置时，双击添加过孔；另一种方法是，选择 ARES 窗口左侧工具箱中的按钮，然后在编辑区内双击也可添加过孔。

光标放在过孔上，单击鼠标右键，在弹出的快捷菜单中选择“Edit Via Properties”命令，即可打开过孔的属性对话框，如图 8-39 所示，具体包括过孔的起始层和结束层、过孔类型和过孔的网络等内容。设计人员可根据需要对其进行修改。

(6) 按照同样的方法将所有的线一一布完。

图 8-38　连线属性选项菜单

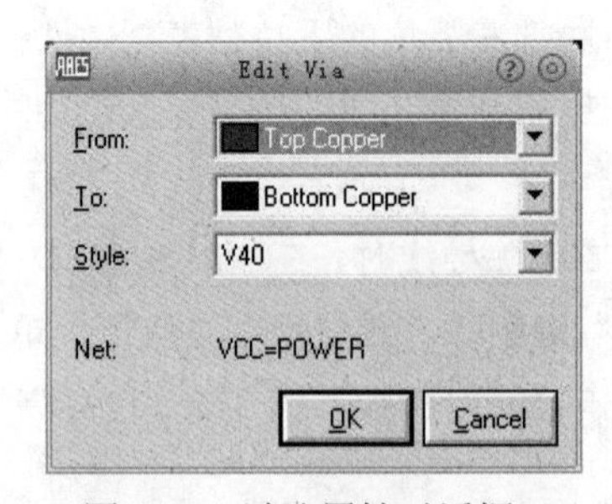

图 8-39　过孔属性对话框

8.11.2　自动布线

Proteus ARES 基于网格的布线既灵活又快速，并能使用任何导线密度或孔径宽度，以 90°或 45° 在 1～8 层上布线。在电子世界最近的 PCB 软件评论上排列 A 类。

布线参数设置好后，就可以利用 Proteus ARES 提供的布线器进行自动布线了，执行自动布线的方法如下。

(1) 选择【Tools】→【Auto Router】菜单项，或者单击工具按钮，即可弹出如图 8-40 所示的自动布线设置对话框。

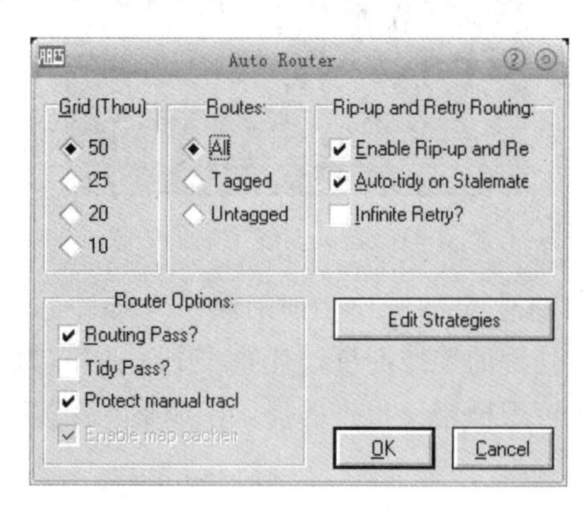

图 8-40　自动布线设置对话框

图 8-40 对话框中主要包含以下内容。

- Grid(Thou)：栅格。
- Routes：布线的对象。
    - All：全部自动布线。
    - Tagged：对做标记部分进行自动布线。
    - Untagged：对没做标记部分进行自动布线。
- Router Options：布线器选项。
    - Routing Pass：要求布线通过。
    - Tidy Pass：整理线路。
    - Protect manual tracl：保护手工布线(即保持手工布的线不变)。
- Rip-up and Retry Routing：撤销与重新布线。
    - Enable Rip-up and Retry：允许撤销和重新布线。
    - Auto-tidy on Stalemate：遇到僵局自动整理。
    - Infinite Retry：无穷次重试。
- Edit Strategies：编辑设计规则。

可根据具体情况进行设置。另外，单击“Edit Strategies”按钮，可分别设置“POWER”和“SIGNAL”的设计规则。

(2) 按照图 8-40 所示完成设置之后，单击“OK”按钮关闭对话框，并开始自动布线，布完之后的效果如图 8-41 所示。

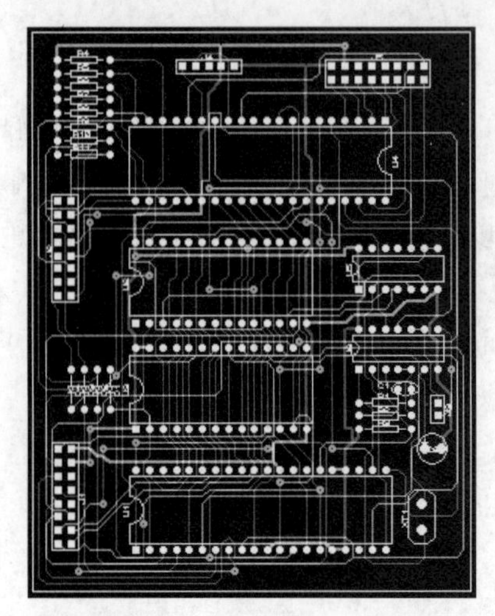

图 8-41　自动布线之后的效果

(3) 在布线的过程中，状态栏实时显示当前的操作，按下“Esc”键即可随时停止布线。布线过程中有时会遇到无法处理的连线冲突，使布线陷入僵局，这时系统将停止布线，并给出相应的错误报告。设计者可根据错误报告的提示，调整元件的位置，再进行手工布线或自动布线。

8.11.3　自动整理

ARES 还具有整理线路(Tidy Pass)的功能。设计者可以通过运行一个整理过程来减少导线的长度及穿孔的数目，同时增强电路板的美感。

具体操作方法如下：

选择【Tools】→【Auto Router】菜单项，弹出“Auto Router”对话框，将其内容设置成如图 8-42 所示，即选中“Tidy Pass”选项；然后单击“OK”按钮，系统自动进行整理，完成后的电路图如图 8-43 所示。

图 8-42　自动整理设置对话框

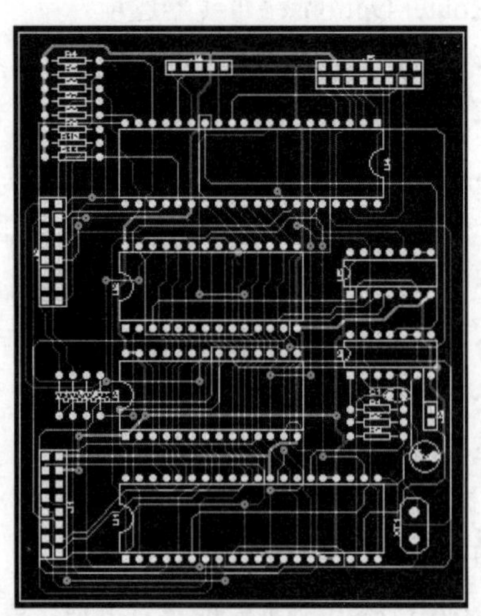

图 8-43　自动整理后的电路图

8.12 设计规则检测

手工布线时，ARES 将自动检测用户布置的每一条导线，一旦违反设计规则，将发出警告。另外，设计者也可以在任何时候运行电气设计规则检测，出现错误，系统将给予提示；双击设计规则错误提示，ARES 将在板上的相应位置进行标注。

具体进行设计规则检测的方法如下：

(1) 选择【Tools】→【Connectivity Checker】菜单项，系统进行断线检测(CRC)，同时也运行设计规则检测(DRC)。

其中，CRC 检测主要侧重于电学错误的连通性检查，如是否有多余的、遗漏的连接等；DRC 检测主要侧重于物理错误设计规则检测，即是否有违反设计规则的情况发生。

这里，将图 8-43 所示电路当中的 D4 人为向右移动一下，造成断线，同时 D3 和 D4 焊盘间距发生重叠，然后选择【Tools】→【Connectivity Checker】菜单项，执行设计规则检测。系统很快检查完毕，编辑区上方弹出如图 8-44 所示的 CRC 错误提示框，断线处以高亮度显示，状态栏中产生如图 8-45 所示的 CRC、DRC 错误提示；同时在电路图中用红圈标注出错误之处，如图 8-46 所示。

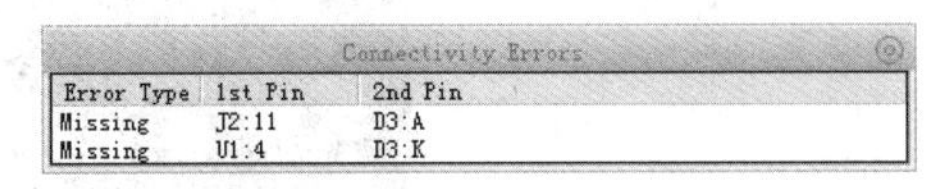

Connectivity Errors

Error Type	1st Pin	2nd Pin
Missing	J2:11	D3:A
Missing	U1:4	D3:K

图 8-44　CRC 错误提示框

图 8-45　状态栏错误提示

(2) 单击图 8-46 中的 DRC 错误标注，系统弹出如图 8-47 所示的 DRC 提示框。

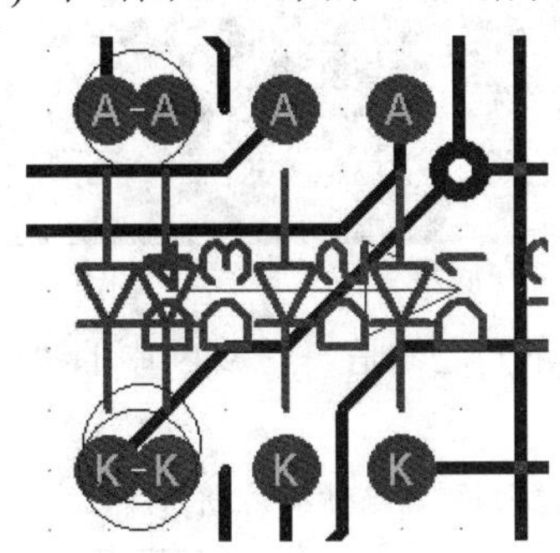

图 8-46　DRC 错误标注

Design Rule Errors

Design Rule Type	Specified Clearance	Actual Clearance
PAD-TRACE	12.00th	-6.00th
PAD-TRACE	12.00th	-6.00th
PAD-TRACE	12.00th	-6.00th
PAD-TRACE	12.00th	-6.00th
PAD-TRACE	12.00th	-6.00th
TRACE-TRACE	12.00th	-12.00th
PAD-TRACE	12.00th	-6.00th
TRACE-TRACE	12.00th	-12.00th
PAD-TRACE	12.00th	-6.00th
PAD-TRACE	12.00th	-6.00th
PAD-TRACE	12.00th	-6.00th
PAD-TRACE	12.00th	-6.00th
PAD-PAD	12.00th	0.00th
PAD-PAD	12.00th	0.00th
PAD-TRACE	12.00th	-0.64th
PAD-TRACE	12.00th	-6.00th
PAD-TRACE	12.00th	-6.00th

图 8-47　DRC 错误提示框

(3) 设计者可根据错误提示进行电路板的修改。修改后，需要再次进行以上检测，直到没有错误提示出现为止。这时，状态栏显示如图 8-48 所示。

图 8-48　状态栏无错误提示

(4) 另外，单击窗口左侧工具箱中的H按钮，在网络选项列表框中选择一个网络号，然后单击列表框上方的“T”，可以高亮显示该网络，以便检查其连接情况。

8.13 后期处理及输出

8.13.1 PCB 敷铜

为了提高 PCB 的抗干扰性，通常需要对性能要求较高的 PCB 进行敷铜处理。仍以上面的电路板为例，讲述敷铜处理，并且顶层和底层的敷铜均与 GND 相连。

(1) 选择【Tools】→【Power Plane Generator】菜单项，弹出放置敷铜对话框，如图 8-49 所示。

(2) 按照图 8-49 中所示内容进行设置。其中“Net”表示敷铜的网络，“Layer”表示为哪一个层进行敷铜，“Boundary”表示敷铜边界的宽度，“Edge clearance”表示与板子边缘的间距。然后单击“OK”按钮确定，即在底层完成敷铜，如图 8-50 所示。

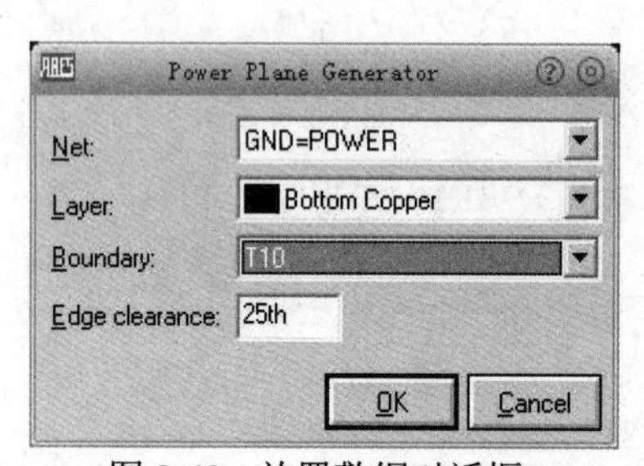

图 8-49 放置敷铜对话框

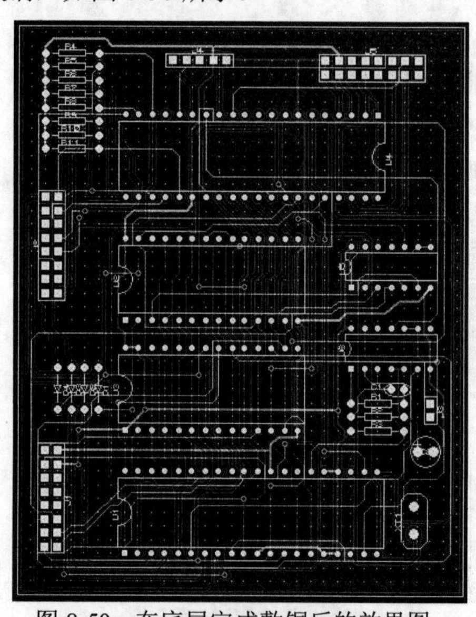

图 8-50 在底层完成敷铜后的效果图

(3) 按照同样的方法在顶层(Top Copper)进行敷铜，所不同之处是，图 8-49 中的“Layer”需要设为“Top Copper”。

另外，也可以使用 ARES 左侧工具箱中的工具来完成敷铜。具体操作如下。

(1) 单击图标按钮，在列表框中选择敷铜边界的宽度，将当前层切换到 Bottom Copper，这时光标形状变成笔头。

(2) 在 PCB 板上拖出需要敷铜的区域，这时，弹出如图 8-51 所示的编辑区域对话框，按照图示进行设置。

(3) 单击“OK”按钮，完成底层(Bottom Copper)的局部敷铜，如图 8-52 所示。

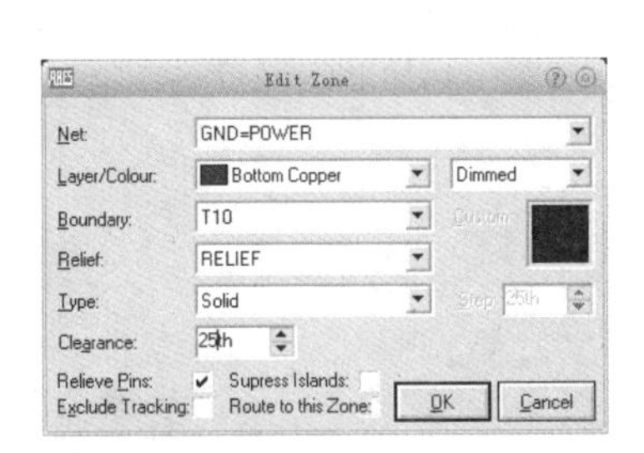

图 8-51　编辑区域对话框

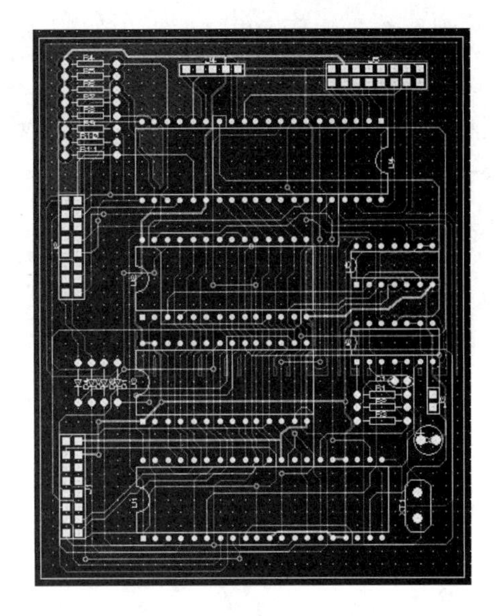

图 8-52　对底层进行局部敷铜

(4) 同样可对顶层(Top Copper)进行局部敷铜，不同的是，当前层需切换为“Top Copper”。

8.13.2　PCB 的三维显示

Proteus ARES 具有 PCB 3D 显示功能。使用该功能可以显示清晰的 PCB 三维立体效果，并且可以随意旋转及缩放等。

选择【Output】→【Visualization】菜单项，即可显示如图 8-53 所示的三维效果图。另外，利用三维显示页面左下角的等工具，可以对视图进行缩放和改变视图角度等操作。

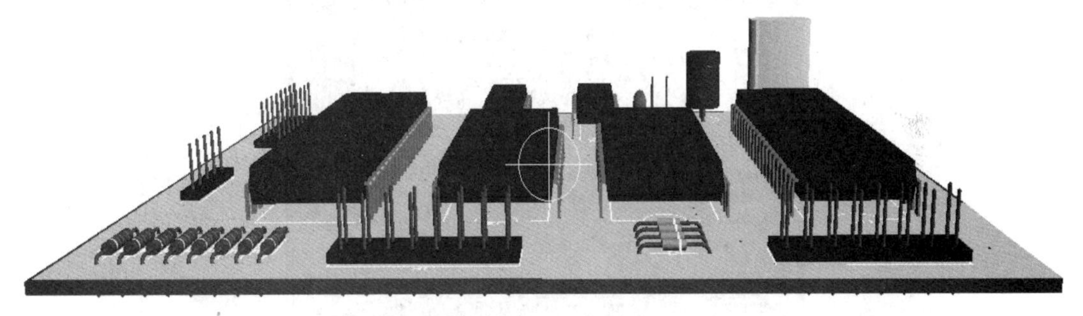

图 8-53　三维显示效果图

8.13.3　PCB 的输出

Proteus ARES 具有多种输出方式，这里主要介绍 CADCAM 输出，步骤如下。

(1) 选择【Output】→【CADCAM Output】菜单项，弹出如图 8-54 所示的对话框。

(2) 对图 8-54 中所示内容进行设置后，单击“OK”按钮，即可生成顶层的光绘文件。

(3) 选择【Output】→【Gerber View】菜单项，打开一个浏览窗口，选中前面所产生的“CADCAM READ-ME”文件(Cpu-CADCAM READ-ME.TXT)，弹出“Gerber View”对话框，如图 8-55 所示。

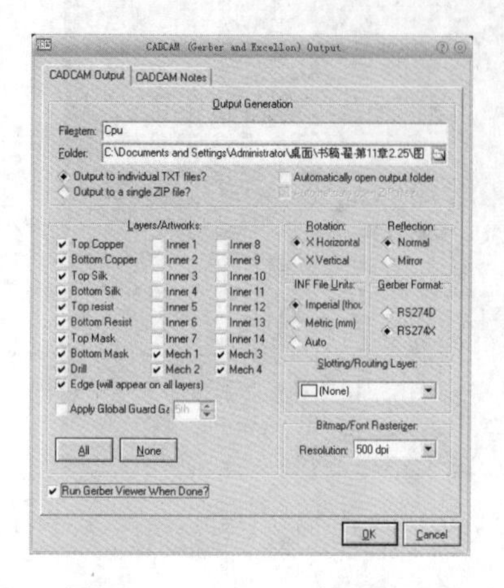

图 8-54　CADCAM 输出对话框

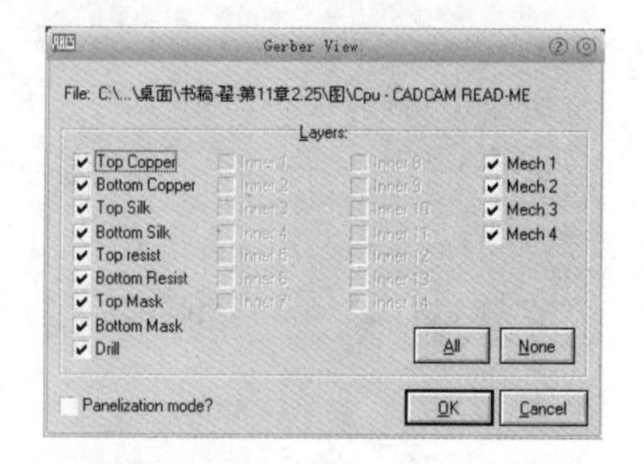

图 8-55　查看 Gerber 文件对话框

(4) 在图 8-55 所示对话框中选择要查看的内容，单击“OK”按钮确定。由于在图 8-55 所示对话框中几乎选择了所有内容，所以显示的“Gerber”文件如图 8-56 所示。

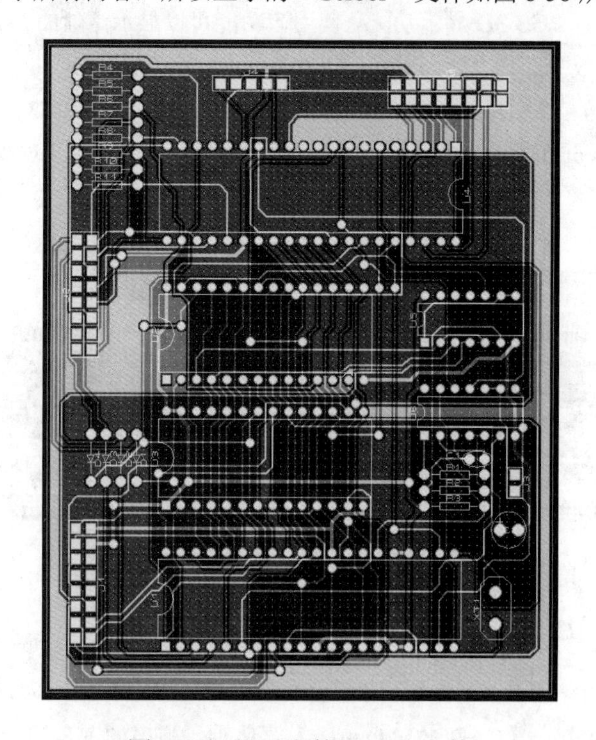

图 8-56　显示出的 Gerber 文件

(5) 也可以针对某一项内容进行显示。例如将查看“Gerber”文件的对话框设置为如图 8-57 所示情况，则显示出的“Gerber”文件如图 8-58 所示。

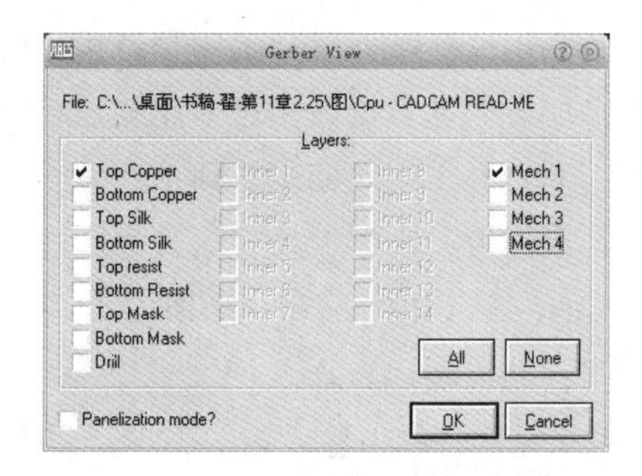

图 8-57　查看 Gerber 文件对话框

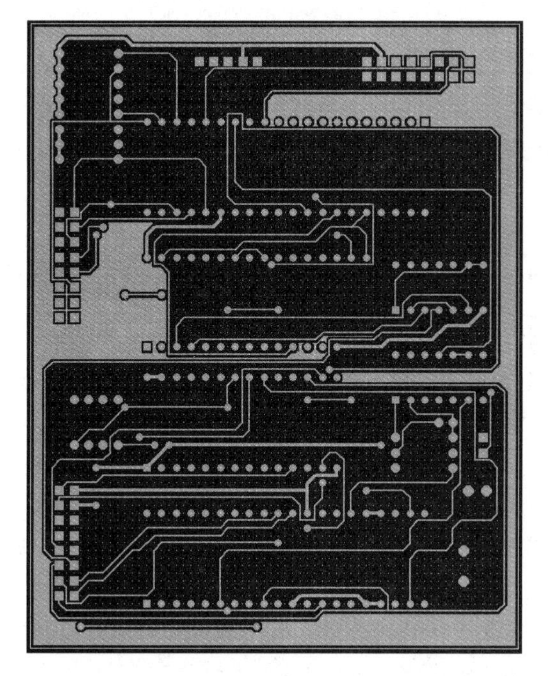

图 8-58　显示出的顶层 Gerber 文件

8.14　多层 PCB 设计

印制板种类很多，根据导电层数目的不同，可以将印制板分为单面电路板(简称“单面板”)、双面电路板(简称“双面板”)和多层电路板。

单面板由于成本低、设计简单而被广泛采用于简单电路的设计中，它是印制电路板设计的基础。

双面板的电路一般比单面板复杂，由于双面都能布线，在设计相对较复杂的电路时可缩小电路板面积，具有节约材料、减少占用空间、降低信号干扰等优点；但由于需要制作连接上下面印制导线的金属化过孔，因此生产工艺流程比单面板多，成本高。

如果电路图中元器件连接关系十分复杂，器件工作频率也比较高，双面板已不能满足布线和电磁屏蔽要求，则必须使用多层板。在多层板中导电层的数目一般为四、六、八、十等。因为不对称的层压，印制电路板板面容易产生翘曲，特别是对表面贴装的多层板，更应该引起注意。对于多层印制电路板来说，四层板、六层板的应用最为广泛。以四层板为例，其构成部分就是两个导线层(元件面和焊接面)、一个电源层和一个地层。

在多层板的设计中，有以下问题需要注意。

- 首先从电路原理方面考虑元器件的位置及摆放方向，以迎合电路的走向。摆放得合理与否，将直接影响该印制板的性能，特别是高频模拟电路，其对器件的位置及摆放要求显得更加严格。先确定特殊元器件(如大规模 IC、大功率管、信号源等)的位置，然后再安排其他元器件，尽量避免可能产生干扰的因素；另一方面，应从印制板的整体结构来考虑，避免元器件的排列疏密不均、杂乱无章，否则不仅影响了印制板的美观，同时也会给装配和维修工作带来很多不便。
- 对于布线层和布线区，多层印制板的布线是按电路功能进行安排的，在外层布线时，要求焊接面多布线，元器件面少布线，有利于印制板的维修和排除故障；细、密导线和易受干扰的信号线，通常是安排在内层；大面积的铜箔应比较均匀地分布在内、外层，这将有助于减少板的翘曲度，也使电镀时在表面获得较均匀的镀层；为防止外形加工、印制导线和机械加工时造成层间短路，内外层布线区的导电图形离板边缘的距离应大于 50th。
- 多层板走线要把电源层、地层和信号层分开，减少电源、地、信号之间的干扰。相邻两层印制板的线条应尽量相互垂直或走斜线，不能走平行线，以减少基板的层间耦合和干扰。且导线应尽量走短线，特别是对小信号电路来讲，线越短，电阻越小，干扰越小。同一层上的信号线，改变方向时应避免锐角拐弯。导线的宽窄，应根据该电路对电流及阻抗的要求来确定，电源输入线应大些，信号线可相对小一些。对一般数字电路板来说，电源输入线线宽可采用 50～80th，信号线线宽可采用 6～10th。布线时还应注意线条的宽度要尽量一致，避免导线突然变粗或突然变细，以有利于阻抗的匹配。
- 一般来说，多层板上的元器件钻孔大小与所选用的元器件引脚尺寸有关，钻孔过小，会影响器件的装插及上锡；钻孔过大，焊接时焊点不够饱满。一般来说，元件孔的孔径及焊盘大小的计算方法为“元件孔的孔径＝元件引脚直径(或对角线)+(10～30th)，元件焊盘直径≥元件孔直径＋18th”；至于过孔孔径，主要由成品板的厚度决定，对于高密度多层板，一般应控制在板厚为“孔径≤5∶1”的范围内；过孔焊盘的计算方法为“过孔焊盘(VIA PAD)直径≥过孔直径+12th”。
- 对电源层、地层及过孔的要求是，多层印制板起码有一个电源层和一个地层。由于印制板上所有的电压都接在同一个电源层上，所以必须对电源层进行分区隔离，分区线的大小一般以 20～80th 的线宽为宜，电压越高，分区线越粗。焊孔与电源层、地层的连接处，为增加其可靠性、减少焊接过程中因大面积金属吸热而产生虚焊，与电源层、地层非连接功能的隔离盘应设计为“隔离焊盘的孔径≥钻孔孔径+20th”。

- 安全间距的设定，应满足电气安全的要求。一般来说，外层导线的最小间距不得小于 4th，内层导线的最小间距也不得小于 4th。在布线能排得下的情况下，间距应尽量取大值，以提高制板时的成品率及减少成品板故障的隐患。
- 多层印制板的设计，还必须注意整板的抗干扰能力，一般方法有：①在各 IC 的电源、接地附近加上滤波电容，容量一般为 473 或 104；②对于印制板上的敏感信号，应分别加上伴行屏蔽线，且信号源附近尽量少布线；③选择合理的接地点。
- 印制板的加工，一般都是外协加工，所以在为外协加工提供图纸时，一定要准确无误，尽量说明清楚，应注意诸如材料的选型、压层的顺序、板厚、公差要求、加工工艺等，都要说明清楚。在 PCB 导出 Gerber 时，导出数据建议采用 RS274X 格式，因为它有如下优点：CAM 系统能自动录入数据，整个过程不需人工参与，可避免许多麻烦；同时能保持很好的一致性，减少差错率。

总之，多层印制板的设计内容包含的面很广，在具体设计过程中，还应注意其工艺性和可加工性。只有通过不断地实践和积累经验，才能设计出高品质的电路板。

参考文献

[1] 周润景，张丽娜．基于 PROTEUS 的电路及单片机系统设计与仿真[M]．北京：北京航空航天大学出版社，2006.

[2] 林志琦等．基于 Proteus 的单片机可视化软硬件仿真[M]．北京：北京航空航天大学出版社，2006.

[3] 康华光．电子技术基础 数字部分(第四版) [M]．北京：高等教育出版社，2000.

[4] 阎石．数字电子技术基础(第五版) [M]．北京：高等教育出版社，2007.

[5] 华成英，童诗白．模拟电子技术基础(第四版) [M]．北京：高等教育出版社，2006.

[6] 高有堂，朱清慧．电子技术基础[M]．西安：西安地图出版社，2003.

[7] 高有堂，翟天嵩，朱清慧．电子设计与实战指导[M]．北京：电子工业出版社，2007.

[8] 邱关源，罗先觉．电路(第 5 版) [M]．北京：高等教育出版社，2006.

[9] 杨清德．LED 及其工程应用[M]．北京：人民邮电出版社，2007.

[10] 诸昌钤．LED 显示屏系统原理及工程技术[M]．成都：电子科技大学出版社，2000.

[11] 高有堂．EDA 技术及应用实践[M]．北京：清华大学出版社，2006.

[12] 杨振江．A/D、D/A 转换器接口技术[M]．西安：西安电子科技大学出版社，1996.

[13] 高有堂．电子电路设计制版与仿真[M]．郑州：郑州大学出版社，2005.

[14] 马忠梅，籍顺心，张凯．单片机 C 语言应用程序设计[M]．北京：北京航空航天大学出版社，2003.

[15] 李光飞，李良儿，楼然苗．单片机 C 程序设计实例指导[M]．北京：北京航空航天大学出版社，2005.

[16] 李朝青．单片机原理及接口技术[M]．北京：北京航空航天大学出版社，2006.

[17] http://www.bokee.net.